高等职业教育园林专业系列教材

AutoCAD 园林工程图设计

孔令伟　主　编

曹梦梅　刘　静　副主编

张　健　郑　伟　参　编

焦泽东　主　审

中国轻工业出版社

图书在版编目（CIP）数据

AutoCAD 园林工程图设计/孔令伟主编. —北京：中国轻工业出版社，2024. 4
ISBN 978-7-5184-4900-2

Ⅰ. ①A… Ⅱ. ①孔… Ⅲ. ①园林设计—计算机辅助设计—AutoCAD 软件—教材 Ⅳ. ①TU986. 2-39

中国国家版本馆 CIP 数据核字（2024）第 051750 号

责任编辑：赵雅慧
策划编辑：陈 萍　　责任终审：李建华　　封面设计：锋尚设计
版式设计：致诚图文　　责任校对：郑佳悦 晋 洁　　责任监印：张 可

出版发行：中国轻工业出版社（北京鲁谷东街 5 号，邮编：100040）
印　　刷：三河市万龙印装有限公司
经　　销：各地新华书店
版　　次：2024 年 4 月第 1 版第 1 次印刷
开　　本：787×1092　1/16　印张：16. 5
字　　数：400 千字
书　　号：ISBN 978-7-5184-4900-2　定价：59. 00 元
邮购电话：010-85119873
发行电话：010-85119832　010-85119912
网　　址：http：//www. chlip. com. cn
Email：club@ chlip. com. cn

230844J2X101ZBW

前言

计算机辅助设计（Computer Aided Design，CAD）的概念和内涵是随着计算机、网络、信息、人工智能等技术或理论的进步而不断发展的。CAD 技术以计算机、外围设备及其系统软件为基础，包括二维绘图设计、三维几何造型设计、优化设计、仿真模拟及产品数据管理等内容，逐渐向标准化、智能化、可视化、集成化、网络化方向发展。

AutoCAD 是美国 Autodesk 公司推出的一种计算机辅助设计绘图软件，自 1982 年推出以来，经过多年的发展，其功能不断完善，现已覆盖机械、建筑、服装、电子、气象、地理等多个领域。在计算机辅助园林设计领域，AutoCAD 是应用较为广泛的软件。

AutoCAD 版本众多，本教材以 AutoCAD 2022 为例，从全面提升园林工程图设计能力与 AutoCAD 应用能力出发，结合具体的案例，讲解如何利用 AutoCAD 2022 进行园林工程图设计，使读者在学习案例的过程中掌握 AutoCAD 2022 软件的操作技巧，培养其园林工程制图能力，使其能够独立地完成各种园林施工图的绘制。

本教材采用任务引领的项目教学方式进行编写，将 AutoCAD 中的核心理论和园林工程图设计中绿化施工图、铺装施工图、景亭施工图、花架施工图、水池施工图、景墙施工图等融入各个项目中。

本教材分为五个项目，主要内容包括：园林景观工程施工图设计文件和制图规则、AutoCAD 入门、AutoCAD 绘制简单图形、AutoCAD 绘制园林景观施工图、AutoCAD 综合项目。本教材旨在引导学生学会利用计算机辅助设计绘图软件进行园林工程图设计，熟悉园林工程图绘图命令和步骤，从而能够熟练地绘制园林工程图。

对于重点、难点问题，本教材配套拍摄了操作演示视频并配备相应素材文件，可以较为直观地学习 AutoCAD 的操作方法。扫描二维码可以观看视频或下载素材文件。

视频

素材

本教材由黑龙江林业职业技术学院孔令伟担任主编并负责统稿工作，牡丹江市爱民绿化养护所曹梦梅、牡丹江市农业信息中心刘静担任副主编，松原职业技术学院张健、牡丹江经开发展集团有限公司郑伟参编，甘肃祁连山国家级自然保护区管护中心东大河自然保护站焦泽东审定。编写人员分工如下：项目一由刘静编写，项目二由曹梦梅编写，项目三由张健和郑伟编写，项目四、项目五由孔令伟编写。

本教材的编写参考了 Autodesk 官方网站、同类教材及相关资料，在此一并表示衷心的谢意。

由于编者水平有限，书中疏漏之处在所难免，敬请广大读者批评指正。

孔令伟

2024 年 1 月

目 录

项目一

园林景观工程施工图设计文件和制图规则

任务一　园林景观工程施工图设计文件

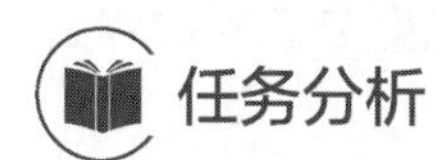

任务分析

绘制园林景观工程施工图必须要了解园林景观工程施工图设计文件的内容和深度。

园林景观工程设计一般分为方案设计、初步设计和施工图设计三个阶段。对于技术要求相对简单的工程，如果合同中没有对初步设计进行约定，经有关部门同意，可在方案设计审批后直接进行施工图设计。

园林景观工程设计各阶段设计文件的编制深度应满足不同建设阶段的要求。

1. 方案设计文件

方案设计注重对设计总体布置及效果的把握。方案设计文件应满足编制初步设计文件的需要；提供能源利用及与相关专业之间的衔接；能据以编制投资估算；提供申报有关部门审批的必要文件。

2. 初步设计文件

初步设计注重对方案设计理念、思路的深化，解决各专业的技术问题，协调各专业技术工种的矛盾，达到计划安排、控制投资及审批要求。初步设计文件应满足编制施工图设计文件的需要；解决各专业的技术要求，协调相关专业之间的关系；能据以编制工程概算；提供申报有关部门审批的必要文件。

3. 施工图设计文件

施工图设计注重具体的施工工艺和做法，满足施工、安装及植物种植需要。施工图设计文件应满足设备材料采购、非标准设备制作和施工需要；能据以编制施工图预算。

相关知识

施工图设计文件是工程施工的主要依据，对于确保施工过程的顺利进行、控制工程成本以及保证工程质量都具有至关重要的作用。

1. 一般规定

在施工图设计文件中，包含了一些关于园林景观工程的具体规定。

首先，施工图设计文件通常包括园建、绿化、水电三部分图纸，这些图纸详细描述了园林景观的各个部分，为工程施工提供了明确的指导。

其次，项目合同中要求所涉及的所有专业的设计图纸都必须包括在内。这些图纸包括图纸目录，设计说明，必要的设备、材料、植物表以及图纸总封面，扉页等。图纸目录需要按照设计专业的顺序排列或各专业单独成册；设计说明的内容以诠释设计意图、提出施工要求为主，一般工程通常按照设计专业分别编写施工图说明，大型工程则可编写施工图总说明；设计图纸需要按照设计专业汇编成册或按照设计专业分别成册。

此外，项目合同中要求的项目工程预算书也应包括在内。对于方案设计后直接进行施工图设计的项目，若合同未要求编制工程预算书，那么施工图设计文件应包括工程概算书。

总封面应标明项目名称、建设单位名称、编制单位名称、项目的设计编号、设计阶段和编制年月等信息。而扉页则需要标明项目名称、建设单位名称、编制单位名称、资质等级、相关负责人（法定代表人、技术总负责人、项目负责人等）的姓名及签字或授权盖章等信息。

只有由具备与项目相对应的园林景观规划设计资质的设计单位编制或审核并加盖出图专用章或审核专用章的施工图文件才能作为正式文件交付使用。

2. 园林景观专业施工图——“园施”（“景施”）

“园施”（“景施”）设计文件应包括封面、图纸目录、施工图设计说明、设计图纸。

图纸目录应按照总图、分区放大总图、园林景观设计单项详图、通用或标准详图的顺序排列。

施工图设计说明包括设计依据、工程概况、材料说明和其他说明。设计依据包括由主管部门批准的园林景观工程前期设计文件、文号以及项目有关的规划、建筑、市政等设计资料。工程概况包括建设地点、名称、设计性质、设计范围等。材料说明涉及的共同性的内容，如混凝土、砌体材料、金属材料的标号或型号；木材防腐、油漆；石材等材料要求；必要的防水、防潮做法说明等，都可以统一说明或在图纸上标注。除文字说明外，也可制作材料表并附材料样品图片说明。其他说明可根据实际情况决定是否添加。

总图部分包括总平面图、竖向布置图、总平面定位图、平面分区及索引图、铺装（物料）总平面图、小品设施布置总平面图等。其中，总平面图应包含比例尺、指北针或风玫瑰图、必要的设计说明、设计范围红线及红线的坐标、与设计相关的周边道路红线、建筑红线及坐标等信息。竖向布置图应包含各景观设计单项平面位置的控制标高及详细标高，高差位置的高点、低点标高，人工地形设计标高（最高、最低点）和范围（宜用设计等高线表示高差）等内容。总平面定位图应包含设计范围内各项园林景观设计单项定位控制点或定位轴线的详细坐标或相对尺寸。平面分区及索引图应包含平面分区（或局部放大平面）范围、名称或编号（分区应明确，不应重叠），分区索引，园林景观设计单项详图索引，通用或标准详图索引。铺装（物料）总平面图需要标明主要铺装场地的划用形式，用填充图案表示出不同材料材质及材料尺寸间的近似比例关系，并用文字标明铺装场地以及其他平面位置的材料名称、色彩、规格等必要内容。小品设施布置总平面图需要用图例结合文字表示小品、设施（成品雕塑、成品座凳、指示牌、垃圾箱等）的范围、位置、数量，并标明定位坐标、相对尺寸或说明其他现场定位方式。

园林景观设计单项详图应包括图纸比例，单项的名称、图名、比例或比例尺，必要的设计说明等内容。其中，园林建筑（服务用房、亭、榭、廊、膜结构等有遮蔽顶盖的建、构筑物等）及景观小品（墙、台、架、桥、栏杆、花池、座凳等）须绘制平面图、立面图和剖面图；局部场地铺装、绿地等须绘制平面图和铺装详图；人工水体须绘制平面图、立面图和剖面图；假山则须绘制假山平面图、假山立面图和假山做法详图。

从总图上直接引注或剖切的节点详图如台阶、园路标准断面、栏杆、道牙、路沿等大样，以及其他新绘制或选用的独立节点详图，可汇编于“园施”（“景施”）最后，作为通用或标准详图。

3. 结构专业施工图——“结施”

“结施”设计文件应包含计算书（内部归档）、设计说明和设计图纸。

计算书是技术存档文件，主要在内部使用。当采用计算机程序进行计算时，必须注明所采用的计算程序名称、代号、版本及编制单位。如果采用手算的结构计算书，则须绘制结构平面布置和计算简图，并确保构件代号、尺寸、配筋与相应的图纸一致。

设计说明部分主要描述了设计的基础标准和法规、工程地质详细情况、设计中的具体要求、不良地基的处理措施、结构用材的详细信息、特殊要求如抗渗等级和抗浮措施、施工规范和注意事项等。此部分内容旨在确保施工队伍明确了解设计的意图和要求。

设计图纸部分则更加具体，它包括基础平面图、结构平面图和各个构件的详图。这些图纸需要详细标注定位轴线、尺寸、标高等信息，确保施工队伍能够准确理解和实施。对于基础，钢筋混凝土构件，景观构筑物和钢、木结构等各个部分，都需要按照相应的规范和要求进行绘制和标注。

园林建筑和小品结构专业设计文件应符合《建筑工程设计文件编制深度规定（2016年版）》的要求，必要时应进行施工图设计文件审查。对于一些简单的园林景观建筑、小品等需要配备相关结构专业施工图的工程，可以将结构专业的说明、图纸在相关的园林景观专业施工图中表达，不再另册出图（内部归档需要计算书）。

上述各项规定和要求旨在确保结构施工图设计的完整性和准确性，从而保证施工质量和安全。

4. 植物专业施工图——“绿施”

“绿施”设计文件是“绿施”设计的核心部分，它包括设计说明、植物材料表和设计图纸。

设计说明部分详细描述了种植设计的原则和植物材料选择的要求，这些原则和要求对整个种植设计起到指导和规范作用。此外，此部分还涉及植物种植的具体要求，包括季节、施工、种植场地、树穴、种植土和树木支撑等方面的内容。

植物材料表部分列出了所有植物的详细信息，包括序号、名称、科属、中文学名（或俗名）、拉丁文学名等。在植物材料表中，应注明植物规格［干径（胸径）、高度、冠幅等］、数量（采用株数），行道树宜标明分枝点高度。对于灌木、竹类、地被和草坪等不同类型的植物，也应注明其名称、规格（高度、冠幅）和数量（采用种植密度）。对于有特殊要求的植物，应在备注栏中加以说明。

在设计文件中，植物材料表是一个重要的组成部分，它为施工方提供了详细的植物信息，确保了种植施工的准确性和有效性。表 1-1-1 所示为植物材料表示例。

表 1-1-1　　植物材料表示例

序号	植物中文学名	植物拉丁文学名	植物规格			数量	备注
			干径(胸径)/cm	高度/cm	冠幅/cm		
1	黄葛树 A	*Ficus virens*	14~15	400~500	400~500	1 株	全冠
	黄葛树 B	*Ficus virens*	12~13	350~450	300~400	3 株	全冠
2	香樟	*Cinnamomum camphora*	14~15	—	—	4 株	—
3	春鹃	*Rhododendron simsii*	—	30~40	30~40	25 株	25 株/m^2

设计图纸包括植物总平面设计图、乔木种植设计图、灌木（含地被、草坪）种植设计图、植物种植放线定位图和种植详图。绘制设计图纸时，需要遵循一定的规范和标准。

植物总平面设计图的比例根据实际情况进行选择，常用的有 1∶200、1∶300、1∶400 和 1∶500。该图纸需要包含图名、比例或比例尺、指北针或风玫瑰图等基本信息，其设计坐标应与总图的坐标系一致。此外，图纸上需要用图例表示出植物的类别、位置和范围，乔木、灌木和地被植物等应同时表示，以表明它们之间的总体关系。

与植物总平面设计图相同，乔木种植设计图的比例同样根据实际情况进行选择。该图纸需要包含的内容与植物总平面设计图大致相同，包括图名、比例或比例尺、指北针或风玫瑰图等基本信息，其设计坐标应与总图的坐标系一致。此外，图纸上需要用图例表示出乔木植物的类别、位置和范围，相近区域的同类植物宜用直线连接，并标明乔木的序号和名称。为了更清晰地表示植物的位置和范围，植物图例的直径宜采用乔木成熟冠幅 80% 的大小表示。如果同一植物选用不同规格，应按相应比例关系绘制大小，并宜用数字加字母序号区分。在乔木种植设计图中，乔木植物图例的表示方法也应统一，宜采用图例加序号的方式表示，并与植物总平面图及植物表一致。乔木植物图例应简洁、清晰，便于识图。为了更好地理解和规划植物种植设计，根据植物种类的不同，可将乔木植物分为五大类：落叶阔叶乔木、常绿阔叶乔木、常绿针叶乔木、落叶针叶乔木和棕榈科乔木，如图 1-1-1 所示。

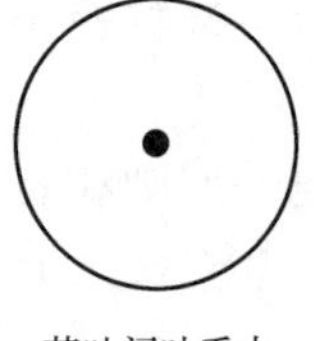
落叶阔叶乔木

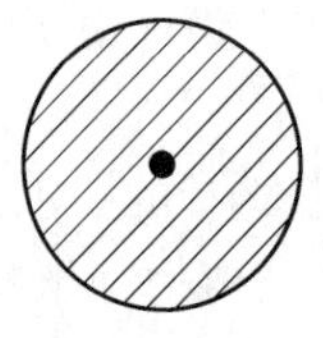
常绿阔叶乔木

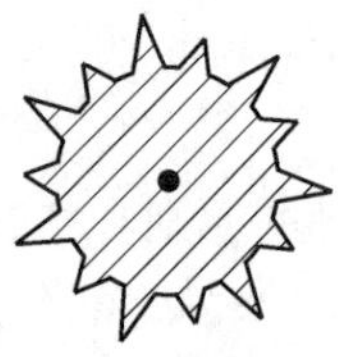
常绿针叶乔木

落叶针叶乔木

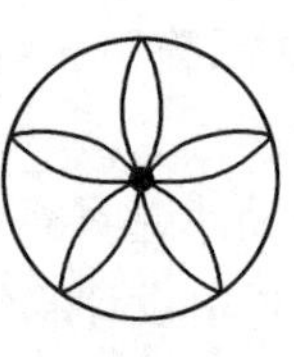
棕榈科乔木

图 1-1-1　乔木植物分类

乔木种植设计图植物示例如图 1-1-2 所示。

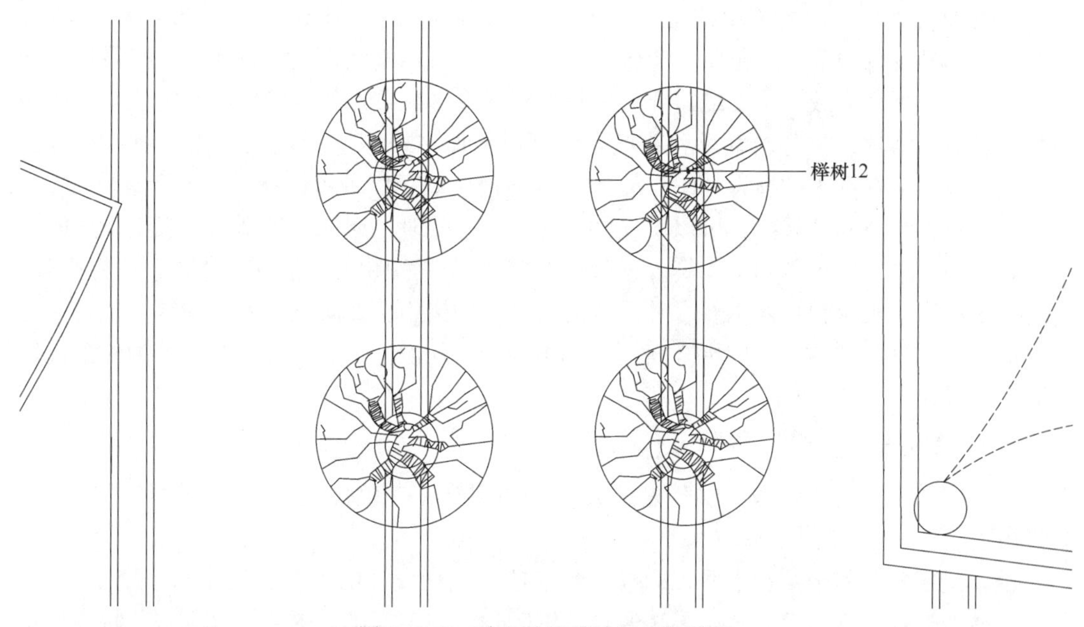

图 1-1-2　乔木种植设计图植物示例

灌木（含地被、草坪）种植设计图常用的比例有 1∶200、1∶300、1∶400 和 1∶500。除了比例，一张完整的灌木（含地被、草坪）种植设计图还应包括图名、比例尺和指北针或风玫瑰图，其设计坐标应与总图的坐标系一致。该图纸需要详细表示出灌木、地被和草坪植物的类别、位置及范围，并标明灌木的序号和名称。必要时，还可以标明同组植物的面积，以便更准确地了解植物分布情况。通过这种方式，可以制作出专业的、详尽的灌木（含地被、草坪）种植设计图，为园林绿化的规划和实施提供有力的支持。

灌木（含地被、草坪）种植设计图植物示例如图 1-1-3 所示。

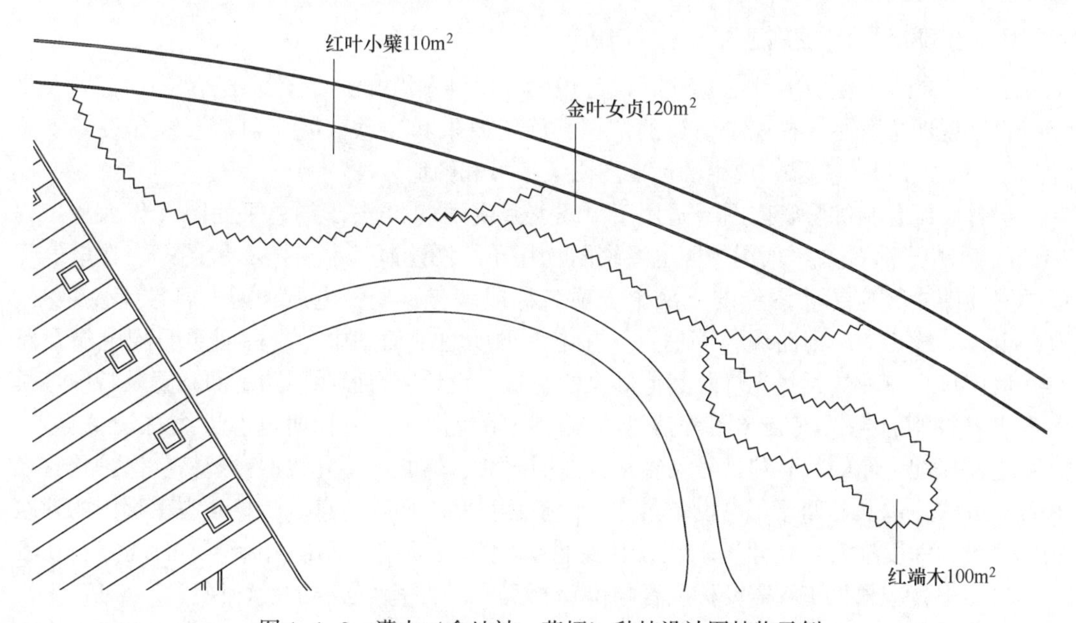

图 1-1-3　灌木（含地被、草坪）种植设计图植物示例

植物种植放线定位图常用的比例有1∶200、1∶300、1∶400和1∶500。除了比例，一张完整的植物种植放线定位图还应包括图名、比例尺和指北针或风玫瑰图，其设计坐标应与总图的坐标系一致。该图纸需要特别标明观赏乔木或重点乔木的中心点定位坐标或相对尺寸。对于灌木、树篱、草坪和花境等，可以按照方格网进行定位。如果项目相对简单，也可以直接在乔木种植设计图、灌木（含地被、草坪）种植设计图上进行定位。

对于重点景点和景观段，可以增加种植详图。必要时，还可以绘制植物栽植设施的详图，如树池、树穴、护盖和支撑等。这些详图应包括平面图、节点图和材料做法等内容。此外，采用图示表示种植换土要求和采取的特别保护措施，如防风固根处理等，也是非常必要的。通过这些详图，可以更全面地了解植物种植的设计细节和特殊要求，为施工提供准确的指导。

5. 给排水专业施工图——“水施”

在“水施”设计中，设计文件是至关重要的部分，它包括设计说明、设计图纸和主要设备表。

设计说明是对整个给排水系统的概括和描述，包括设计的依据、给排水系统的概况、各种管材的选择及其敷设方式、无法通过图纸表达的施工要求、图例，以及一些特殊的说明等内容。通过设计说明，施工方能够更好地理解设计意图和要求，从而更好地进行施工。

设计图纸是“水施”设计的核心部分，它包括综合管网图，给排水总平面图，水泵房平、剖面图或系统图，水池、水景循环水配管及详图以及其他设施大样图等内容。这些图纸详细地描绘了给排水系统的布局和构造，为施工提供了具体的指导。

主要设备表是列出所有主要设备、器具、仪表及管道附件配件的名称、型号、规格(参数)、数量、材质等信息的表格。这个表格为施工方提供了所需设备的详细信息，有助于他们更好地准备施工材料和设备，从而确保施工的顺利进行。

6. 电气及照明专业施工图——“电施”

在“电施”设计文件中，应包括设计说明、设计图纸和主要设备表。

设计说明部分主要描述了设计的依据、施工要求和注意事项（包括布线和设备安装等)、设备主要技术要求、选用的标准图图集编号和图例。

设计图纸包括综合管网图（适用于市政大型项目)、电气干线总平面图（仅大型工程出此图)、电气照明总平面图、配电系统图（用单线图绘制）和音响布置图等。在电气干线总平面图中，应标明图纸的比例，子项名称或编号，变配电所、配电箱位置及编号，高、低压干线走向，回路编号等信息。在电气照明总平面图中，应标明照明配电箱及路灯、庭院灯、草坪灯、投光灯及其他灯具的位置，设计所有照明回路平面布置及特殊灯具和配电（控制）箱的安装详图等信息。在配电系统图中，应标明电源进线总设备容量、计算电流、配电箱的编号和型号及容量，注明开关、熔断器、导线型号规格、保护管管径和敷设方法，以及各回路用电设备名称、设备容量和相序等信息。园林景观工程中的建筑物电气设计深度应符合《建筑工程设计文件编制深度规定（2016年版)》的规定。在音响布置图中，应根据工程需要标明音响位置、型号、功率及必要的设计说明。

主要设备表应包括高、低压开关柜，配电箱，电缆及桥架，灯具，插座，开关等设备材料的信息并标明型号规格和数量。对于简单的材料如导线、保护管等可以不列出。根据工程需要，灯具等设备选型可以提供图片参考。

7. 预算

在预算的编制过程中，需要准备一系列的预算文件，以确保预算的完整性和准确性。这些文件应包含封面、扉页、预算编制说明、总预算书（或综合预算书）以及单位工程预算书等部分，并需要单独装订成册。

预算文件的封面应包含项目名称、编制单位以及编制日期等内容，以便于识别和管理。扉页部分则需要有项目名称、编制单位、项目负责人和主要编制人及校对人员的署名，最后需要加盖编制单位的注册章以确保文件的正式性和合法性。

预算编制说明部分也是预算文件中必不可少的一部分。该部分需要明确预算编制的依据，包括国家有关工程建设和造价管理的法律法规和方针政策、经过校审并签字的设计图纸和文字说明等资料、主管部门颁布的现行工程预算定额和有关费用规定、主要建筑安装材料和植物材料等价格以及建设场地的自然条件和施工条件等信息。此外，还需要说明工程概况，明确项目范围、面积或长度等指标，并明确预算费用中不包含的内容。同时，还要说明使用的预算定额、费用定额及材料价格的依据，以及其他必要说明的问题。

单位工程预算书是预算书的基础组成部分，应包含费率表、预算子目表、工料补差明细表、主要材料表等。根据各专业设计的施工图、地质资料、场地自然条件和施工条件，需要计算出准确的工程量。在编制过程中，应依据主管部门颁布的现行各类定额、费用标准及规定进行编制，确保预算的合规性和准确性。最后，由各单位工程预算书汇总成总预算书（或综合预算书），以供项目管理和决策使用。

任务实施

（1）根据施工图设计文件的相关知识，归纳总结园林景观专业施工图——“园施”（“景施”）设计图纸的内容。

（2）根据施工图设计文件的相关知识，归纳总结结构专业施工图——“结施”设计图纸的内容。

（3）根据施工图设计文件的相关知识，归纳总结植物专业施工图——“绿施”设计图纸的内容。

（4）根据施工图设计文件的相关知识，利用办公软件绘制或手绘本地常见的植物材料表，包括乔木、灌木、宿根花卉、一二年生花卉和草坪等。

（5）根据施工图设计文件的相关知识，手绘乔木种植设计图。

拓展知识

一、方案设计文件

1. 设计说明

设计说明应包括设计依据及相关资料、现状概述及分析、设计指导思想和设计原则、总体构思和布局、专项设计说明、经济技术指标、投资估算表等内容。

在设计一个项目时，需要依据一系列的资料和规范。首先，要了解工程的基本情况和各专业内容，这是设计的基础。其次，设计的主要依据包括主管部门的批准文件、建设单位的设计任务书和技术资料。此外，还需要考虑立项报告的批文、用地红线图、项目可行性研究报告、选址及环境评价报告、地质灾害评估报告等。在规范和标准方面，要遵循国家和地方现有的规范、规定和标准，明确规范、规定、标准的名称、编号、年号和版本号。同时，设计合同或协议书也是重要的参考依据。为了更好地进行设计，还需要矢量化现状地形图。如果涉及建筑设计，还需要由建筑设计单位提供相关的建筑图纸。此外，还要考虑地域文化特征及人文环境等其他相关资料。

在开始设计之前，需要对现状进行概述和分析。首先，要概述项目的地理区位条件和区域交通条件，这有助于了解项目的位置和周边环境。其次，要简述用地内现状自然地形、水体、道路、建筑物、植被和管网的分布状况，以便更好地利用和规划这些资源。在历史文化方面，要明确用地内需要保护的文物、古迹、古树、名木及其范围，以确保这些历史文化遗产得到妥善保护。此外，还要分析项目所在地的自然环境条件，如气候、降雨、水文、土壤等情况。同时，要考虑用地内对工程不利的因素，如滑坡、崩塌、泥石流等地质灾害情况，以确保项目的安全。最后，要对项目服务人群及其使用需求进行分析，以满足用户的需求。

设计指导思想是整个设计的灵魂，它指引着设计的方向和原则。设计原则则是在设计过程中需要遵循的一系列准则。在设计时，需要明确这些指导思想和原则，以确保设计符合要求和期望。

总体构思和布局是设计的核心部分，它涉及设计的理念、构思和功能分区等内容。在设计时，需要根据总体构思和布局进行空间组织及景观和文化特色的规划。通过构思和合理布局，可以使项目更加美观、实用并富有特色。

专项设计说明涉及许多具体的方面，包括竖向控制、园路设计与交通分析、防灾避难和无障碍设计、园林建筑和小品方案设计、场地铺装设计、驳岸与山石设计、绿化设计、给排水和电气设计等有关管网说明、消防说明以及环保和节能措施等。这些设计都需要根据项目的具体情况进行详细说明和规划。

经济技术指标是衡量项目经济效益和技术水平的指标体系。在设计时，需要根据项目的具体情况制定相应的经济技术指标，并进行投资估算，这有助于了解项目的经济效益和市场竞争力。

投资估算表是评估项目投资的重要工具。在设计时，需要根据设计方案和经济技术指标制定投资估算表，以便为项目的预算和投资决策提供依据。

2. 设计图纸

设计图纸应包括图纸比例、区位关系图、综合现状分析图、总平面图、功能分区图、竖向控制图、交通组织图、绿化布局图、重要景点（节点）设计图、综合管线及灯饰示意图等内容。

图纸比例应根据项目大小，以整比例完整表达总图为原则。

区位关系图应标明用地在城市的位置及与周边地块的关系。

综合现状分析图应在现状原始地形图上进行，图上应标注图纸比例、指北针或风玫瑰图、图例及必要说明等；标明用地边界、相邻道路、现状有保留价值的植物、建筑物和构筑物、水系、高压线及市政管线等，明确地质灾害范围及类型。

总平面图应在原始地形图上绘制，并应标注图纸比例、指北针或风玫瑰图、图例等；标明用地红线及相关的蓝线、绿线、黄线、紫线，并分别注明名称；标明用地内需要保护的文物古迹、古树、名木及范围；标明周边道路、内部道路、出入口、停车场位置；用地内建筑的首层外轮廓线，地下建筑的范围线，标明建筑物室内外的标高、层数、出入口等位置；标明绿地、水景、建筑、园林小品等的名称及图例；标明水面标高，场地、道路交叉口的控制标高；应包含经济技术指标表、建筑面积一览表；图纸应有必要的设计说明。

功能分区图应划定各功能分区，并标注名称。

竖向控制图应在原始地形图上绘制，并应标明用地周边相关环境现状标高、用地内部场地的设计控制标高以及地形改造标高；标明建筑物室内外的标高以及与周边场地竖向的关系；标明设计道路交叉口的标高；标明用地内水体的年常水位、最高水位、最低水位（池底）标高；应有主要剖面图。对于简单的项目，竖向控制图可与总平面图合并。

交通组织图应确定主次入口、停车场位置；划分园路的等级；分析用地与外部交通的关系；分析园路功能及内部交通组织方式；应有无障碍设施布局和无障碍交通流线组织；明确消防救灾及紧急避灾通道。

绿化布局图应明确种植设计的范围；标明保留或利用的现状植物；标明种植范围内的乔木、灌木、草坪的范围，配置方式及层次结构，明确主要观赏植物形态（可给出参考图片）；明确基调树种和主要选用树种。

绘制重要景点（节点）设计图时，应绘制重要景点（节点）平面设计图、效果图、必要的断面图等。

绘制园林建筑及重要园林小品方案设计图时，园林建筑方案应满足《建筑工程设计文件编制深度规定（2016年版）》；园林建筑及重要园林小品应标明位置、平面形式、尺寸，说明设计意图和风格特点；园林小品应提供形式、色彩、材质、控制尺寸；应有能体现设计意图的效果图或示意图。

对于综合管线及灯饰示意图，根据工程要求，应绘制给排水、电气等相关工程设备管网的主管线示意图及其容量估算、主要灯饰示意图。

二、初步设计文件

1. 一般规定

初步设计阶段常用图纸比例应符合国家制图标准的规定。

2. 初步设计总说明

在初步设计总说明部分，工程概况及现状概述应包含工程的基本情况和各专业内容，简述水文气象、地形地貌及地质条件、基础设施条件、植被资源等。同时，应描述用地内原有建筑、道路、水体、植被、管网等现状情况。

设计依据应包括主管部门或有关单位批准的方案设计审批文号或文件，以及立项报告的批文、用地红线图、项目可行性研究报告、选址及环境评价报告、地质灾害评估报告、地质勘察报告等。此外，还应包括设计遵循的主要国家及地方现行规范、规定和技术标准，以及设计任务书或协议书等。

总体设计说明应包括设计指导思想、设计原则，对原有现状建筑、道路、水系、植被、管网的改造和利用，主要组成元素及主要景点设计等内容。同时，还应考虑驳岸、山石、水景设计，立体绿化、边坡、挡土墙景观设计，种植设计，园路设计，场地铺装设计，竖向设计，地形塑造及土石方平衡等。此外，还应包括给排水、电气等有关管网的说明，建筑、小品方案的设计说明，防灾避难和无障碍设计等内容。在设计过程中，应考虑新材料、新技术的应用情况，应有消防、环保、节能、安全防护等技术专业篇。在初步设计文件审批时，需要解决和确定的问题应在文件中列出。最后，应包含经济技术指标表和建筑面积一览表等必要信息。

3. 总图设计文件

总图设计文件应包括总平面图和分区平面图。

总平面图应在原始地形图上绘制，并标注图纸比例、指北针或风玫瑰图、图例及说明等信息。同时，应标明用地红线及相关的蓝线、绿线、黄线、紫线、设计范围线的名称，用地内需要保护的文物古迹、古树、名木及保护范围，周边道路、内部道路、出入口、场地及停车场布置及数量等信息。此外，还应标明景区及景点名称。用地内建筑的首层外轮廓线，地下建筑的范围线，标明建筑物室内外的标高、名称、层数、出入口等位置。水面、水底标高，场地、道路交叉口的设计标高，绿化种植的区域，山石、水景、园林小品、建筑、挡土墙、边坡等的名称及图例等信息也应在总平面图中标明。

分区平面图适用于规模较大的项目，分区应明确且不宜重叠。

4. 竖向设计文件

竖向设计文件应包括竖向设计说明和竖向设计图。

竖向设计说明应对竖向设计的依据进行说明，如城市道路和管道的标高、地形、排水、最高洪水位、最低洪水位等。同时，还应说明如何利用地形综合考虑功能、安全、景观和排水等要求进行场地布置。在地形塑造的原则方面，应满足植物的生态习性要求，有利于雨水的排蓄；应创造多种地貌和园林空间；宜就地平衡土方。人工水体、下沉广场、台地、主要景点的高程处理及主要设计标高等信息也应在竖向设计说明中进行标注。此外，应根据需要估算土石方工程量。

竖向设计图应标明用地周边相关环境现状及设计的竖向标高。同时，应标明地形改造的等高线及标高，建筑物室内外的标高以及与周边场地的竖向关系，设计道路变坡点、坡度、坡向及坡长，道路交叉口及场地的设计标高，人工山石的控制标高，排水沟、挡土墙、护坡、台阶、台地控制点标高等信息。最后，应根据需要绘制土石方平衡图，关键节点宜绘制地形断面图。

5. 园路、场地设计文件

园路、场地设计文件应包括设计说明和主要园路、场地设计图。

园路、场地设计说明应以园路、场地的不同类型逐项进行设计说明，并概述其设计依据、主要特点和基本参数等内容。设计说明可注于图上或归入设计总说明。

主要园路、场地设计图应标明主要铺装形式、材料、颜色、规格及构造做法等重要信息。重要节点应绘制放大平面图、断面图等辅助信息，以帮助理解设计意图。

6. 园林小品设计文件

园林小品设计文件是园林设计中的重要组成部分，它包括设计说明、园林小品设计图和园林小品结构设计。

设计说明是园林小品设计的核心，它需要详细说明每个小品的类型、设计依据、主要特点和基本参数。设计说明可以标注在图纸上，也可以归入设计总说明。

园林小品设计图是园林小品设计的具体表现形式，它应包括平面图、立面图和剖面图，并标注尺寸、材料和颜色。此外，对于水体驳岸、山石、边坡、挡墙等部分，也需要详细标注其形式、景观要求以及控制尺寸和控制标高等内容。

园林小品结构设计是保证园林小品安全和稳定性的关键，其设计文件应包含设计说明和设计图纸。设计说明需要说明主要园林小品的名称、抗震设防烈度、钢筋混凝土结构抗震等级等内容，同时还需要引用相关的法规和标准，描述工程地质资料、活荷载取值等。对于山石的堆筑、水体驳岸、边坡、景观挡墙等部分，也需要进行详细说明和标注。

7. 园林建筑设计文件

园林建筑初步设计应符合《建筑工程设计文件编制深度规定（2016 年版)》及地方《建筑工程初步设计文件编制技术规定》等要求。其设计文件应包括基础平面图、基础构件的代号及截面尺寸、结构平面布置等内容，并注明主要构件代号及尺寸。平台、栈道、花架等结构图应按照相关规定进行绘制。

8. 种植设计文件

种植设计文件是园林设计中的重要组成部分，它包括设计说明、平面图和主要植物材料表。这些文件详细描述了种植设计的各个方面，从设计理念到植物配置，都做了详尽的规定。

首先，设计说明部分详细描述了设计的依据、原则和各种细节要求。其中，保护和利用现状保留植被的方法、地形设计和栽植土壤的规定都在说明中有明确的表述。此外，对于主要植物的配置要求也进行了详细的描述，如乔木、灌木、藤本、竹类、水生、地被植物、草坪等。

平面图是种植设计的核心部分，它标明了现状保留植被或古树、名木的位置，并明确了各类植物的种植点和范围。这些信息对于后续的施工和维护都至关重要。同时，选用的树种图例也应当简明易懂，方便读者理解。

在主要植物材料表中，苗木的总表、各类植物的中文学名、干径（胸径)、高度、冠幅、数量以及备注等信息都应详细列出。对于坡地绿化，在计算植物数量时应乘以相应坡度系数。

此外，根据设计需要，种植设计文件还可以包括其他类型的图纸，如整体或局部立面图、剖面图和效果图等。这些额外的图纸有助于更全面地展现设计的细节和预期效果。例如，屋顶绿化设计应增加基本构造剖面图，标明种植土的厚度及标高，滤水层、排水层、防水层的材料等；立体绿化、垂直绿化应增加植物栽植方式，辅助设施的基本构造图等。

9. 给排水设计文件

给排水设计文件应包括设计说明、主要设备材料表、给排水总平面图。根据需要可选用雨水的收集利用平面图及水景立、剖面图。

给排水设计说明应包括工程概况、设计范围、设计依据。给水设计应包括水源、用水量、给水系统、浇灌系统等；排水设计应包括暴雨强度公式、重现期、排水现状简介、雨水利用系统等。

主要设备材料表应分别列出主要设备、器具、仪表及管道附件配件的图例、名称、型号、规格（参数）、数量、材质等。

给排水总平面图应包括给排水管线的平面布置，包括干管的管径、水流方向、洒水栓、消火栓井、水表井、检查井、污水处理池等；给排水管道与市政管道系统连接点的控制标高和位置。有防洪要求的须标注防洪沟的位置及流向。

雨水的收集利用平面图应根据项目实际情况确定是否需要。

水景立、剖面图可以根据需要进行选用。立面图应表达喷水池喷水高度、喷射形状、跌水、瀑布位置、形状、宽度、高度、落水处理等。剖面图应表达水深及池壁、池底构造、材料方案等，喷水池喷水高度、喷射形状、范围等（示意）；跌水、瀑布跌落高度、级差、落水处理等；人工水体各类驳岸形式；溪流截面形式、水深等（必要时给出纵剖面图）。

10. 电气设计文件

电气设计文件是电气工程中非常重要的组成部分，它包括了多个关键的文件和资料，以确保电气系统的正常、安全运行。这些文件主要包括设计说明、主要设备材料表和电气总平面图。

设计说明部分详细描述了设计的依据和范围，以及电气系统的各个子系统。首先，它明确指出了设计的出发点和涵盖的范围，这对于理解和使用设计文件至关重要。此外，它还涵盖了供配电系统，详细说明了负荷计算、负荷等级以及供电电源和电压等级。在照明系统部分，设计说明中提到了光源及灯具的选择、照明灯具的控制方式、控制设备的安装位置以及照明线路的选择和敷设方式等关键信息。在防雷及接地保护部分，设计说明明确了防雷的类别、防雷措施以及对接地电阻的要求，同时也提到了等电位设置的要求，这些都是电气系统安全运行的重要保障。弱电系统部分则详细描述了系统的种类、组成以及线路的选择和敷设方式，这是确保电气系统高效、稳定运行的关键。

主要设备材料表列出了电气工程所需的主要设备材料的详细信息，包括图例、名称、型号、规格（参数）、数量和材质等。它对于设备和材料的采购、存储和安装都起到了重要的指导作用。

电气总平面图是一份全面反映电气系统布局的图纸。图中详细标明了变配电所、配电箱的位置以及干线的走向。此外，图中还标注了路灯、庭院灯、草坪灯、投光灯和其他灯具的图例、位置以及电气回路，为施工提供了详细的参考。

11. 工程概算

工程概算文件通常包括封面、扉页、编制单位资质证书、编制说明、概算成果、概算书。

封面和扉页作为工程概算文件的基础，标明了工程概算的名称和相关信息。

编制单位资质证书是证明编制单位具有进行概算编制资格的文件。

编制说明部分详细介绍了工程概况，包括建设地点、规模、范围、性质等关键信息。同时，还列出了用于编制概算的依据，如设计说明书及图纸、国家和地方有关工程建设和造价管理的法律法规、概算指标或定额、类似工程造价指标和有关费用规定等。此外，建设单位提供的其他资料以及其他特殊问题的说明也是编制过程中需要考虑的因素。

对于概算成果的说明，需要详细列出总金额、工程费用、其他费用、预备费用以及列入项目概算总投资中的相关费用。此外，经济技术指标也是评估项目经济效益的重要参考。

在概算书中，建设项目概算由工程费用、工程建设其他费用及预备费用三部分组成。工程费用由各单项工程综合概算表汇总而成。工程建设其他费用及预备费用须按照主管部门的规定进行编制，并可以参考业主提供的资料。

练习提高

（1）利用网络资源搜集某公园方案设计、初步设计、施工图设计全套图纸，并对比分析各设计阶段图纸内容。

（2）常用的效果图制作软件和施工图制作软件有哪些？这些软件的特点和作用是什么？

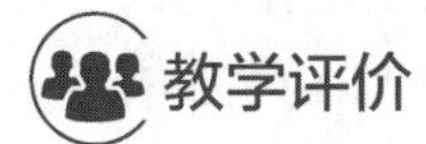

教学评价

根据操作练习进行考核，考核项目和评分标准见评分标准表。

评分标准表

序号	考核项目	配分	评分标准	得分
1	“园施”主要内容	20分	总图、详图描述准确	
2	“结施”主要内容	20分	总图、详图描述准确	
3	“绿施”主要内容	20分	总图、详图描述准确	
4	植物材料表	20分	乔木、灌木、模纹、花卉、草坪种类丰富	
5	乔木种植设计图	20分	植物图例美观，名称、数量标注准确	
6	合计			
7	结果记录	操作是否正确	是/否	
		结果是否正确	是/否	
8	操作时间			
9	教师签名			

任务二　园林景观工程施工图制图规则

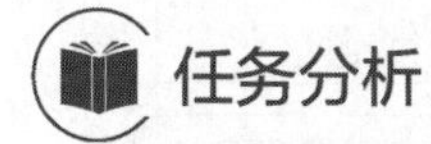

任务分析

设计单位为了有效提高设计的工作质量（规范化）、提高设计的工作效率（标准化）、便于在网络上进行规范化管理和成果共享（网络化），在严格遵照国家有关建筑制图规范进行制图的基础上，所有图面的表达方式均应保持一致，并应制定本设计单位的园林景观工程施工图制图规则。

相关知识

在施工图设计过程中，应严格遵守制图规则。

1. 图纸规格

图纸幅面（简称图幅）及图框尺寸应符合表1-2-1的规定。

表1-2-1　　图纸幅面及图框尺寸　　单位：mm

尺寸代号	幅面代号				
	A0	A1	A2	A3	A4
$B \times L$	841×1189	594×841	420×594	297×420	210×297
c	10			5	
a	25				

图纸的短边尺寸不应加长，A0～A3图纸幅面长边尺寸可加长，加长图幅为标准图框根据图纸内容需要在长边（L边）加长$L/4$的整数倍。A4图纸一般无加长图幅。

为了方便施工过程中翻阅图纸，除总图部分采用A0～A2图幅（视图纸内容需要，同套图纸统一）外，其他详图图纸宜采用A2或A3图幅。根据图纸数量，可以分册装订。在同一个工程设计中，每个专业所使用的图纸一般不宜多于两种幅面。

2. 常用图框

常用图框的标题栏与会签栏宜采用图1-2-1或图1-2-2所示的样式。

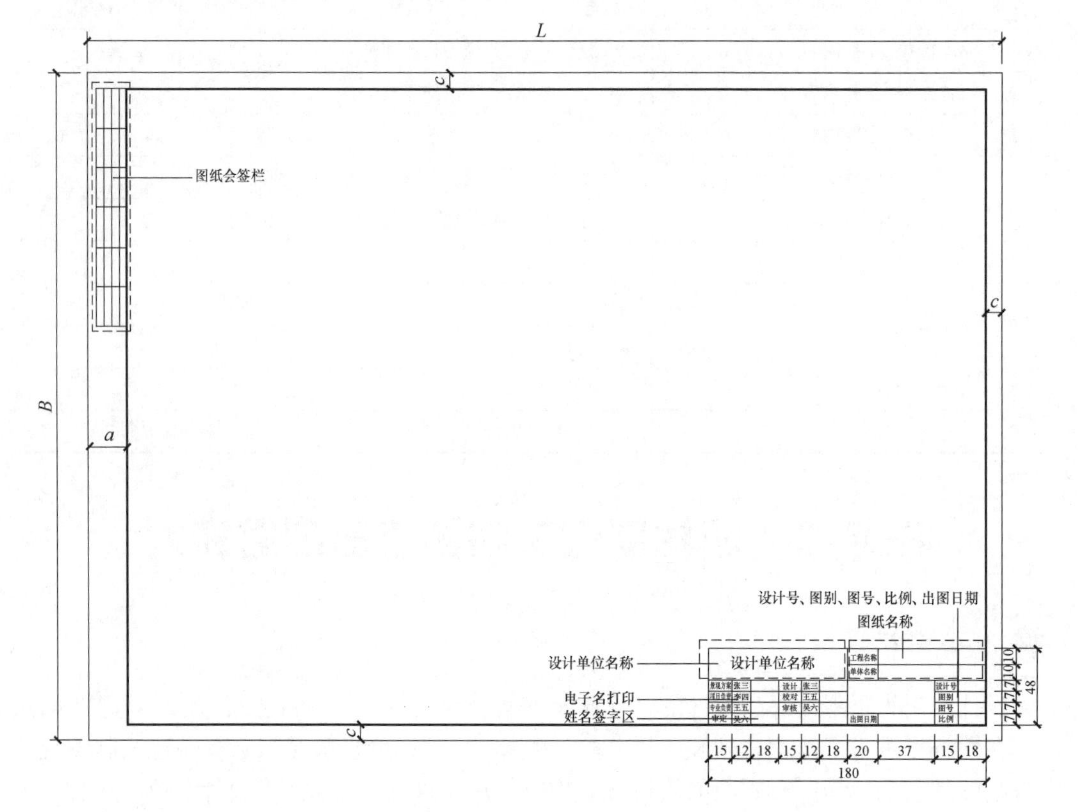

图1-2-1　横式幅面样式（一）

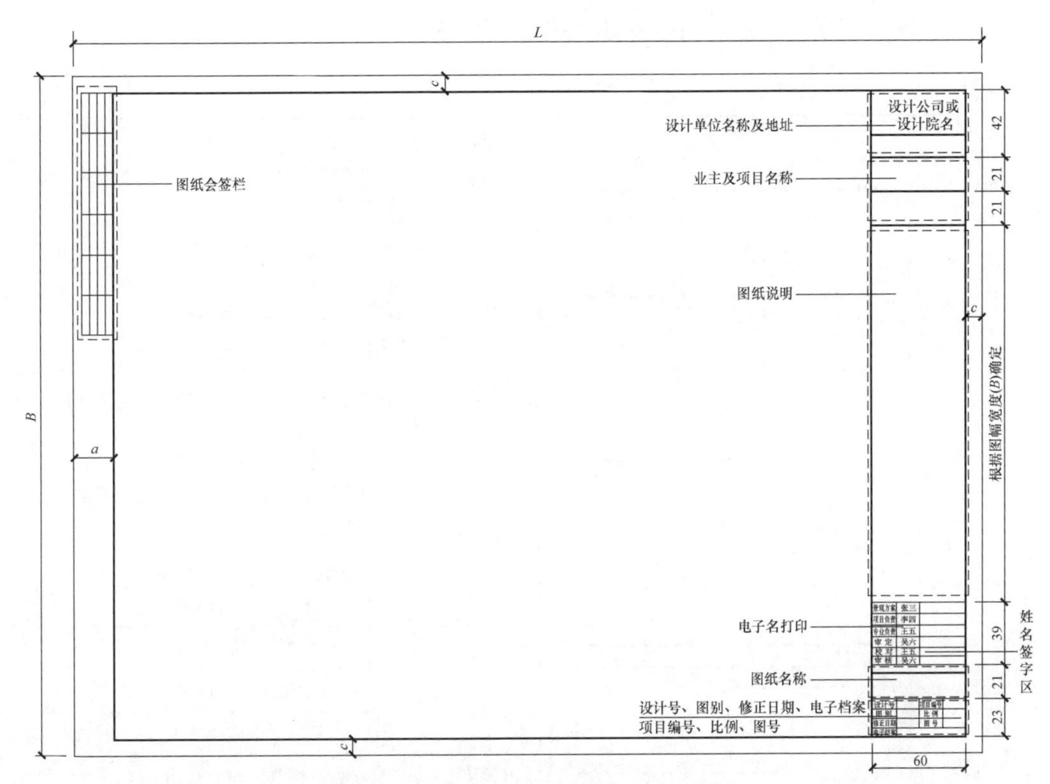

图 1-2-2　横式幅面样式（二）

3. 图纸编排顺序

图纸编排顺序通常为封面、图纸目录、施工设计说明、各个专业的设计图纸。

封面是整个图纸集的入口，它提供了项目的名称、版本信息以及其他重要的标识。

图纸目录为查阅者提供了快速索引的功能，能够帮助他们快速找到感兴趣的图纸。

施工设计说明是一个概述性的文件，它解释了项目的整体施工设计思路和原则。

各个专业的设计图纸，例如园施—×(YS—×)、结施—×(JS—×)、水施—×(SS—×)、电施—×(DS—×) 和绿施—×(LS—×)，这些图纸详细描述了各个专业的设计细节和施工要求。其中，图纸编号“×”是一个重要的组成部分，它有助于组织和管理图纸，确保每张图纸都有一个唯一的标识。在实践中，“×”通常是一个数字，它也可以根据项目的需求进行变化。

4. 图线及线型

图线的线宽 b，宜从下列线宽系列中选取：2.0mm、1.4mm、1.0mm、0.7mm、0.5mm、0.35mm。每个图样，应根据复杂程度与比例大小，先选定基本线宽 b，再选用表 1-2-2 中相应的线宽组。

表 1-2-2　　**线宽组**　　单位：mm

线宽比	线宽组					
b	2.0	1.4	1.0	0.7	0.5	0.35
$0.5b$	1.0	0.7	0.5	0.35	0.25	0.18
$0.25b$	0.5	0.35	0.25	0.18	—	—

园林景观工程设计制图，宜选用表1-2-3所示的图线。

表1-2-3　图线的线型和宽度

名称	线型	线宽	一般用途
特粗实线	━━━━━━━━	1.4b	建筑剖面、立面中的地坪线，大比例断面图中的剖切线
粗实线	━━━━━━━━	b	平、剖面图中被剖切的主要建筑构造（包括构配件）的轮廓线； 建筑立面图的外轮廓线； 构配件详图中的构配件轮廓线
中实线	————————	0.5b	平、剖面图中被剖切到的次要建筑构造（包括构配件）的轮廓线； 建筑平、立、剖面图中建筑构配件的轮廓线； 构造详图中被剖切的主要部分的轮廓线； 乔木外轮廓线
细实线	————————	0.25b	图中应小于中实线的图形线、尺寸线、尺寸界线、图例线、索引符号、标高符号
粗虚线	- - - - - - - -	b	—
中虚线	- - - - - - - -	0.5b	建筑构造及建筑构配件不可见的轮廓线
细虚线	- - - - - - - -	0.25b	图例线，应小于中虚线的不可见轮廓线
点划线	—·—·—·—·—	0.25b	中心线、对称线
折断线	————∿————	0.25b	断开界线
锯齿线	∧∧∧∧∧∧∧∧	0.25b	灌木外轮廓线

在同一张图纸内，比例相同的各图样，应选用相同的线宽组。

5. 字体

绘图文字应以中文为主要标注文字，标点符号应清楚正确。字体的高度应从以下系列中选用：3.5mm、5mm、7mm、10mm、14mm、20mm。如需书写更大的字，其高度应按$\sqrt{2}$的比率递增。

图样及说明中的汉字，宜采用长仿宋体，宽度与高度的关系应符合表1-2-4的规定。大标题、图册封面、地形图等的汉字，也可书写成其他字体，但应易于辨认。

表1-2-4　长仿宋体字高宽关系　　单位：mm

字高	3.5	5	7	10	14	20
字宽	2.5	3.5	5	7	10	14

6. 比例

比例应以阿拉伯数字表示，其字高宜比图名字高小一号或二号，写于图名右侧。

绘图所用的比例，应根据图样的用途与被绘对象的复杂程度，从表1-2-5中选用，并应优先采用表中常用比例。

表 1-2-5　　　绘图比例

常用比例	1∶1、1∶2、1∶5、1∶10、1∶20、1∶50、1∶100、1∶200、1∶500、1∶1000、1∶2000
可用比例	1∶3、1∶15、1∶25、1∶30、1∶40、1∶60、1∶150、1∶250、1∶300、1∶400、1∶600、1∶1500

7. 尺寸标注

尺寸标注包括尺寸界线、尺寸线、尺寸起止符号和尺寸数字。

尺寸界线用细实线绘制，一般应与被注长度垂直，其一端应离开图样轮廓线不小于2mm，另一端宜超出尺寸线2~3mm。必要时，图样轮廓线也可用作尺寸界线。

尺寸线用细实线绘制，应与被注长度平行，且不宜超出尺寸界线。尺寸线不能用其他图线替代，一般也不得与其他图线重合或画在其他图线延长线上。

尺寸起止符号应用中粗斜短线绘制，其倾斜方向应与尺寸界线呈顺时针45°角，长度宜为2~3mm。半径、直径、角度与弧长的尺寸起止符号宜用箭头表示。

图样上尺寸应以尺寸数字为准。图样上的尺寸单位，除标高及总平面图中以m为单位外，其他必须以mm为单位。尺寸数字应依据其读数方向写在靠近尺寸线的上方中部，如没有足够的注写位置，最外边的尺寸数字可在尺寸界线外侧注写，中间相邻的尺寸数字上下可错开注写，也可引出注写。尺寸数字不能被任何图线穿过，无法避免时，应将图线断开。

尺寸宜标注在图样轮廓线以外，不宜与图线、文字及符号相交。尺寸界线一般与尺寸线垂直。互相平行的尺寸线，应从被注的图样轮廓线由近向远整齐排列，较小尺寸应离轮廓线较近，较大尺寸应离轮廓线较远。图样外轮廓线以外最多不超过三道尺寸线。图样轮廓线以外的尺寸线，距图样最外轮廓线之间的距离不宜小于10mm。平行排列的尺寸线的间距宜为7~10mm，且应保持一致。总尺寸的尺寸界线应靠近所指部位，中间分尺寸的尺寸界线可稍短，但其长度应相等。

8. 标高

个体建筑物图样上的标高符号以细实线绘制，通常采用图1-2-3（a）左图所示的形式，如标注位置不够，也可按图1-2-3（a）右图所示形式绘制。图中L是注写标高数字的长度，高度H则视需而定。

总平面图上的标高符号应涂黑表示，如图1-2-3（b）所示。

标高数字以m为单位，注写到小数点后第三位；在总平面图中，可注写到小数点后第二位。零点标高应注写成±0.000，正数标高不注“+”，负数标高应注“-”。标高符号的尖端应指至被注的高度处，尖端可向上，也可向下，标高数字应注写在标高符号的上侧或下侧，如图1-2-3（c）所示。在图样的同一位置需要表示几个不同标高时，标高数字可按图1-2-3（d）所示的形式注写。

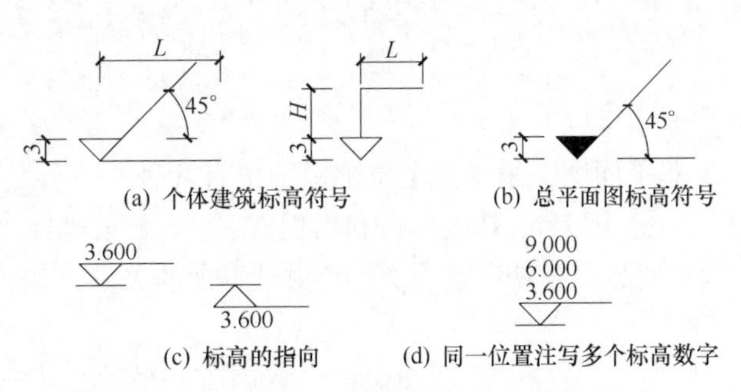

图1-2-3　标高符号及其画法规定

图上采用的标高应有说明，如“±0.000等于绝对标高××.×××”，也可直接采用绝对标高。

9. 风玫瑰图及指北针

在总平面图中，应画出工程所在地地区风玫瑰图，用以指定方向及指明地区主导风向。地区风玫瑰图可查阅相关资料或由设计委托方提供。

在总图部分的其他平面图上，应画出指北针。指北针所指方向应与总平面图中风玫瑰的指北针方向一致。如图 1-2-4 所示，指北针用细实线绘制，其形状应为圆形，内绘制指北针。圆的直径宜为 24mm，指针尾宽宜为 3mm，指针尖端处应注“北”或“N”字，字高 5mm。

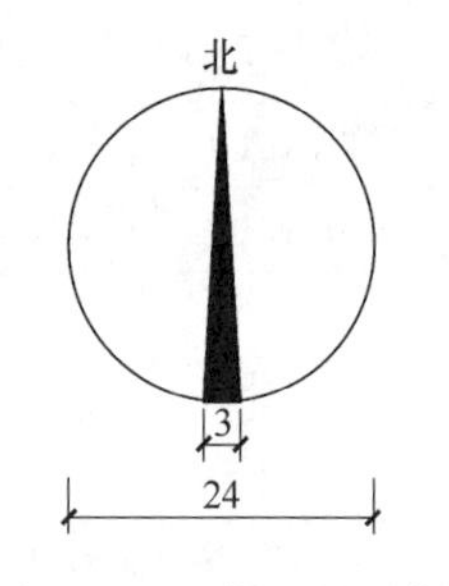

图 1-2-4　指北针示例

10. 索引符号及详图符号

索引符号的圆及水平直径线均以细实线绘制，圆的直径应为 10mm，索引符号的引出线应指在要索引的位置上。当索引出的是剖面详图时，用粗实线段表示剖切位置，引出线所在的一侧应为剖视方向。

各种索引符号如图 1-2-5 所示，图中上半圆中的阿拉伯数字为详图编号，下半圆中的阿拉伯数字为详图所在图纸的图纸号。当索引的详图与被索引的详图同在一张图纸内，应在索引符号的上半圆中用阿拉伯数字注明该详图的编号，并在下半圆中间画一段水平细实线。

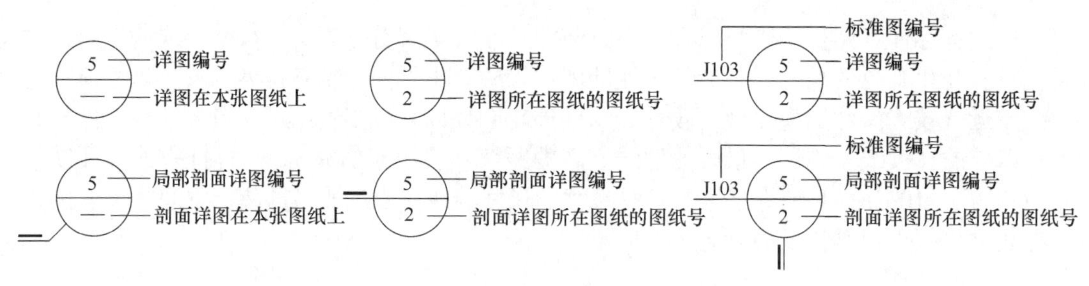

图 1-2-5　索引符号

详图的位置和编号，应以详图符号表示。详图符号的圆用粗实线绘制，直径为 14mm，如图 1-2-6 所示。

图 1-2-6　详图符号

11. 定位

总平面图上采用的定位坐标网格有两种，一种是测量坐标网以 *X*、*Y* 表示，另一种是施工坐标网以 *A*、*B* 表示。利用现有 *X*、*Y* 测量坐标，如果选择某点作为施工坐标 *A*、*B* 的 0 起点时，应注明和现有 *X*、*Y* 测量坐标的关系，如图 1-2-7 所示。

$$\frac{A=0.00}{B=0.00} \quad \frac{A=0.00}{B=0.00} = \frac{X=\times\times.\times\times}{Y=\times\times.\times\times}$$

图 1-2-7　定位坐标

此外，也可以建筑物墙角或某一固定标志作为 $A=0.00$、$B=0.00$，方向一般以垂直于指北针为宜。若景观设计的范围较小，则可以建筑物或围墙为基准，用尺寸线表示。

如图 1-2-8 所示，弧形线或曲面应标注圆心及半径，圆心注上坐标以便施工定位。若半径较大，图面内不能容纳，则可采用折线表示。

复杂的曲面图形宜采用网格形式标注尺寸，如图 1-2-9 所示。

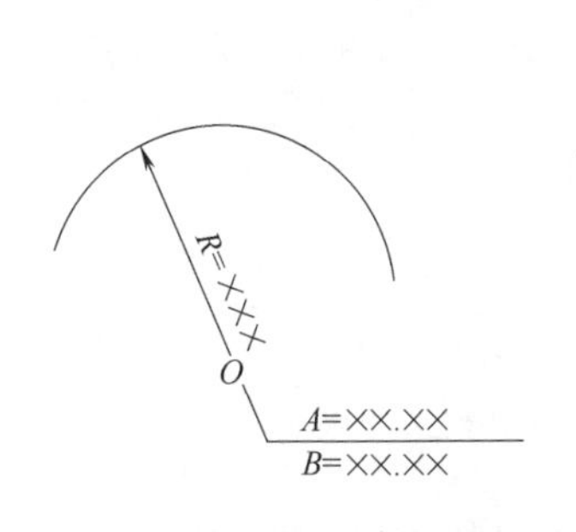

图 1-2-8　弧形线或曲面标注

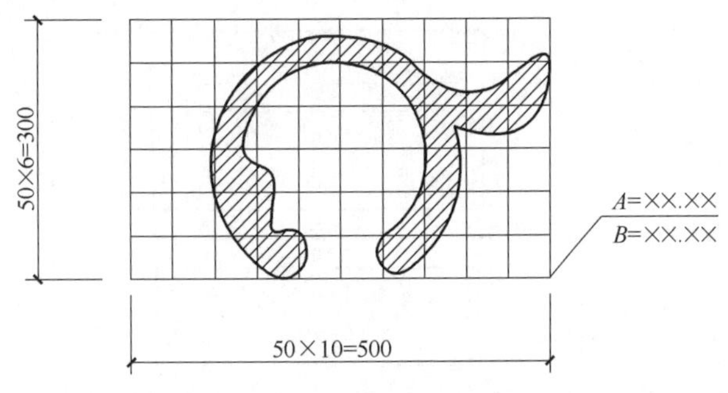

图 1-2-9　网格标注尺寸

12. 园林景观工程常用图例

总图中常用图例如表 1-2-6 所示。

表 1-2-6　　总图中常用图例

名称	图例	说明
坐标	X=105.00 Y=425.00 A=131.51 B=278.25	上图表示测量坐标； 下图表示施工坐标
填挖边坡		边坡较长时，可一端或两端局部表示
护坡		
室内标高	3.600	—
室外标高	143.000	—
新建的道路	101.00 6 R9 150.000	"R9"表示道路转弯半径为 9m，"150.00"为路面中心的标高，"6"表示纵向坡度为 6%，"101.00"表示变坡点间距离； 图中斜线为道路断面示意，可根据实际需要绘制

常用建筑材料图例如表1-2-7所示。

表1-2-7　　常用建筑材料图例

名称	图例	说明
自然土壤		包括各种自然土壤
夯实土壤		—
砂		—
天然石材		包括岩层、砌体、铺地、贴面等材料
毛石		—
普通砖		包括砌体、砌块； 断面较窄，不易画出图例线时，可涂红
混凝土		本图例仅适用于能承重的混凝土及钢筋混凝土，包括各种强度等级、骨料、添加剂的混凝土； 在剖面图上画出钢筋时，不画图例线； 断面较窄，不易画出图例线时，可涂黑
钢筋混凝土		
多孔材料		包括水泥珍珠岩、沥青珍珠岩、泡沫混凝土、非承重加气混凝土、泡沫塑料、软木等
木材		上图为横断面，从左到右依次为垫木、木砖、木龙骨； 下图为纵断面
金属		包括各种金属； 图形小时，可涂黑

植物专业图例如表 1-2-8 所示。

表 1-2-8　植物专业图例

名称	图例	说明
落叶阔叶乔木	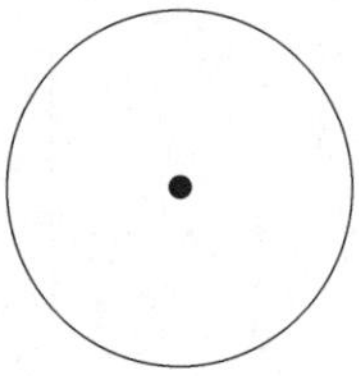	—
常绿阔叶乔木		—
常绿针叶乔木	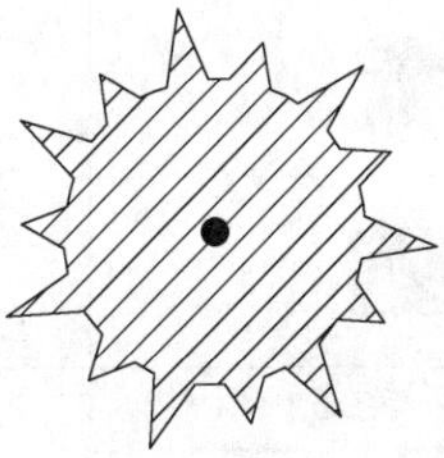	—
落叶针叶乔木	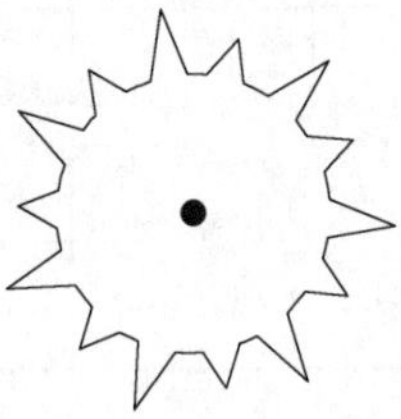	—
棕榈科乔木	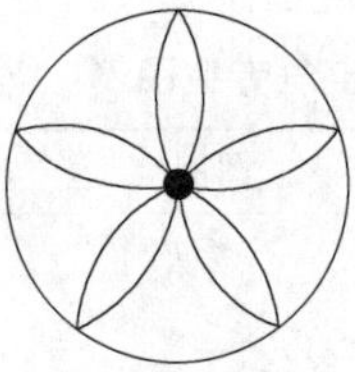	—
绿篱	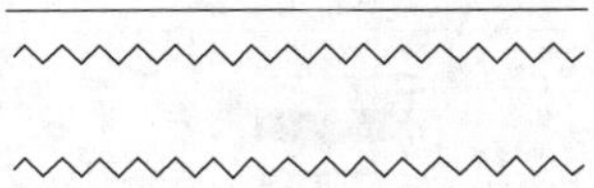	—
草地	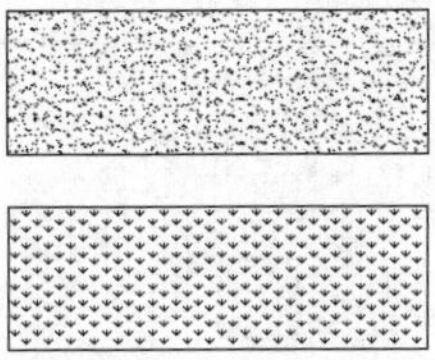	—

给排水专业图例如表 1-2-9 所示。

表 1-2-9　　给排水专业图例

名称	图例	说明
雨水斗	YD- 平面　YD- 系统	—
排水漏斗	平面　系统	—
圆形地漏		通用。如为无水封,地漏应加存水弯
方形地漏		—
雨水口		单口
		双口
阀门井 检查井		—
跌水井		—
水表井		—

电气专业图例如表 1-2-10 所示。

表 1-2-10　　电气专业图例

名称	图例	说明
变压器		—
配电箱 配电柜		—
背景音乐控制设备		—
手孔井		—

13. 作图软件设置规则

在作图过程中，为了提高绘图效率并保证图形的专业性，需要遵循一定的规则来设置图层、线型和线宽等参数。

对于图层设置，应该将不同类型的图形元素放置在不同的图层中。这样做可以使图形更加有条理，方便后续的编辑和修改。各图层应该根据其对应的图形内容命名，命名尽量简洁明了。同时，推荐使用主流的专业绘图软件（如天正、浩辰等）的图层设置方法，这样可以更好地与其他软件进行兼容。

线型和线宽的设置也是非常重要的。线型应该与图形的实际内容相匹配，以清晰地表达图形的信息。例如，实线适用于连续的线条，虚线适用于需要强调的区域或边界，点划线和锯齿线则适用于特殊的指示或强调。同时，线宽应根据图形的比例设定，以保证图形的比例协调。

在设置图框时，建议将标准图框插入绘图软件中，这样可以确保图纸的规范性和统一性。同时，为了方便图纸的修改和交互工作，可以利用图形参照功能和图纸空间布局组织图纸内容。

此外，电子文件的管理也是至关重要的。每个图形文件的电子文件都应采用中文命名，并且名称应与文件内容保持一致，这样可以方便文件的分类和查找。同时，为了防止文件丢失或损坏，应该定期备份文件。

在拷贝带参照文件的图形时，需要同时拷贝被参照的图形文件和图片，以防止参照丢失，这样可以保证图纸的一致性和完整性。

任务实施

（1）利用网络资源下载知名设计院施工图纸，仿照设计院图框风格，设计自己的 A2 图框及标题栏。

（2）根据教师提供的施工图纸，说出图幅和图号的区别。

（3）根据教师提供的施工图纸，说出尺寸标注的内容。

（4）根据教师提供的施工图纸，分辨索引符号及详图符号，说出不同索引符号和详图符号的含义。

（5）利用网络下载的园林景观施工图，规划自己的园林景观工程施工图的图层。

拓展知识

根据《中华人民共和国标准化法》，标准是指农业、工业、服务业以及社会事业等领域需要统一的技术要求。标准包括国家标准、行业标准、地方标准、团体标准和企业标准。

1. 强制性国家标准（GB）

中华人民共和国国家标准为强制性国家标准，简称国标，是包括语编码系统的国家标准码，由在国际标准化组织（ISO，International Organization for Standardization）和国际电工委员会（或称国际电工协会，IEC，International Electrotechnical Commission）代表中华人民共和国的会员机构——国家标准化管理委员会发布。1994 年及之前发布的标准，以两位数字代表年份。1995 年开始发布的标准，标准编号后的年份，才改以四位数字代表。如：《建设工程工程量清单计价规范》（GB 50500—2013）；《园林绿化工程项目规范》（GB 55014—2021）；《公园设计规范》（GB 51192—2016）。

2. 推荐性国家标准（GB/T）

“GB”即“国家标准”的汉语拼音缩写，“T”代表推荐。推荐性国家标准是指生产、交换、使用等方面，通过经济手段调节而自愿采用的一类标准，又称自愿标准。任何单位都有权决定是否采用这类标准，违反这类标准，不承担经济或法律方面的责任。如：《建筑制图标准》（GB/T 50104—2010）；《城市绿地规划标准》（GB/T 51346—2019）。

3. 行业标准

对没有推荐性国家标准、需要在全国某个行业范围内统一的技术要求，可以制定行业标准。如：《城市测量规范》（CJJ/T 8—2011）；《园林绿化木本苗》（CJ/T 24—2018）。

4. 地方标准（DB）

地方标准是由省级标准化行政主管部门和经其批准的设区的市级标准化行政主管部门为满足地方自然条件、风俗习惯等特殊技术要求制定的推荐性标准。如：《公园绿地应急避难功能设计规范》（DB11/T 794—2011）。

5. 团体标准

团体标准是由团体按照团体确立的标准制定程序自主制定发布，由社会自愿采用的标准。如：《森林康养步道建设规范》（T/LYCY 1041—2023）。

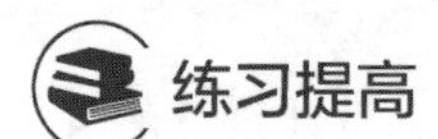

练习提高

学会利用网络资源查找下载各种制图规则及标准图集。如：建筑制图标准（GB/T 50104—2010）；《CAD 工程制图规则》（GB/T 18229—2000）；《环境景观——室外工程细部构造》（15J012—1）。

教学评价

根据操作练习进行考核，考核项目和评分标准见评分标准表。

评分标准表

序号	考核项目	配分	评分标准	得分
1	图框及标题栏	20 分	图框符合规范，标题栏美观，布局合理	
2	图幅和图号的区别	20 分	图号编制符合专业要求，规范、合理	
3	尺寸标注的内容	20 分	能区分尺寸线、尺寸界线、尺寸起止符号、尺寸数字	
4	索引符号和详图符号	20 分	能区分各种索引符号和详图符号	
5	规划施工图图层	20 分	图层规划清晰、规范	
6	合计			

续表

序号	考核项目	配分	评分标准	得分
7	结果记录	操作是否正确	是/否	
		结果是否正确	是/否	
8	操作时间			
9	教师签名			

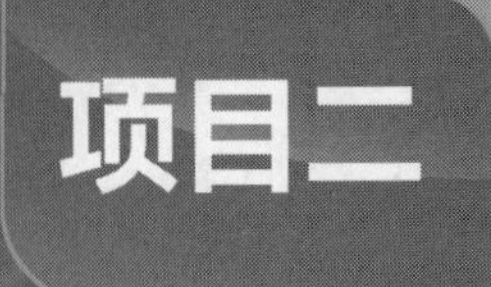

AutoCAD入门

任务一　认识 AutoCAD 绘图环境

任务分析

AutoCAD 初学者必须在电脑上安装 AutoCAD 软件，安装软件必须要有安装光盘或安装包。为了获取软件，可以采用以下任意一种方法：

（1）Autodesk Store

进入 Autodesk Store，订阅和下载最新版本的 Autodesk 软件。

（2）Autodesk Account

登录 Autodesk Account，在“产品和服务”列表中查找产品，或直接从 Autodesk Account 访问早期版本。

（3）Education Community

Education Community 的成员可以登录教育社区网站获取软件。

（4）试用版

可以在“Autodesk 产品”页面查找试用版。通常可以下载软件，先使用试用版，试用到期后再订阅。

（5）Autodesk 桌面应用程序

如果计算机上已安装 Autodesk 桌面应用程序，购买产品后，可以直接从 Autodesk 桌面应用程序进行安装。

（6）产品购买选项

可以从 Autodesk 产品中进行购买。

在选择 AutoCAD 版本时，需要根据自己电脑的配置进行选择，确保软件能够顺利运行。获取安装光盘或安装包后，即可开始安装 AutoCAD 软件。

对于 AutoCAD 初学者来说，熟悉界面是第一步。安装好软件后，可以先大体浏览界面，将光标依次停留在界面的各个图标上，观察命令提示，快速熟悉命令的名称、位置和基本用途。

其次，全面了解 AutoCAD 的界面布局至关重要。熟悉界面布局不仅有助于我们更好地理解各种教程和技巧，还能使我们更好地与他人进行交流。熟悉界面布局，在操作时能够迅速找到目标功能，提高学习效率。

本教材以 AutoCAD 2022 为例，讲解如何利用 AutoCAD 2022 进行园林工程图设计。AutoCAD 2022 提供了多种工作空间，即界面布局，以满足不同用户的使用习惯和工作需求。其默认的界面布局是“二维草图与注释”，这种布局采用了目前较为流行的 RIBBON 风格。值得注意的是，自 AutoCAD 2016 版本起，经典菜单和工具栏界面已被逐渐淘汰。因此，可以根据自己的需要，选择合适的工作空间或者进行自定义设置，以适应自己的工作习惯。

熟悉界面布局后，需要进一步掌握如何打开、新建和保存 AutoCAD 文件。AutoCAD 文件的默认格式是 dwg 格式，这种格式是业界广泛使用的标准格式。

相关知识

启动 AutoCAD 2022 应用程序后，进入 AutoCAD 2022 工作界面，采用草图与注释界面布局。AutoCAD 2022 工作界面如图 2-1-1 所示，该界面主要由“应用程序”按钮、“快速访问”工具栏、标题栏、菜单栏、功能区、绘图窗口、“模型”选项卡和“布局”选项卡、命令窗口、状态栏和工具栏组成。其中，工具栏需要单独调出。

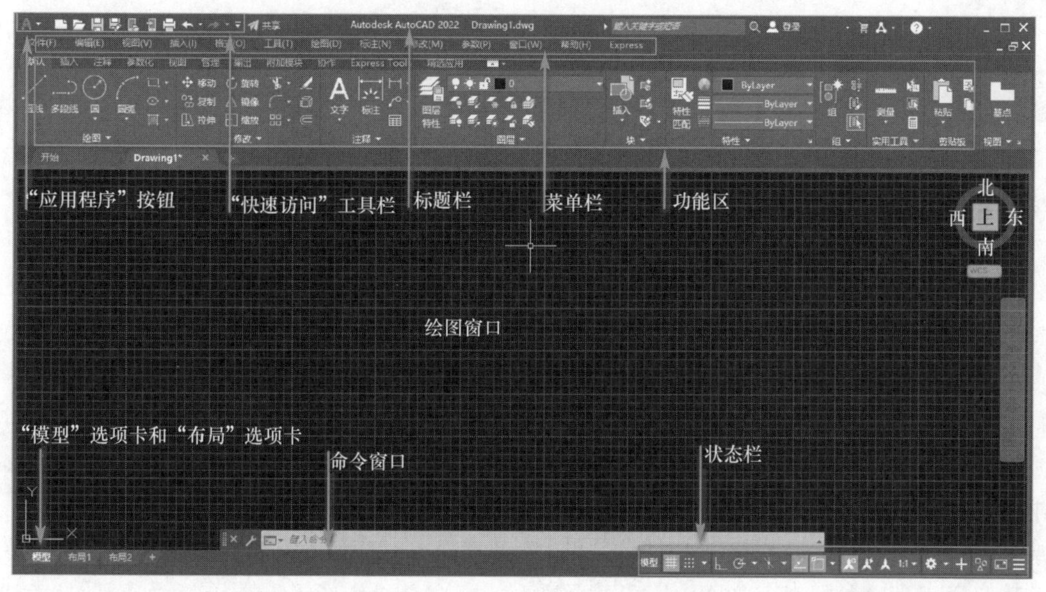

图 2-1-1　AutoCAD 2022 工作界面

1. “应用程序”按钮

单击“应用程序”按钮可以执行以下操作：

① 新建、打开或保存文件。

② 核查、修复和清理文件。

③ 打印或发布文件。

④ 访问“选项”对话框。

⑤ 关闭应用程序。

2. “快速访问”工具栏

使用“快速访问”工具栏显示经常使用的工具，如图 2-1-2 所示。

(1) 对文件的各种操作

“快速访问”工具栏会显示用于对文件的各种操作，如“新建”、“打开”、“保存”、“另存为”、“打印”。

图 2-1-2 “快速访问”工具栏

(2) 查看放弃和重做历史记录

“快速访问”工具栏会显示用于放弃和重做对工作所做更改的选项。如图 2-1-3 所示，单击“放弃”或“重做”右侧的下拉按钮，即可放弃或重做不是最新的修改。

(3) 添加命令和控件

如图 2-1-4 所示，单击最右侧的下拉按钮并单击下拉菜单中的选项，可将常用工具添加到“快速访问”工具栏。

图 2-1-3 “放弃”和“重做”按钮

图 2-1-4 “添加命令和控件”按钮

提示：

要快速将功能区按钮添加到“快速访问”工具栏，请在功能区的任何按钮上单击鼠标右键，然后单击“添加到‘快速访问’工具栏”选项，如图 2-1-5 所示。

3. 标题栏

标题栏位于应用程序窗口的最上端，用于显示当前正在运行的程序名及文件名等信息，如果是 AutoCAD 默认的图形文件，其名称为“DrawingN. dwg” （N 是数字，$N=1$，2，3，…，表示第 N 个默认图形文件）。单击标题栏右端的按钮，可以最小化、最大化或关闭程序窗口。标题栏最左端是软件的小图标，单击它将会弹出一个 AutoCAD 窗口控制下拉菜单，可以进行还原、移动、最小化或最大化窗口、关闭窗口等操作。

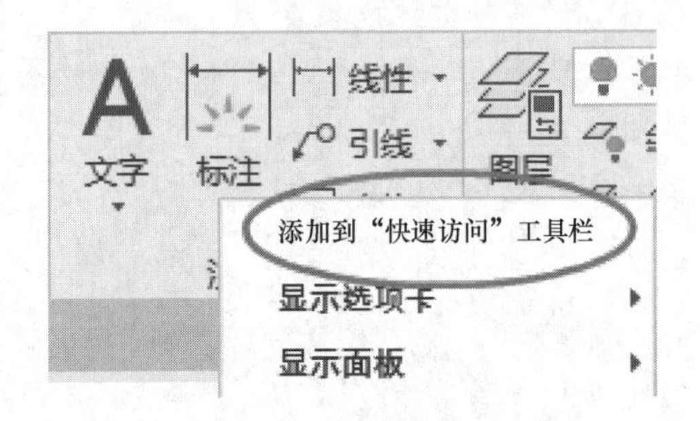

图 2-1-5 “添加到‘快速访问’工具栏”选项

4. 菜单栏

在 AutoCAD“快速访问”工具栏处可以调出菜单栏。同其他 Windows 程序一样，AutoCAD 的菜单也是下拉形式的，并在菜单中包含子菜单。AutoCAD 的菜单栏中包含 12 个菜单：“文件”“编辑”“视图”“插入”“格式”“工具”“绘图”“标注”“修改”“参数”“窗口”和“帮助”，这些菜单几乎包含了 AutoCAD 的所有绘图命令，后面的章节将对这些菜单功能进行详细讲解。

一般来讲，AutoCAD 2022 下拉菜单有以下三种类型：

① 右边带有小三角形的菜单项，该菜单后面带有子菜单，将光标放在上面会打开它的子菜单。

② 右边带有省略号的菜单项，单击该项后会打开一个对话框。

③ 右边没有任何内容的菜单项，单击该项可以直接执行一个相应的 AutoCAD 命令，在命令提示窗口中显示出相应的提示。

5. 功能区

功能区按逻辑分组来组织工具，它提供了一个简洁紧凑的选项板，其中包括创建或修改图形所需的所有工具。可以将功能区放置在以下位置：

① 水平固定在绘图区域的顶部（默认）。

② 垂直固定在绘图区域的左端或右端。

③ 在绘图区域中或第二个监视器中浮动。

（1）功能区选项卡和面板

功能区由一系列选项卡组成，这些选项卡被组织到面板中，其中包含许多工具栏中可用的工具和控件，如图 2-1-6 所示。

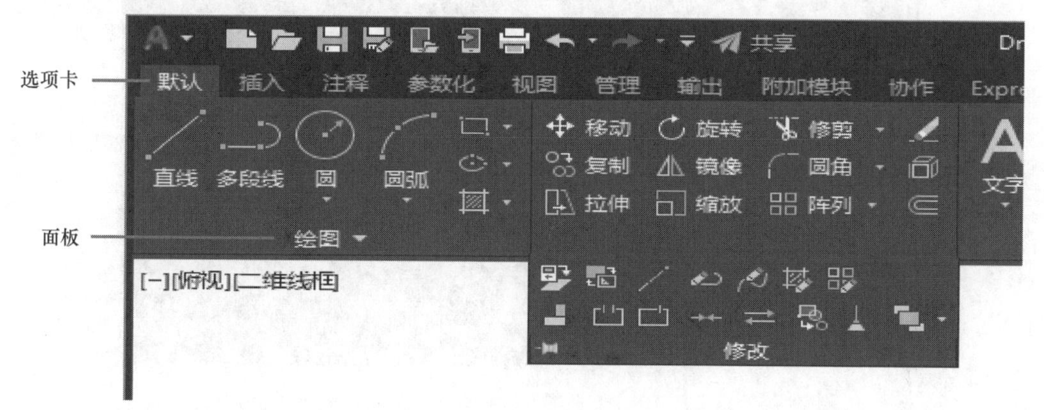

图 2-1-6 功能区

一些功能区面板提供了对与该面板相关的对话框的访问。如图 2-1-7 所示，单击面板右下角由箭头图标↘表示的对话框启动器，即可显示相关的对话框。

图 2-1-7 对话框启动器

注意：

在功能区单击鼠标右键，然后单击或清除快捷菜单上列出的选项卡或面板的名称，即可控制功能区选项卡和面板的显示。

（2）浮动面板

如图2-1-8所示，将面板从功能区选项卡中拉出，并放到绘图区域中或其他监视器上，即可创建浮动面板。浮动面板将一直处于打开状态（即使切换功能区选项卡），直到将其返回到功能区。

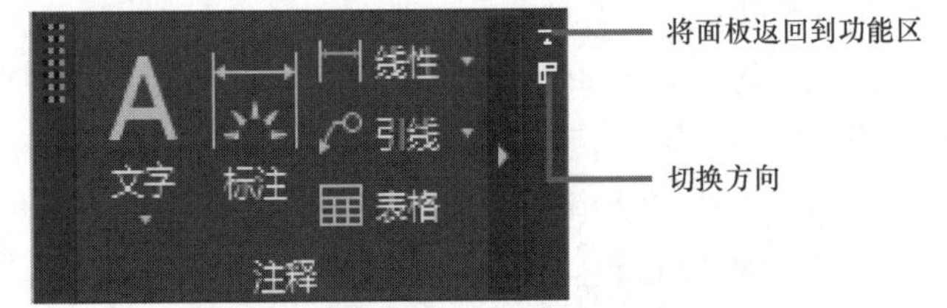

图2-1-8　浮动面板

（3）滑出式面板

如图2-1-9所示，单击面板标题右侧的箭头▼，面板将展开为滑出式面板，以显示其他工具和控件。默认情况下，单击其他面板时，滑出式面板将自动关闭。单击滑出式面板左下角的图钉图标，该图标变为，即可使面板保持展开状态。

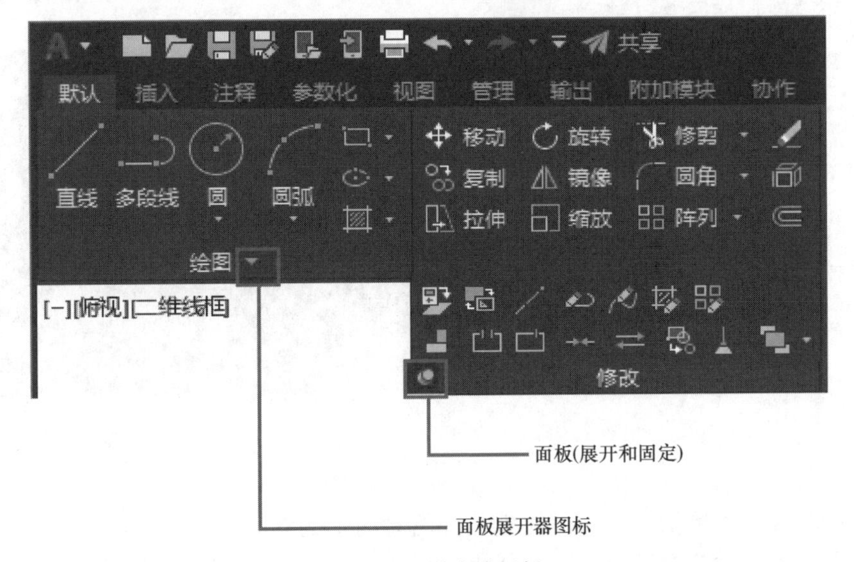

图2-1-9　滑出式面板

（4）上下文功能区选项卡

如图2-1-10所示，选择特定类型的对象或启动特定命令时，将显示上下文功能区选项卡而非工具栏或对话框。结束命令时，上下文功能区选项卡会关闭。

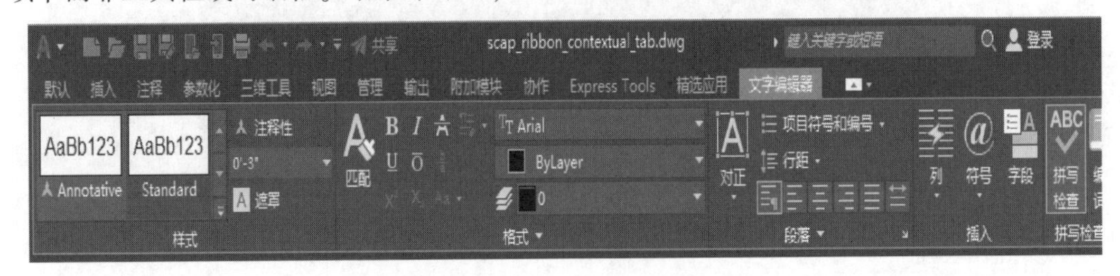

图2-1-10　上下文功能区选项卡

（5）工作空间和功能区

对于在Windows操作系统上运行的产品，工作空间是指功能区选项卡和面板、菜单栏、工具栏和选项板的集合，它能够提供一个自定义、面向任务的绘图环境。用户可以通过更改工作空间，更改到其他功能区。如图2-1-11所示，在状态栏中，单击“切换工作空间”按钮，可以选择要使用的工作空间。

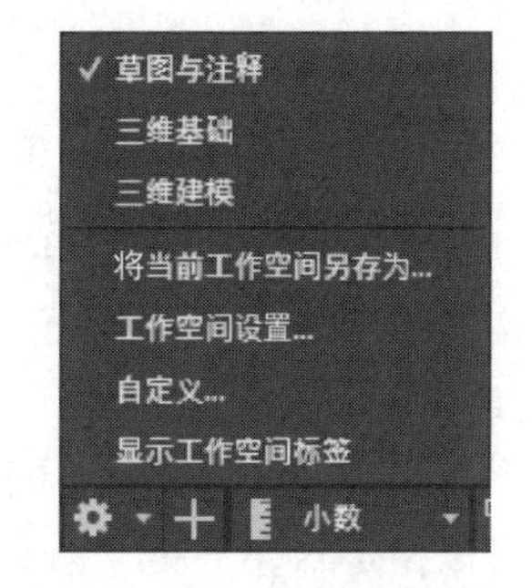

图2-1-11 切换工作空间

6. 绘图窗口

绘图窗口是用户绘图的工作区域，所有的绘图结果都反映在这个窗口中。用户可以根据需要关闭窗口周围和窗口内部的各个工具栏，以增大绘图空间。如果图纸比较大，需要查看未显示部分时，可以单击窗口右侧与下侧滚动条上的箭头，或拖动滚动条上的滑块来移动图纸。

在绘图窗口中，除了显示当前的绘图结果外，还显示了当前使用的坐标系类型、坐标原点及X轴、Y轴、Z轴的方向等。默认情况下，坐标系为世界坐标系（WCS）。

7. “模型”选项卡和“布局”选项卡

绘图窗口的下方有“模型”选项卡和“布局”选项卡，单击它们可以实现模型空间与布局空间的转换。模型空间提供了设计模型（绘图）的环境。布局是指可访问的图纸显示，专用于打印。AutoCAD 2022可以在一个布局上建立多个视图，同时，一张图纸可以建立多个布局且每一个布局都有相对独立的打印设置。

8. 命令窗口

命令窗口位于操作界面的底部，是用户与AutoCAD进行交互对话的窗口。在“命令：”提示下，AutoCAD接收用户使用各种方式输入的命令，然后显示出相应的提示，如命令选项、提示信息和错误信息等。在AutoCAD 2022中，可以将命令窗口拖放为浮动窗口。

命令窗口中显示文本的行数可以改变，将光标移至命令窗口上边框处，待光标变为双箭头后，按住左键拖动即可。命令窗口的位置可以在操作界面的上方或下方，也可以浮动在绘图窗口内。将光标移至命令窗口左边框处，光标变为箭头后，单击并拖动即可。

AutoCAD文本窗口是记录AutoCAD命令的窗口，是放大的命令窗口，它记录了用户已执行的命令，也可以用来输入新命令。在AutoCAD 2022中，用户可以单击“视图”→“显示”→“文本窗口”按钮或执行“TEXTSCR”命令或按F2键来打开AutoCAD文本窗口。

9. 状态栏

状态栏用于显示AutoCAD当前的状态，如当前的坐标、栅格和捕捉、极轴追踪、对象捕捉、动态输入、正交模式和切换工作空间等。

状态栏包括“坐标”“模型空间”“栅格”“捕捉模式”“推断约束”“动态输入”“正交模式”“极轴追踪”“等轴测草图”“对象捕捉追踪”“二维对象捕捉”“线宽”“透明度”“选择循环”“三维对象捕捉”“动态UCS”“选择过滤”“小控件”“注释可见性”“自动缩放”“注释比例”“切换工作空间”“注释监视器”“单位”“快捷特性”“锁定用

户界面”“隔离对象”“硬件加速”“全屏显示”“自定义”共30个功能按钮。左键单击部分开关按钮，可以实现这些功能的开关。通过部分按钮也可以控制图形或绘图区的状态。

① 坐标。显示工作区鼠标放置点的坐标。

② 模型空间。在模型空间与布局空间之间进行转换。

③ 栅格。栅格是覆盖整个坐标系（UCS）*XY*平面的直线或点组成的矩形图案。使用栅格类似于在图形下放置一张坐标纸。利用栅格可以对齐对象并直观显示对象之间的距离。

④ 捕捉模式。对象捕捉对于在对象上指定精确位置非常重要。不论何时提示输入点，都可以指定对象捕捉。默认情况下，当光标移到对象的对象捕捉位置时，将显示标记和工具提示。

⑤ 推断约束。自动在正在创建或编辑的对象与对象捕捉的关联对象或点之间应用约束。

⑥ 动态输入。在光标附近显示一个提示框（称为“工具提示”），显示对应的命令提示和光标的当前坐标。

⑦ 正交模式。将光标限制在水平或垂直方向上移动，以便于精确地创建和修改对象。当创建或移动对象时，可以使用正交模式将光标限制在相对于用户坐标系（UCS）的水平或垂直方向上。

⑧ 极轴追踪。使用极轴追踪，光标将按指定角度进行移动。创建或修改对象时，可以使用极轴追踪来显示由指定的极轴角度所定义的临时对齐路径。

⑨ 等轴测草图。通过设定“等轴测捕捉/栅格”，可以很容易地沿三个等轴测平面之一对齐对象。尽管等轴测图形看似三维图形，但它实际上是由二维图形表示的。因此不能提取三维距离和面积、从不同视点显示对象或自动消除隐藏线。

⑩ 对象捕捉追踪。使用对象捕捉追踪，可以沿着基于对象捕捉点的对齐路径进行追踪。已获取的点将显示一个小加号（+），一次最多可以获取七个追踪点。获取点之后，在绘图路径上移动光标，将显示相对于获取点的水平、垂直或极轴对齐路径。例如，可以基于对象端点、中点或者对象的交点，沿着某个路径选择一点。

⑪ 二维对象捕捉。使用执行对象捕捉设置（也称为对象捕捉），可以在对象的精确位置指定捕捉点。选择多个选项后，将应用选定的捕捉模式，以返回距离靶框中心最近的点。按Tab键以在这些选项之间循环。

⑫ 线宽。分别显示对象所在不同图层中设置的不同宽度，而不是统一线宽。

⑬ 透明度。使用该命令，调整绘图对象显示的明暗程度。

⑭ 选择循环。当一个对象与其他对象彼此接近或重叠时，准确地选择某一个对象是很困难的。使用选择循环，将光标移动到尽可能接近要选择的AutoCAD 2022对象的地方，然后单击鼠标左键，打开“选择集”列表框，列表框中列出了光标周围的图形，然后在列表中选择所需的对象。

⑮ 三维对象捕捉。三维中的对象捕捉与在二维中工作的方式类似，不同之处在于在三维中可以投影对象捕捉。

⑯ 动态UCS。在创建对象时使UCS的*XY*平面自动与实体模型上的平面临时对齐。

⑰ 选择过滤。根据对象特性或对象类型对选择集进行过滤。当单击图标后，只选择满足指定条件的对象，其他对象将被排除在选择集之外。

⑱ 小控件。帮助用户沿三维轴或平面移动、旋转或缩放一组对象。

⑲ 注释可见性。当图标亮显时，表示显示所有比例的注释性对象；当图标变暗时，表示仅显示当前比例的注释性对象。

⑳ 自动缩放。注释比例更改时，自动将比例添加到注释对象。

㉑ 注释比例。单击注释比例右下角小三角符号打开注释比例列表，可以根据需要选择适当的注释比例。

㉒ 切换工作空间。进行工作空间转换。

㉓ 注释监视器。打开仅用于所有事件或模型文档事件的注释监视器。

㉔ 单位。指定线性和角度单位的格式和小数位数。

㉕ 快捷特性。控制快捷特性面板的使用与禁用。

㉖ 锁定用户界面。单击该按钮，锁定工具栏、面板和可固定窗口的位置和大小。

㉗ 隔离对象。当选择隔离对象时，在当前视图中显示选定对象，所有其他对象都暂时隐藏；当选择隐藏对象时，在当前视图中暂时隐藏选定对象，所有其他对象都可见。

㉘ 硬件加速。设定图形卡的驱动程序以及设置硬件加速的选项。

㉙ 全屏显示。该选项可以清除 Windows 窗口中的标题栏、功能区和选项板等界面元素，使 AutoCAD 的绘图窗口全屏显示。

㉚ 自定义。状态栏可以提供重要信息，而无须中断工作流。使用 MODEMACRO 系统变量可将应用程序所能识别的大多数数据显示在状态栏中。使用该系统变量的计算、判断和编辑功能可以完全按照用户的要求构造状态栏。

10. 工具栏

工具栏是一组按钮工具的集合，选择菜单栏中的“工具”→“工具栏”→“AutoCAD”，调出所需要的工具栏，把光标移动到某个按钮上，稍停片刻即在该按钮的一侧显示相应的功能提示，此时，单击按钮就可以启动相应的命令。

（1）设置工具栏

AutoCAD 2022 提供了几十种工具栏，每一个工具栏都有一个名称。单击某一个未在界面显示的工具栏名称，系统自动在界面打开该工具栏；反之，关闭工具栏。

（2）工具栏的“打开”“浮动”与“固定”

将光标放在任一工具栏的非标题区，右击后系统会自动打开单独的工具栏标签。工具栏可以在绘图区“浮动”显示，此时显示该工具栏名称。可以拖动“浮动”工具栏到绘图区边界，使它变为“固定”工具栏，此时该工具栏名称隐藏。也可以把“固定”工具栏拖出，使它成为“浮动”工具栏。

任务实施

1. 切换工作空间并制定自己的经典界面

从“二维草图与注释”界面切换至经典界面的步骤如下：

步骤一：显示菜单栏。如图 2-1-12 所示，在“快速访问”工具栏右侧单击三角符号▾，然后单击“显示菜单栏”，显示菜单栏效果，如图 2-1-13 所示。

步骤二：关闭功能区。如图 2-1-14 所示，单击“工具”→“选项板”→“功能区”按钮，将关闭功能区，关闭功能区效果如图 2-1-15 所示。

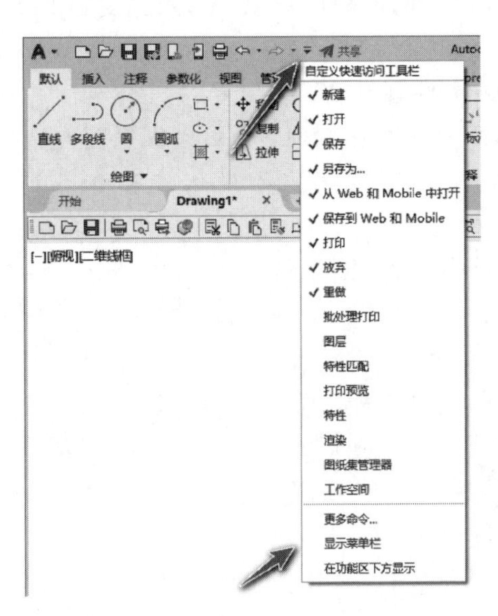

图 2-1-12　显示菜单栏

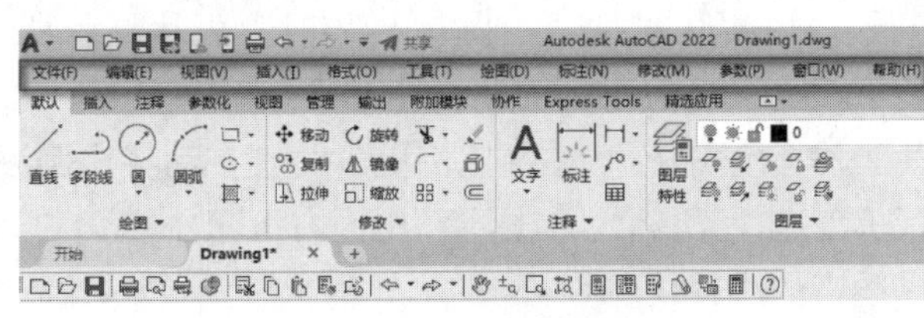

图 2-1-13　显示菜单栏效果

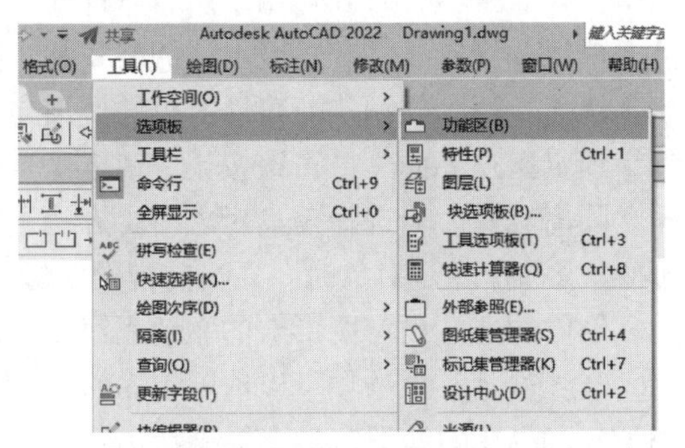

图 2-1-14　关闭功能区

步骤三：显示常用工具栏。如图 2-1-16 所示，单击“工具”→“工具栏”→“AutoCAD”按钮，然后勾选“修改”“图层”“标准”“标注”“样式”“特性”等常用工具，显示经典界面如图 2-1-17 所示。

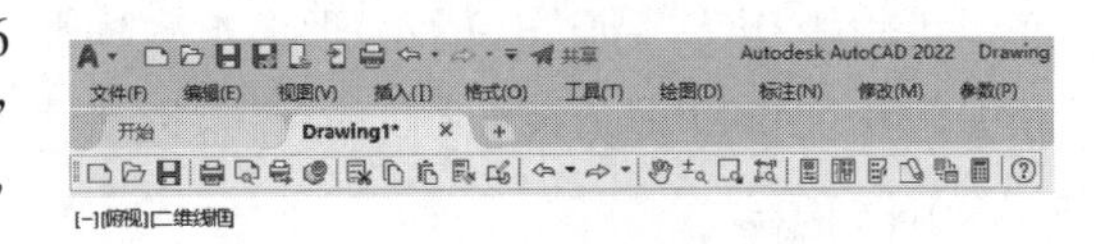

图 2-1-15　关闭功能区效果

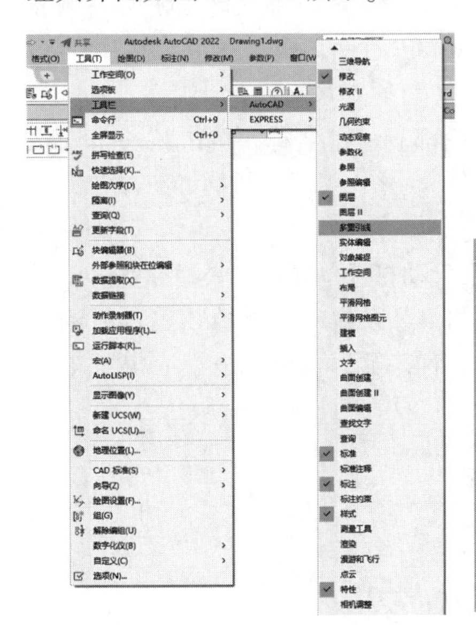

图 2-1-16　勾选常用工具

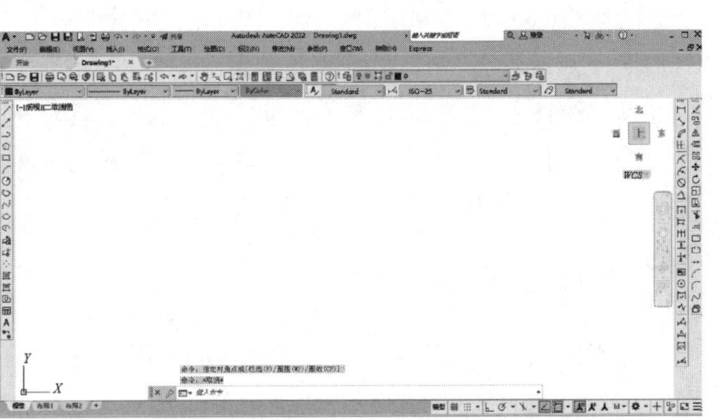

图 2-1-17　经典界面

步骤四：保存经典界面工作空间。如图 2-1-18 所示，单击“工具”→“工作空间”→“将当前空间另存为”按钮，弹出“保存工作空间”对话框。如图 2-1-19 所示，在“名称”后输入“经典界面”，然后单击“保存”。

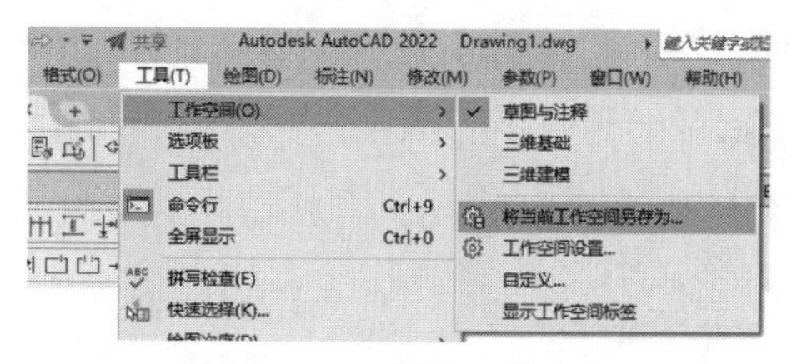

图 2-1-18 另存工作空间

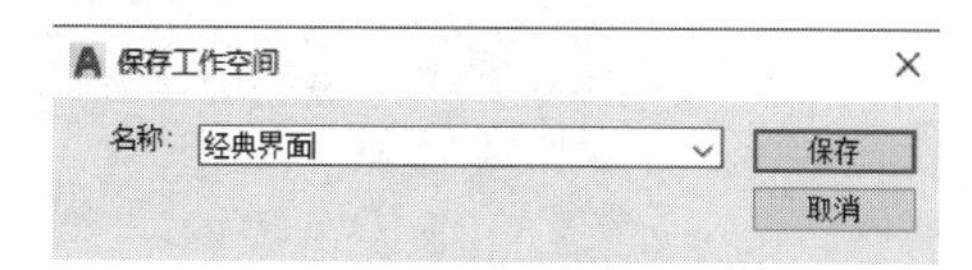

图 2-1-19 保存经典界面

步骤五：切换“草图与注释”和“经典界面”工作空间。如图 2-1-20 所示，单击“切换工作空间”按钮，然后单击“草图与注释”或“经典界面”即可切换工作空间。

图 2-1-20 切换工作空间

2. 新建、保存、关闭、打开 AutoCAD 文件

（1）新建文件

启动软件后默认出现图 2-1-21 所示的界面，单击“新建”，进入绘图空间。此时，AutoCAD 会新建立一个文件，文件名默认为“Drawing1. dwg”。

（2）保存文件

单击“绘图”菜单下的任意绘图命令，根据提示即可绘制一个图形。如图 2-1-22 所示，单击“文件”菜单下的“保存”命令，选择一个保存路径，将图形保存为 dwg 格式的文件。图形文件的电子文件名应采用中文名并与文件所绘内容一致，文件名应包含最近修改时间，如“小游园 20220211. dwg”，不要使用默认的文件名“Drawing1. dwg”进行保存。

图 2-1-21 AutoCAD 2022 启动界面

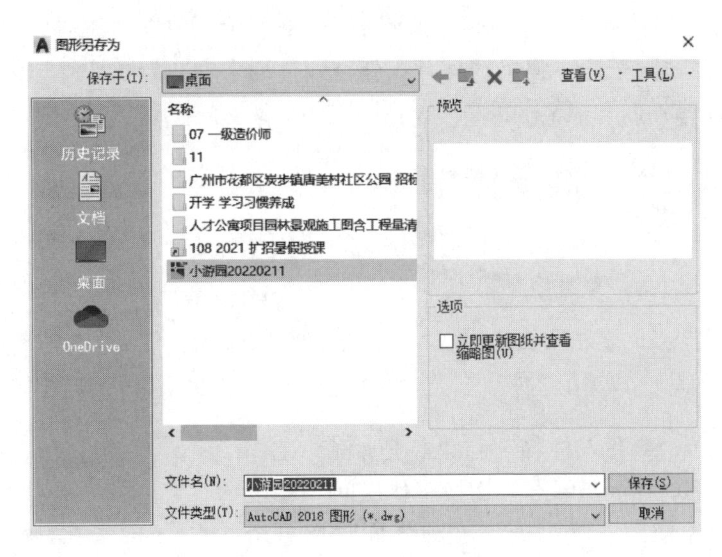

图 2-1-22　保存文件

（3）关闭文件

关闭文件并不是关闭软件。从图 2-1-23 所示的“文件选项卡”可以看出，AutoCAD 软件可以同时打开多个文件。关闭文件要单击“文件选项卡”的关闭按钮，或单击软件右上角的文件关闭按钮（图 2-1-24）。软件右上角最上排的关闭按钮是关闭 AutoCAD 软件。

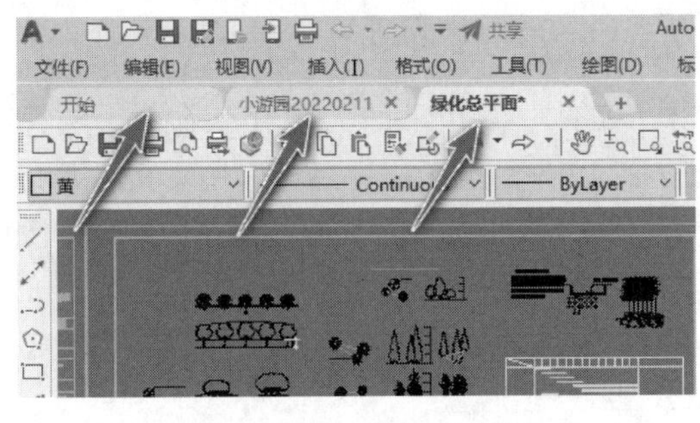

图 2-1-23　文件选项卡

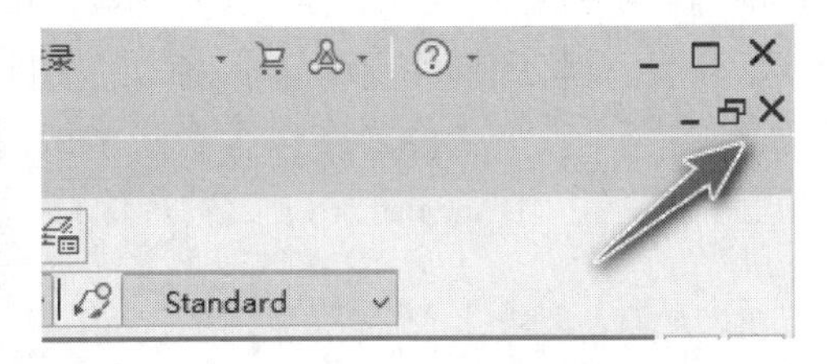

图 2-1-24　文件关闭按钮

（4）打开文件

要打开一个 dwg 格式的文件，可以先启动 AutoCAD 软件，然后单击“文件”→“打开”按钮，弹出如图 2-1-25 所示的“选择文件”对话框后，选中要打开的文件，单击“打开”。也可以在资源浏览器中找到要打开的 dwg 文件，双击此文件打开。

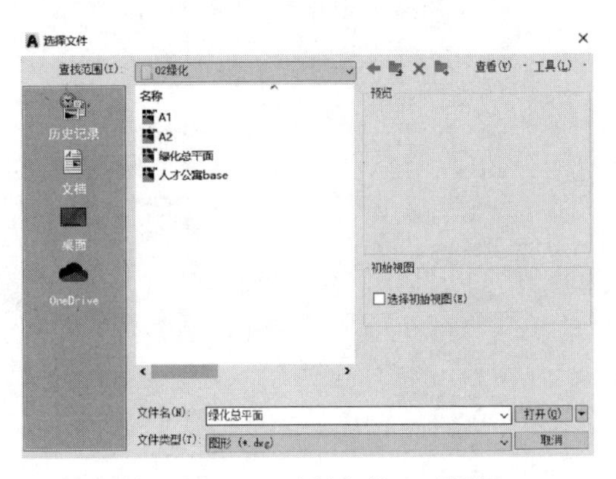

图 2-1-25　“选择文件”对话框

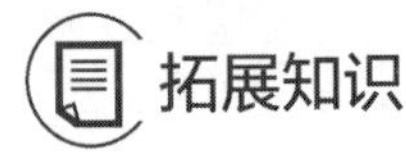

拓展知识

打开一个 dwg 格式的 AutoCAD 文件，

为了便于观察，可以进行图形的缩放和平移。

1. 图形缩放

图形缩放命令类似于照相机的镜头，可以放大或缩小屏幕所显示的范围。图形缩放只改变视图的比例，不改变对象的实际尺寸。当放大图形一部分的显示尺寸时，可以更清楚地查看这个区域的细节；相反，如果缩小图形的显示尺寸，则可以查看更大的区域。

图形缩放功能在绘制大幅面机械图，尤其是装配图时非常有用，是使用频率最高的命令之一。这个命令可以透明地使用，也就是说，该命令可以在其他命令执行时运行。用户完成涉及透明命令的过程时，AutoCAD 会自动返回到用户调用透明命令前正在运行的命令。

下面介绍执行图形缩放的方法。

（1）执行方式

① 命令行：ZOOM。

② 菜单栏："视图"→"缩放"。

③ 工具栏："标准"→"实时缩放"。

④ 功能区：单击"视图"选项卡"导航"面板中的"实时"按钮。

（2）操作格式

执行图形缩放命令后，系统提示如下：

> 指定窗口的角点，输入比例因子（*nX* 或 *nXP*），或者
> [全部(A)/中心(C)/动态(D)/范围(E)/上一个(P)/比例(S)/窗口(W)/对象(O)]<实时>：

（3）选项说明

① 实时。实时是缩放命令的默认操作，即在输入"ZOOM"命令后，直接按 Enter 键，将自动执行实时缩放操作。实时缩放就是可以通过上下滑动鼠标滚轮交替进行放大和缩小。在使用实时缩放时，系统会显示"+"或"-"。当缩放比例接近极限时，AutoCAD 将不再与光标一起显示"+"或"-"。需要从实时缩放操作中退出时，可按 Enter 键或 Esc 键或从菜单中选择"Exit"。

② 全部（A）。执行"ZOOM"命令后，在提示文字后键入"A"，即可执行"全部（A）"缩放操作。不论图形有多大，该操作都将显示图形的边界或范围，即使对象不包括在边界以内，它们也将被显示。因此，使用"全部（A）"缩放选项，可查看当前视口中的整个图形。

③ 中心（C）。通过确定一个中心点，该选项可以定义一个新的显示窗口。操作过程中需要指定中心点以及输入比例或高度。默认的中心点就是当前视图的中心点，默认的输入高度就是当前视图的高度，直接按 Enter 键后，图形将不会被放大。输入的比例数值越大，图形放大倍数也将越大。也可以在数值后面紧跟一个 *X*，如 3*X*，表示在放大时不是按照绝对值变化，而是按相对于当前视图的相对值缩放。

④ 动态（D）。通过操作一个表示视口的视图框，可以确定需要显示的区域。选择该选项，在绘图窗口中会出现一个小的视图框，按住鼠标左键左右移动可以改变该视图框的大小，放开左键，再按住鼠标左键移动视图框，确定图形中的放大位置，系统将清除当前视口并显示一个特定的视图选择屏幕。这个特定的屏幕，由有关当前视图及有效视图的信

息构成。

⑤ 范围（E）。选择该选项，可以使图形缩放至整个显示范围。图形的范围由图形所在的区域构成，剩余的空白区域将被忽略。应用这个选项，图形中所有的对象都尽可能地被放大。

⑥ 上一个（P）。在绘制一幅复杂的图形时，有时需要放大图形的一部分以进行细节的编辑。当编辑完成后，有时要回到前一个视图，这种操作可以使用“上一个（P）”选项来实现。当前视口由“缩放”命令的各种选项或移动视图、视图恢复、平行投影或透视命令引起的任何变化，系统都将进行保存。每一个视口最多可以保存十个视图，连续使用“上一个（P）”选项可以恢复前十个视图。

⑦ 比例（S）。该选项提供了三种使用方法。第一种方法是在提示信息下，直接输入比例因子，AutoCAD将按照此比例因子放大或缩小图形的尺寸。第二种方法是在比例系数后面加一个“*X*”，表示相对于当前视图计算的比例因子。第三种方法是相对于图形空间，例如，可以在图纸空间阵列布排或打印出模型的不同视图。为了使每一张视图都与图纸空间单位成比例，可以使用“比例（S）”选项，每一个视图都可以有单独的比例。

⑧ 窗口（W）。图形缩放时，窗口是最常使用的选项。通过确定一个矩形窗口的两个对角来指定需要缩放的区域，对角点可以由鼠标指定，也可以通过输入坐标确定。指定窗口的中心点将成为新的显示屏幕的中心点。窗口中的区域将被放大或者缩小。调用“ZOOM”命令时，可以在没有选择任何选项的情况下，利用鼠标在绘图窗口中直接指定缩放窗口的两个对角点。

⑨ 对象（O）。选择该选项，能够尽可能大地显示一个或多个选定的对象并使其位于视图的中心。可以在启动“ZOOM”命令前后选择对象。

2. 图形平移

当图形幅面大于当前视口时，例如使用图形缩放命令将图形放大，如果需要在当前视口之外观察或绘制一个特定区域时，可以使用图形平移命令来实现。平移命令能将在当前视口以外的图形的一部分移动进来进行查看或编辑，但不会改变图形的缩放比例。

下面介绍执行图形平移的方法。

（1）执行方式

① 命令行：PAN。

② 菜单栏：“视图”→“平移”→“实时”。

③ 工具栏：“标准”→“实时平移”。

④ 快捷菜单：绘图窗口中右击→“平移”。

⑤ 功能区：单击“视图”选项卡“导航”面板中的“平移”按钮。

激活平移命令之后，光标将变成一只“小手”，可以在绘图窗口中任意移动，以示当前正处于平移模式。单击并按住鼠标左键将光标锁定在当前位置，即“小手”已经抓住图形，然后拖动图形使其移动到所需位置上。松开鼠标左键将停止平移图形。可以反复按下鼠标左键拖动、松开，将图形平移到其他位置上。

（2）其他平移

平移命令预先定义了一些不同的菜单选项与按钮，它们可用于在特定方向上平移图形，在激活平移命令后，这些选项可以从“视图”→“平移”→“××”中调用。

① 实时。实时是平移命令中最常用的选项，也是默认选项，前面提到的平移操作都是指实时平移，通过鼠标的拖动实现任意方向上的平移。

② 点（P）。该选项要求确定位移量，这就需要确定图形移动的方向和距离。可以通过输入点的坐标或用鼠标指定点的坐标来确定位移。

③ 左（L）。该选项移动图形使屏幕左部的图形进入显示窗口。

④ 右（R）。该选项移动图形使屏幕右部的图形进入显示窗口。

⑤ 上（U）。该选项向底部平移图形后，使屏幕顶部的图形进入显示窗口。

⑥ 下（D）。该选项向顶部平移图形后，使屏幕底部的图形进入显示窗口。

打开一个 dwg 文件就启动一个 AutoCAD 窗口的解决方法：

AutoCAD 从单文档编辑软件转换为多文档编辑软件后，设置了一个变量 *SDI*。当变量设置为 0 时，为多文档编辑状态。当变量设置为 1 时，为单文档编辑状态，此时打开一个文件就会启动一个软件窗口。考虑到程序兼容问题，在高版本 AutoCAD 中仍保留这个变量，但这个变量已经不起作用了。

如果打开一个文件就启动一个软件窗口，可以输入 *SDI* 变量，查看变量设置是否为 0。如果变量设置为 1，先关闭其他窗口，在保留一个窗口的状态下输入 *SDI*，按 Enter 键，输入 0，再按 Enter 键，然后观察是否正常。

如果记不住变量名称，也可以在“选项”对话框中设置。输入“OP”命令，在“选项”对话框中选择“系统”选项卡，取消选择“兼容单文档模式”即可。

如果上述操作后问题并未解决，应检查计算机是否存在自动加载的程序。一些二次开发软件或者一些恶意的程序可能会在加载过程中设置 *SDI* 变量，输入“AP”命令，打开加载程序对话框，检查加载了哪些程序。

另外，可以将安装的插件或二次开发软件卸载后重新打开文件。

如果怀疑受到病毒影响，可以全盘搜索 ACAD *.lsp、ACAD *.vlx、ACAD *.fas，将搜索到的文件全部删除后重新启动软件。如果在 dwg 图纸目录下有类似文件，通常都是病毒，应彻底删除，以防病毒自我复制。

练习提高

（1）如图 2-1-26 所示，改变二维模型空间统一背景颜色，进行黑白颜色切换。

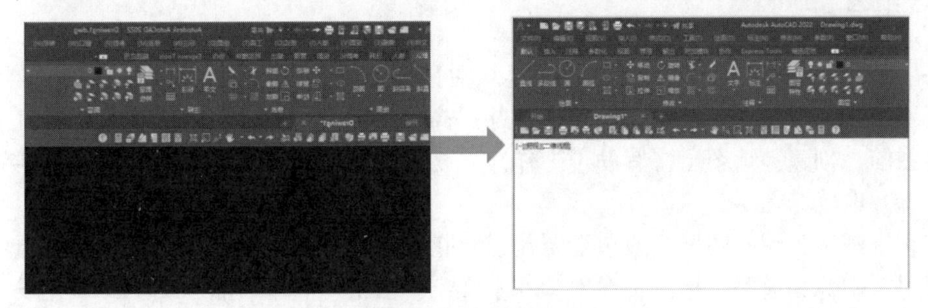

图 2-1-26　模型空间黑白颜色切换

（2）如图 2-1-27 所示，改变功能区颜色主题，进行明暗切换。

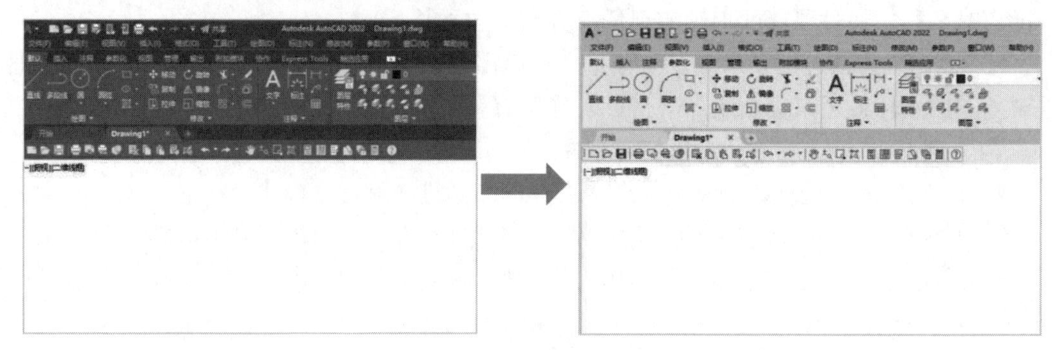

图 2-1-27　功能区明暗切换

教学评价

根据操作练习进行考核，考核项目和评分标准见评分标准表。

评分标准表

序号	考核项目	配分	评分标准	得分
1	界面布局	25 分	能说出“草图与注释”界面各部分名称	
2	经典界面	25 分	能调出菜单栏、常用的工具栏，制定经典界面	
3	新建、保存、打开文件	30 分	绘制出的结果符合图示效果	
4	安全文明操作	10 分	违规操作，扣 2~10 分；发生安全事故，扣 10 分	
5	关机及离开	10 分	正确关机后离开座位，保证环境卫生	
6	合计			
7	结果记录	操作是否正确	是/否	
		结果是否正确	是/否	
8	操作时间			
9	教师签名			

任务二　规划图层

任务分析

图层是用于在图形中按功能或用途组织对象的主要方法。通过隐藏不需要看到的信息，图层可以降低图形的视觉复杂程度，并提高显示性能。

绘图前，创建一组图层将有助于工作。在房屋平面图中，可以创建基础、楼层平面、门、装置、电气等图层。

园林景观施工图的图层一般包括园建、绿化、铺装、铺装填充、标高、尺寸定位、网格、索引、坐标、道路、标注、乔木、乔木文字、散植、灌木、灌木文字、绿化线、微地形、图签、图框、地被、网格等。

相关知识

1. 图层概述

图层相当于图纸绘图中使用的重叠图纸。每一张图纸像是一张透明的薄膜（也可以理解为玻璃），每一张图纸都可以单独绘图和编辑、设置不同的特性而不影响其他的图纸。各图纸重叠在一起又成为一幅完整的图形。图层是图形中的主要组织工具。可以使用图层将信息按功能编组，也可以强制执行线型、颜色及其他标准。

通过创建图层，可以将类型相似的对象指定给同一图层以使其相关联。然后可以控制以下各项：

① 图层上的对象在任何视口中是可见还是暗显。

② 是否打印对象以及如何打印对象。

③ 为图层上的所有对象指定何种颜色。

④ 为图层上的所有对象指定何种默认线型和线宽。

⑤ 是否可以修改图层上的对象。

⑥ 对象是否在各个布局视口中显示不同的图层特性。

每个图形均包含一个名为“0”的图层，这个图层无法删除或重命名。该图层有两种用途：

① 确保每个图形至少包括一个图层。

② 提供与块中的控制颜色相关的特殊图层。

注意：

建议用户创建几个新图层来组织图形，而不是在“0”图层上创建整个图形。

2. 图层设置

图层的访问方法如下：

① 功能区：“常用”选项卡→“图层”面板→“图层特性管理器”。

② 菜单栏：“格式”→“图层”。

③ 命令行：LAYER（快捷键 LA）。

执行上述命令后，将显示图层特性管理器，如图 2-2-1 所示。

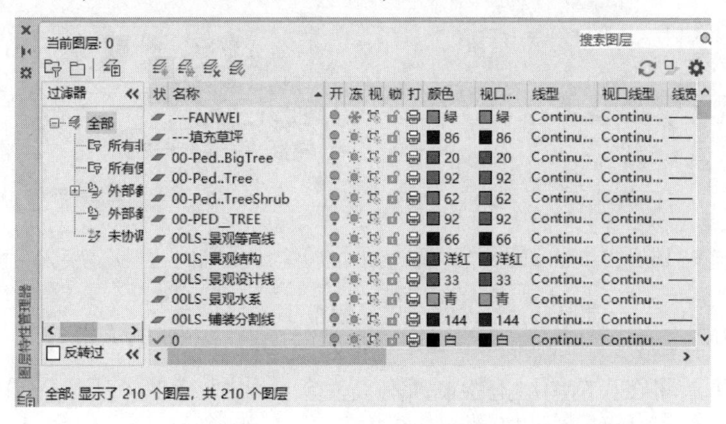

图 2-2-1　图层特性管理器

注意：

在图形中创建的图层数以及在每个图层中创建的对象数实际上没有限制。

3. 图层工具

(1) 图层特性管理器

使用图层特性管理器可以对图层进行以下操作：

① 创建、重命名和删除图层。

② 设置当前图层（新对象将自动在其中创建）。

③ 为当前图层上的对象指定默认特性。

④ 设置图层上的对象是显示还是关闭。

⑤ 控制是否打印图层上的对象。

⑥ 锁定图层以避免编辑。

⑦ 控制布局视口的图层显示特性。

⑧ 对图层名称进行排序、过滤和分组。

注意：

用户可以替代对象的任何图层特性。例如，如果对象的颜色特性设定为“BYLAYER”，则对象将显示该图层的颜色；如果对象的颜色设定为“红”，则不管指定给该图层的是什么颜色，对象都将显示为红色。

(2) 其他图层工具

除了图层特性管理器，还可以在功能区的“常用”选项卡中，访问“图层”功能区面板上的其他图层工具，如图 2-2-2 所示。例如，单击图 2-2-3 所示的“关闭”按钮可关闭所有选定对象的图层。

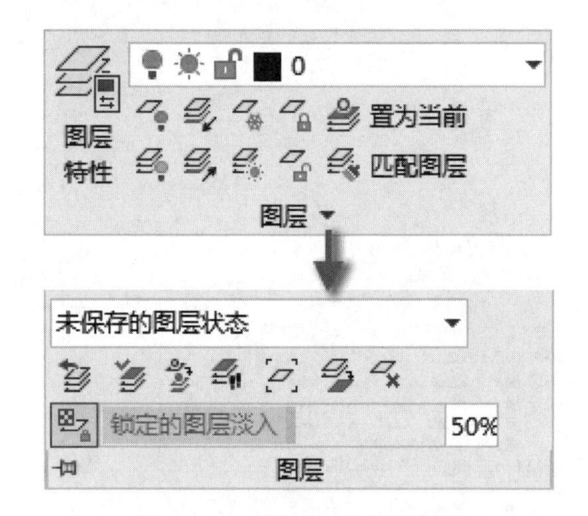

图 2-2-2 “图层”功能区面板

图 2-2-3 “关闭”按钮

4. 当前图层

默认情况下，将在当前图层上绘制所有新对象。如图 2-2-4 所示，图层特性管理器中的复选标记指示当前图层。

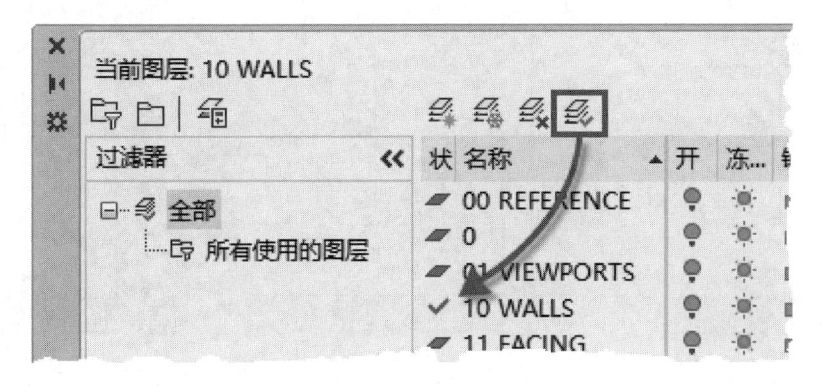

图 2-2-4　当前图层

如果图层符合以下条件，则无法设置为当前图层：

① 图层为冻结图层。

② 图层属于外部参照。

对于某些类型的对象，可以通过设置系统变量指定除当前图层以外的默认图层。这些对象包括：

① 标注对象：DIMLAYER 系统变量。

② 文字和多行文字对象：TEXTLAYER 系统变量。

③ 图案填充对象：HPLAYER 系统变量。

④ 中心线对象：CENTERLAYER 系统变量。

⑤ 中心标记对象：CENTERLAYER 系统变量。

⑥ 从输入的 PDF 文件转换的 shx 文字：PDFSHXLAYER 系统变量。

5. 图层可见性

用户可以控制图层上对象的可见性，方法是关闭/打开图层或冻结/解冻图层。

用户可以根据需要关闭和打开图层。关闭图层上的对象将在图形中不可见。

冻结和解冻图层类似于将其关闭和打开。但是，在处理具有大量图层的图形时，冻结不需要的图层可以提高显示和重新生成的速度。例如，在执行“范围缩放”期间将不考虑冻结层上的对象。

6. 锁定图层

通过锁定选定图层可以防止这些图层上的对象被意外修改。默认情况下，将光标悬停在锁定图层中的对象上时，对象显示为淡入并显示一个小锁图标，如图 2-2-5 所示。

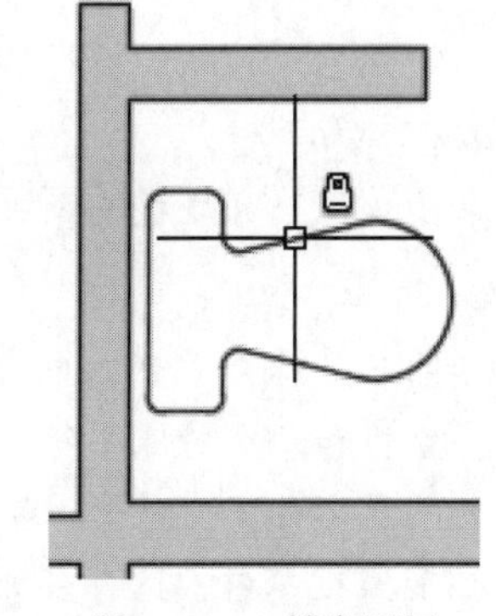

图 2-2-5　锁定图层

用户可以设置锁定图层的淡入度级别或隐藏锁定图层。

（1）淡入度级别

锁定图层的淡入功能可以降低图形的视觉复杂程度，但仍保留视觉参照和对象捕捉功能。如图 2-2-6（a）、（b）、（c）所示，锁定图层的淡入度级别分别为 90%、50% 和 25%。

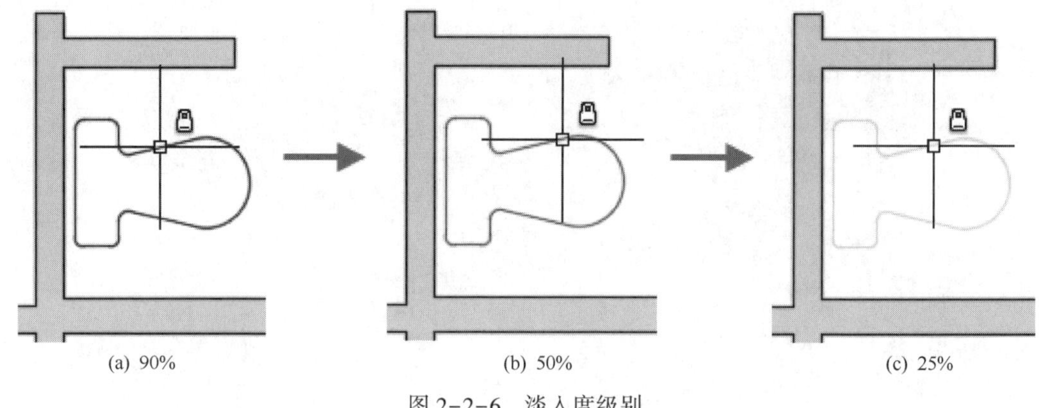

图 2-2-6　淡入度级别

在使用锁定图层时，须牢记以下几点：

① 锁定图层淡入度级别将进一步降低透明对象的可见性。

② 锁定图层淡入度级别不会影响打印时对象的显示方式。

③ 锁定图层上的对象不显示夹点。

（2）隐藏锁定图层

用户可以隐藏锁定图层上的对象而非淡入，如图 2-2-7 所示。隐藏锁定图层是将淡入度级别转为 0% 并回到之前级别的快捷方法。如果未使用功能区，可以通过“LAYISO”命令隐藏锁定图层。

图 2-2-7　隐藏锁定图层上的对象

任务实施

1. 创建图层

创建图层的步骤如下：

步骤一：在图层特性管理器中，单击“新建图层”。图层名称将添加到“图层”列表中。

步骤二：在亮显的图层名称上输入新图层名称。

注意：

图层名称最多可以包含 255 个字符（双字节或字母数字），并且可以包含字母、数字、空格和几个特殊字符。

图层名称不能包含以下字符：<>/ \ “：；？ * | = ‘。

步骤三：对于具有多个图层的复杂图形，可以在“描述”列中输入描述性文字。

步骤四：通过在每一列中单击，指定新图层的设置和默认特性。

2. 重命名图层

重命名图层的步骤如下：

步骤一：在图层特性管理器中，单击选择一个图层。

步骤二：单击图层名称或按 F2 键。
步骤三：输入新的名称。

3. 删除图层

删除图层的步骤如下：
步骤一：在图层特性管理器中，单击选择一个图层。
步骤二：单击“删除图层”。
在图层特性管理器中，无法删除以下图层：
①“0”图层和 Defpoints。
② 当前图层。
③ 在外部参照中使用的图层。

注意：

若要删除所有未使用的图层，可以使用“PURGE”命令。

4. 设置当前图层

设置当前图层的步骤如下：
步骤一：在图层特性管理器中，单击选择一个图层。
步骤二：单击“置为当前”。

5. 设置指定对象类型的默认图层

设置指定对象类型的默认图层的步骤如下：
步骤一：在命令提示下，输入用于控制指定对象类型的默认图层的系统变量。
① 中心标记和中心线：CENTERLAYER 系统变量。
② 图案填充和填充：HPLAYER 系统变量。
③ 标注：DIMLAYER 系统变量。
④ 多行文字和文字：TEXTLAYER 系统变量。
⑤ 外部参照：XREFLAYER 系统变量。
步骤二：输入要为其指定随后创建的对象类型的图层的名称。

6. 更改指定图层的特性

更改指定图层的特性的步骤如下：
步骤一：如果要更改多个图层，可以在图层特性管理器中使用以下方法之一：
① 按住 Ctrl 键并选择多个图层名称。
② 按住 Shift 键，然后选择范围内的第一个和最后一个图层。
③ 单击鼠标右键，然后单击“在图层列表中显示过滤器”选项，从图层列表中选择一个图层过滤器。
步骤二：在要更改的列中单击当前设置，将显示对应该特性的对话框。
步骤三：选择要使用的设置。

7. 查看未使用的图层列表

查看未使用的图层列表的步骤如下：
步骤一：在图层特性管理器中，单击“设置”。

步骤二：选中“图层设置”对话框中的“指示正在使用的图层”，然后单击“确定”。

步骤三：单击“状态”列标签以按状态排序。

注意：

为了提高性能，所有图层均默认指示为包含“状态”列中的对象。指示图层未在使用中。

拓展知识

1. 对象特性

对象特性控制对象的外观和行为，并用于组织图形。

每个对象都具有常规特性，包括其图层、颜色、线型、线型比例、线宽、透明度和打印样式。此外，对象还具有类型所特有的特性，例如，圆的特殊特性包括其半径和区域。

当指定图形中的当前特性时，所有新创建的对象都将自动使用这些设置。如图 2-2-8 所示，在“特性”选项板中将当前图层设定为“标注”，所创建的对象将在“标注”图层中。

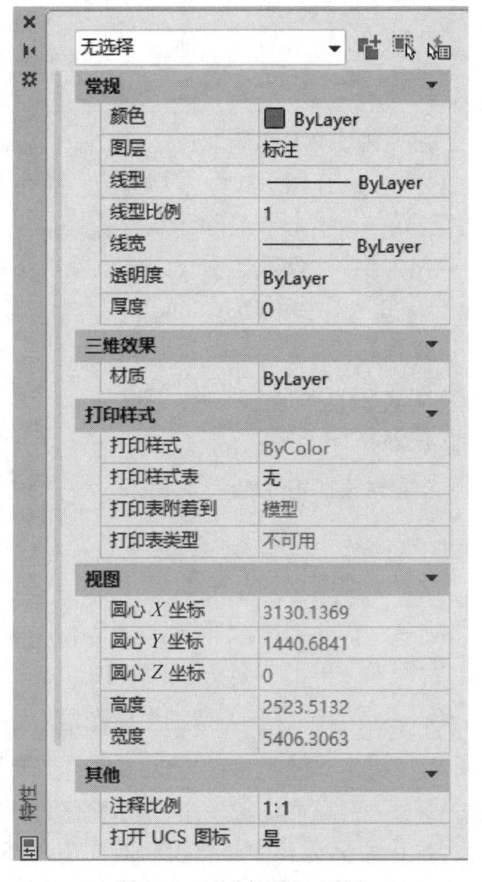

图 2-2-8 “标注”图层

注意：

“特性”选项板提供所有特性设置的最完整列表。

如果没有选定对象，可以查看和更改要用于所有新对象的当前特性。

如果选定了单个对象，可以查看并更改该对象的特性。

如果选定了多个对象，可以查看并更改它们的常用特性。

2. 使用功能区中的“图层”和“特性”面板

如图 2-2-9 所示，在功能区中的“常用”选项卡上，使用“图层”和“特性”面板确认或更改最常访问的特性的设置：图层、颜色、线宽和线型。

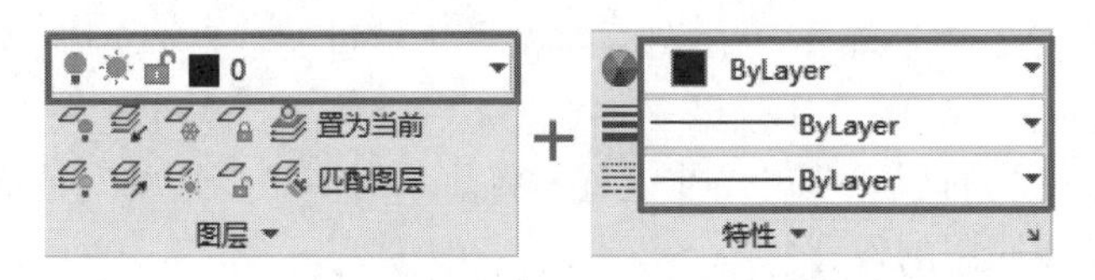

图 2-2-9 功能区中的“图层”和“特性”面板

如果没有选定任何对象，图 2-2-9 中框选的下拉列表将显示图形的当前设置；如果选定了某个对象，该下拉列表将显示选定对象的特性设置。

3. 调用其他 dwg 文件里的所有图层

使用默认的 dwt 模板新建的文件的图层可能只有一个“0”层，这时可以使用设计中心调用其他 dwg 文件里的所有图层。

如图 2-2-10 所示，按 Ctrl+2 组合键打开设计中心，然后在左上方的树形图中，按照保存路径，找到需要调用其图层的文件并双击。双击后，界面右上方会出现这个文件的标注样式、块、图层以及文字样式等内容。

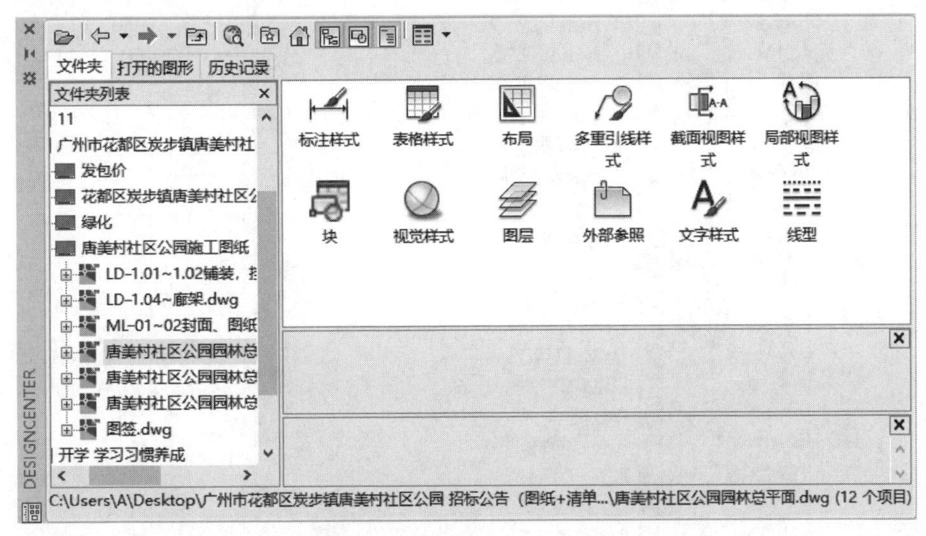

图 2-2-10　AutoCAD 设计中心

双击图 2-2-10 中的“图层”，可以看到需要调用其图层的文件中的所有图层。如图 2-2-11 所示，选中需要添加的图层，单击鼠标右键选择“添加图层”，或者直接将选中的图层拖到绘图区。

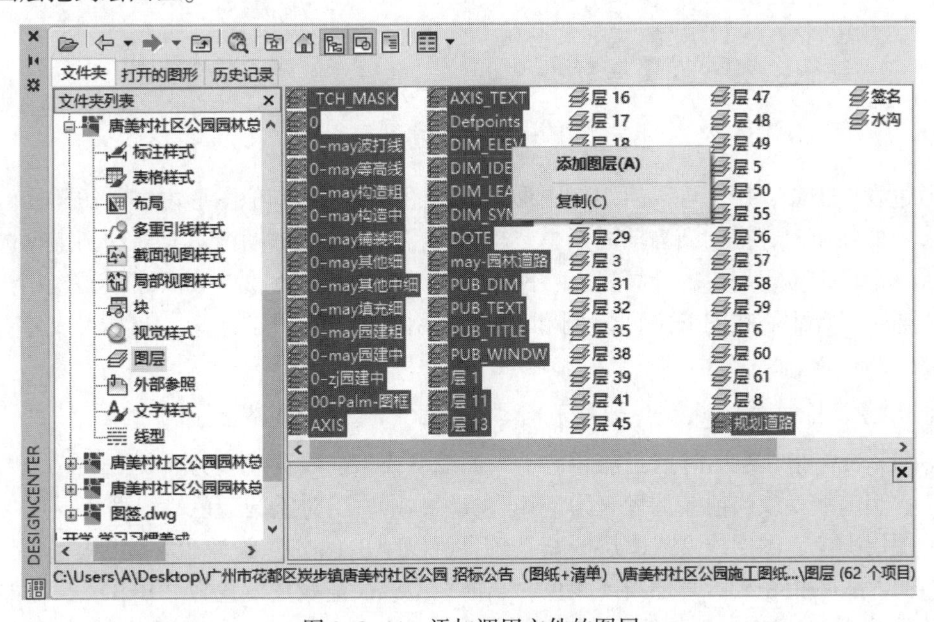

图 2-2-11　添加调用文件的图层

调用其他文件的图层后，如图 2-2-12 所示，在图层特性管理器的图层控制下拉列表中新增了若干图层。

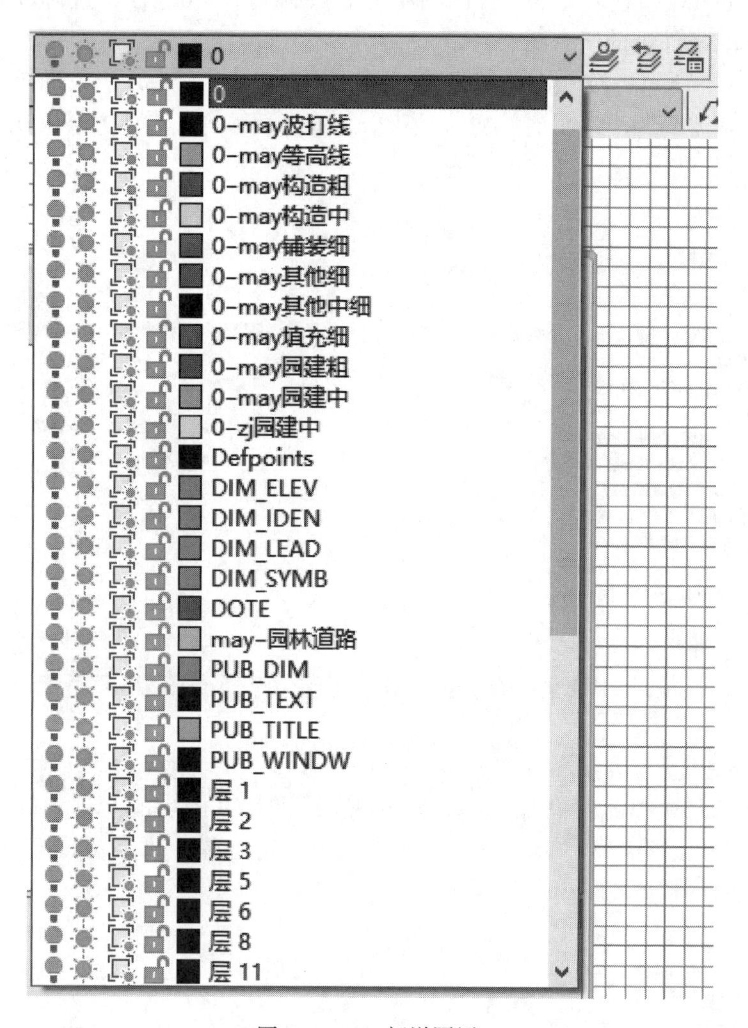

图 2-2-12　新增图层

通过设计中心，用户可以组织对图形、块、图案填充和其他图形内容的访问，可以将源图形中的任何内容拖动到当前图形中，也可以将图形、块和图案填充拖动到工具选项板上。源图形可以位于用户的计算机上、网络位置或网站上。另外，如果打开了多个图形，则可以通过设计中心在图形之间复制和粘贴其他内容（如图层定义、布局和文字样式）来简化绘图过程。

4. 对象特性“ByLayer”（随层）与“ByBlock”（随块）的区别

“ByLayer”指在绘图时把当前颜色、当前线型或当前线宽设置为“ByLayer”。如果当前颜色、当前线型或当前线宽设置为“ByLayer”，则所绘对象的颜色、线型或线宽与所在图层的图层颜色、图层线型或图层线宽一致，所以“ByLayer”设置也称为随层设置。

“ByBlock”指在绘图时把当前颜色、当前线型或当前线宽设置为“ByBlock”。如果当前颜色设置为“ByBlock”，则所绘对象的颜色为白色（White）；如果当前线型设置为

“ByBlock”，则所绘对象的线型为实线（Continuous）；如果当前线宽设置为“ByBlock”，则所绘对象的线宽为默认线宽（Default），一般默认线宽为 0.25 mm，默认线宽也可以重新设置。“ByBlock”设置也称为随块设置。

5. 删除顽固图层

删除顽固图层的方法如下：

① 将无用的图层关闭，全选，复制粘贴至一新文件中。这样，原先无用的图层就不会被粘贴到新文件中。如果在某个无用的图层中定义过块，在另一图层中又插入了这个块，那么这个无用的图层是不能用这种方法删除的。

② 选择需要保留的图形，然后选择“文件”→“输出”→“块”。这样，输出的块文件就是选中部分的图形。如果这些图形中没有指定的图层，那么这些图层将不会被保存到新的图块图形中。

③ 打开一个 AutoCAD 文件，把要删除的图层先关闭，在图面上只留下需要的可见图形。选择“文件”→“另存为”，确定文件名，在文件类型栏选择“＊.dxf”格式，在弹出的对话框中选择“工具”→“选项”→“dxf”，再勾选“选择对象”，单击“确定”→“保存”，然后将可见或要用的图形选中即可确定保存。完成后退出刚刚保存的文件，重新打开后，将不包含原先关闭的图层。

④ 使用“LAYTRANS”命令，可将需要删除的图层影射为“0”层。这个方法可以删除具有实体对象或被其他块嵌套定义的图层。

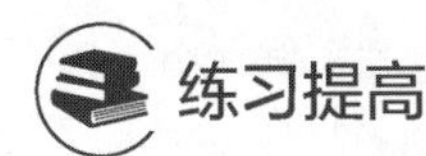

练习提高

（1）参考图 2-2-13 的图层列表，设置园林图纸的图层。

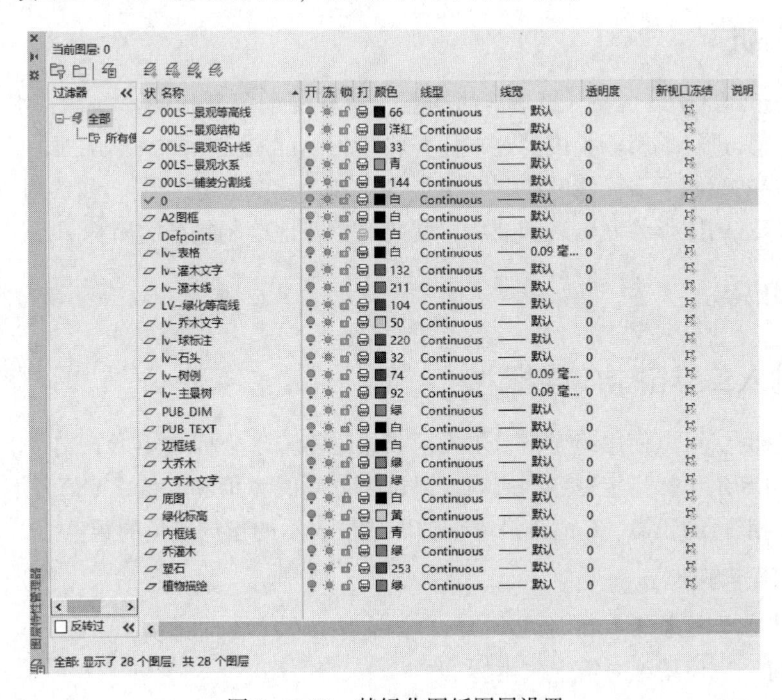

状	名称	颜色	线型	线宽	透明度	说明
	00LS-景观等高线	66	Continuous	默认	0	
	00LS-景观结构	洋红	Continuous	默认	0	
	00LS-景观设计线	33	Continuous	默认	0	
	00LS-景观水系	青	Continuous	默认	0	
	00LS-铺装分割线	144	Continuous	默认	0	
✓	0	白	Continuous	默认	0	
	A2图框	白	Continuous	默认	0	
	Defpoints	白	Continuous	默认	0	
	lv-表格	白	Continuous	0.09 毫...	0	
	lv-灌木文字	132	Continuous	默认	0	
	lv-灌木线	211	Continuous	默认	0	
	LV-绿化等高线	104	Continuous	默认	0	
	lv-乔木文字	50	Continuous	默认	0	
	lv-球标注	220	Continuous	默认	0	
	lv-石头	32	Continuous	默认	0	
	lv-树例	74	Continuous	0.09 毫...	0	
	lv-主景树	92	Continuous	0.09 毫...	0	
	PUB_DIM	绿	Continuous	默认	0	
	PUB_TEXT	白	Continuous	默认	0	
	边框线	白	Continuous	默认	0	
	大乔木	绿	Continuous	默认	0	
	大乔木文字	绿	Continuous	默认	0	
	底图	白	Continuous	默认	0	
	绿化标高	黄	Continuous	默认	0	
	内框线	青	Continuous	默认	0	
	乔灌木	绿	Continuous	默认	0	
	塑石	253	Continuous	默认	0	
	植物描绘	绿	Continuous	默认	0	

图 2-2-13　某绿化图纸图层设置

（2）保存 dwt 文件。将已设置好图层的图纸保存为 dwt 模板。下次新建文件时，可以选择该模板文件。

教学评价

根据操作练习进行考核，考核项目和评分标准见评分标准表。

评分标准表

序号	考核项目	配分	评分标准	得分
1	创建、删除、重命名图层	20 分	能创建、删除、重命名图层	
2	更改图层	20 分	更改图形特性	
3	关闭和冻结图层	20 分	能关闭图层管理图形	
4	设置绿化施工图图层	20 分	能设置乔木、灌木、绿篱等图层	
5	保存图层	20 分	保存图层为 dwt 模板	
6	合计			
7	结果记录	操作是否正确	是/否	
		结果是否正确	是/否	
8	操作时间			
9	教师签名			

任务三　绘制图形

任务分析

绘图是 AutoCAD 最主要、最基本的功能，园林图形跟其他图形一样，都是通过绘制基本图形并对其进行编辑而生成的。本任务将学习 AutoCAD 2022 绘制二维图形的基本方法，包括直线的绘制、多段线的绘制、矩形的绘制、多边形的绘制、曲线对象的绘制等。掌握了这些基本的图形绘制方法和技巧，就能够更好地绘制复杂的园林图形。

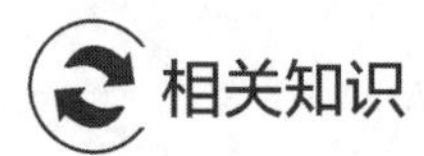

相关知识

一、输入二维笛卡尔坐标

创建对象时，可以使用绝对笛卡尔坐标或相对笛卡尔坐标（矩形）定位点。

要使用笛卡尔坐标指定一点，应输入以逗号分隔的 *X* 值和 *Y* 值。*X* 值是沿水平轴以单位表示的正的或负的距离，*Y* 值是沿垂直轴以单位表示的正的或负的距离。

1. 绝对笛卡尔坐标

绝对笛卡尔坐标基于 UCS 原点（0，0），这是 *X* 轴和 *Y* 轴的交点。已知点坐标精确的 *X* 值和 *Y* 值时，应使用绝对笛卡尔坐标。

如果启用动态输入，可以使用“#”前缀指定绝对笛卡尔坐标。例如，输入“#3,4”

指定一点，此点在 X 轴方向距离 UCS 原点 3 个单位，在 Y 轴方向距离 UCS 原点 4 个单位。如果在命令行中输入坐标，可以不使用“#”前缀。

例：绘制一条从 X 值为−2、Y 值为 1 的位置开始，到端点（3，4）处结束的线段。

在工具提示中输入以下信息：

命令：LINE

起点：-2,1

下一点：3,4

使用绝对笛卡尔坐标绘制的线段位置如图 2-3-1 所示。

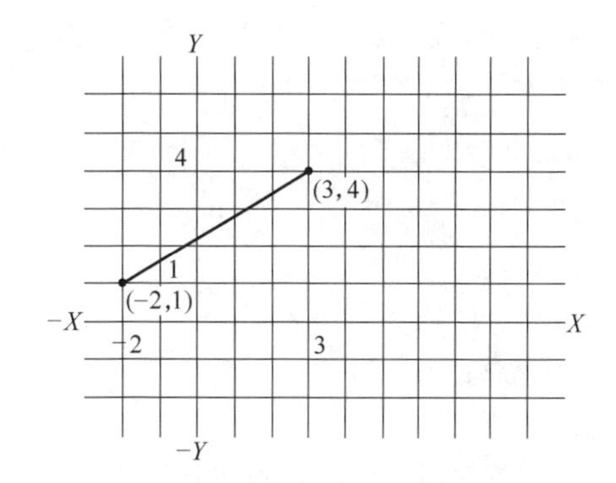

图 2-3-1　绝对笛卡尔坐标

2. 相对笛卡尔坐标

相对笛卡尔坐标是基于上一输入点的。如果知道某点与前一点的位置关系，可以使用相对笛卡尔坐标。

要指定相对笛卡尔坐标，应在坐标前面添加一个“@”符号。例如，输入“@3,4”指定一点，此点沿 X 轴方向有 3 个单位，沿 Y 轴方向距离上一指定点有 4 个单位。

例：绘制一个三角形的三条边。第一条边是一条线段，从绝对笛卡尔坐标（-2，1）开始，到沿 X 轴方向 5 个单位、沿 Y 轴方向 0 个单位的位置结束；第二条边也是一条线段，从第一条线段的端点开始，到沿 X 轴方向 0 个单位、沿 Y 轴方向 3 个单位的位置结束；最后一条直线段使用相对坐标回到起点。

在工具提示中输入以下信息：

命令：LINE

起点：-2,1

下一点：@5,0

下一点：@0,3

下一点：@-5,-3

使用相对笛卡尔坐标绘制的三角形三条边位置如图 2-3-2 所示。

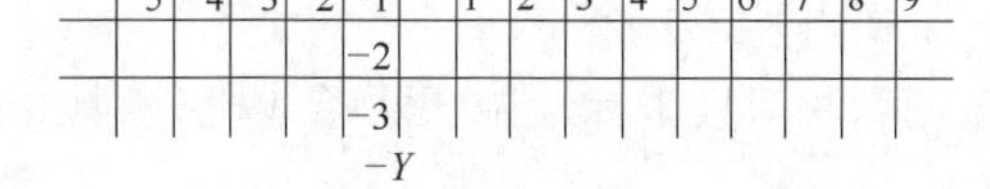

图 2-3-2　相对笛卡尔坐标

二、输入二维极坐标

创建对象时，可以使用绝对极坐标或相对极坐标（距离和角度）定位点。

要使用极坐标指定一点，应输入以左尖括号“<”分隔的距离和角度。

如图 2-3-3 所示，默认情况下，角度按逆时针方向增大，按顺时针方向减小。要指定顺时针方向，应为角度输入负值。例如，输入“1<315”和“1<-45”都代表相同的点。可以使用“UNITS”命令改变当前图形的角度约定。

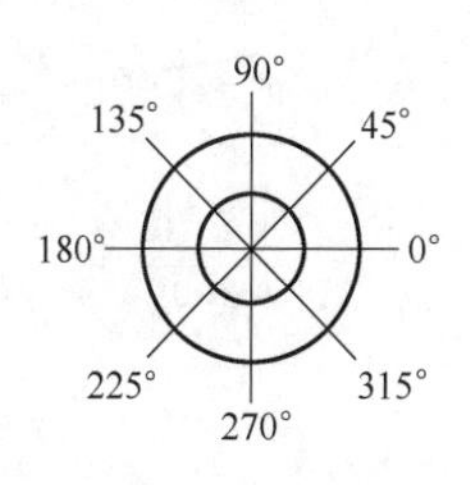

图 2-3-3　二维极坐标

1. 绝对极坐标

绝对极坐标从 UCS 原点（0，0）开始测量，此原点是 X 轴和 Y 轴的交点。当知道点的准确距离和角度坐标时，应使用绝对极坐标。

如果启用动态输入，可以使用“#”前缀指定绝对极坐标。例如，输入“#3<45”指定一点，此点距离原点有 3 个单位，并且与 X 轴呈 45°角。如果在命令行中输入坐标，可以不使用“#”前缀。

例：使用绝对极坐标绘制两条线段，使用默认的角度方向设置。

在工具提示中输入以下信息：

命令：LINE

起点：0,0

下一点：4<120

下一点：5<30

使用绝对极坐标绘制的两条线段位置如图 2-3-4 所示。

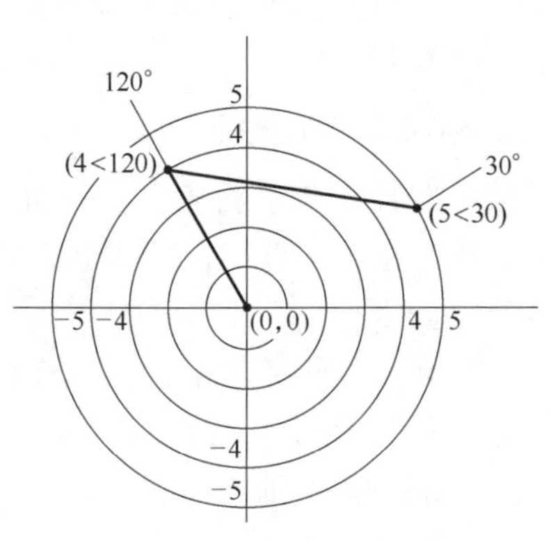

图 2-3-4　绝对极坐标

2. 相对极坐标

相对极坐标是基于上一输入点的。如果知道某点与前一点的位置关系，可以使用相对极坐标。

要指定相对极坐标，应在坐标前面添加一个“@”符号。例如，输入“@1<45”指定一点，此点距离上一指定点 1 个单位，并且与 X 轴呈 45°角。

例：使用相对极坐标绘制两条线段。在每个示例中，线段都从标有上一点的位置开始。使用“LINE”命令，继续绘制图 2-3-4 所示的绝对极坐标图形。

在工具提示中输入以下信息：

命令：LINE

起点：图 2-3-4 所示绝对极坐标图形的终点

下一点：@3<45

下一点：@5<285

使用相对极坐标绘制的两条线段分别如图 2-3-5（a）和图 2-3-5（b）所示。

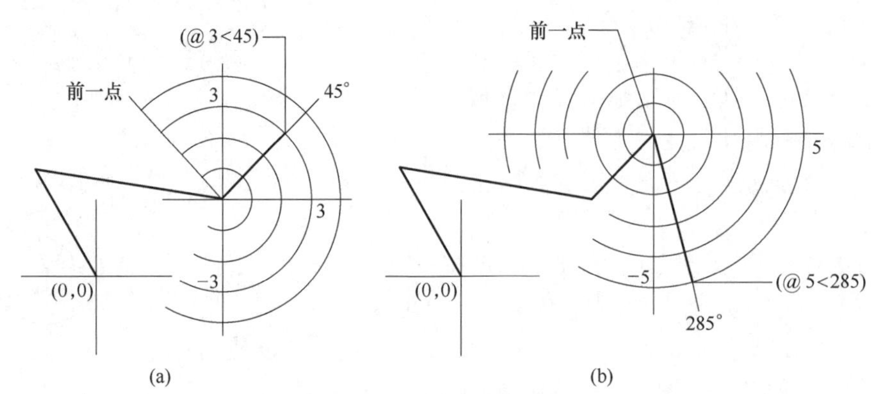

图 2-3-5　相对极坐标

三、命令输入

命令是指告诉程序如何操作的指令。

启动命令的方法如下：

① 在功能区、工具栏或菜单中进行选择。

② 在动态输入工具提示中输入命令。

③ 在命令窗口中输入命令。

④ 从工具选项板中拖动自定义命令。

例：绘制直线，可以使用以下几种方式输入命令：

① 单击功能区的“常用”选项卡→“绘图”面板→“直线”⁄。

② 单击菜单栏中的“绘图”菜单→“直线”命令。

③ 单击工具栏中的“绘图”工具栏→“直线”命令。

④ 动态输入工具提示中输入命令“LINE”。

⑤ 命令行输入命令“LINE”。

本书将默认使用功能区“常用”选项卡的“绘图”面板输入指令。

任务实施

一、绘制直线

直线对象是任何规程的 AutoCAD 图形中最基本和最常用的对象。

在 AutoCAD 中，每条线段都是可以单独进行编辑以及分配特性（如图层、线型和线宽）的直线对象。绘制直线最简单的步骤如下：

步骤一：依次单击“常用”选项卡→“绘图”面板→“直线”⁄。

步骤二：在绘图区域中单击，即可指定线段的起点和终点。

步骤三：继续指定其他线段。

注意：

若要放弃之前的线段，应在命令提示下输入“U”。如图 2-3-6 所示，单击快速访问工具栏的“放弃”按钮取消整个线段系列。

图 2-3-6 “放弃”按钮

步骤四：按 Enter 键或 Esc 键（完成时），或者输入“C”使一系列线段闭合。

绘制直线时还可以通过使用特定坐标、相对坐标、特定长度、按特定角度、按与另一条线形成的特定角度等方式使图形绘制得更加精确。

1. 特定坐标

使用特定坐标的步骤如下：

步骤一：依次单击“常用”选项卡→“绘图”面板→“直线”╱。

步骤二：依次键入 *X* 值、逗号和 *Y* 值（例如“1.65,4.25”），以键入第一个点的坐标。

步骤三：按 Space 键或 Enter 键。

步骤四：执行以下操作之一：

① 如果“动态输入”已启用：依次键入井号（#）、*X* 值、逗号和 *Y* 值（例如“#4.0,6.75”）。

② 如果“动态输入”已禁用：依次键入 *X* 值、逗号和 *Y* 值（例如“4.0,6.75”）。

步骤五：按 Space 键或 Enter 键。

注意：

在“动态输入”启用时，相对坐标是默认设置；在“动态输入”禁用时，绝对坐标是默认设置。按 F12 键可打开或关闭“动态输入”。

2. 相对坐标

使用相对坐标的步骤如下：

步骤一：依次单击“常用”选项卡→“绘图”面板→“直线”╱。

步骤二：指定第一个点。

步骤三：相对于第一个点指定第二个点，执行以下操作之一：

① 如果“动态输入”已启用：依次键入 *X* 值、逗号和 *Y* 值（例如“4.0,6.75”）。

② 如果“动态输入”已禁用：依次键入 at 符号（@）、*X* 值、逗号和 *Y* 值（例如“@4.0,6.75”）。

步骤四：按 Space 键或 Enter 键。

3. 特定长度

使用特定长度的步骤如下：

步骤一：依次单击“常用”选项卡→“绘图”面板→“直线”╱。

步骤二：指定起点。

步骤三：执行以下操作之一以指定长度：

① 移动光标以指示方向和角度，然后输入长度（例如“6.5”）。

② 依次输入 at 符号（@）及长度、左尖括号（<）及角度（例如“@6.5<45”）。

步骤四：按 Space 键或 Enter 键。

4. 按特定角度

使用按特定角度的步骤如下：

步骤一：依次单击“常用”选项卡→“绘图”面板→“直线”╱。

步骤二：指定起点。

步骤三：执行以下操作之一以指定角度：

① 输入左尖括号（<）和角度（例如“<45”），然后移动光标以指示方向。

② 输入极坐标（例如“2.5<45”）。

③ 按 F8 键打开“正交”，将角度锁定到水平和垂直方向。在指定水平或垂直方向的

下一个点时，也可以按 Shift 键。

④ 按 F10 键打开"极轴追踪"。此时，可能需要使用"DSETTINGS"命令、"极轴追踪"选项卡来指定其他极轴角度，以及选择用于追踪所有极轴角度设置的选项。

⑤ 移动光标以指示近似角度。

步骤四：执行以下操作之一以指定长度：

① 单击一个点以指定使用或不使用对象捕捉的端点。根据需要，修剪或延伸生成的直线。

② 输入直线的长度（例如"2.5"）。

步骤五：按 Space 键或 Enter 键。

5. 按与另一条线形成的特定角度

临时将 UCS 图标与一条现有线对齐，可轻松地按与另一条线形成的特定角度绘制一条直线。具体步骤如下：

步骤一：在命令提示下，输入"UCS"。

步骤二：输入"OB"（表示 Object），然后选择现有线。如图 2-3-7 所示，UCS 原点（0，0，0）将重新定义。

步骤三：依次单击"常用"选项卡→"绘图"面板→"直线"。

步骤四：指定起点。

步骤五：执行以下操作之一以指定角度：

① 输入左尖括号（<）和角度（例如"<45"），然后移动光标以指示方向。

② 移动光标以指示近似角度。

步骤六：指定第二个点。

步骤七：按 Space 键或 Enter 键。

步骤八：在命令提示下，输入"UCS"。

步骤九：输入"P"（表示 Previous），重置 UCS 原点。

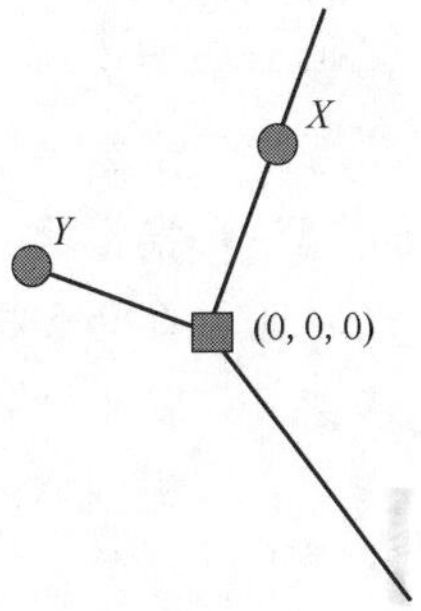

图 2-3-7　UCS 原点

二、绘制多段线

用直线段或曲线段绘制多段线。定义多段线线段的宽度，并使线段间的宽度逐渐变小。通过指定边数和大小绘制多边形。

1. 绘制包含直线段的多段线

绘制包含直线段的多段线的步骤如下：

步骤一：依次单击"常用"选项卡→"绘图"面板→"多段线"。

步骤二：指定多段线的起点。

步骤三：指定第一条线段的端点。

步骤四：根据需要继续指定线段端点。

步骤五：按 Enter 键结束，或者输入"C"使多段线闭合。

注意：

若要以上次绘制的多段线的端点为起点绘制一条多段线，应再次启动该命令，然后在出现“指定起点”提示后按Enter键。

2. 绘制宽多段线

绘制宽多段线的步骤如下：

步骤一：依次单击“常用”选项卡→“绘图”面板→“多段线”。

步骤二：指定多段线的起点。

步骤三：输入“W”（宽度）。

步骤四：输入线段的起点宽度。

步骤五：执行以下操作之一以指定线段的端点宽度：

① 要创建等宽的线段，应按Enter键。

② 要创建一个宽度渐窄或渐宽的线段，应输入一个不同的宽度。

步骤六：指定线段的端点。

步骤七：根据需要继续指定线段端点。

步骤八：按Enter键结束，或者输入“C”使多段线闭合。

3. 用直线段和曲线段绘制多段线

用直线段和曲线段绘制多段线的步骤如下：

步骤一：依次单击“常用”选项卡→“绘图”面板→“多段线”。

步骤二：指定多段线的起点。

步骤三：指定第一条线段的端点。

步骤四：在命令提示下输入“A”（圆弧），切换到“圆弧”模式。

步骤五：输入“L”（直线），返回到“直线”模式。

步骤六：根据需要指定其他线段。

步骤七：按Enter键结束，或者输入“C”使多段线闭合。

三、绘制矩形

绘制矩形的步骤如下：

步骤一：依次单击“常用”选项卡→“绘图”面板→“矩形”□。

步骤二：指定矩形第一个角点的位置。

步骤三：指定矩形其他角点的位置。

绘制矩形还有按长度和宽度、按区域、带旋转等方式。

1. 绘制倒角矩形

绘制倒角矩形的步骤如下：

步骤一：依次单击“常用”选项卡→“绘图”面板→“矩形”□。

步骤二：在命令提示下，输入“C”（倒角），指定矩形的第一个倒角距离（例如“100”），指定矩形的第二个倒角距离（例如“200”）。

步骤三：在绘图区域任意指定矩形第一个角点的位置。

步骤四：指定另一个角点或［面积（A)/尺寸（D)/旋转（R)］(例如“@500,500”)。

按上述步骤绘制的倒角矩形如图 2-3-8 所示。

2. 绘制圆角矩形

绘制圆角矩形的步骤如下：

步骤一：依次单击“常用”选项卡→“绘图”面板→“矩形”□。

步骤二：在命令提示下，输入“F”(圆角)，指定矩形的圆角半径（例如“100”)。

步骤三：在绘图区域任意指定矩形第一个角点的位置。

步骤四：指定另一个角点或［面积（A)/尺寸（D)/旋转（R)］(例如“@500,500”)。

按上述步骤绘制的圆角矩形如图 2-3-9 所示。

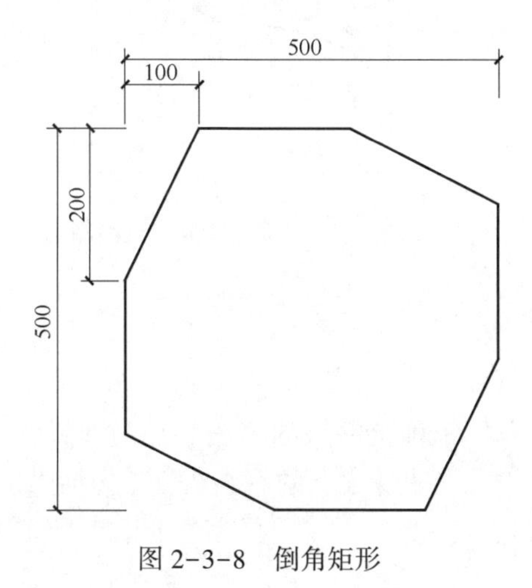

图 2-3-8　倒角矩形

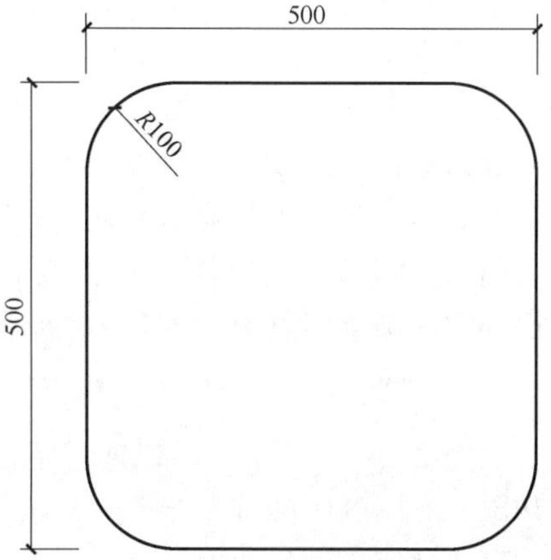

图 2-3-9　圆角矩形

四、绘制多边形

绘制多边形的步骤如下：

步骤一：依次单击“常用”选项卡→“绘图”面板→“多边形”⬠。

步骤二：输入边数。

步骤三：指定多边形的中心。

步骤四：执行以下操作之一：

① 输入“I”以指定与圆内接的多边形，如图 2-3-10 所示。

② 输入“C”以指定与圆外切的多边形，如图 2-3-11 所示。

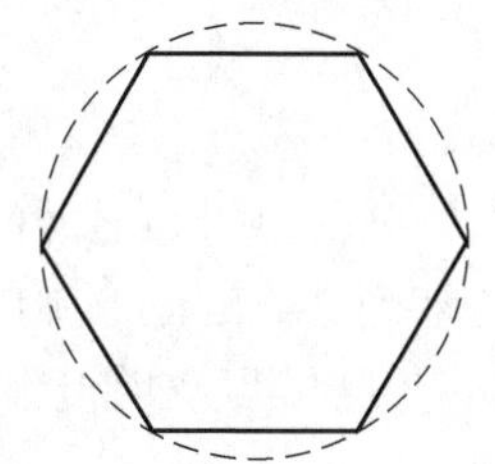

图 2-3-10　内接于圆的多边形

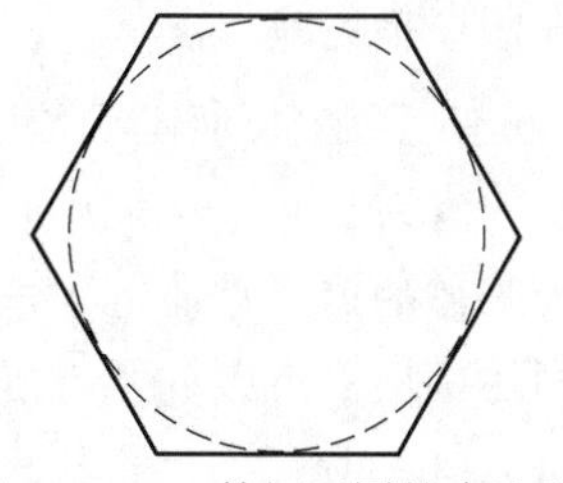

图 2-3-11　外切于圆的多边形

步骤五：输入半径。

五、绘制圆弧

通过指定圆心、端点、起点、半径、角度、弦长和方向值的不同组合，可以创建圆弧。

默认情况下，AutoCAD 以逆时针方向绘制圆弧。若要以顺时针方向绘制圆弧，则应按住 Ctrl 键的同时拖动鼠标。

1. 通过指定三点绘制圆弧

通过指定三点绘制圆弧的步骤如下：

步骤一：依次单击“常用”选项卡→“绘图”面板→“圆弧”下拉菜单→“三点”。

步骤二：指定起点。

步骤三：在圆弧上指定点。

步骤四：指定端点。

图 2-3-12 所示为通过指定 1、2、3 三点绘制的一段圆弧。圆弧的起点捕捉到直线的端点 1，第二点捕捉到中间圆上的点 2，第三点捕捉到直线的端点 3。

图 2-3-12　通过指定三点绘制圆弧

2. 通过指定起点、圆心、端点（圆心、起点、端点）绘制圆弧

如图 2-3-13 所示，可以通过指定起点、圆心及用于确定端点的第三点绘制圆弧。起点和圆心之间的距离确定半径，端点由从圆心引出的通过第三点的直线确定。绘制圆弧时，可以使用不同的选项，可以先指定起点，如图 2-3-13（a）所示；也可以先指定圆心，如图 2-3-13（b）所示。

通过指定起点、圆心、端点（圆心、起点、端点）绘制圆弧的步骤如下：

步骤一：依次单击“常用”选项卡→“绘图”面板→“圆弧”下拉菜单→“起点、圆心、端点”（“圆心、起点、端点”）。

步骤二：指定起点（圆心）。

步骤三：指定圆心（起点）。

步骤四：指定端点。

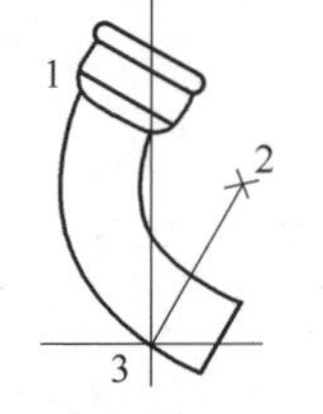

(a) 指定起点1、圆心2、端点3

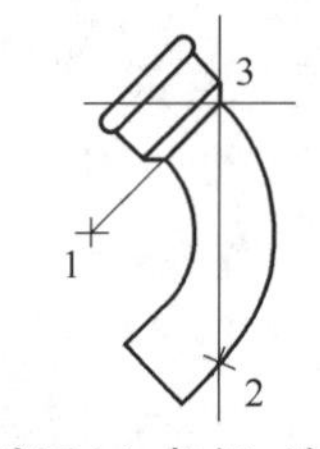

(b) 指定圆心1、起点2、端点3

图 2-3-13　通过指定起点、圆心、端点（圆心、起点、端点）绘制圆弧

3. 通过指定起点、圆心、角度（圆心、起点、角度 / 起点、端点、角度）绘制圆弧

如图 2-3-14 所示，可以使用起点、圆心、角度绘制圆弧。起点和圆心之间的距离确定半径，圆弧的另一端通过指定将圆弧的圆心用作顶点的夹角来确定。绘制圆弧时，可以使用不同的选项，可以先指定起点，如图 2-3-15（a）所示；也可以先指定圆心，如图 2-3-15（b）所示。

包含角确定圆弧的端点。如果已知两个端点但不能捕捉到圆心，可以使用“起点、端点、角度”法，如图 2-3-15（c）所示。

通过指定起点、圆心、角度（圆心、起点、角度/起点、端点、角度）绘制圆弧的步骤如下：

步骤一：依次单击“常用”选项卡→“绘图”面板→“圆弧”下拉菜单→“起点、圆心、角度”（“圆心、起点、角度”/“起点、端点、角度”）。

步骤二：指定起点（圆心/起点）。

步骤三：指定圆心（起点/端点）。

步骤四：指定角度。

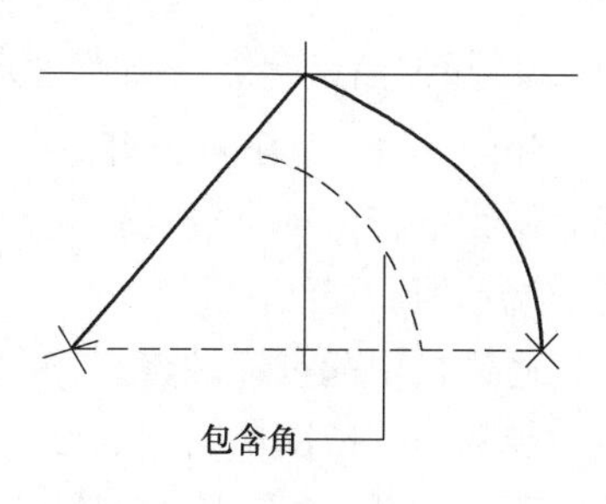

图 2-3-14　使用起点、圆心、角度绘制圆弧

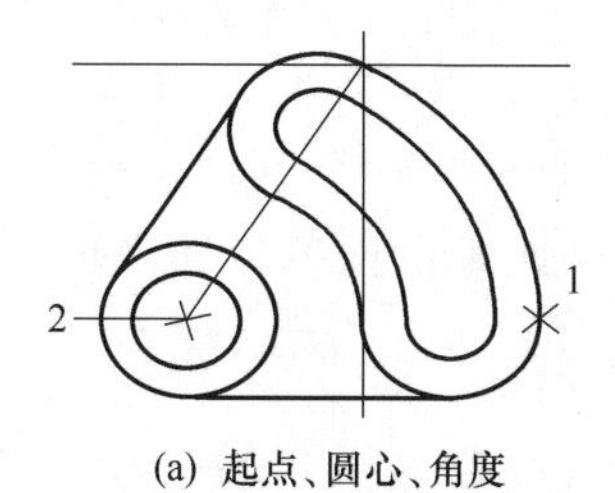

(a) 起点、圆心、角度

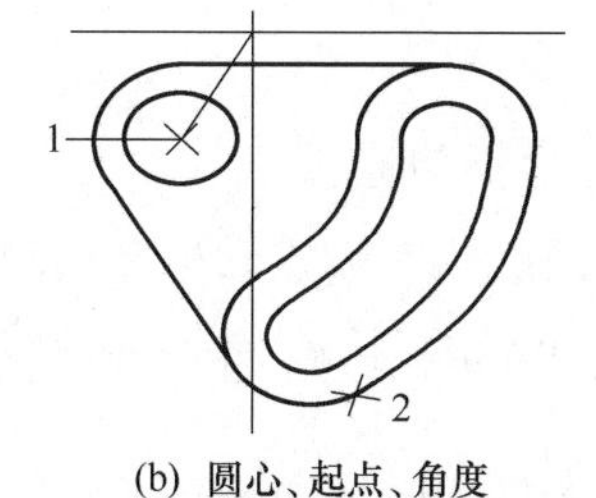

(b) 圆心、起点、角度

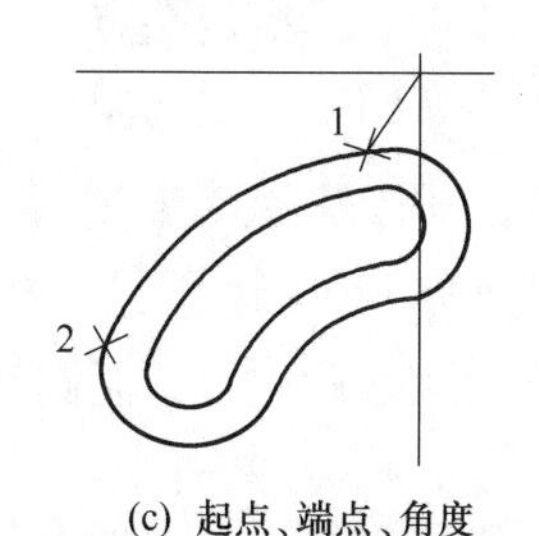

(c) 起点、端点、角度

图 2-3-15　通过指定起点、圆心、角度（圆心、起点、角度 / 起点、端点、角度）绘制圆弧

4. 通过指定起点、圆心、长度（圆心、起点、长度）绘制圆弧

如图 2-3-16 所示，可以使用起点、圆心和弦长绘制圆弧。起点和圆心之间的距离确定半径，圆弧的另一端通过指定圆弧的起点与端点之间的弦长来确定，圆弧的弦长确定包含角。绘制圆弧时，可以使用不同的选项，可以先指定起点，如图 2-3-16（a）所示；也可以先指定圆心，如图 2-3-16（b）所示。

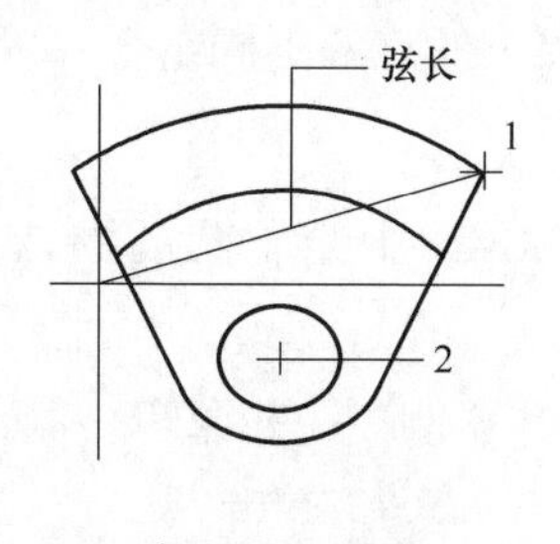

(a) 起点、圆心、长度

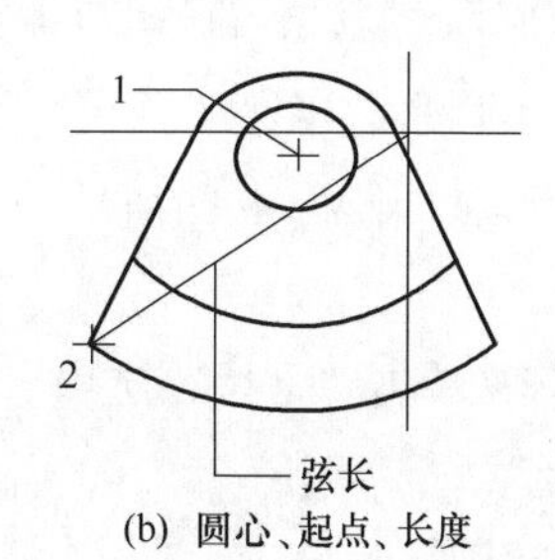

(b) 圆心、起点、长度

图 2-3-16　通过指定起点、圆心、长度（圆心、起点、长度）绘制圆弧

通过指定起点、圆心、长度（圆心、起点、长度）绘制圆弧的步骤如下：

步骤一：依次单击“常用”选项卡→“绘图”面板→“圆弧”下拉菜单→“起点、圆心、长度”（“圆心、起点、长度”）。

步骤二：指定起点（圆心）。

步骤三：指定圆心（起点）。

步骤四：指定长度。

5. 通过指定起点、端点、方向绘制圆弧

如图 2-3-17 所示，可以使用起点、端点和方向绘制圆弧。绘制圆弧时，可以通过在所需切线上指定一个点或输入角度指定切向。通过更改指定两个端点的顺序，可以确定由哪个端点控制切线。

通过指定起点、端点、方向绘制圆弧的步骤如下：

步骤一：依次单击“常用”选项卡→“绘图”面板→“圆弧”下拉菜单→“起点、端点、方向”。

步骤二：指定起点。

步骤三：指定端点。

步骤四：指定切向。

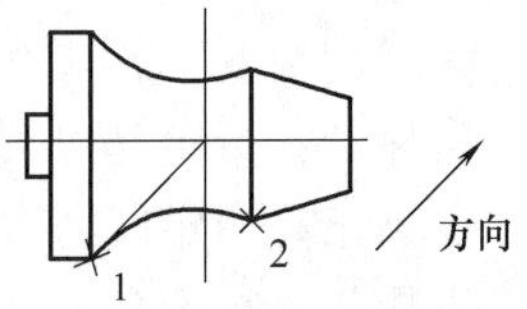

图 2-3-17　通过指定起点、端点、方向绘制圆弧

6. 通过指定起点、端点、半径绘制圆弧

如图 2-3-18 所示，可以使用起点、端点和半径绘制圆弧。圆弧凸度的方向由指定其端点的顺序确定。绘制圆弧时，可以通过输入半径或在所需半径距离上指定一个点来指定半径。

通过指定起点、端点、半径绘制圆弧的步骤如下：

步骤一：依次单击“常用”选项卡→“绘图”面板→“圆弧”下拉菜单→“起点、端点、半径”。

步骤二：指定起点。

步骤三：指定端点。

步骤四：指定半径。

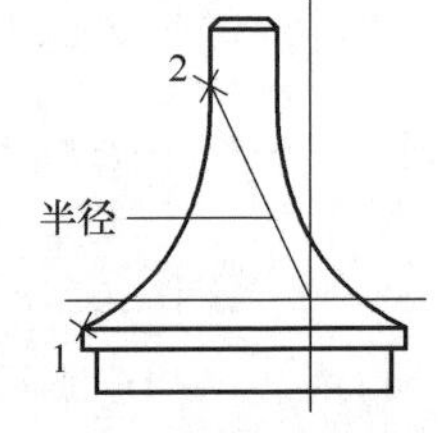

图 2-3-18　通过指定起点、端点、半径绘制圆弧

六、绘制圆

通过指定圆心、半径、直径、圆周上或其他对象上的点的不同组合，可以创建圆。

1. 通过指定圆心、半径（直径）绘制圆

通过指定圆心、半径（直径）绘制圆，是 AutoCAD 中绘制圆的默认方法，其步骤如下：

步骤一：依次单击“常用”选项卡→“绘图”面板→“圆”下拉菜单→“圆心，半径”（“圆心，直径”）。

步骤二：指定圆心。

步骤三：指定半径（直径）。

2. 创建与两个对象相切的圆

创建与两个对象相切的圆，切点是圆与一个对象和另一个对象接触而不相交的点，其步骤如下：

步骤一：依次单击“常用”选项卡→“绘图”面板→“圆”下拉菜单→“相切，相切，半径”（此命令将启动“切点”对象捕捉模式）。

步骤二：选择与要绘制的圆相切的第一个对象。

步骤三：选择与要绘制的圆相切的第二个对象。

步骤四：指定圆的半径。

七、绘制样条曲线

样条曲线是经过或接近影响曲线形状的一系列点的平滑曲线。

默认情况下，样条曲线是一系列三阶（也称为“三次”）多项式的过渡曲线段，这些曲线在技术上称为非均匀有理 B 样条（NURBS），为简便起见，称为样条曲线。

绘制样条曲线的步骤如下：

步骤一：依次单击“常用”选项卡→“绘图”面板→“样条曲线”。

步骤二：（可选）输入“M”（方式），然后输入“F”（拟合）或“CV”（控制点）。

步骤三：指定样条曲线的起点。

步骤四：指定样条曲线的下一个点，根据需要继续指定点。

步骤五：按 Enter 键结束，或者输入“C”使样条曲线闭合，如图 2-3-19 所示。

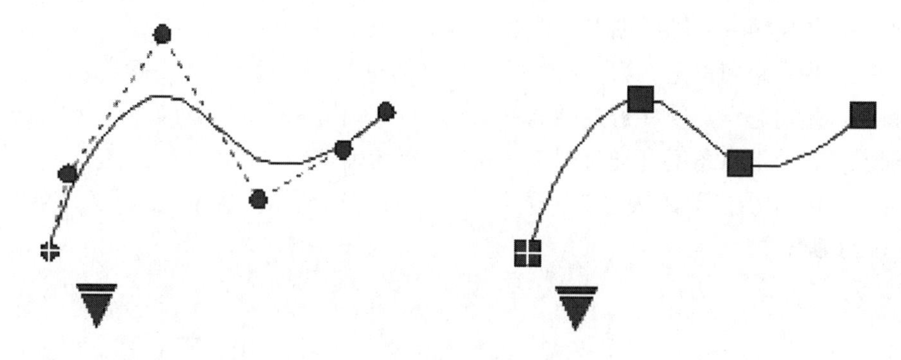

图 2-3-19 样条曲线

八、绘制椭圆

绘制椭圆时，其造型由定义其长度和宽度的两个轴确定，即主（长）轴和次（短）轴，如图 2-3-20 所示。

图 2-3-21 所示为通过指定轴和距离创建的两个不同的椭圆。图中第三点（点 3）仅指定距离，不必指明轴端点。

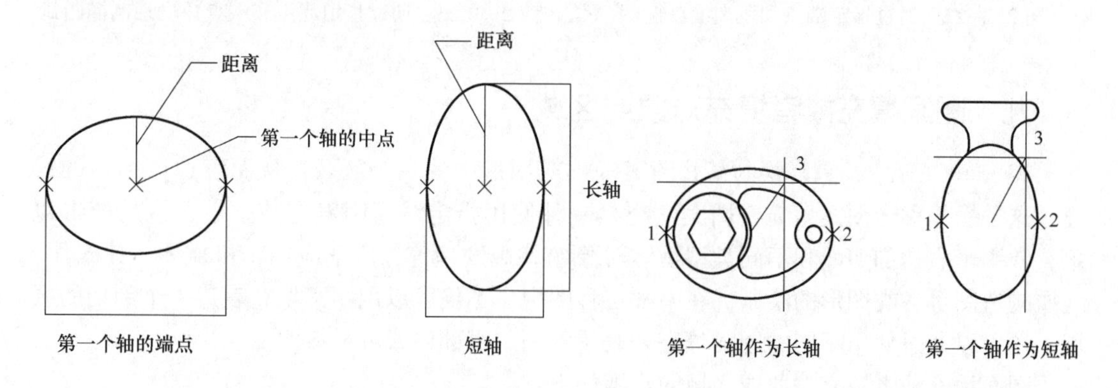

图 2-3-20 椭圆　　图 2-3-21 指定轴和距离创建椭圆

1. 通过指定端点和距离绘制椭圆

通过指定端点和距离绘制椭圆的步骤如下：

步骤一：依次单击“常用”选项卡→“绘图”面板→“椭圆”下拉菜单→“轴，端点”。

步骤二：指定第一条轴的第一个端点（图 2-3-22 中点 1）。

步骤三：指定第一条轴的第二个端点（图 2-3-22 中点 2）。

步骤四：从中点拖离定点设备，然后单击以指定第二条轴二分之一长度的距离（图 2-3-22 中距离 3）。

按上述步骤绘制的椭圆如图 2-3-22 所示。

2. 通过指定起点和端点角度绘制椭圆弧

通过指定起点和端点角度绘制椭圆弧的步骤如下：

步骤一：依次单击“常用”选项卡→“绘图”面板→“椭圆”下拉菜单→“椭圆弧”。

步骤二：指定第一条轴的端点（图 2-3-23 中点 1 和点 2）。

步骤三：指定距离以定义第二条轴的半长（通过图 2-3-23 中点 3 确定）。

步骤四：指定起点角度（通过图 2-3-23 中点 4 确定）。

步骤五：指定端点角度（通过图 2-3-23 中点 5 确定）。

在 AutoCAD 中，椭圆弧从起点到端点按逆时针方向绘制。按上述步骤绘制的椭圆弧如图 2-3-23 所示。

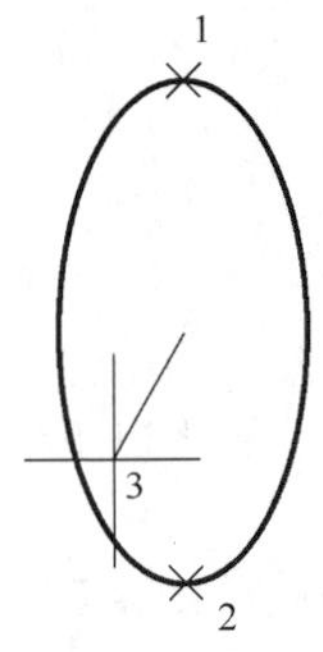

图 2-3-22　通过指定端点和距离绘制椭圆

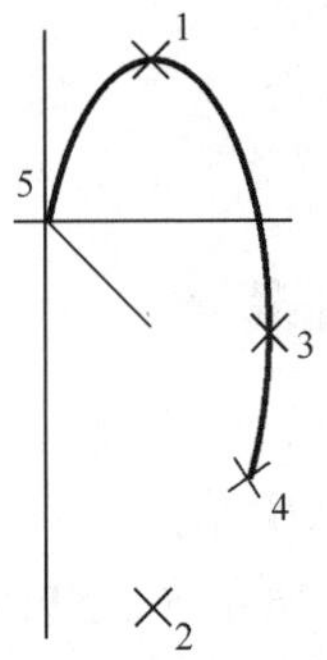

图 2-3-23　通过指定起点和端点角度绘制椭圆弧

九、图案填充或者填充对象或区域

在 AutoCAD 中，重复绘制某些图案以填充图形中的一个区域，从而表达该区域的特征，这种操作称为图案填充。图案填充是一种使用指定线条图案充满指定区域的图形对象，常用于表达剖切面和不同类型物体对象的外观纹理等，广泛应用于机械图、建筑图、地质构造图等各类图形的绘制。在园林工程图中，不仅可以用图案填充表达一个剖切的区域，还可以通过使用不同的图案填充来表达不同的零部件或者材料。

图案填充或者填充对象或区域的步骤如下：

步骤一：依次单击“常用”选项卡→“绘图”面板→“图案填充”。

注意：

在“图案填充”命令处于启动状态后，即显示“图案填充创建”功能区选项卡。

步骤二：在“图案填充创建”功能区选项卡→“特性”面板→“图案填充类型”列表中，选择要使用的图案填充类型，如图 2-3-24 所示。

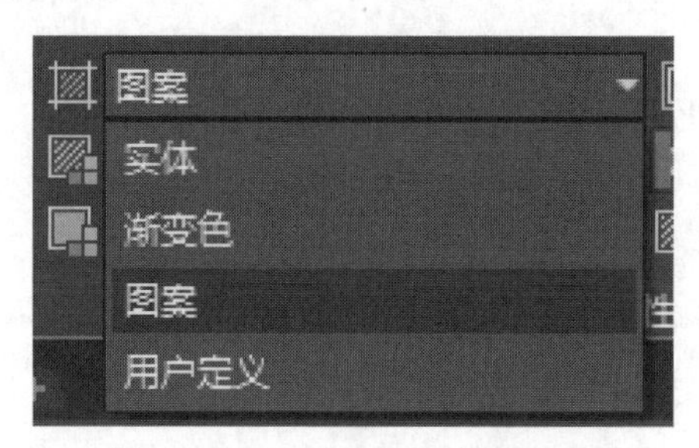

图 2-3-24　选择图案填充类型

步骤三：在“图案”面板上，单击一种填充图案，如图 2-3-25 所示。

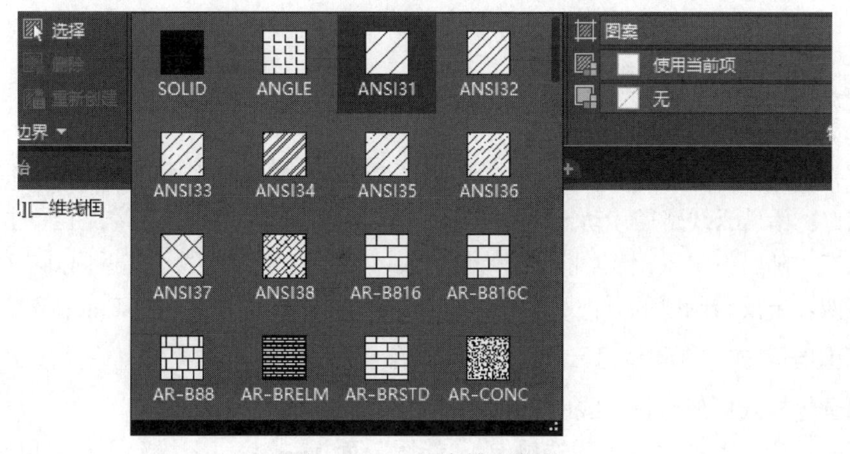

图 2-3-25　图案填充类型

步骤四：在“边界”面板上，执行以下操作之一以指定如何选择图案边界：

① 拾取点。插入图案填充或布满以一个或多个对象为边界的封闭区域。使用此方法，可在边界内单击以指定区域。

② 选择边界对象。在闭合对象（例如圆、闭合的多段线，或者一组具有接触和封闭某一区域的端点的对象）内插入图案填充。

步骤五：单击要进行图案填充的区域或对象。

步骤六：在功能区中，根据需要进行调整。

在功能区中，可以进行的调整如下：

① 在“特性”面板中，可以更改图案填充类型和颜色，或者修改图案填充的透明度、角度或比例。

② 在展开的“选项”面板中，可以更改绘图顺序以指定图案填充及其边界是显示在其他对象的前面还是后面。

步骤七：按 Enter 键应用图案填充并退出命令。

十、绘制修订云线

修订云线是闭合的多段线，是由圆弧段组成的云形对象。审阅或标记图形时，可以使用此功能来引起对每个图形各部分的注意。下面介绍 AutoCAD 中创建修订云线的方式。

1. 创建矩形修订云线

创建矩形修订云线的步骤如下：

步骤一：依次单击“常用”选项卡→“绘图”面板→“修订云线”下拉菜单→“矩形”。

步骤二：指定修订云线的第一个角点。

步骤三：指定修订云线的另一个角点。

2. 创建多边形修订云线

创建多边形修订云线的步骤如下：

步骤一：依次单击“常用”选项卡→“绘图”面板→“修订云线”下拉菜单→“多边形”。

步骤二：指定修订云线的起点。

步骤三：指定修订云线的其他顶点。

3. 创建徒手画修订云线

创建徒手画修订云线的步骤如下：

步骤一：依次单击“常用”选项卡→“绘图”面板→“修订云线”下拉菜单→“徒手画”。

步骤二：沿着云线路径移动十字光标。要更改圆弧的大小，可以沿着路径单击拾取点。

步骤三：随时按 Enter 键停止绘制修订云线。要闭合修订云线，应返回到它的起点。

步骤四：要反转圆弧的方向，应在命令提示下输入“Y”，然后按 Enter 键。

4. 使用画笔样式创建修订云线

使用画笔样式创建修订云线的步骤如下：

步骤一：依次单击“常用”选项卡→“绘图”面板→“修订云线”下拉菜单。

步骤二：在绘图区域中单击鼠标右键，然后选择“样式”。

步骤三：选择“手绘”。

步骤四：按 Enter 键保存手绘设置并继续该命令，或者按 ESC 键结束命令。

5. 将对象转换为修订云线

将对象转换为修订云线的步骤如下：

步骤一：依次单击“常用”选项卡→“绘图”面板→“修订云线”下拉菜单。

步骤二：在绘图区域中单击鼠标右键，然后选择“对象”。

步骤三：选择要转换为修订云线的圆、椭圆、多段线或样条曲线。

步骤四：按 Enter 键使圆弧保持当前方向。否则，应输入“Y”反转圆弧的方向。

步骤五：按 Enter 键保存设置。

十一、绘制点

点对象可以作为捕捉对象的节点，可以指定某一点的二维和三维位置。

1. 设定点样式和大小

设定点样式和大小的步骤如下：

步骤一：依次单击“格式”菜单→“点样式”。

步骤二：在“点样式”对话框中选择一种点样式。

步骤三：在“点大小”框中，相对于屏幕或以绝对单位指定一个大小。

步骤四：单击“确定”。

2. 创建点对象

创建点对象的步骤如下：

步骤一：依次单击“常用”选项卡→“绘图”面板→“点”下拉菜单→“多点”。

步骤二：指定点的位置。使用“节点”对象捕捉可以捕捉到一个点。

十二、创建文字

1. 创建多行文字

对于具有内部格式的较长注释和标签，应使用多行文字。

创建多行文字的步骤如下：

步骤一：依次单击“常用”选项卡→“注释”面板→“多行文字”A。

步骤二：指定边框的对角点以定义多行文字对象的宽度。

注意：

如果功能区处于活动状态，将显示“文字编辑器”上下文功能区选项卡，如图2-3-26所示。

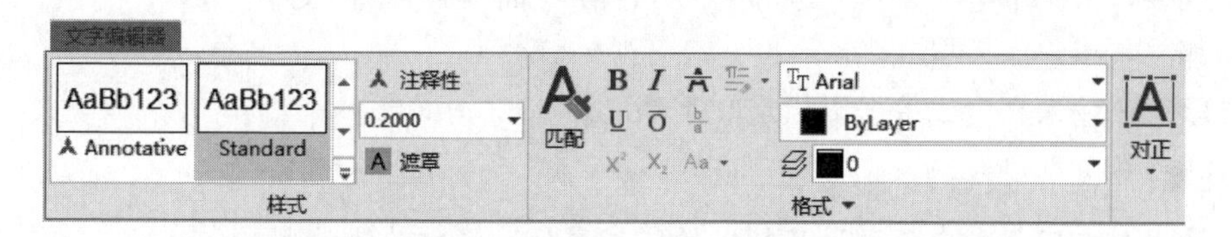

图2-3-26 “文字编辑器”上下文功能区选项卡

如果功能区未处于活动状态，将显示“文字格式”工具栏，如图2-3-27所示。

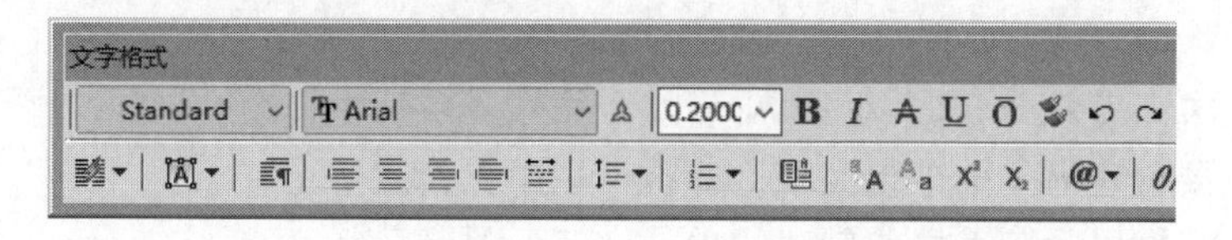

图2-3-27 “文字格式”工具栏

步骤三：指定初始格式。

指定初始格式的方法如下：

① 对每个段落的首行缩进，应拖动标尺上的第一行缩进滑块；对每个段落的其他行缩进，应拖动悬挂缩进滑块。

② 设定制表符，应在标尺上单击所需的制表位位置。

③ 更改当前文字样式，应从下拉列表中选择所需的文字样式。

初始格式设置界面如图 2-3-28 所示。

步骤四：输入文字。

注意：

键入时，文字可能会以适当的大小沿水平方向显示。

步骤五：要更改单个字符、单词或段落，应亮显文字并指定格式的更改。

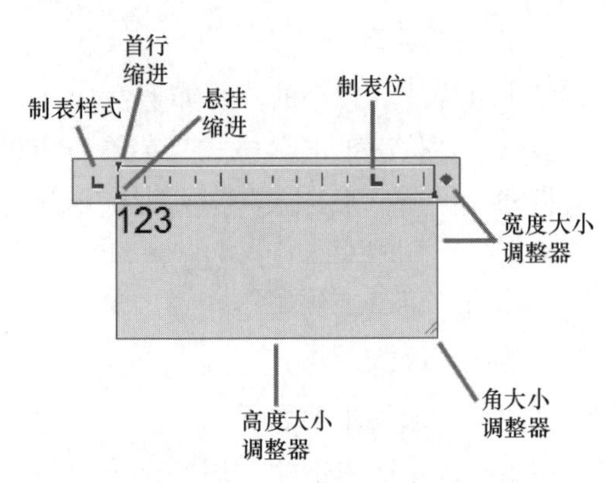

图 2-3-28　初始格式设置界面

注意：

shx 字体不支持粗体或斜体。

步骤六：执行以下操作之一以保存更改并退出编辑器：

① 在“关闭”面板的“文字编辑器”上下文功能区选项卡上，单击“关闭文字编辑器”。

② 单击“文字格式”工具栏上的“确定”。

③ 单击编辑器外部的图形。

④ 按 Ctrl+Enter 组合键。

2. 创建单行文字

对于简短的注释和标签，应使用单行文字。

创建单行文字的步骤如下：

步骤一：依次单击“常用”选项卡→“注释”面板→“单行文字” A。

步骤二：指定插入点。

步骤三：输入高度或单击以指定文字高度。

注意：

如果当前文字样式中已设置了特定的文字高度，将跳过此步骤。

步骤四：输入角度或单击以指定旋转角度。

步骤五：输入文字。

注意：

键入时，文字可能会以适当的大小沿水平方向显示。

步骤六：要创建另一个单行文字，应执行以下操作之一：

① 按 Enter 键以紧接着之前创建的单行文字后另起一行。

② 单击下一文字对象的位置。

步骤七：在空行处按 Enter 键结束命令。

拓展知识

在 AutoCAD 中设计和绘制图形时，如果对图形尺寸比例要求不太严格，可以大致输入图形的尺寸，这时可用鼠标在图形区域直接拾取和输入。但是，有的图形对尺寸要求比较严格，绘图时必须严格按给定的尺寸绘制。实际上，用户不仅可以通过常用的指定点的坐标法来绘制图形，还可以使用系统提供的“正交”“捕捉”“栅格”等功能，在不输入坐标的情况下快速、精确地绘制图形。

一、“正交”绘图

在用 AutoCAD 绘图的过程中，经常需要绘制水平直线和垂直直线，但是用鼠标拾取线段的端点时很难保证两个点严格沿水平或垂直方向。为此，AutoCAD 提供了“正交”功能。当启用“正交”模式时，画线或移动对象时只能沿水平方向或垂直方向移动光标，因此只能画平行于坐标轴的正交线段。

执行“正交”绘图的方法如下：

① 命令行：ORTHO。

② 状态栏：“正交”按钮。

③ 功能键：F8。

二、设置“捕捉”

为了准确地在屏幕上捕捉点，AutoCAD 提供了“捕捉”工具，可以在屏幕上生成一个隐含的栅格（捕捉栅格），这个栅格能够捕捉光标，约束它只能落在栅格的某一个节点上，使用户能够高精确度地捕捉和选择这个栅格上的点。

设置“捕捉”的方法如下：

① 下拉菜单：“工具”→“草图设置”。

② 状态栏：“捕捉”按钮（仅限于打开与关闭）。

③ 功能键：F9（仅限于打开与关闭）。

④ 快捷菜单：将光标置于“捕捉”按钮上，右击，选择“设置”按钮。

三、“栅格”工具

用户可以应用显示“栅格”工具使绘图区域上出现可见的网格，它是一个形象的画图工具，就像传统的坐标纸一样。

执行“栅格”工具的方法如下：

① 下拉菜单：“工具”→“草图设置”。

② 状态栏：“栅格”按钮（仅限于打开与关闭）。

③ 功能键：F7（仅限于打开与关闭）。

④ 快捷菜单：将光标置于“栅格”按钮上，右击，选择“设置”按钮。

四、“对象捕捉”

利用 AutoCAD 绘图时经常要用到一些特殊的点，例如圆心、切点、线段或圆弧的端点、中点等，如果仅用鼠标拾取，要准确地找到这些点是十分困难的。为此，AutoCAD 提供了一些识别这些点的工具，通过这些工具可以轻松地构造出新的几何体，使创建的对象被精确地画出来，其结果比传统手工绘图更精确。在 AutoCAD 中，这种功能称为“对象捕捉”。利用该功能，可以迅速、准确地捕捉到某些特殊点，从而迅速、准确地绘制出图形。

注意：

此处描述的多数“对象捕捉”只影响屏幕上可见的对象，包括锁定图层上的对象、布局视口边界和多段线。不能捕捉不可见的对象，如未显示的对象、关闭或冻结图层上的对象或虚线的空白部分。而且，仅当提示输入点时，“对象捕捉”才生效。

1. 设置“对象捕捉”

设置对象捕捉的方法如下：

① 下拉菜单：“工具”→“草图设置”。

② 命令行：DDOSNAP/DSETTINGS。

③ 状态栏：“对象捕捉”按钮（仅限于打开与关闭）。

④ 功能键：F3（仅限于打开与关闭）。

⑤ 快捷菜单：将光标置于“对象捕捉”按钮上，右击，选择“设置”按钮。

“对象捕捉”设置界面如图 2-3-29 所示。

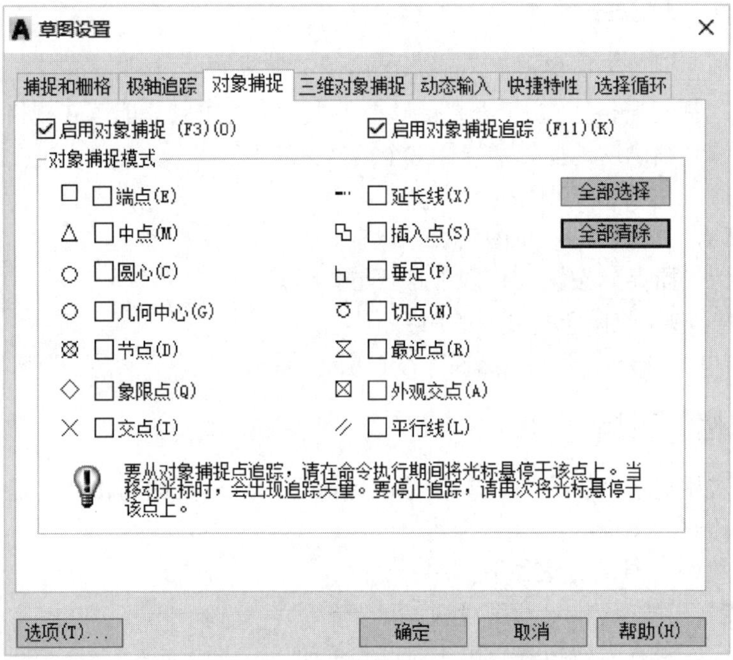

图 2-3-29 “对象捕捉”设置界面

2. “对象捕捉模式”

如图 2-3-29 所示，启用“对象捕捉”时，可以设置多种“对象捕捉模式”，在绘图时可以根据需要实时进行勾选。表 2-3-1 所示为“对象捕捉模式”选项及功能。

表 2-3-1　“对象捕捉模式”选项及功能

选项	功能
端点	捕捉圆弧、椭圆弧、直线、多行、多段线、样条曲线、面域或射线最近的端点，或捕捉宽线、实体或三维面域的最近角点

续表

选项	功能
中点	捕捉圆弧、椭圆、椭圆弧、直线、多行、多段线、面域、实体、样条曲线或参照线的中点
圆心	捕捉圆弧、圆、椭圆或椭圆弧的中心
几何中心	捕捉任意闭合多段线和样条曲线的质心
节点	捕捉点对象、标注定义点或标注文字原点
象限点	捕捉圆弧、圆、椭圆或椭圆弧的象限点
交点	捕捉圆弧、圆、椭圆、椭圆弧、直线、多行、多段线、射线、面域、样条曲线或参照线的交点
延长线	当光标经过对象的端点时，显示临时延长线或圆弧，以便用户在延长线或圆弧上指定点
插入点	捕捉属性、块、形或文字的插入点
垂足	捕捉圆弧、圆、椭圆、椭圆弧、直线、多线、多段线、射线、面域、实体、样条曲线或构造线的垂足
切点	捕捉圆弧、圆、椭圆、椭圆弧或样条曲线的切点
最近点	捕捉圆弧、圆、椭圆、椭圆弧、直线、多行、点、多段线、射线、样条曲线或参照线的最近点
外观交点	捕捉不在同一平面但在当前视图中看起来可能相交的两个对象的视觉交点
平行线	将直线段、多段线、射线或构造线限制为与其他线性对象平行

五、“自动追踪”

在 AutoCAD 中，使用“自动追踪”功能可以按指定角度绘制对象，或者绘制与其他对象有特定关系的对象。“自动追踪”功能包括“极轴追踪”和“对象捕捉追踪”。

“极轴追踪”是按事先给定的角度增量来追踪特征点；而“对象捕捉追踪”则按与对象的某种特定关系来追踪，这种特定的关系确定了一个用户事先并不知道的角度。也就是说，如果事先知道要追踪的方向（角度），则使用“极轴追踪”；如果事先不知道具体的追踪方向（角度），但知道与其他对象的某种关系（如相交），则用“对象捕捉追踪”。“极轴追踪”和“对象捕捉追踪”可以同时使用。

注意：

对象追踪必须与对象捕捉同时工作。也就是在追踪对象捕捉到点之前，必须先打开“对象捕捉”功能。

1. “极轴追踪”设置

“极轴追踪”功能可以在系统要求指定一个点时，按预先设置的角度增量显示一条无限延伸的辅助线（虚线），这时就可以沿辅助线追踪得到光标点。

2. “对象捕捉追踪”设置

“对象捕捉追踪”可以沿指定方向（称为对齐路径）按指定角度或与其他对象的指定关系绘制对象。

要对“极轴追踪”和“对象捕捉追踪”进行设置，可在“草图设置”对话框的“极轴追踪”选项卡中操作。

注意：

打开“正交”模式，光标将被限制沿水平或垂直方向移动。因此，“正交”模式和

“极轴追踪”模式不能同时打开，若一个打开，另一个将自动关闭。

六、“动态输入”

“动态输入”在光标附近提供了一个命令界面，以帮助用户专注于绘图区域。启用“动态输入”时，工具栏提示将在光标附近显示信息，该信息会随着光标移动而动态更新。当某条命令为活动时，工具栏提示将为用户提供输入的位置。

完成“动态输入”命令或使用夹点所需的动作与在命令行中执行相应操作类似，主要区别在于使用“动态输入”时，用户的注意力可以保持在光标附近。“动态输入”不会取代命令窗口，可以隐藏命令窗口以增加绘图屏幕区域，但是在有些操作中还是需要显示命令窗口。按 F2 键可根据需要隐藏或显示命令提示和错误消息。另外，也可以浮动命令窗口，并使用“自动隐藏”功能来展开或收起该窗口。

注意：

透视图不支持“动态输入”。

执行“动态输入”的方法如下：

① 下拉菜单：“工具”→“草图设置”。

② 命令行：DSETTINGS。

③ 状态栏：“DYN（动态输入）”按钮（仅限于打开与关闭）。

④ 功能键：F12（仅限于打开与关闭）。

⑤ 快捷菜单：将光标置于“DYN（动态输入）”按钮上，右击，选择“设置”按钮。

七、创建无边界的图案填充

在 AutoCAD 中创建填充最常用的方法是选择一个封闭的图形或在一个封闭的图形区域中拾取一个点，实际上 AutoCAD 也可以无边界填充。

创建无边界的图案填充的步骤如下：

步骤一：在命令提示下，输入“-HATCH”。

步骤二：输入“P”指定特性。

步骤三：输入图案名称。例如，输入“EARTH”指定 EARTH 图案。

步骤四：指定填充图案的比例和角度。

步骤五：输入“W”指定绘图边界。

步骤六：输入“N”可在定义图案填充区域后放弃多段线边界。

步骤七：指定定义边界的点。输入“C”闭合多段线边界。

步骤八：按 Enter 键两次创建图案填充。

练习提高

（1）用直线命令绘制如图 2-3-30 所示的图形，不标注尺寸。

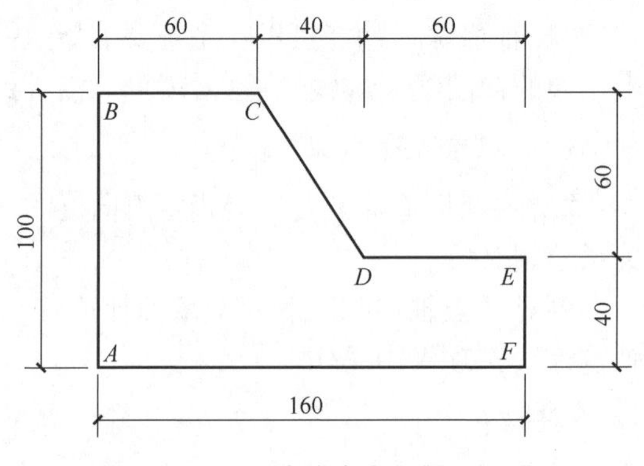

图 2-3-30　用直线命令绘制的图形

（2）用多段线命令绘制如图 2-3-31 所示的图形，线宽为 1，不标注尺寸。

（3）用多段线命令绘制如图 2-3-32 所示的图形，不标注尺寸。

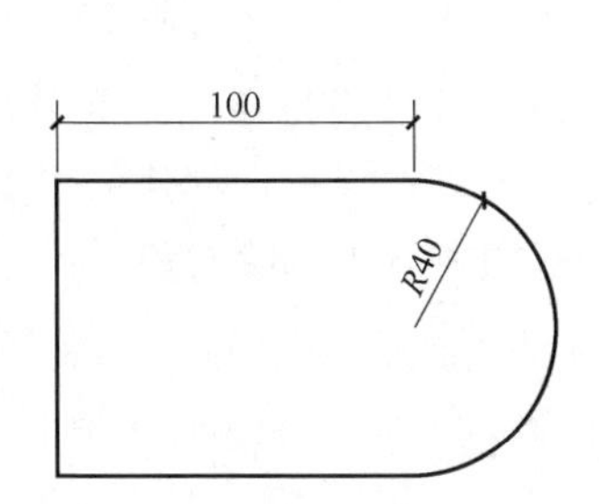

图 2-3-31 用多段线命令绘制的图形

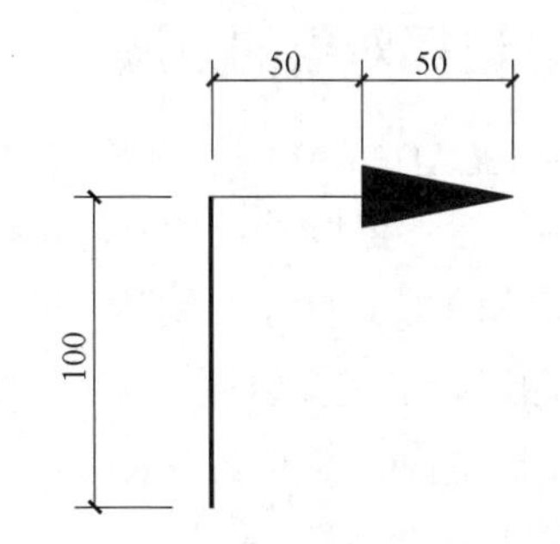

图 2-3-32 用多段线命令绘制的图形

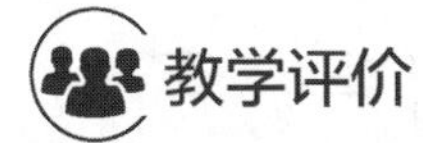 教学评价

根据操作练习进行考核，考核项目和评分标准见评分标准表。

评分标准表

序号	考核项目	配分	评分标准	得分
1	绝对坐标与相对坐标	20 分	理解坐标的输入方法	
2	绘制直线	20 分	使用坐标或距离角度两种方法绘制直线	
3	绘制曲线	20 分	理解起点、端点和角度的含义	
4	创建文字	20 分	创建单行、多行文字	
5	辅助绘图	20 分	正交、栅格、对象捕捉、自动追踪等方法辅助绘图	
6	合计			
7	结果记录	操作是否正确	是/否	
		结果是否正确	是/否	
8	操作时间			
9	教师签名			

任务四 修改图形

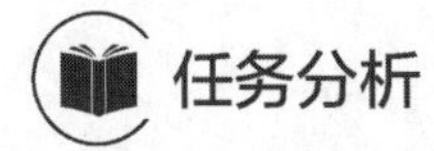 任务分析

在 AutoCAD 2022 中，单纯地使用绘图命令或绘图工具只能创建出一些基本图形对象，而要绘制复杂的图形，在多数情况下要借助于“修改”菜单或“修改”面板中的图形编辑命令。在编辑对象前，首先要选择对象，然后再对其进行编辑。当选中对象时，其特征点（即夹点）将显示为小方框，利用夹点可对图形进行简单编辑。此外，AutoCAD 2022 还提供了丰富的对象编辑工具，可以帮助用户合理地构造和组织图形，以保证绘图的准确性，简化绘图操作，提高绘图效率。

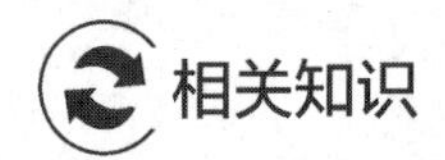

相关知识

一、选择对象的方法

在 AutoCAD 2022 中，选择对象的方法有很多。例如，可以通过单击对象逐个拾取，也可以利用矩形窗口或交叉窗口进行选择。选择对象时，可以选择最近创建的对象、前面的选择集或图形中的所有对象，也可以向选择集中添加对象或从中删除对象。

1. 指定矩形选择区域

当光标悬停在图形上方时，一个称为“对象选择目标框”或“拾取框”的小框将取代图形光标上的十字光标。

执行选择对象的方法如下：

① 逐个拾取。“拾取框”光标位于选择对象的位置，该对象将亮显，单击以选择对象。

② 矩形窗口选择。从左向右拖动光标，以仅选择完全位于矩形区域中的对象，如图 2-4-1（a）所示。

③ 交叉窗口选择。从右向左拖动光标，以选择矩形窗口包围的或相交的对象，如图 2-4-1（b）所示。

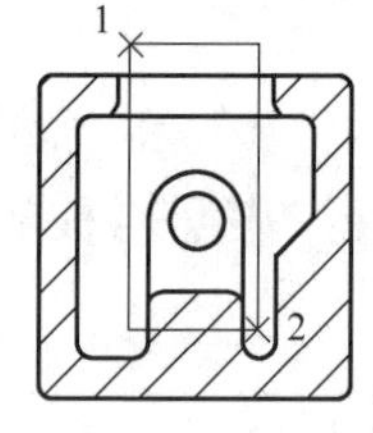

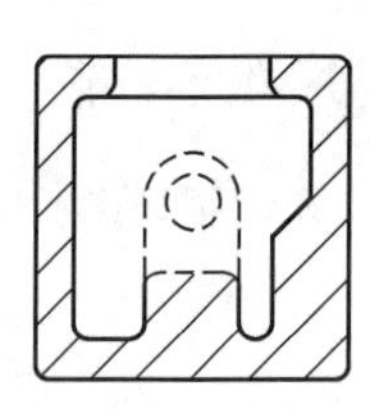

(a) 矩形窗口选择对象

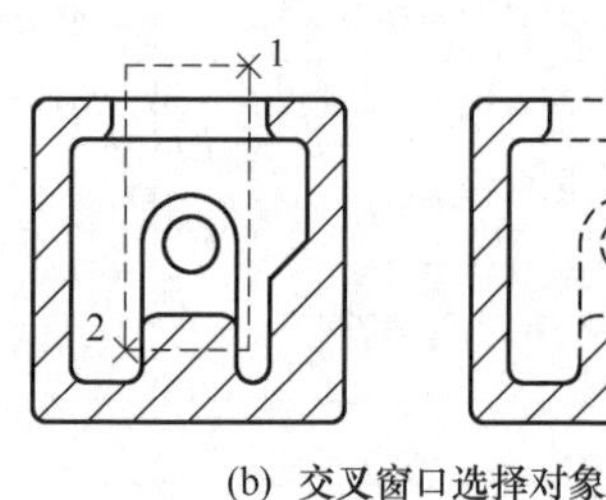

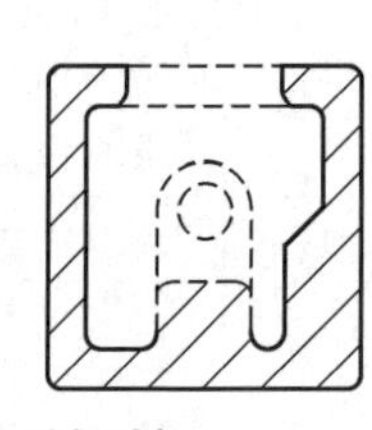

(b) 交叉窗口选择对象

图 2-4-1　矩形窗口选择对象和交叉窗口选择对象

2. 指定不规则形状的选择区域

指定用于定义不规则形状区域的点。使用窗口多边形选择，可选定被选择区域完全包围的对象，如图 2-4-2 所示。此外，使用交叉多边形选择，可选定被选择区域包围的对象或与该区域相交的对象。

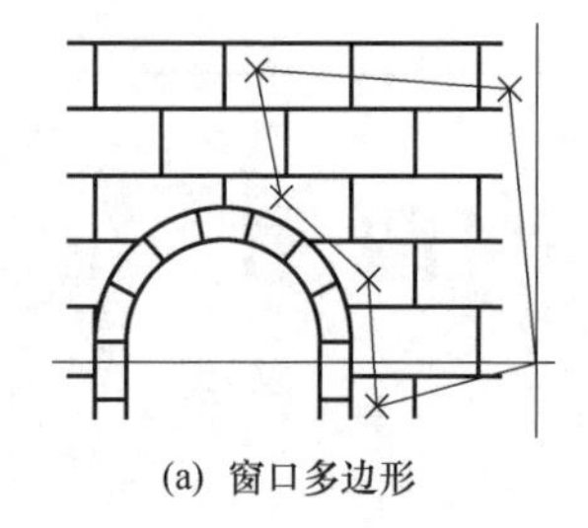

(a) 窗口多边形

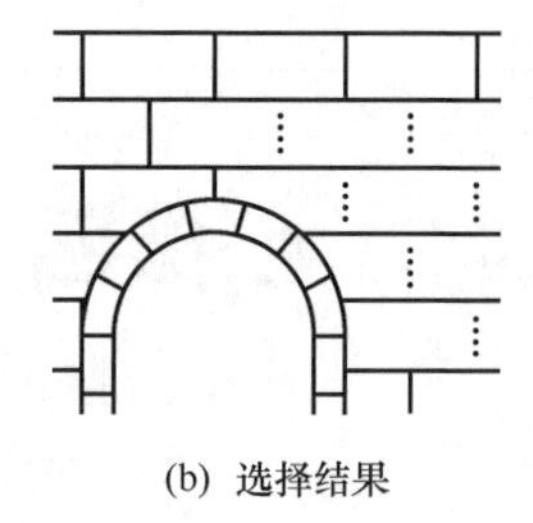

(b) 选择结果

图 2-4-2　窗口多边形选择对象

3. “SELECT”命令

在命令行输入“SELECT”也可以选择对象，该命令可以单独使用，也可以在执行其他编辑命令时被自动调用。

在 AutoCAD 2022 中，无论使用哪种选择对象的方法，软件都将提示用户选择对象，并且光标的形状由十字光标变为拾取框，同时命令行也将提示选择对象。

二、快速选择

在 AutoCAD 2022 中，需要选择具有某些共同特性的对象时，可利用“快速选择”对话框，在其中根据对象的颜色、图层、线型等特性和类型，创建选择集。单击“工具”→“快速选择”命令，可以打开“快速选择”对话框，如图 2-4-3 所示。

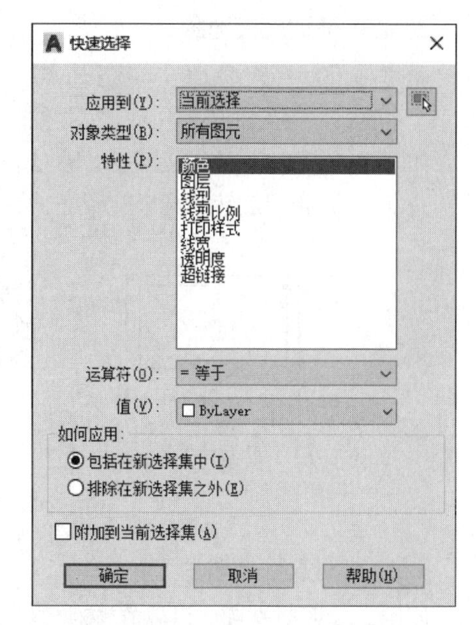

图 2-4-3 “快速选择”对话框

注意：

在“快速选择”对话框中，只有选中“如何应用”选项组中的“包括在新选择集中”，并且不勾选“附加到当前选择集”，“选择对象”按钮才可用。

任务实施

一、移动对象

在 AutoCAD 中，可以从源对象以指定的角度和方向移动对象。使用坐标、栅格捕捉、对象捕捉等工具可以精确移动对象。

如图 2-4-4 所示，使用由基点及后跟的第二点指定的距离和方向移动对象，其步骤如下：

步骤一：依次单击“常用”选项卡→“修改”面板→“移动” ✥。

步骤二：选择要移动的对象（1）。

步骤三：指定移动基点（2）。

步骤四：指定第二点（3）。

执行上述操作后，代表窗口的块将按照点 2 到点 3 的距离和方向移动。

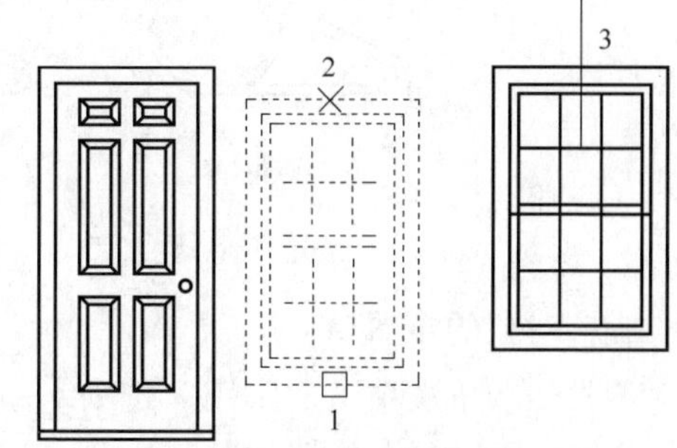

图 2-4-4 移动对象

二、旋转对象

在 AutoCAD 中，可以绕指定基点旋转图形中的对象。旋转对象时，要确定旋转的角度。可以按指定角度旋转对象或通过拖动旋转对象，还可以旋转对象到绝对角度。

1. 按指定角度旋转对象

按指定角度旋转对象时，应输入旋转角度（0°～360°），也可以按弧度、百分度或勘测方向输入值。输入正角度，可以逆时针或顺时针旋转对象，具体取决于“图形单位”对话框中的基本角度方向设置。

2. 通过拖动旋转对象

通过拖动旋转对象时，应绕基点拖动对象并指定第二点。为了更加精确，应使用“正交”模式、“极轴追踪”或“对象捕捉”。

如图2-4-5（a）和图2-4-5（b）所示，选择对象（1）后，指定基点（2）并通过拖动到另一点（3）指定旋转角度来旋转房子的平面视图，旋转后的结果如图2-4-5（c）所示。

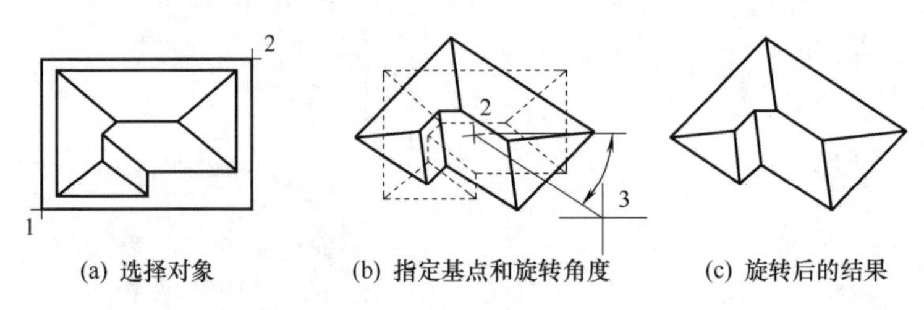

(a) 选择对象　(b) 指定基点和旋转角度　(c) 旋转后的结果

图2-4-5　通过拖动旋转对象

3. 旋转对象到绝对角度

使用“参照”选项，可以旋转对象，使其与绝对角度对齐。例如，要旋转图2-4-6（a）所示的部件，使其对角边旋转到90°方向上。可以选择要旋转的对象（1，2），指定基点（3），然后输入“参照”选项，指定对角线（4，5）的两个端点，如图2-4-6（b）所示。输入新角度（90°）后，旋转后的结果如图2-4-6（c）所示。

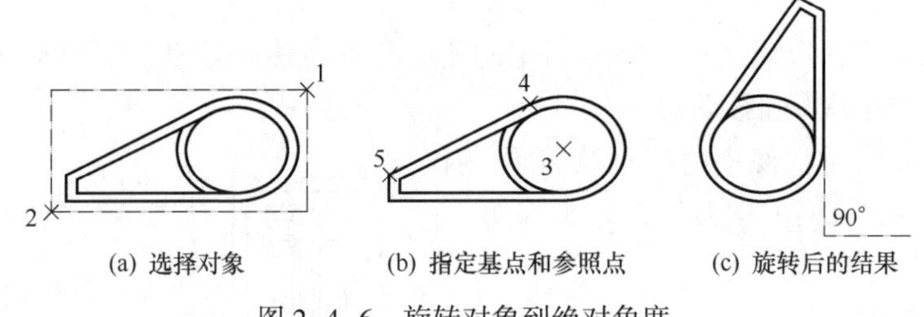

(a) 选择对象　(b) 指定基点和参照点　(c) 旋转后的结果

图2-4-6　旋转对象到绝对角度

旋转对象的步骤如下：

步骤一：依次单击“常用”选项卡→“修改”面板→“旋转”↻。

步骤二：选择要旋转的对象。

步骤三：指定旋转基点。

步骤四：执行以下操作之一：

① 输入旋转角度。

② 绕基点拖动对象并指定旋转对象的终止位置点。

③ 输入“C”，创建选定的对象的副本。

④ 输入“R”，将选定的对象从指定参照角度旋转到绝对角度。

三、对齐对象

在AutoCAD中，可以通过移动、旋转或倾斜对象来使该对象与另一个对象对齐。

如图2-4-7所示，通过“对齐”命令在二维中利用两对点来对齐管道，端点对象捕捉将准确地对齐管道。

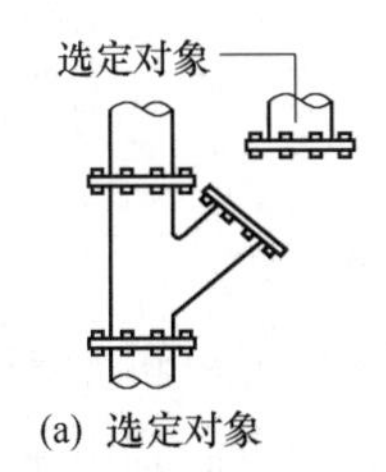

(a) 选定对象

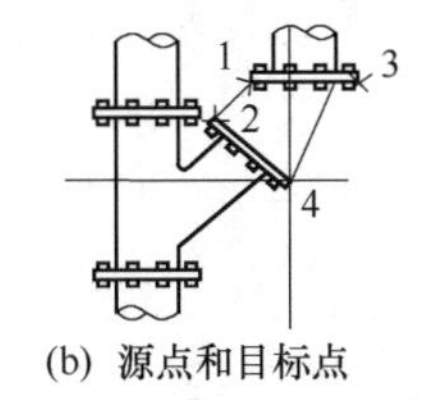

(b) 源点和目标点

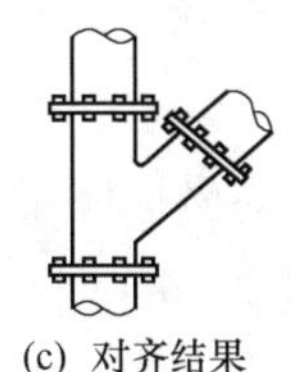
(c) 对齐结果

图 2-4-7　对齐对象

二维中对齐两个对象的步骤如下：

步骤一：依次单击“常用”选项卡→“修改”面板→“对齐”。

步骤二：选择要对齐的对象。

步骤三：指定一个源点，然后指定相应的目标点。若要旋转对象，则应指定第二个源点，然后指定第二个目标点。

步骤四：按 Enter 键结束命令。

执行上述操作后，选定的对象将从源点移动到目标点，如果指定了第二个点（源点、目标点）和第三个点（源点、目标点），则这两个点将旋转并倾斜选定的对象。

四、复制对象

在 AutoCAD 中，使用坐标、栅格捕捉、对象捕捉等工具可以精确复制对象，也可以使用夹点快速移动和复制对象。复制对象时，可以使用两点指定距离、使用相对坐标指定距离或使用“COPY”命令创建多个副本，还可以使用快捷键。

1. 使用两点指定距离

使用由基点及后跟的第二点指定的距离和方向复制对象。如图 2-4-8（a）所示，选择要复制的表示电子部件的块，指定移动基点（1），然后指定第二点（2），如图 2-4-8（b）所示。执行上述操作后，将按照点 1 到点 2 的距离和方向复制对象，复制后的结果如图 2-4-8（c）所示。

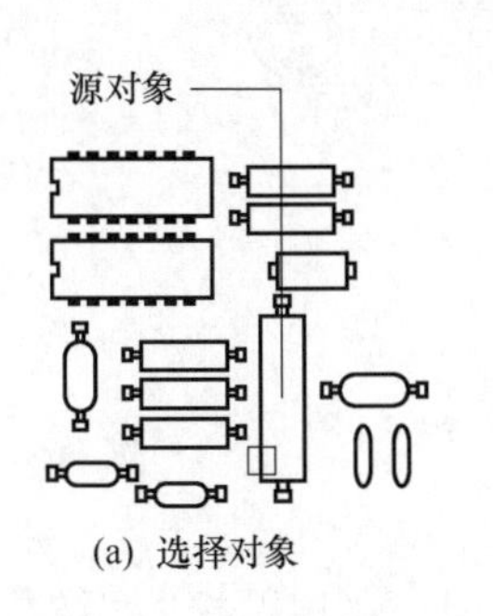

(a) 选择对象

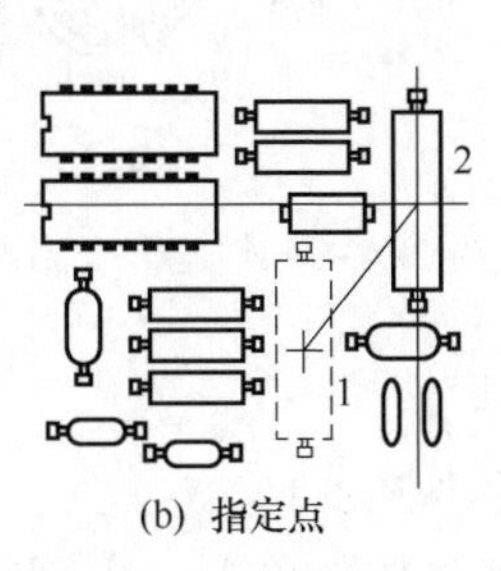

(b) 指定点

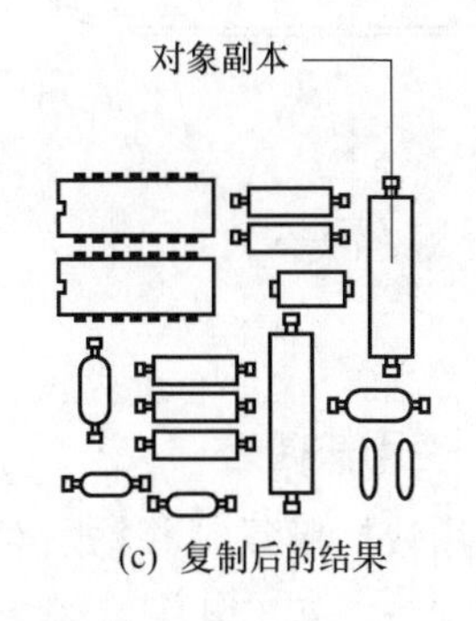

(c) 复制后的结果

图 2-4-8　复制对象

使用两点指定距离复制对象的步骤如下：

步骤一：依次单击“常用”选项卡→“修改”面板→“复制”。

步骤二：选择要复制的对象，并按 Enter 键。

步骤三：指定复制的基点。

步骤四：指定第二点。选定的对象将复制到由第一点和第二点间的距离和方向确定的新位置。

2. 使用相对坐标指定距离

通过输入第一个点的坐标并按 Enter 键输入第二个点的坐标，可以使用相对距离复制对象，坐标将用作相对位移，而不是基点位置。选定的对象将复制到由输入的相对坐标确定的新位置。

注意：

在输入相对坐标时，不需要包含“@”符号，因为相对坐标是假设的。

要按指定距离复制对象，还可以在“正交”模式和“极轴追踪”打开的同时使用直接距离输入。

使用相对坐标指定距离复制对象的步骤如下：

步骤一：依次单击“常用”选项卡→“修改”面板→“复制”。

步骤二：选择要复制的对象，并按 Enter 键。

步骤三：以笛卡尔坐标、极坐标、柱坐标或球坐标的形式输入距离。

步骤四：在输入第二个点提示下，按 Enter 键。

3. 使用“COPY”命令创建多个副本

如图 2-4-9 所示，使用“COPY”命令，可以从指定的选择集和基点创建多个副本。其中，“COPY”命令的选项如下：

① 在指定位置或位移创建副本。

② 以线性模式自动间隔指定数量的副本。

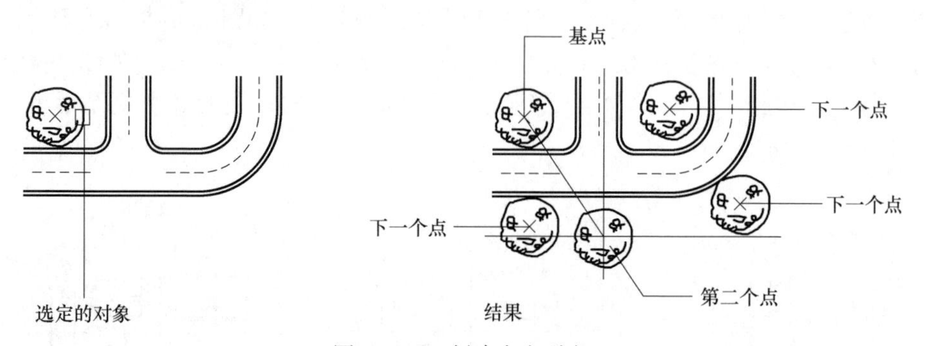

图 2-4-9 创建多个副本

4. 使用快捷键

使用快捷键复制并粘贴对象的步骤如下：

步骤一：按 Ctrl+C 组合键，或者依次单击“主页”选项卡→“剪贴板”面板→“复制剪裁”。

步骤二：选择要复制的对象，并按 Enter 键。

步骤三：如果需要，可以切换到要在其中粘贴对象的图形。

步骤四：使用以下操作之一以粘贴对象：

① 按 Ctrl+V 组合键或依次单击“主页”选项卡→“剪贴板”面板→“粘贴”。

② 按 Ctrl+Shift+V 组合键或依次单击“主页”选项卡→“剪贴板”面板→“粘贴为块”。

③ 依次单击“主页”选项卡→“剪贴板”面板→“粘贴到原坐标”。

步骤五：按照任意提示操作。

提示：

Windows 中的“复制”“粘贴”功能可用于在不同的 Windows 应用程序之间传输对象，不过它在 AutoCAD 内不保持最高级别的精度。若要保持最高的精度，应使用 COPYBASE 而不是 COPYCLIP（Ctrl+C）。

五、镜像对象

在 AutoCAD 中，可以绕指定轴反转对象创建对称的镜像图像。

如图 2-4-10 所示，选定对象后，输入两点以指定临时镜像线。使用“镜像”工具时，可以选择是删除源对象还是保留源对象。

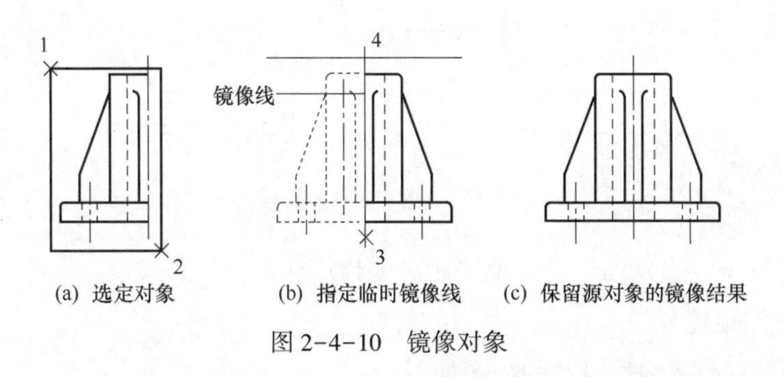

(a) 选定对象　(b) 指定临时镜像线　(c) 保留源对象的镜像结果

图 2-4-10　镜像对象

默认情况下，镜像文字、图案填充、属性和属性定义时，它们在镜像图像中不会反转或倒置。文字的对齐和对正方式在镜像对象前后相同。如果要反转文字，应将 MIRRTEXT 系统变量设置为“1”，如图 2-4-11 所示。

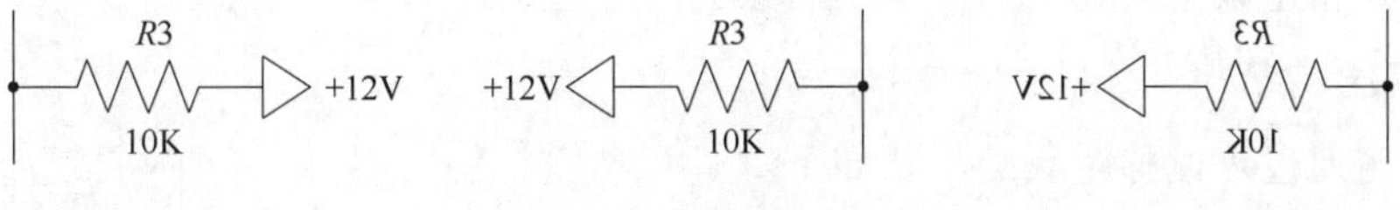

镜像之前　镜像之后(MIRRTEXT=0)　镜像之后(MIRRTEXT=1)

图 2-4-11　镜像参数修改

注意：

MIRRTEXT 会影响使用 TEXT、ATTDEF 或 MTEXT 命令、属性定义和变量属性创建的文字。当镜像块而不管 MIRRTEXT 的值时，作为插入块的一部分的文字和常量属性都将被反转。

MIRRHATCH 会影响使用 GRADIENT 或 HATCH 命令创建的图案填充对象。使用 MIRRHATCH 系统变量控制是镜像还是保留填充图案的方向。

在二维空间中镜像对象的步骤如下：

步骤一：依次单击“常用”选项卡→“修改”面板→“镜像”⚠。

步骤二：选择要镜像的对象。

步骤三：指定镜像直线的第一点。

步骤四：指定第二点。

步骤五：按 Enter 键保留源对象，或者输入“Y”将其删除。

六、偏移对象

在 AutoCAD 中，按照指定的距离创建与选定对象平行或同心的几何对象，即偏移对象（OFFSET）。

如果偏移圆或圆弧，则会创建更大或更小的圆或圆弧，其大小具体取决于指定为向哪一侧偏移。如果偏移多段线，将会生成平行于原始对象的多段线，如图 2-4-12 所示。

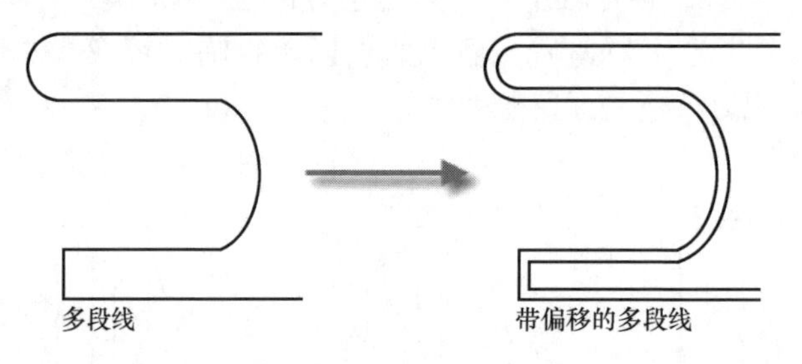

图 2-4-12　偏移多段线

在 AutoCAD 中，可以通过指定偏移距离或指定通过点偏移对象。

1. 指定偏移距离

通过指定偏移距离偏移对象的步骤如下：

步骤一：依次单击“常用”选项卡→“修改”面板→“偏移”⊆。

步骤二：指定偏移距离（可以输入值或使用定点设备，以通过两点确定距离）。

步骤三：选择要偏移的对象。

步骤四：指定某个点以指示在原始对象的内部还是外部偏移对象。

2. 指定通过点

通过指定通过点偏移对象的步骤如下：

步骤一：依次单击“常用”选项卡→“修改”面板→“偏移”⊆。

步骤二：输入“T”（通过点）。

步骤三：选择要偏移的对象。

步骤四：指定偏移对象将要通过的点。

七、阵列对象

在 AutoCAD 中，可以创建要在阵列模式中排列的选定对象的副本。

选择要复制的对象（即所谓的源对象）后，可以选择阵列模式。阵列模式包括矩形阵列、路径阵列和环形阵列。图 2-4-13 所示为应用不同阵列排列显示表格时可能的外观。

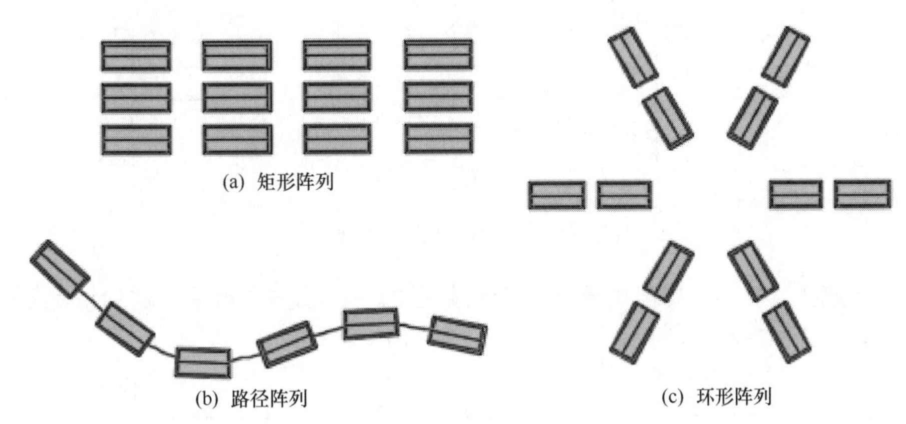

图 2-4-13　阵列对象

注意：

阵列中的每个元素称为阵列项目，它可以包含多个对象。

可以指定块作为阵列的源对象。

如果选择路径阵列，还需要选择直线、多段线、三维多段线、样条曲线、螺旋、圆弧、圆或椭圆以用作路径。

下面以矩形阵列为例，详细介绍其创建和编辑方法。

1. 创建矩形阵列

创建矩形阵列的步骤如下：

步骤一：依次单击“常用”选项卡→“修改”面板→“矩形阵列”。

步骤二：选择要排列的对象，并按 Enter 键（将显示默认的矩形阵列）。

步骤三：在阵列预览中，拖动夹点以调整间距以及行数和列数，还可以在“阵列”上下文功能区选项卡中修改值。

2. 修改矩形阵列中的项目数

修改矩形阵列中的项目数的步骤如下：

步骤一：选择阵列。

步骤二：如图 2-4-14 所示，拖动右上、左上或右下角的夹点以增加或减少行数或列数。

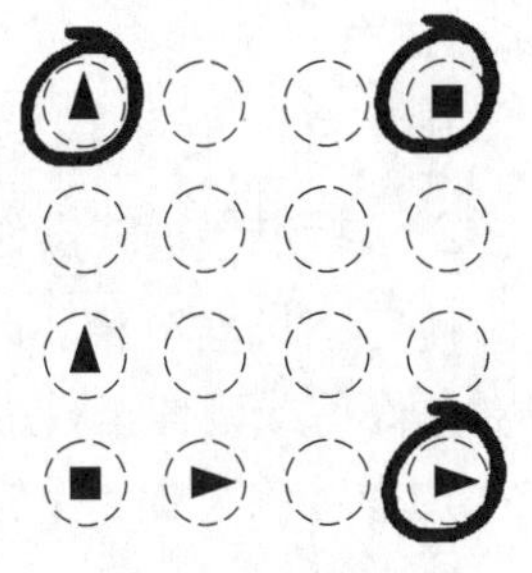

图 2-4-14　修改阵列行数或列数

八、修剪和延伸对象

在 AutoCAD 中，可以通过缩短或拉长，使对象与其他对象的边相接。

1. “快速”模式操作（默认）

启动“TRIM”或“EXTEND”命令后，只需选择端点附近的对象即可进行修剪或延伸。以下三个默认选项可用于选择对象：

① 两点栏选。单击定义穿过对象（靠近要修剪或延伸的端点）的线段的两点。这种情况下，将延伸直线，如图 2-4-15 所示。

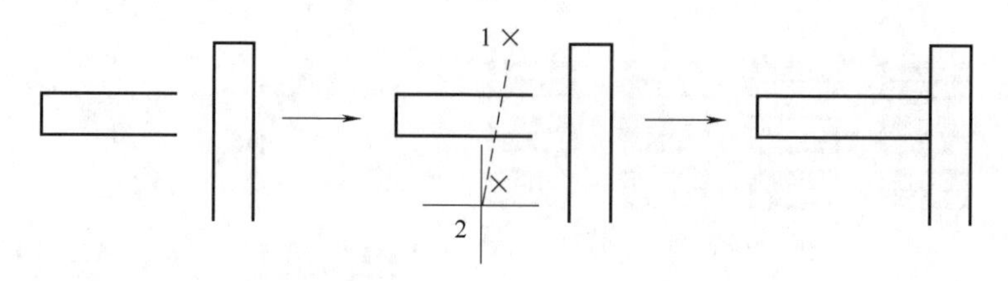

图 2-4-15　两点栏选延伸直线

② 单个选择。单击要修剪或延伸的端点附近的一个或多个对象。这种情况下，将修剪选定直线，如图 2-4-16 所示。

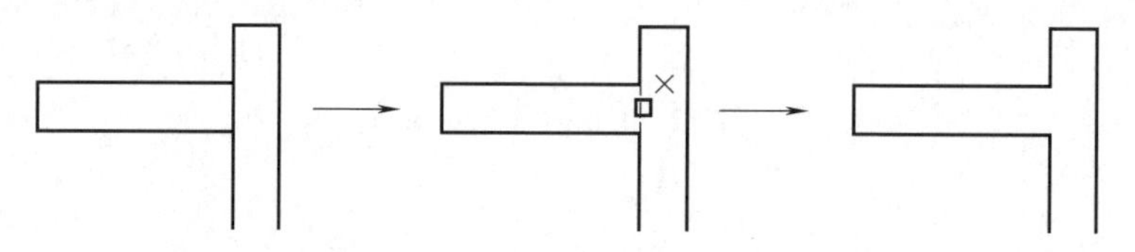

图 2-4-16　单个选择修剪直线

③ 徒手选择。在空白区域单击并按住鼠标左键，然后在要修剪或延伸的端点附近的一个或多个对象上拖动光标。这种情况下，将修剪直线，如图 2-4-17 所示。

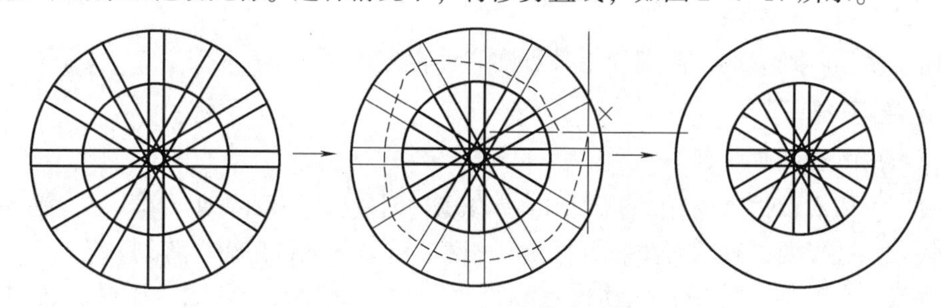

图 2-4-17　徒手选择修剪直线

注意：

按住 Shift 键可在“TRIM”（修剪）和“EXTEND”（延伸）命令之间临时切换。

2. “标准”模式操作

使用“标准”模式时，选择作为剪切边或边界边的对象无须与修剪对象相交。可以将对象修剪或延伸至投影边或延长线交点，即对象延长后相交的地方。如果未指定边界并在“选择对象”提示下按 Enter 键，显示的所有对象都将成为可能边界。

注意：

要选择包含块的剪切边或边界边，只能选择“窗交”“栏选”和“全部选择”选项中的一个。

3. 修剪对象

修剪对象的步骤如下：

步骤一：依次单击“常用”选项卡→“修改”面板→“修剪”。

步骤二：选择要修剪的对象，其最接近要修剪的端点，然后按 Enter 键。

可以使用以下一种或多种自动方法选择对象：

① 选择要单独修剪的对象，其最接近要修剪的端点。

② 通过单击空白区域中的两个不同点作为与要修剪对象相交的两点栏选，指定两点栏选。

③ 单击并拖动光标穿过要作为徒手选择进行修剪的对象。

注意：

上述步骤适用于“快速”模式。对于“标准”模式，应先选择要修剪的边界，然后按 Enter 键，再选择要修剪的对象。

4. 延伸对象

延伸对象的步骤如下：

步骤一：依次单击“常用”选项卡→“修改”面板→“延伸” -→|。

步骤二：选择要延伸的对象，其最接近要延伸的端点，然后按 Enter 键。

可以使用以下一种或多种自动方法选择对象：

① 选择要单独延伸的对象，其最接近要延伸的端点。

② 通过单击空白区域中的两个不同点作为与要延伸对象相交的两点栏选，指定两点栏选。

③ 单击并拖动光标穿过要作为徒手选择进行延伸的对象。

注意：

上述步骤适用于“快速”模式。对于“标准”模式，应先选择要延伸的边界，然后按 Enter 键，再选择要延伸的对象。

九、拉长、拉伸、缩放对象

在 AutoCAD 中，可以调整对象大小使其在一个方向上或是按比例增大或缩小，还可以通过移动端点、顶点或控制点来拉伸某些对象。

1. 拉长对象

使用“LENGTHEN”（拉长）命令，可以修改圆弧的包含角和直线、圆弧、开放的多段线、椭圆弧、开放的样条曲线的长度。其结果与延伸和修剪相似。使用该命令时，可以进行如下操作：

① 动态拖动对象的端点。

② 按总长度或角度的百分比指定新长度或角度。

③ 指定从端点开始测量的增量长度或角度。

④ 指定对象的总绝对长度或包含角。

2. 拉伸对象

使用“STRETCH”（拉伸）命令，可以重定位穿过或在窗交选择窗口内的对象的端点。使用该命令时，将拉伸部分包含在窗选内的对象，将移动（而不是拉伸）完全包含在窗选内的对象或单独选定的对象。

如图 2-4-18 所示，选定对象后，先指定一个基点，然后指定位移点即可拉伸对象。

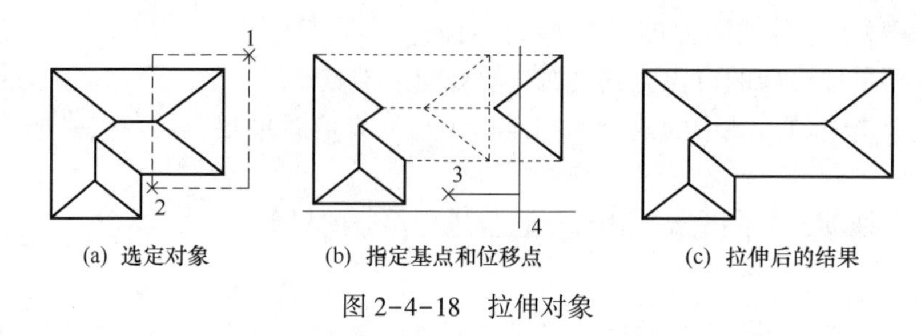

(a) 选定对象　(b) 指定基点和位移点　(c) 拉伸后的结果

图 2-4-18　拉伸对象

拉伸对象时，可以使用对象捕捉、栅格捕捉和相对坐标输入来精确拉伸。

3. 缩放对象

使用“SCALE”（缩放）命令，可以将对象按统一比例放大或缩小。要缩放对象，应指定基点和比例因子。另外，根据当前图形单位，还可以指定要用作比例因子的长度。如图 2-4-19 所示，比例因子大于 1 时将放大对象，比例因子介于 0 和 1 之间时将缩小对象。缩放可以更改选定对象的所有标注尺寸。

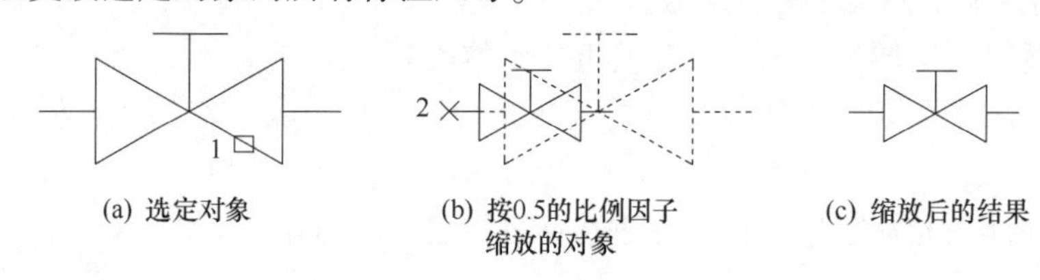

(a) 选定对象　(b) 按0.5的比例因子缩放的对象　(c) 缩放后的结果

图 2-4-19　缩放对象

十、删除对象

删除对象的步骤如下：

步骤一：依次单击“常用”选项卡→“修改”面板→“删除”。

步骤二：在“选择对象”下，执行以下操作之一以选择要删除的对象或输入选项：

① 输入“L”（上一个），删除绘制的上一个对象。

② 输入“P”（上一个），删除上一个选择集。

③ 输入“ALL”，从图形中删除所有对象。

④ 输入“?”，查看所有选择方法列表。

步骤三：按 Enter 键结束命令。

十一、倒角

1. 创建一个由长度和角度定义的倒角

倒角的大小由长度和角度定义。长度根据两个选定对象或相邻的二维多段线线段的相交点来定义倒角的第一条边，而角度用于定义倒角的第二条边，如图 2-4-20 所示。

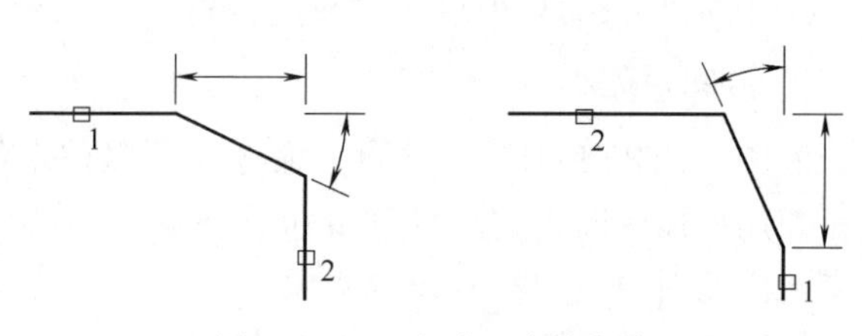

图 2-4-20　长度和角度倒角

创建由长度和角度定义的倒角的

步骤如下：

步骤一：依次单击“常用”选项卡→“修改”面板→“倒角和圆角”下拉菜单→“倒角”。

步骤二：在命令提示下，输入“A”（角度）。

步骤三：在第一条直线上输入新的倒角长度。

步骤四：输入距第一条直线的新倒角角度。

步骤五：输入“E”（方法），然后输入“A”（角度）。

步骤六：在绘图区域的二维多段线中，选择第一个对象或相邻线段（可以选择直线、射线或参照线）。

步骤七：选择第二个对象或二维多段线中的相邻线段。

注意：

如果第二条选定线段不与第一条线段相邻，则所选段之间的线段将被删除并替换为倒角。

2. 创建由两个距离定义的倒角

倒角距离的大小由两个长度定义。这两个长度根据两个选定对象或相邻的二维多段线线段的相交点来定义倒角的第一条边和第二条边，如图 2-4-21 所示。

创建由两个距离定义的倒角的步骤如下：

步骤一：依次单击“常用”选项卡→“修改”面板→“倒角和圆角”下拉菜单→“倒角”。

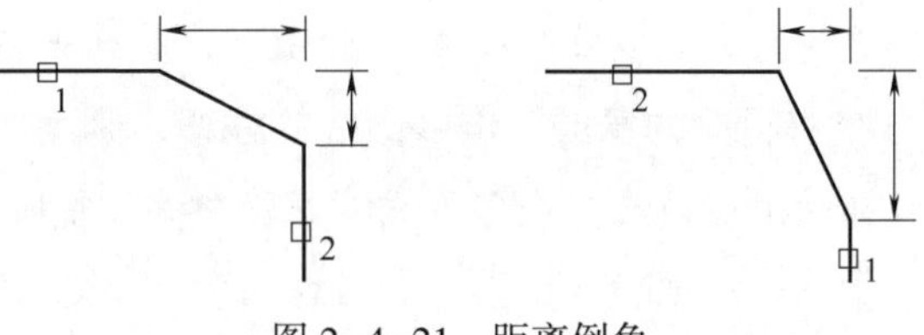

图 2-4-21　距离倒角

步骤二：在命令提示下，输入“D”（距离）。

步骤三：为第一个倒角距离输入一个新值。

步骤四：为第二个倒角距离输入一个新值。

步骤五：输入“E”（方法），然后输入“D”（距离）。

步骤六：在绘图区域的二维多段线中，选择第一个对象或相邻线段（可以选择直线、射线或参照线）。

步骤七：选择第二个对象或二维多段线中的相邻线段。

注意：

如果第二条选定线段不与第一条线段相邻，则所选段之间的线段将被删除并替换为倒角。

十二、二维圆角和外圆角

1. 设置圆角半径

圆角半径确定由“FILLET”命令创建的圆弧的大小，该圆弧用于连接两个选定对象或二维多段线中的线段。在更改圆角半径之前，它将应用于所有后续创建的圆角。

注意：

如果将圆角半径设置为“0.0”，将修剪或延伸选定对象直到它们相交，而不创建圆弧；这一设置还可以删除两条直线段之间的圆弧段或二维多段线中的所有圆弧段，如图 2-4-22 所示。

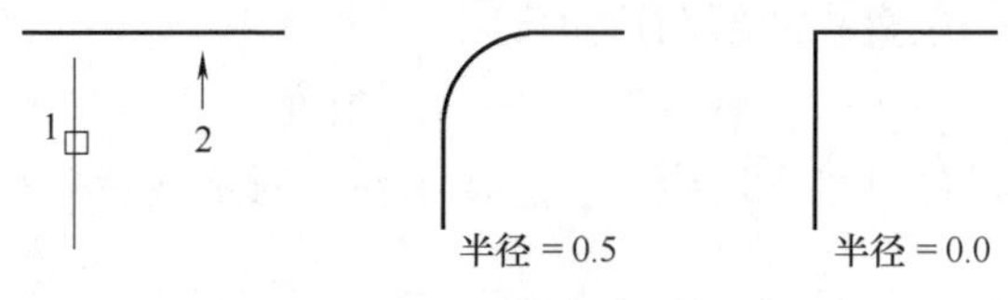

图 2-4-22　圆角半径设置

设置圆角半径的步骤如下：

步骤一：依次单击“常用”选项卡→“修改”面板→“倒角和圆角”下拉菜单→“圆角”。

步骤二：在命令提示下，输入“R”（半径）。

步骤三：输入新的圆角半径。

步骤四：设置圆角半径后，选择用于定义生成圆弧的切点的对象或直线段，或按 Enter 键结束命令。

提示：

选择对象或线段时按住 Shift 键，以替代当前值为“0.0”的圆角半径。

2. 在两个对象或二维多段线的线段之间添加圆角

在两个对象或二维多段线的线段之间添加圆角的步骤如下：

步骤一：依次单击“常用”选项卡→“修改”面板→“倒角和圆角”下拉菜单→“圆角”。

步骤二：在绘图区域中，选择将定义生成圆弧的切点的第一个对象或第一条线段。

步骤三：选择第二个对象或第二条线段。

提示：

选择前两个对象或前两条线段后，在“FILLET”命令的主提示下，使用“多个”选项继续添加圆角。

十三、分解对象

在 AutoCAD 中，可以分解多段线、标注、图案填充或块参照等合成对象，将其转换为单个的元素。分解对象的步骤如下：

步骤一：依次单击“常用”选项卡→“修改”面板→“分解”。

步骤二：选择要分解的对象。

注意：

对于大多数对象，分解的效果并非直观可见。

拓展知识

特性匹配是指将选定对象的特征应用于其他对象。可应用的特性类型包括图层、颜色、线型、线型比例、线宽、标注样式、填充图案等。

特性匹配的步骤如下：

步骤一：依次单击“常用”选项卡→“特性”面板→“特性匹配”。

步骤二：选择要从中复制特性的对象。

步骤三：若要指定复制哪些特性，应输入“S”（设置）。在“特性设置”对话框中，清除不希望复制的特性，然后单击“确定”。

步骤四：选择要将特性复制到其中的对象，然后按 Enter 键。

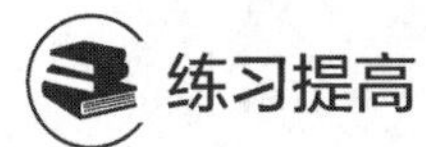

练习提高

（1）用绘图命令和修改菜单的偏移命令绘制如图 2-4-23 所示的图形，不标注尺寸。

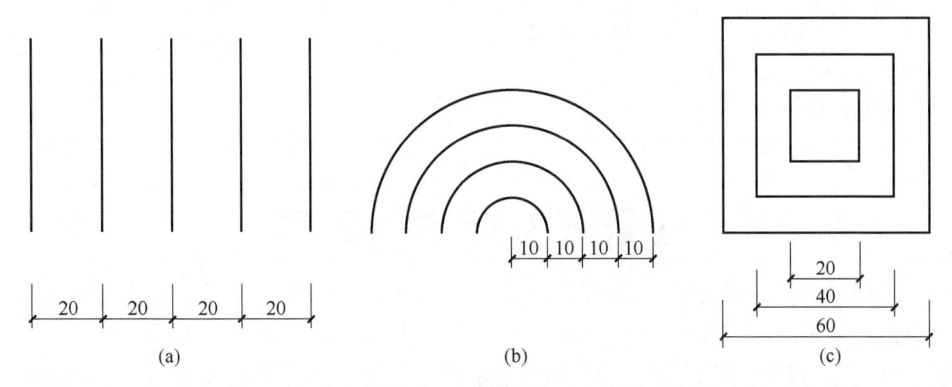

图 2-4-23　用绘图命令和偏移命令绘制的图形

（2）用绘图命令和修改菜单的修剪、删除命令绘制如图 2-4-24 所示的图形。

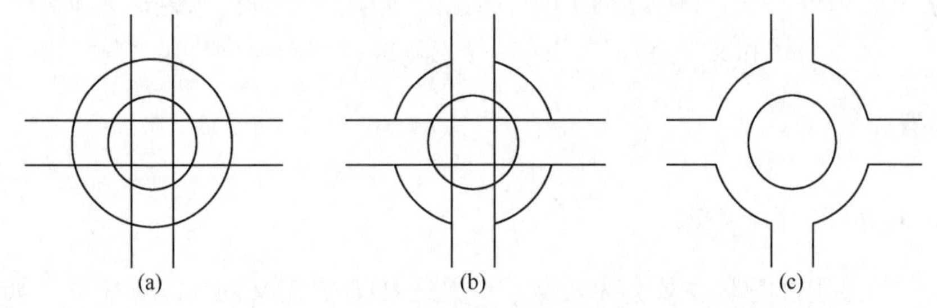

图 2-4-24　用绘图命令和修剪、删除命令绘制的图形

（3）用绘图命令和修改菜单的拉伸命令绘制如图 2-4-25 所示的图形。

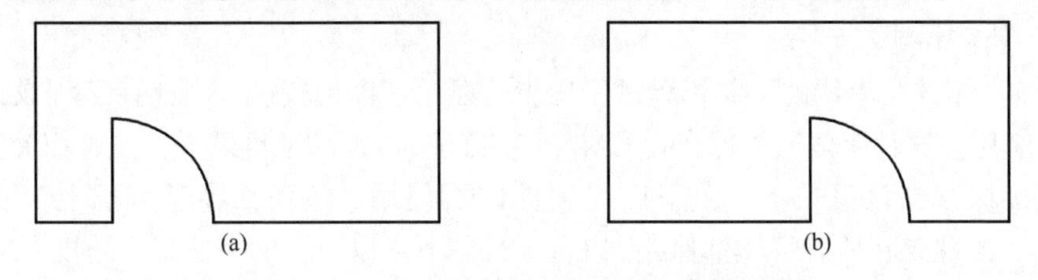

图 2-4-25　用绘图命令和拉伸命令绘制的图形

教学评价

根据操作练习进行考核，考核项目和评分标准见评分标准表。

评分标准表

序号	考核项目	配分	评分标准	得分
1	选择图形	25 分	使用各种方法选择图形	
2	改变图形位置	25 分	移动、对齐、旋转图形	
3	复制图形	30 分	复制、偏移、镜像、阵列图形	
4	改变图形大小	10 分	缩放、修剪、延伸图形	
5	倒角、圆角图形	10 分	倒角距离,圆角半径	
6	合计			
7	结果记录	操作是否正确	是/否	
		结果是否正确	是/否	
8	操作时间			
9	教师签名			

任务五　标 注 图 形

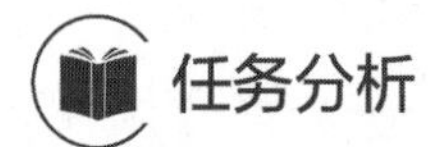

任务分析

在施工图中，为了规范表达某施工部位施工材料的规格等数据，需要对施工部位或施工材料标注尺寸与文字说明。施工材料的长度、宽度、厚度等规格用尺寸标注来表达，施工材料的名称、强度、混合比、表面加工方式等参数用文字标注来表达。本任务将学习文字样式、尺寸标注样式和文字标注样式的创建与修改，对图形进行尺寸标注和文字标注。

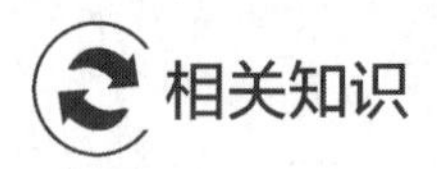

相关知识

一、 AutoCAD 字体

AutoCAD 可使用的字体主要分为两类，一类是 CAD 自定义的 *.shx 字体，如表 2-5-1 所示；一类是操作系统中的 *.ttf 字体，如宋体、黑体等。这两种格式类型组成了整体的 CAD 字体大全。

1. 专用字体 shx 字体

由于 shx 字体是单线的，其资源占用较少，显示速度也较快，因此在工程设计领域得到了广泛应用。这种字体通常保存在 CAD 安装目录的 Fonts 子目录下，如有相关字体，用户可以直接保存到该目录下，重新启用软件即可使用。然而，鉴于市场上存在上千种 CAD 字体，不建议将所有字体都保存到 Fonts 目录下，以免影响字体索引速度。

2. 专用字体 ttf 字体

ttf 字体也被称为 TrueType 字体。这种字体的外轮廓线和填充使其呈现出圆润且美观的视觉效果。这种字体占用的资源较多，如果在图片设计中过度使用，可能会对图片的显示速度和设计操作的流畅性产生影响。在图纸文字相对较少的情况下，使用 ttf 字体是可行的，因为大多数系统自带的字体已基本能够满足绘图需求。但若需要特定的、系统未提供的 ttf 字体，用户可以在互联网上查找并下载。下载后，将字体文件保存到 Fonts 目录下，即可立即使用，无须重启软件。

注意：

在 AutoCAD 中，用户可以自行添加上述两类字体。对于 shx 字体，只需将其直接保存到 CAD 安装目录的 Fonts 子目录下即可。而添加 ttf 字体则稍微复杂一些，通常需要通过安装字库或将 *. ttf 文件保存到 Windows 安装目录的 Fonts 子目录下实现。ttf 字体在 AutoCAD 中可以单独使用，用户只需在下拉框中选择所需的字体即可。相较之下，*. shx 文件是形文件，分为字形和符号形两种。

字形进一步细分为大字形和小字形。大字形主要用于定义双字节的亚洲文字，如简体中文（hztxt. shx、tssdchn. shx、gbcbig. shx）、日文、韩文等。而小字形则主要用于表示西方文字，包括字母、符号（txt. shx、simplex. shx）等，也被称为常规字体文件。

符号形是指特殊符号、图形或定义线型中的图形，如 ltypeshp. shx、aaa. shx、gdt. shx 等。它可以直接插入图纸中。为了实现这一点，用户需要先用“LOAD”命令载入相应的形文件（*. shx），从而读取字体中的符号。然后通过“SHAPE”命令插入符号，并在插入时指定相应符号的名称。这样，用户就可以将符号形实体添加到当前图纸中。符号形还可以用于定义线型。许多复杂的线型都是利用符号形进行定义的，如 ltypeshp. shx。

尽管都是 shx 文件，但不同类型的字体不能随意替换，即便是同类型的字体文件或是同名的字体文件，有时候也可能存在差异，因此也不能随意替换。

表 2-5-1　　*. shx 字体

字体文件名	说明
@ extfont2. shx	日文垂直字体(某些字符将被旋转,以便在垂直文字中正确显示)
bigfont. shx	日文字体,字符子集
chineset. shx	繁体中文字体
extfont. shx	日文扩展字体,级别 1
extfont2. shx	日文扩展字体,级别 2
gbcbig. shx	简体中文字体
whgdtxt. shx	朝鲜语字体
whgtxt. shx	朝鲜语字体
whtgtxt. shx	朝鲜语字体
whtmtxt. shx	朝鲜语字体

在使用 AutoCAD 时，中、西文字高不一致的问题常常令设计人员感到困扰，这不仅影响了图纸的美观性，还可能降低图面质量。尽管可以通过分段编辑文字来统一字高，但这种方法既烦琐又难以达到理想效果。为了解决这一问题，可以选用大字体，并调整字体组合。例如，使用 gbenor. shx 与 gbcbig. shx 的组合，即可得到中英文字高一致的文本。根据不同专业需要，用户还可以自行调整字体组合。

二、文字样式

文字样式是文字设置的命名集合，可用于控制文字的外观，例如字体、行距、对正和颜色。用户可以创建文字样式，以快速指定文字的格式，并确保文字符合行业或工程标准。使用文字样式时应注意以下几点：

① 创建文字时，文字将使用当前文字样式中的设置。

② 如果要更改文字样式中的设置，则图形中的所有文字对象将自动使用更新后的样式。

③ 用户可以通过更改单个对象的特性来替代文字样式。

④ 图形中的所有文字样式都会在“文字样式”下拉列表中列出。

⑤ 文字样式应用于注释、引线、标注、表格和块属性。

提示：

所有图形中都包含无法删除的STANDARD文字样式。创建一组标准文字样式后，用户可以将该图形另存为样板文件（.dwt），以便在启动新图形时使用该文件。

三、标注样式

标注样式是标注设置的命名集合，可用于控制标注的外观，如箭头样式、文字位置和尺寸公差等。用户可以创建标注样式，以快速指定标注的格式，并确保标注符合行业或工程标准。使用标注样式时应注意以下几点：

① 创建标注时，标注将使用当前标注样式中的设置。

② 如果要更改标注样式中的设置，则图形中的所有标注将自动使用更新后的样式。

③ 用户可以创建标注子样式，为不同的标注类型使用指定的设置。

④ 用户可以使用源自当前标注样式的标注设置覆盖标注样式。

⑤ 图形中的所有标注样式都会在“标注样式”下拉列表中列出。

四、多重引线样式

多重引线样式可以控制引线的外观。用户可以使用默认多重引线样式STANDARD，也可以创建自己的多重引线样式。多重引线样式可以指定基线、引线、箭头和内容的格式。例如，STANDARD多重引线样式使用带有实心闭合箭头和多行文字内容的直线引线。

五、尺寸标注类型

如图2-5-1所示，在AutoCAD中，一个完整的尺寸标注通常由尺寸线、延伸线（即尺寸界线）、尺寸文字（即尺寸数字）和尺寸箭头四部分组成。

注意：

这里的“箭头”是一个广义的概念，也可以用短划线、点或其他标记代替尺寸箭头。

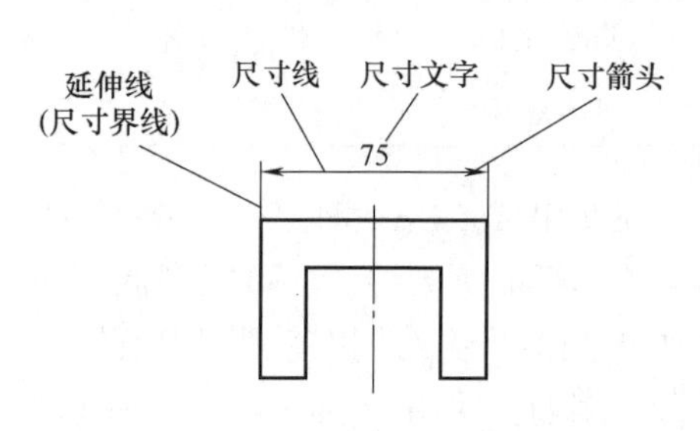

图2-5-1　尺寸标注组成

用户可以采用多个方向和对齐方式为各种对象类型创建若干类型的尺寸标注。基本的标注类型为线性标注、径向标注、角度标注、坐标标注、弧长标注、连续标注和基线标注。使用“DIM”命令可以根据要标注的对象类型自动创建标注。在特殊情况下，也可以通过设置标注样式或编辑各个标注来控制标注的外观。标注样式使用户能够快速指定约束，并保持行业或工程标注标准。

提示：

若要简化图形组织和标注缩放，可以在布局空间创建标注。

1. 线性标注

线性标注可以水平、对齐或垂直放置。如图 2-5-2 所示，可以根据放置文字时光标的移动方式，使用“DIM”命令创建水平标注、对齐标注或垂直标注。

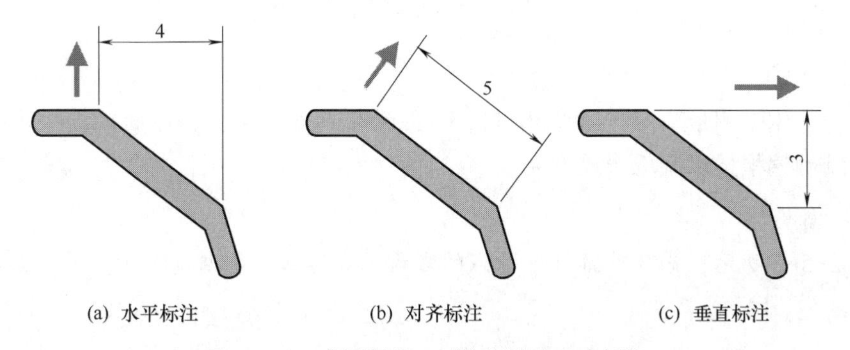

图 2-5-2 水平标注、对齐标注和垂直标注

注意：

在旋转的标注中，尺寸线与尺寸界线原点形成一定的角度。此外，AutoCAD 还允许创建尺寸线与尺寸界线不垂直的线性标注，这类标注被称为倾斜标注，常用于等轴测草图。

2. 径向标注

径向标注用于测量圆弧和圆的半径或直径，具有可选的中心线或中心标记。图 2-5-3 所示为不同选项的半径标注或直径标注。

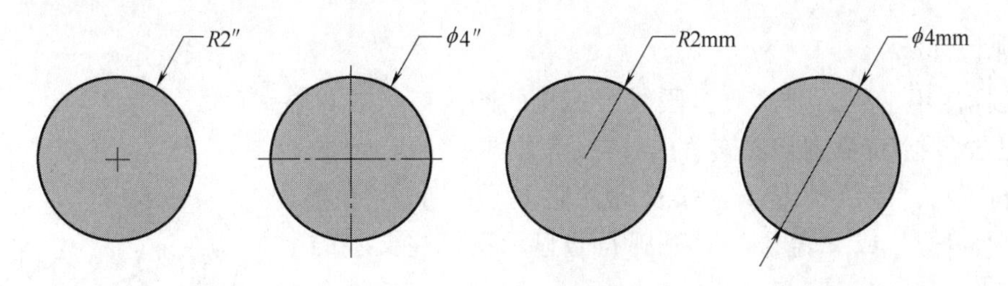

图 2-5-3 半径标注或直径标注

注意：

当标注的一部分位于已标注的圆弧或圆内时，将自动禁用非关联中心线或中心标记。

3. 角度标注

角度标注用于测量两个选定几何对象或三个点之间的角度。如图 2-5-4 所示，从左到右依次展示了使用顶点和两个点、圆弧以及两条直线创建的角度标注。

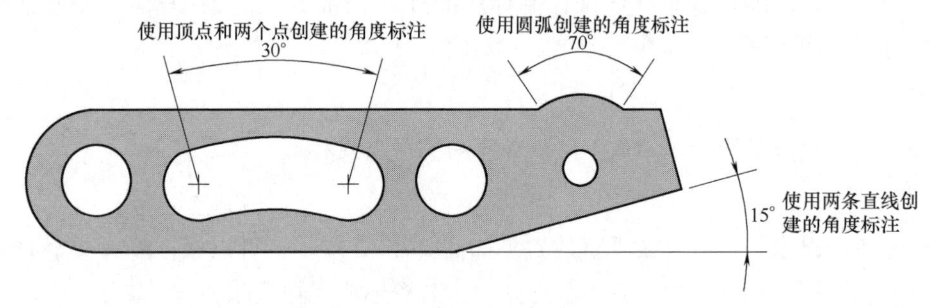

图 2-5-4　角度标注

4. 坐标标注

坐标标注用于测量与原点（称为基准）的垂直距离。这类标注通过保持特征与基准点之间的精确偏移量以避免误差增大。

提示：

如图 2-5-5 所示，基准根据 UCS 原点的当前位置建立。基准（0，0）表示图示面板左下角的孔。

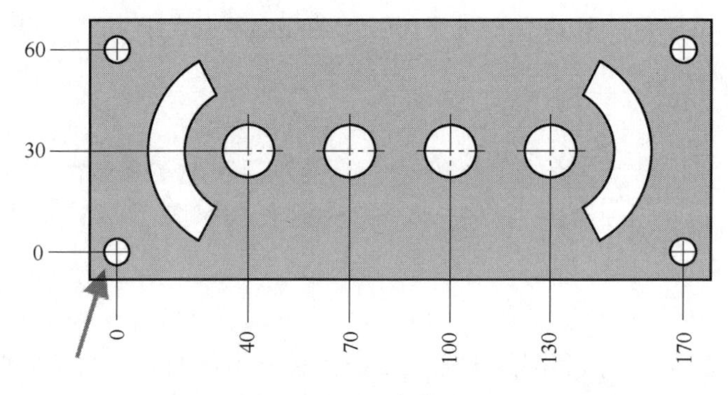

图 2-5-5　坐标标注

5. 弧长标注

弧长标注用于测量圆弧或多段线圆弧上的距离。弧长标注的典型用法包括测量围绕凸轮的距离或表示电缆的长度。如图 2-5-6 所示，默认情况下，弧长标注将显示一个圆弧符号（也称为“帽子”或“盖子”）。圆弧符号显示在标注文字的上方或前方。

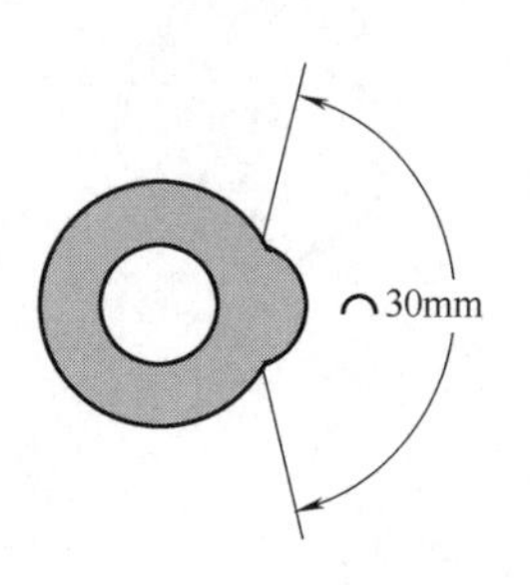

图 2-5-6　弧长标注

6. 连续标注和基线标注

如图 2-5-7 所示，连续标注（也称为链式标注）是端对端放置的多个标注。

如图2-5-8所示，基线标注是多个具有从相同位置测量的偏移尺寸线的标注。

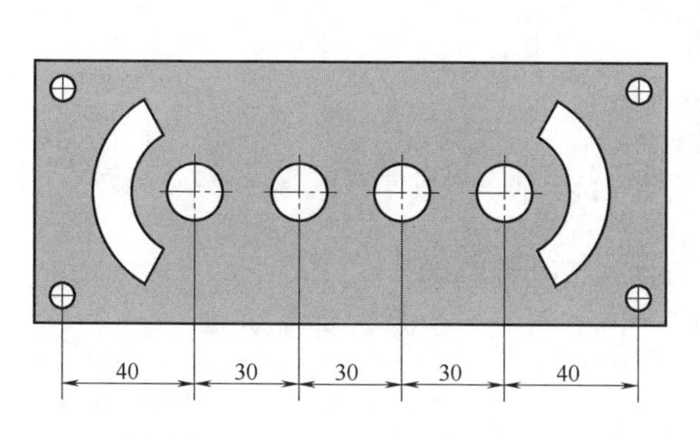

图2-5-7　连续标注

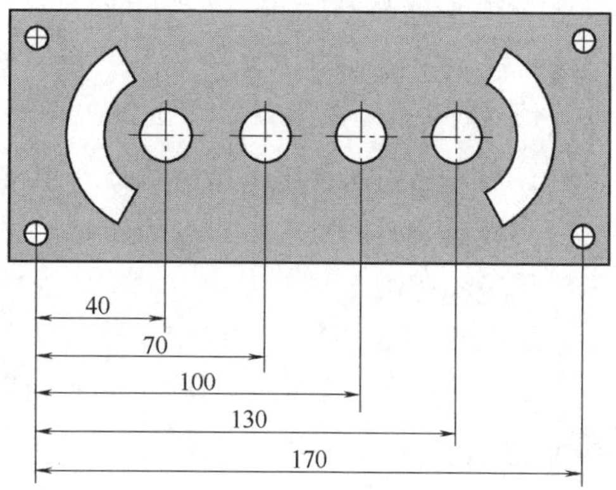

图2-5-8　基线标注

注意：

若要创建连续标注或基线标注，必须首先创建线性标注、角度标注或坐标标注以用作基准标注，从而从其中参照后续标注。

建筑制图中标注尺寸线的起始及结束均以斜45°短线为标记，故在“符号和箭头”项中，均在下拉符号列表中选择“建筑标记”斜短线。其他各项均可参照相关建筑制图标准进行设置。

任务实施

一、创建文字样式

创建文字样式的步骤如下：

步骤一：依次单击“常用”选项卡→“注释”面板→“文字样式”**A**。

“文字样式”对话框如图2-5-9所示。

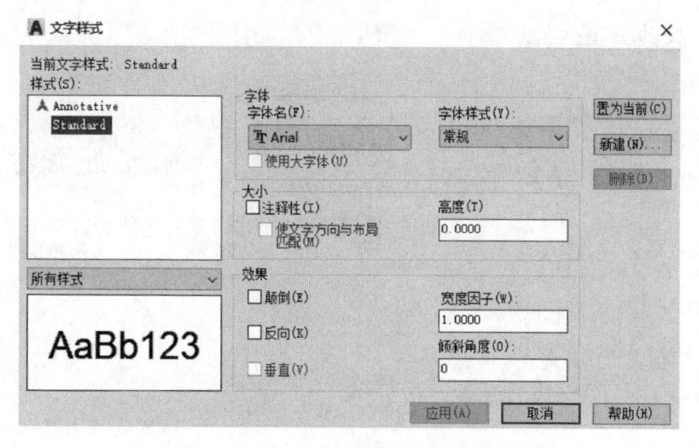

图2-5-9　“文字样式”对话框

步骤二：在“文字样式”对话框中，执行以下操作之一：

① 要创建样式，应单击“新建”并输入样式名称。

② 要修改现有样式，应从样式列表中选择样式名称。

步骤三：在“字体名称”下，选择要使用的字体。

注意：

TrueType 字体在其名称前显示T图标。

要指定亚洲语言字体，应选择 shx 字体文件的名称，选中“使用大字体”，然后选择亚洲语言大字体。

步骤四：在“高度”框中，输入文字高度（按图形单位）。

步骤五：在“效果”下的“倾斜角度”框中，输入一个-85°~85°的角度。

注意：

倾斜角度为正时文字向右倾斜，值为负时文字向左倾斜。

步骤六：在“效果”下的“宽度因子”框中，输入一个值。

注意：

输入小于 1.0 的值将缩小文字，输入大于 1.0 的值将扩大文字。

步骤七：选中“注释性”选项，以便使用该样式的任何文字都采用相同的大小或比例，从而实现显示的一致性，而不考虑视图的比例。

步骤八：根据需要指定其他设置。

步骤九：要更新图形中使用当前样式的文字，应单击“应用”。

步骤十：单击“关闭”。

二、创建多重引线样式

创建多重引线样式的步骤如下：

步骤一：依次单击“常用”选项卡→“注释”面板→“多重引线样式”。

“多重引线样式管理器”对话框如图 2-5-10 所示。

步骤二：在“多重引线样式管理器”中，单击“新建”。

步骤三：在“创建新多重引线样式”对话框中，指定新多重引线样式的名称。

步骤四：在“修改多重引线样式”对话框的“引线格式”选项卡中，选择或清除以下选项：

① 类型。确定基线的类型，可以选择直线基线、样条曲线基线或无基线。

② 颜色。确定基线的颜色。

③ 线型。确定基线的线型。

④ 线宽。确定基线的线宽。

步骤五：指定多重引线箭头的符号和尺寸。

步骤六：在“引线结构”选项卡中，选择或清除以下选项：

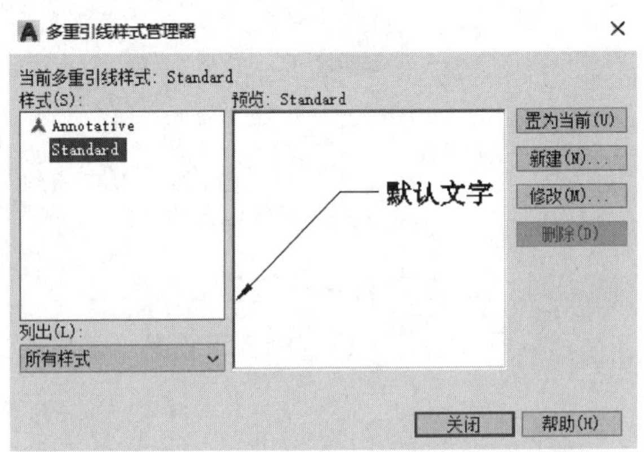

图 2-5-10　“多重引线样式管理器”对话框

① 最大引线点数。指定多重引线基线的点的最大数目。

② 第一个线段角度和第二个线段角度。指定基线中第一个点和第二个点的角度。

③ 基线-保持水平。将水平基线附着到多重引线内容。

④ 设定基线距离。确定多重引线基线的固定距离。

步骤七：在“内容”选项卡中，为多重引线指定文字或块。如果多重引线对象包含文字内容，应选择或清除以下选项：

① 默认文字。设定多重引线内容的默认文字，可在此处插入字段。

② 文字样式。指定属性文字的预定义样式，显示当前加载的文字样式。

③ 文字角度。指定多重引线文字的旋转角度。

④ 文字颜色。指定多重引线文字的颜色。

⑤ 图纸高度。将文字的高度设定为将在图纸空间显示的高度。

⑥ 文字边框。使用文本框对多重引线文字内容加框。

⑦ 附着。控制基线到多重引线文字的附着。

⑧ 基线间距。指定基线和多重引线文字之间的距离。

如果指定了块内容，应选择或清除以下选项：

① 源块。指定用于多重引线内容的块。

② 附着。指定将块附着到多重引线对象的方式，可以通过指定块的范围、插入点或圆心附着块。

③ 颜色。指定多重引线块内容的颜色，默认情况下，选择“ByBlock”。

步骤八：单击“确定”。

三、创建标注样式

创建标注样式的步骤如下：

步骤一：依次单击“常用”选项卡→“注释”面板→“标注样式”。

“标注样式管理器”对话框如图 2-5-11 所示。

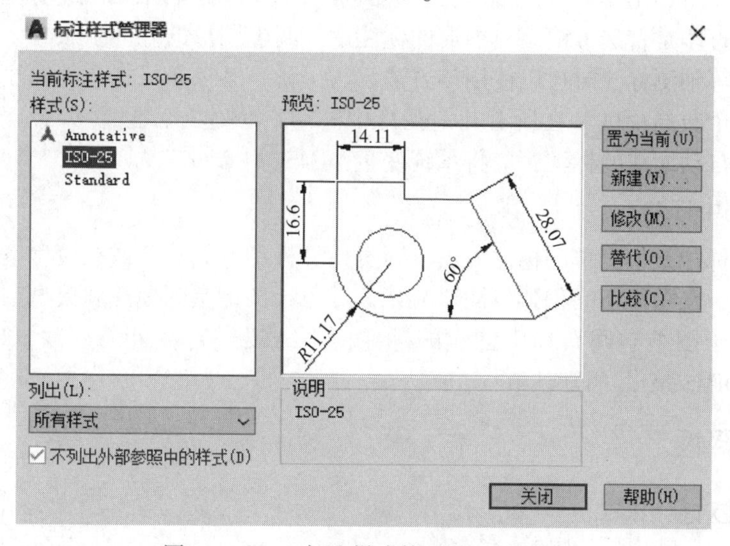

图 2-5-11　“标注样式管理器”对话框

步骤二：在“标注样式管理器”中，单击“新建”。

步骤三：在“创建新标注样式”对话框中，输入新标注样式的名称，然后单击“继续”。

步骤四：在“新建标注样式”对话框中，单击每个选项卡，并对新标注样式进行更改。

步骤五：单击“确定”，然后单击“关闭”以退出“标注样式管理器”。

拓展知识

一、设置标注比例

在 AutoCAD 中，用户可以在图形中指定标注尺寸。设定标注尺寸的方式取决于布局和打印图形的方式。

标注比例可以影响标注要素相对于图形中对象的大小，如文字高度和箭头尺寸；还可以影响偏移，如尺寸界线原点偏移。绘图时应该将这些尺寸和偏移设定为表示在图纸上的实际大小的值。标注比例不能将全局比例因子应用到公差或测量长度、坐标或角度中。

注意：

可以使用注释性比例缩放控制标注（显示在布局视口中）的全局比例。创建注释性标注时，这类标注将根据当前注释比例设置进行缩放并以正确大小自动显示。

设置标注比例取决于布置图形的方式。下面介绍三种用于创建图形布局中标注的方式。

1. 在模型空间标注以便在模型空间打印

在模型空间标注以便在模型空间打印是与单视图图形一起使用的传统方式。要为打印创建缩放正确的标注，应将 DIMSCALE 系统变量设置为反比于所需打印比例。例如，如果打印比例为 1/4，则设置 DIMSCALE 为“4”。

2. 在模型空间标注以便在图纸空间打印

对于使用 AutoCAD 2002 版本以前的产品创建的复杂多视图图形，在模型空间标注以便在图纸空间打印是首选方法。当图形的标注用作其他图形的外部参照时，或在三维等轴测视图中创建等轴测标注时可以使用该方法。为了防止某一布局视口的标注显示在其他视口中，应为每个布局视口（在所有其他视口中冻结）创建标注图层。要创建在图纸空间布局中显示的自动缩放的标注，应将系统变量 DIMSCALE 设定为“0”。

3. 在布局中标注

在布局中标注是最简单的标注方法。通过选择模型空间对象或在模型空间对象上指定对象捕捉位置，在图纸空间创建标注。默认情况下，图纸空间标注和模型空间对象之间保持关联性。对于图纸空间布局中创建的标注，不需要进行额外的缩放，即不需要更改 DIMLFAC 和 DIMSCALE 的默认值（“1”）。

二、注释性

1. 注释性对象和样式

注释性对象和样式用于控制注释对象在模型空间或布局中显示的尺寸和比例。

当使用注释性对象时，缩放注释对象的过程是自动的。通过指定图纸高度或比例，然后指定显示对象所用的注释比例来定义注释性对象。注释性对象可能具有多种指定的比例，并且每个比例表达可以相互独立移动。

为布局中的每个视口指定一种注释比例，通常与其视口比例相同。视口或模型空间的注释比例控制注释对象显示的时间及其大小。如果比例未指定给注释对象但用在了视口中，则不会显示注释对象。

注释性对象的类型和可以成为注释性对象的样式如下：

① 文字（单行和多行）和文字样式。

② 块和属性定义。

③ 图案填充。

④ 标注和标注样式。

⑤ 形位公差。

⑥ 多重引线和多重引线样式。

2. 注释对象工作流

注释对象工作流提供创建注释性对象时的流程概述，这些对象将基于当前图形或视口比例自动重新调整。

创建注释对象的步骤如下：

步骤一：创建或修改注释样式（使用“注释样式管理器”创建或编辑注释样式）。

步骤二：将注释样式置为当前（将要用于新对象的注释样式置为当前）。

步骤三：将注释比例置为当前（将显示注释性对象应使用的注释比例置为当前）。

步骤四：创建注释对象（从用户界面或命令提示使用一个注释命令）。

步骤五：（可选）为注释性对象指定其他注释比例（如果使用注释性样式创建一个或多个注释对象，根据需要可指定其他比例）。

步骤六：重新定位注释性对象的新的比例图示（指定给每个注释性对象新的比例后，可根据需要重新定位新的比例图示）。

步骤七：创建布局或将其置为当前（在图形中创建一个布局或将其置为当前）。

步骤八：创建视口并设置其比例（创建新视口，或选择一个现有视口来设置其比例，以便按合适的大小在模型空间中显示对象）。

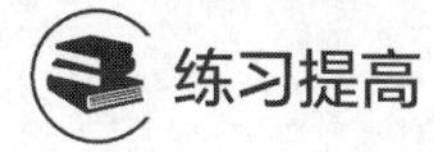

练习提高

（1）如图 2-5-12 所示，绘制并标注标题栏。

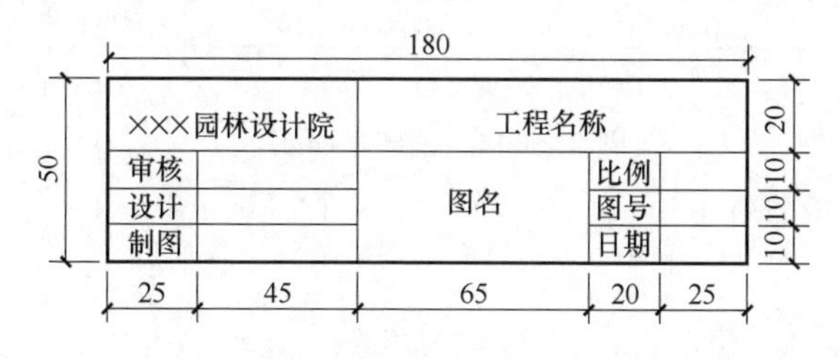

图 2-5-12　标题栏

（2）如图 2-5-13 所示，绘制并标注台阶做法中的详图材料。

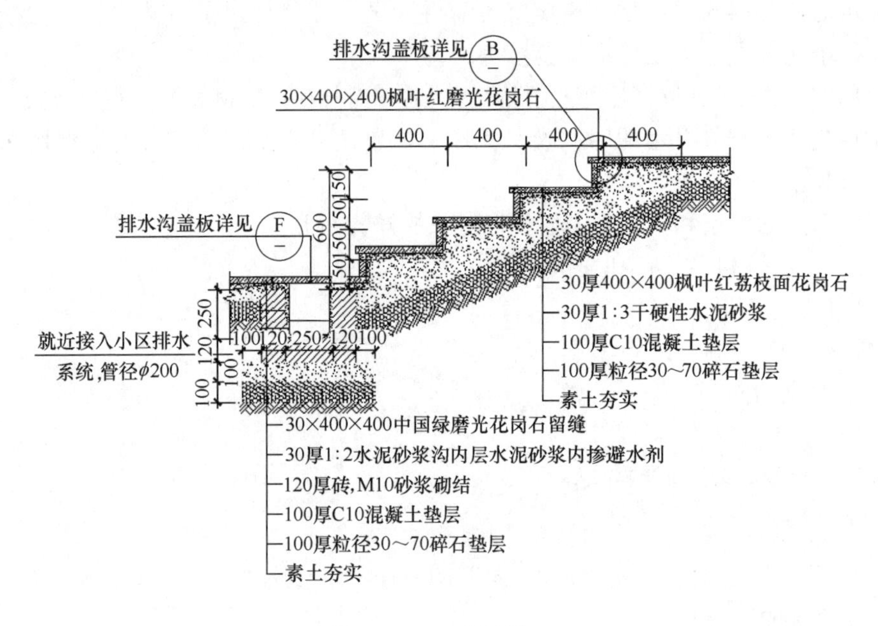

图 2-5-13　台阶做法

（3）如图 2-5-14 所示，绘制并标注铺装平面图中的铺装施工图尺寸。

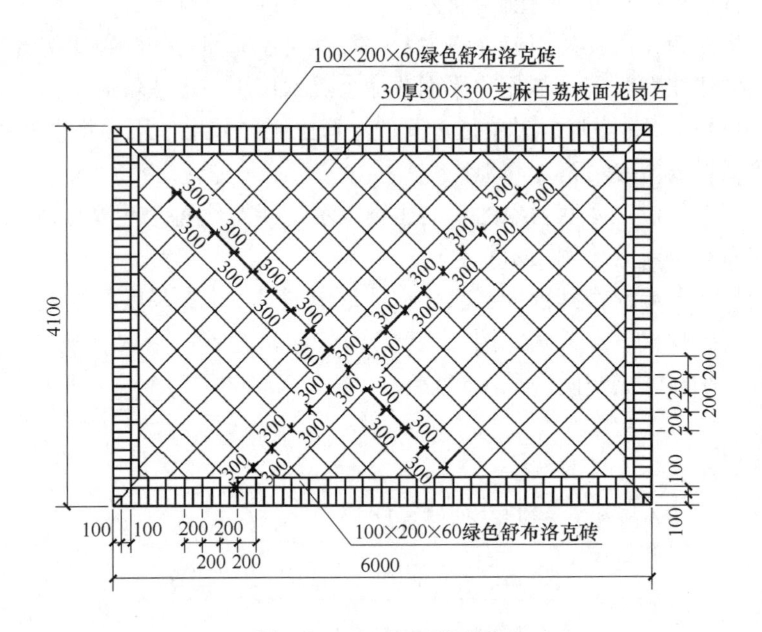

图 2-5-14　铺装平面图

教学评价

根据操作练习进行考核，考核项目和评分标准见评分标准表。

评分标准表

序号	考核项目	配分	评分标准		得分
1	设置文字样式	25 分	汉字、数字设置正确		
2	设置多重引线样式	25 分	设置引线格式、引线结构、引线内容		
3	设置标注样式	30 分	设置线、箭头、文字、主单位等		
4	标注比例与注释性	10 分	注释性文字,注释性标注		
5	关机及离开	10 分	正确关机、离开座位,保证环境卫生		
6	合计				
7	结果记录	操作是否正确		是/否	
		结果是否正确		是/否	
8	操作时间				
9	教师签名				

项目三

AutoCAD绘制简单图形

任务一　绘制 A2 图框

任务分析

综合运用绘图命令、修改命令、临时对象捕捉和相对直角坐标等知识，绘制 A2 图框。绘制时，可以使用直线、多段线、矩形等绘图命令及复制、偏移、修剪等修改命令；也可以使用矩形绘图命令配合临时对象捕捉和相对直角坐标等辅助绘图命令。如图 3-1-1 和图 3-1-2 所示，会签栏在图框左上角，标题栏可以在图框右下角，也可以在图框右侧。

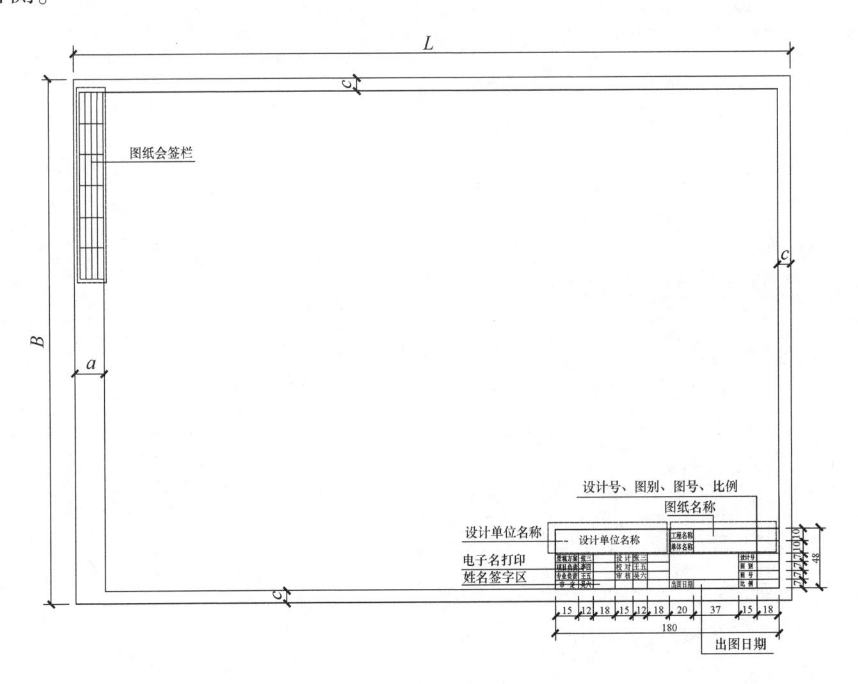

图 3-1-1　标题栏在图框右下角

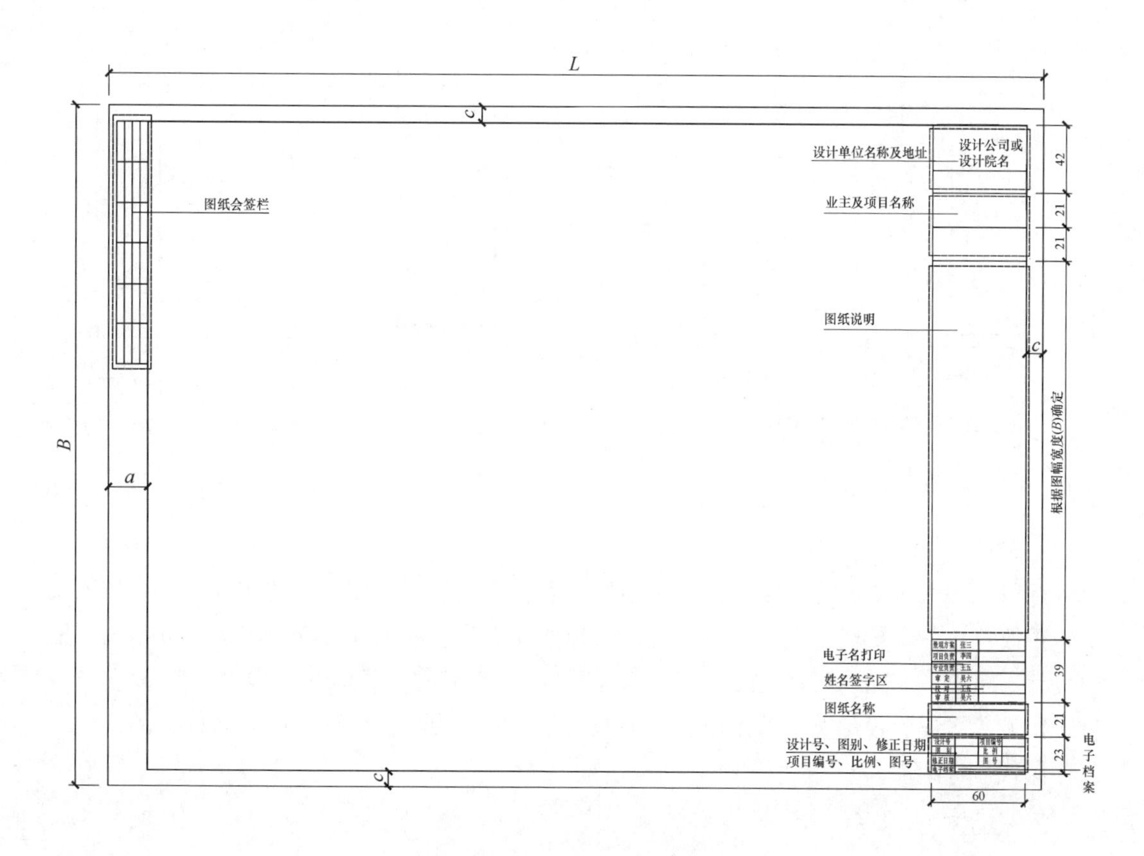

图 3-1-2　标题栏在图框右侧

相关知识

一、图纸幅面与图纸格式

《技术制图　图纸幅面和格式》（GB/T 14689—2008）对图纸幅面和格式做了规定。

1. 图纸幅面尺寸

图纸幅面尺寸是指绘制图样所采用的纸张的大小规格。在项目一中已有介绍，此处不再赘述。

2. 图纸格式

图纸格式分为留有装订边［图 3-1-3（a）］和不留装订边［图 3-1-3（b）］两种，但同一产品的图样只能采用同一种格式，并均应画出图框线及标题栏。图框线用粗实线绘制，标题栏中文字书写方向即为看图方向。

二、标题栏

标题栏的基本要求、内容、尺寸和格式在国家标准《技术制图　标题栏》（GB/T 10609.1—2008）中有详细规定。

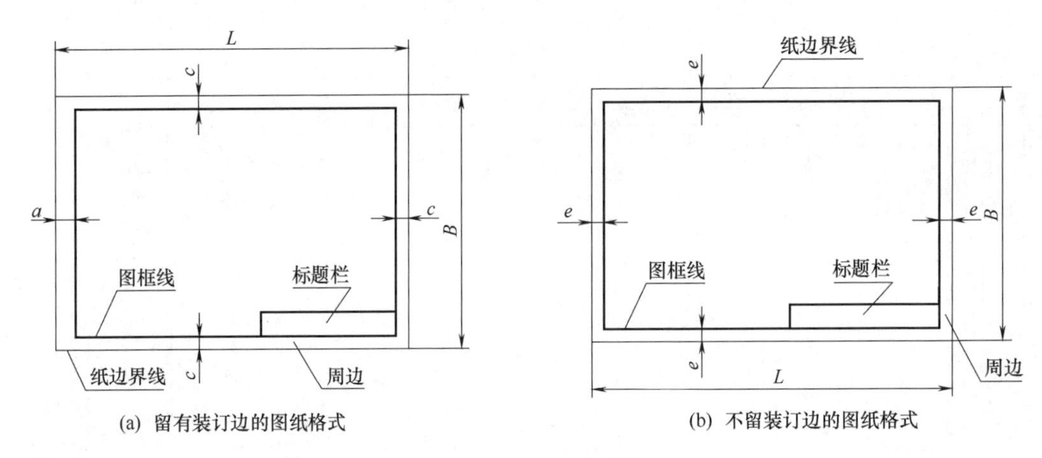

(a) 留有装订边的图纸格式　　(b) 不留装订边的图纸格式

图 3-1-3　图纸格式

1. 标题栏的组成

标题栏一般由更改区、签字区、其他区、名称及代号区组成，可按实际需要增加或减少。更改区一般由更改标记、处数、分区、更改文件号、签名和日期等组成；签字区一般由设计、审核、工艺、标准化、批准、签名和日期等组成；其他区一般由料记标记、重量、比例、页码和投影符号等组成；名称及代号区一般由单位名称、图样名称、图样代号和存储代号等组成。

2. 标题栏的填写

标题栏的填写可按照《技术制图　标题栏》（GB/T 10609.1—2008）中的规定，此处不再介绍。

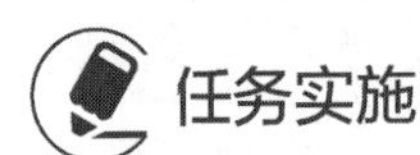

一、使用直线等绘图命令及复制、偏移、修剪等修改命令绘制 A2 图框

使用直线等绘图命令及复制、偏移、修剪等修改命令绘制 A2 图框的步骤如下：

步骤一：打开 AutoCAD 应用程序，基于 acadiso. dwt 模板建立一个新的图形文件。

步骤二：设置单位。选择菜单栏中的“格式”→“单位”，弹出“图形单位”对话框，如图 3-1-4 所示。设置长度的“类型”为“小数”，“精度”为“0.0000”；角度的“类型”为“十进制度数”，“精度”为“0”。系统默认逆时针方向为正方向。其他按默认设置。

步骤三：设置汉字文本样式。选择菜单栏中的“格式”→“文字样式”，弹出“文字样式”对话框，单击“新建”按钮，系统弹出“新建文字样式”对话框，如图 3-1-5 所示。输入“HZST”（汉字宋体）文字样式名，单击“确定”。

如图 3-1-6 所示，系统返回“文字样式”对话框，在“字体名”下拉列表框中选择“HZST”选项，字体名选择“宋体”，字体样式选择“常规”，设置“高度”为“0.0000”，“宽度因子”为“0.7000”。此时对话框左下角预览区可以看到“HZST”字体的样式，单击“应用”按钮。

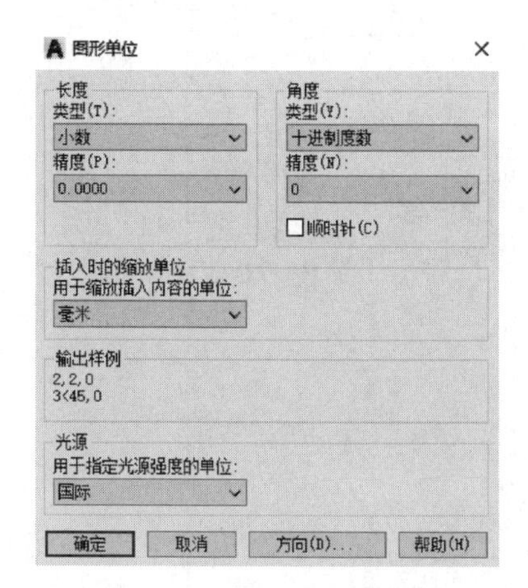

图 3-1-4　“图形单位”对话框

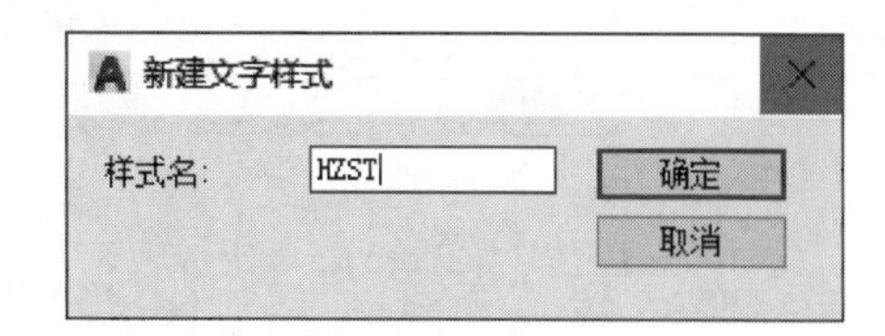

图 3-1-5　“新建文字样式”对话框

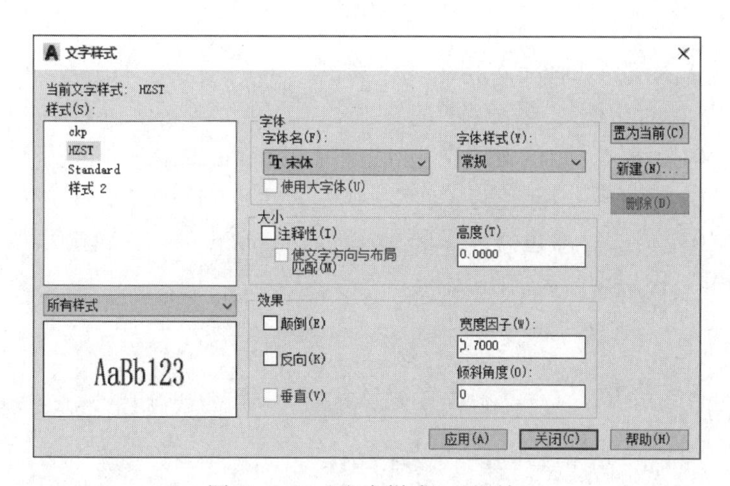

图 3-1-6　“文字样式”对话框

步骤四：设置数字文本样式。单击“新建”按钮，系统弹出“新建文字样式”对话框，如图 3-1-7 所示。输入“SZ”（数字）文字样式名，单击“确定”。

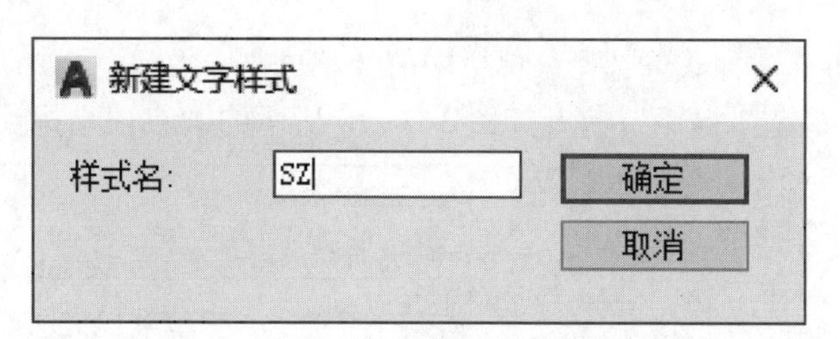

图 3-1-7　“新建文字样式”对话框

如图 3-1-8 所示，系统返回“文字样式”对话框，在“字体名”下拉列表框中选择“SZ”选项，字体名选择“txt. shx”，勾选“使用大字体”，字体样式选择“gbcbig. shx”，设置“高度”为“0. 0000”，“宽度因子”为“0. 7000”。此时对话框左下角预览区可以看到“SZ”字体的样式，单击“应用”按钮。

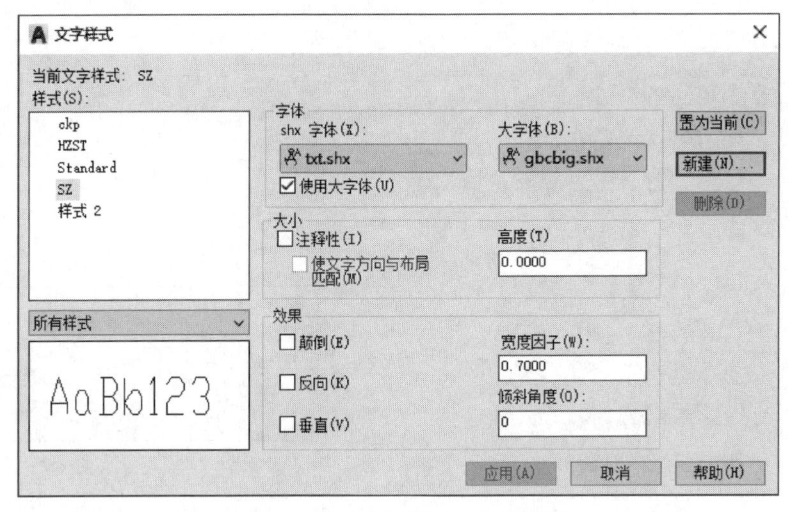

图 3-1-8 “文字样式”对话框

步骤五：设置图层。选择菜单栏中的“格式”→“图层”，打开如图 3-1-9 所示的“图层特性管理器”对话框。

新建图层“01 图框”，颜色为“青”，线型为“Continuous”，线宽为“默认”。

新建图层“02 标题栏”，颜色为“青”，线型为“Continuous”，线宽为“默认”。

新建图层“03 标注”，颜色为“绿”，线型为“Continuous”，线宽为“默认”。

将“01 图框”图层设为当前图层。

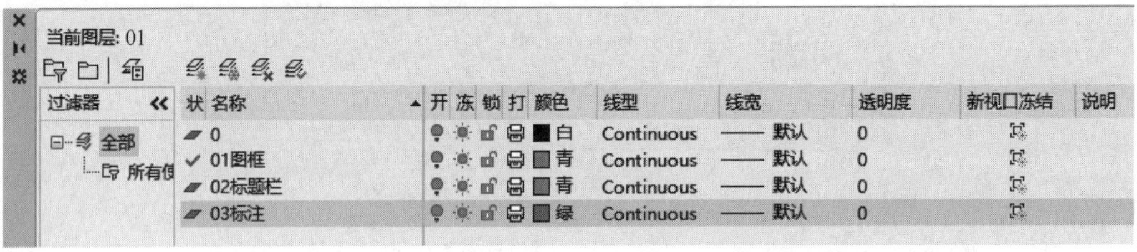

图 3-1-9 “图层特性管理器”对话框

步骤六：设置标注样式。选择菜单栏中的“格式”→“标注样式”，打开“标注样式管理器”。单击“新建”按钮，打开如图 3-1-10 所示的“创建新标注样式”对话框。设置新样式名为“dim5”，基础样式为“ISO-25”，单击“继续”按钮。

如图 3-1-11 所示，在“线”标签下，勾选“固定长度的尺寸界线”，设置“长度”为“5”，其他按默认设置。

如图 3-1-12 所示，在“符号和箭头”标签下，将“箭头”改为“建筑标记”，其他按默认设置。

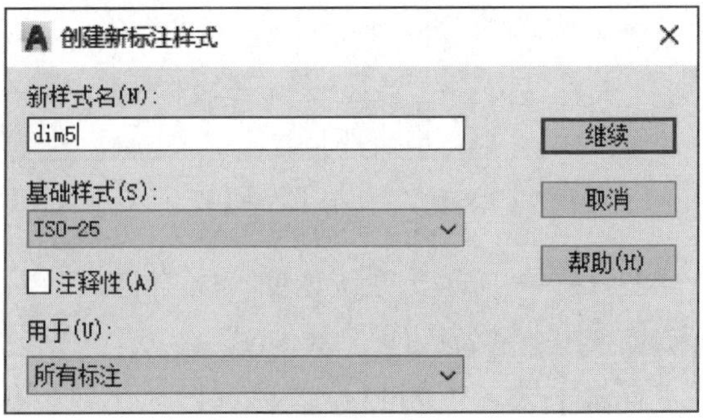

图 3-1-10 “创建新标注样式”对话框

如图 3-1-13 所示，在“文字”标签下，将“文字样式”改为步骤四设置的“SZ”(数字)，其他按默认设置。

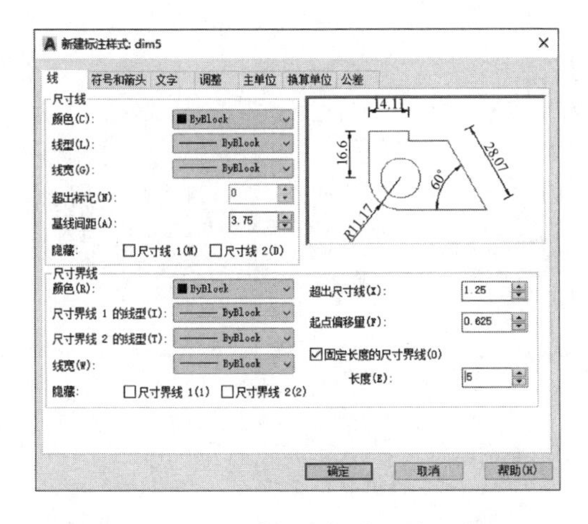

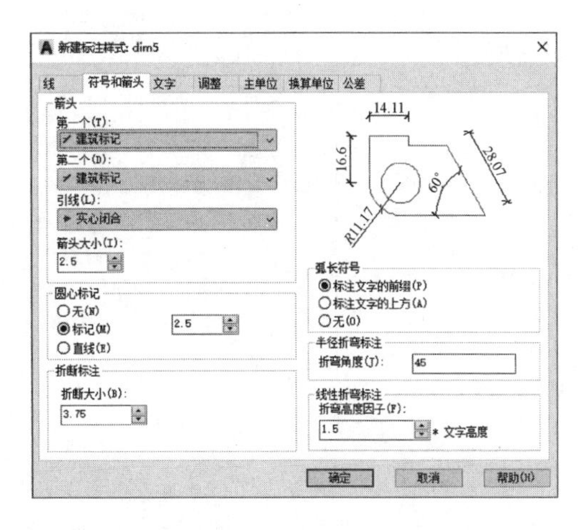

图 3-1-11 新建标注样式“线”标签

图 3-1-12 新建标注样式“符号和箭头”标签

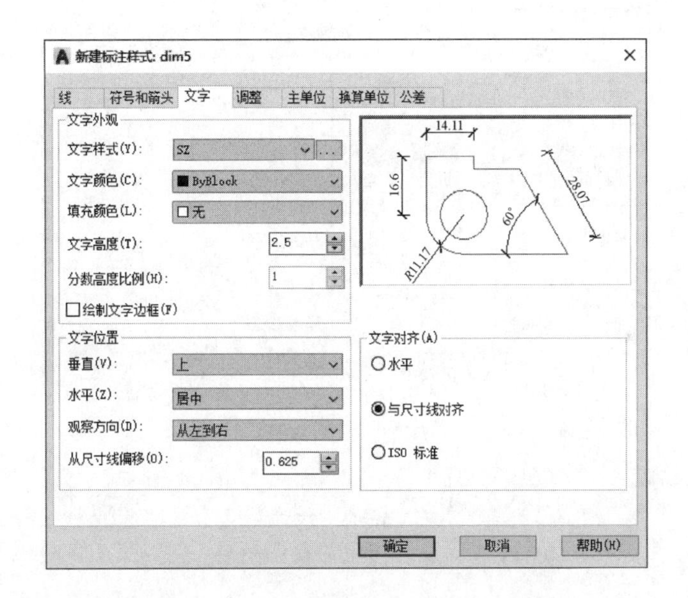

图 3-1-13 新建标注样式“文字”标签

如图 3-1-14 所示，在“调整”标签下，设置“使用全局比例”为“5”，其他按默认设置。

如图 3-1-15 所示，在“主单位”标签下，设置“精度”为“0”，其他按默认设置。

步骤七：绘制 A2 图框的外框。使用“01 图框”图层，选择菜单栏中的“绘图”→“直线”，开启“极轴追踪”，依次绘制水平方向由左至右长度为 594mm 的直线，垂直方向由上至下长度为 420mm 的直线，水平方向由右至左长度为 594mm 的直线，然后输入“C”闭合矩形。

按上述步骤绘制的 A2 图框外框如图 3-1-16 所示。

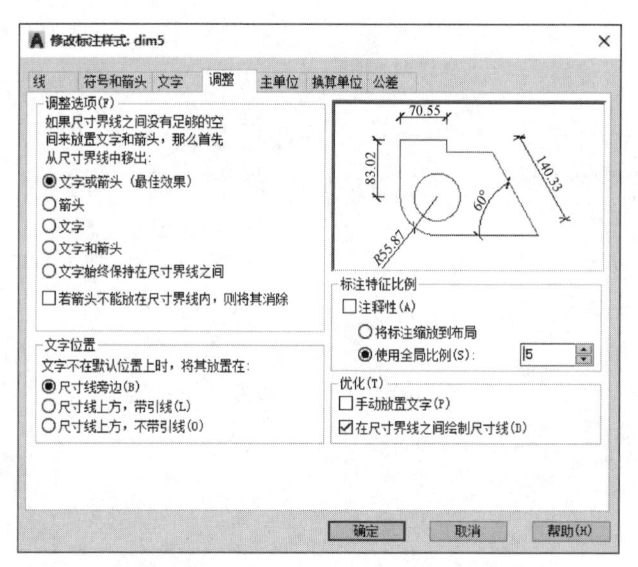

图 3-1-14　新建标注样式“调整”标签

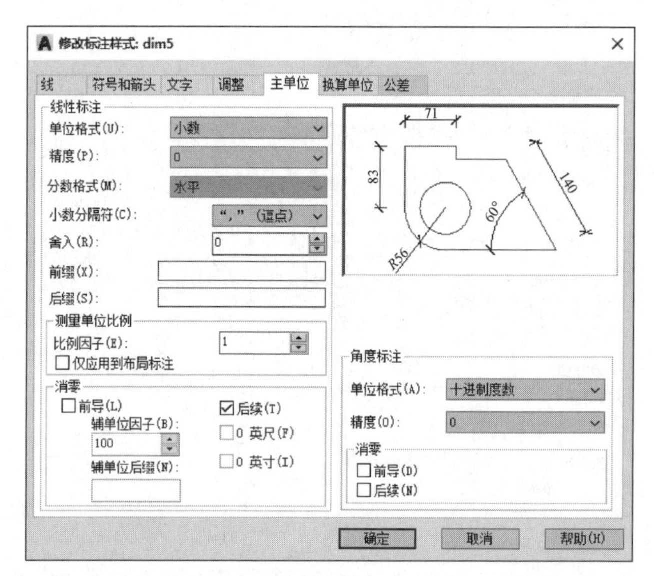

图 3-1-15　新建标注样式“主单位”标签

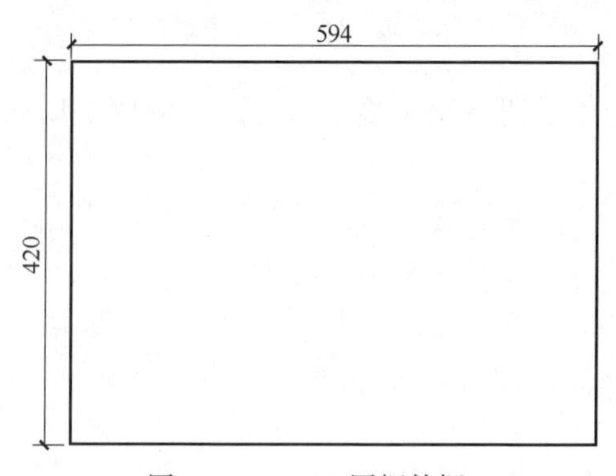

图 3-1-16　A2 图框外框

步骤八：绘制 A2 图框的内框。使用“01 图框”图层，选择菜单栏中的“修改”→“复制”（或“修改”→“偏移”），选择上、下、右三边的线，分别向下、上、左复制或偏移 10mm；左边的线向右复制或偏移 25mm。然后选择菜单栏中的“修改”→“修剪”（或“修改”→“倒角”，倒角半径为 0），修剪多余的线。

按上述步骤绘制的 A2 图框内框如图 3-1-17 所示。

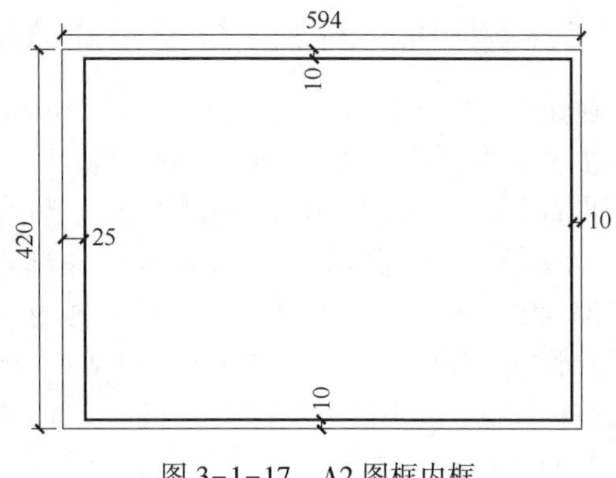

图 3-1-17　A2 图框内框

步骤九：绘制标题栏。使用“01 图框”图层，选择菜单栏中的“绘图”→“直线”，绘制长度为 180mm、高度为 50mm 的矩形。然后选择菜单栏中的“修改”→“偏移”，选择下边直线向上偏移 3 次，偏移距离都是 10mm。再次选择菜单栏中的“修改”→“偏移”，选择右边直线向左偏移 4 次，偏移距离分别是 25mm、20mm、65mm、45mm。完成偏移后，修剪多余的线，填写标题栏文字。

按上述步骤绘制的标题栏如图 3-1-18 所示。

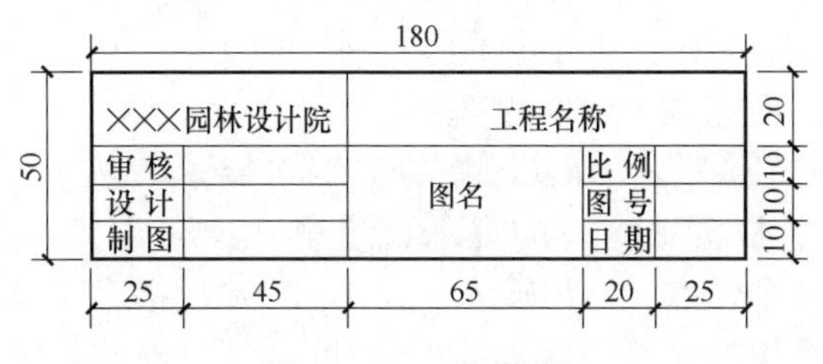

图 3-1-18　标题栏

步骤十：移动标题栏至图框右下角，完成 A2 图框的绘制，最后保存文件。

A2 图框的绘制结果如图 3-1-19 所示。

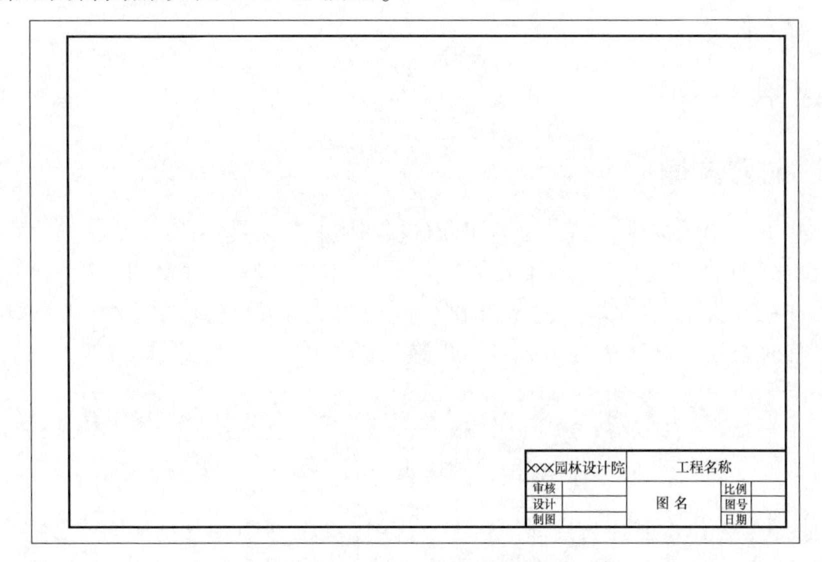

图 3-1-19　A2 图框

二、使用临时对象捕捉及相对直角坐标知识绘制 A2 图框

使用临时对象捕捉及相对直角坐标知识绘制 A2 图框的步骤如下：

步骤一至步骤六同前，此处不再赘述。

步骤七：绘制 A2 图框的外框。使用当前的“01 图框”图层，选择菜单栏中的“绘图”→“矩形”，根据命令行的提示在屏幕任意位置单击确定第一个角点，然后输入“@594,420”确定另一个角点，完成外框的绘制。

步骤八：绘制 A2 图框的内框。使用“01 图框”图层，选择菜单栏中的“绘图”→“矩形”，同时开启“对象捕捉”，根据命令行的提示指定第一个角点，此时不要在屏幕上指定角点，应按住 Shift 键，同时按住鼠标右键，开启“临时对象捕捉”(图 3-1-20)，然后选择“自”，当命令行提示“_from 基点”时，鼠标左键单击外框的左下角点，此时命令行提示“<偏移>”，输入“@25,10”，便确定了第一个角点。

第一个角点确定后，再次按住 Shift 键，同时按住鼠标右键，开启“临时对象捕捉”，然后选择“自”，当命令行提示“_from 基点”时，鼠标左键单击外框的右上角点，此时命令行提示“<偏移>”，输入“@-10,-10”，便确定了另外一个角点。

两个角点确定好后，便完成了内框的绘制。

步骤九：绘制标题栏。使用“01 图框”图层，选择菜单栏中的“绘图”→“矩形”，根据命令行的提示指定第一个角点，拾取内框右下角点为第一个角点，然后输入“@-180,50”指定第二个角点。选择菜单栏中的“绘图”→“直线”，配合“临时对象捕捉”，绘制标题栏内的线。修剪多余的线，填写标题栏文字。

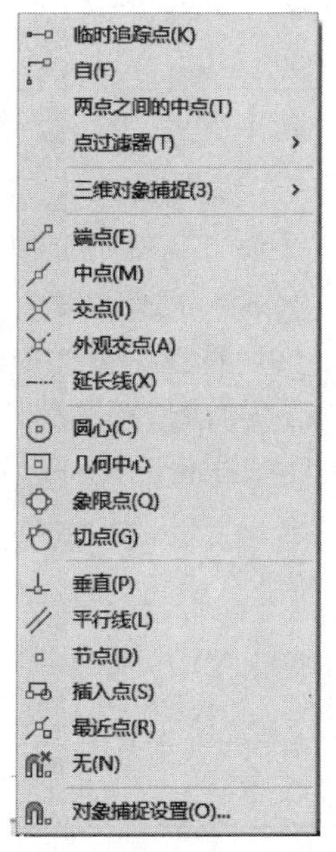

图 3-1-20　开启“临时对象捕捉”

步骤十：更改线宽。选中内框线和标题栏的外边线矩形，选择菜单栏中的“工具”→“选项板”→“特性”，打开“特性”面板，在全局线宽位置输入“1”，完成 A2 图框的绘制，最后保存文件。

 拓展知识

一、临时对象捕捉

对于一些不常用的捕捉方式，还可以通过使用捕捉工具栏来设置临时的对象捕捉选项，单击菜单栏中的“工具”→“工具栏”→“AutoCAD”→“对象捕捉”，打开捕捉工具栏，如图 3-1-21 所示。或者按住 Shift 键，同时单击鼠标右键，调出“临时对象捕捉”面板。如果临时要使用某种捕捉方式，可以在工具栏单击对应的图标按钮。

图 3-1-21　捕捉工具栏

临时捕捉选项必须要在定位点时单击才有作用，如果未调用任何绘图或者编辑命令，没有出现指定点的提示，此时在对象捕捉工具栏上单击按钮是不起作用的，会提示未知命令。

在 AutoCAD 中，有时需要使用现有点或对象作为参照来定义一个位置。例如，要以现有的 200mm×200mm 的矩形对角线中点处为圆心开始绘制半径为 50mm 的圆，但图形中没有可捕捉到的对象。此时，可以绘制一条对角线，即可捕捉到中点。

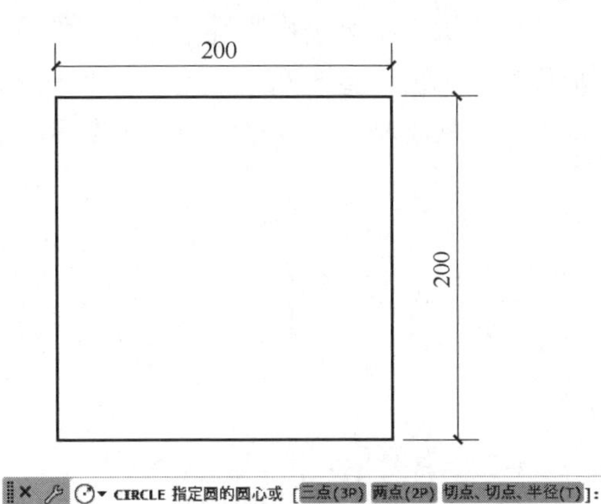

图 3-1-22　圆绘图命令提示指定圆心

此外，还可以使用“临时对象捕捉”，其步骤如下：

步骤一：选择菜单栏中的“绘图”→“圆”→“圆心、半径”，此时，命令行提示“指定圆的圆心”，如图 3-1-22 所示。

步骤二：按住 Shift 键，同时单击鼠标右键，调出“临时对象捕捉”面板，单击“两点之间的中点”，此时依次单击矩形的对角点，圆心即捕捉在矩形对角线的中点了，如图 3-1-23 所示。

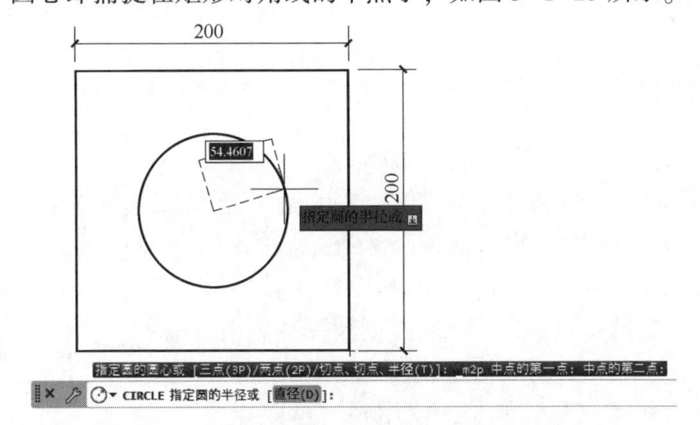

图 3-1-23　利用两点之间的中点捕捉对角线中点

步骤三：根据命令行提示，指定圆的半径，输入“50”，完成圆的绘制。

二、对象捕捉追踪

以现有的 200mm×200mm 的矩形对角线中点处为圆心开始绘制半径为 50mm 的圆，还可以使用“对象捕捉追踪”，其步骤如下：

步骤一：使用右下角的状态栏启用尚未启用的“对象捕捉”“极轴追踪”“对象捕捉追踪”。也可以使用 F3 快捷键启用/禁用“对象捕捉”、使用 F10 快捷键启用/禁用“极轴追踪”、使用 F11 快捷键启用/禁用“对象捕捉追踪”。

注意：

在本练习中，我们将使用“中点”对象捕捉选项。因此，应确保“中点”对象捕捉处于启用状态。

步骤二：启用“圆”命令。将光标悬停在矩形水平边上的中点处（不要单击），然后将光标水平方向移离中点，已获取的点会显示一个小三角（中心点）。继续将光标悬停在矩形垂直边的中点处，以拾取另一个中点。标识了上述两个中点后，将光标移向这两个点的交点，动态输入指示器中将显示上述两个中点的角度，如图 3-1-24 所示。

步骤三：单击以指定圆的圆心，然后输入半径“50”以绘制圆。

按上述步骤绘制的圆如图 3-1-25 所示。

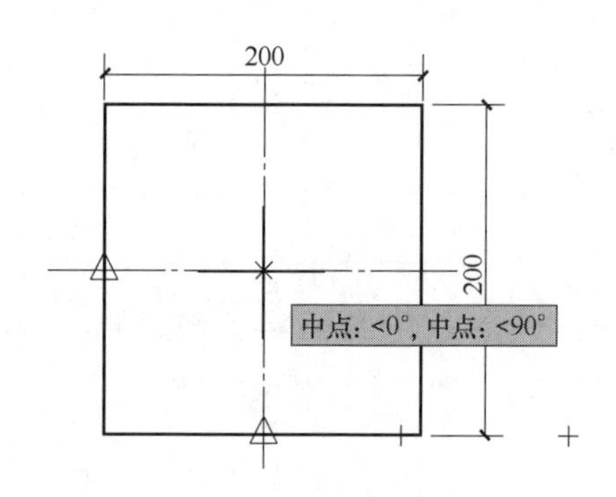

图 3-1-24　对象捕捉追踪的中点

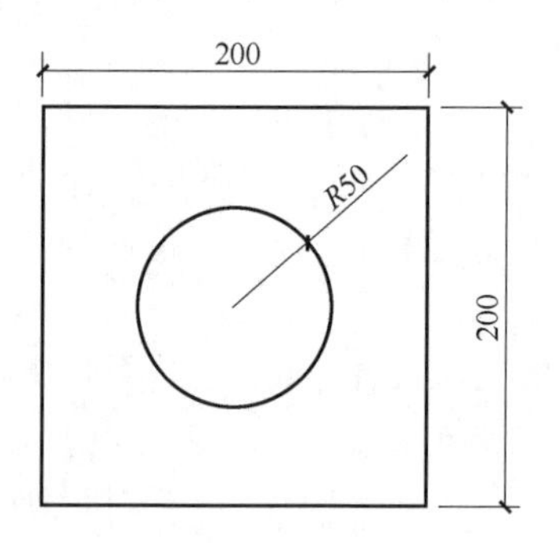

图 3-1-25　利用“对象捕捉追踪”绘制的圆

三、临时追踪

如图 3-1-26 所示，要在距 200mm×200mm 的矩形右上角点右侧 60mm 的上方绘制一个悬于其上 60mm 的半径为 30mm 的圆，可以使用“临时追踪”来查找点的精确位置。

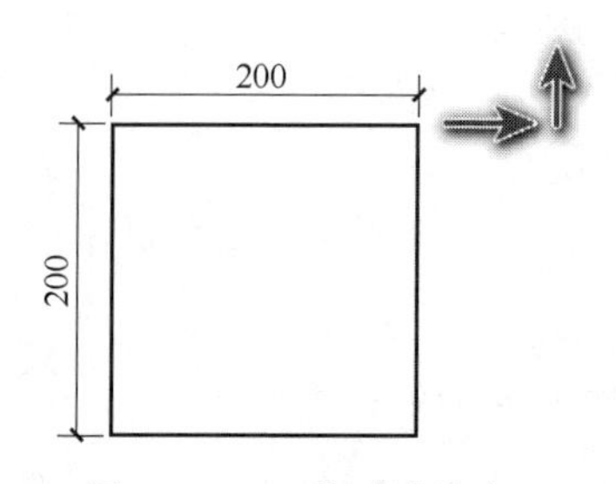

图 3-1-26　临时追踪点

如果没有“对象捕捉追踪”，可以先创建一些临时构造线以辅助创建圆，然后删除构造线。也可以在参照点处创建圆，然后移动该圆。但是，使用临时追踪点，就无须执行上述步骤，可以更加方便地绘制出目标圆。

使用“临时追踪”绘制圆的步骤如下：

步骤一：启用“圆”命令。

步骤二：在命令提示下，输入“TRACKING”（或者“TRACK”，或者“TK”）。

步骤三：单击端点处的对象捕捉，从端点水平移动光标。在命令提示下，输入“60”。

步骤四：从第一个追踪点垂直移动光标。在命令提示下，输入“60”。

步骤五：按 Enter 键结束追踪，并指定圆的圆心。

注意：

必须使用 Enter 键结束追踪，不能使用空格键。

步骤六：根据命令行提示，指定圆的半径，输入“30”，完成圆的绘制。

按上述步骤绘制的圆如图 3-1-27 所示。

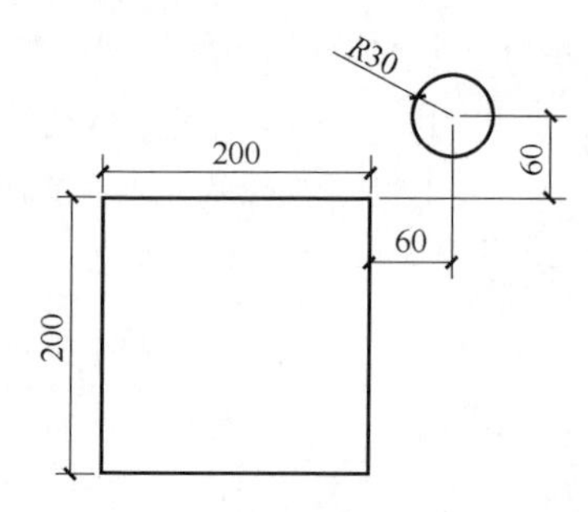

图 3-1-27　利用“临时追踪”绘制的圆

练习提高

根据《技术制图　标题栏》（GB/T 10609.1—2008），参考教师提供的图纸，制定自己的A2图框及竖版标题栏。

教学评价

根据操作练习进行考核，考核项目和评分标准见评分标准表。

评分标准表

<table>
<tr><th>序号</th><th>考核项目</th><th>配分</th><th colspan="2">评分标准</th><th>得分</th></tr>
<tr><td>1</td><td>图框的尺寸</td><td>25分</td><td colspan="2">外框的尺寸，外框与内框的间距</td><td></td></tr>
<tr><td>2</td><td>标题栏</td><td>25分</td><td colspan="2">标题栏的尺寸</td><td></td></tr>
<tr><td>3</td><td>临时对象捕捉</td><td>30分</td><td colspan="2">调用临时对象捕捉的方式</td><td></td></tr>
<tr><td>4</td><td>对象捕捉追踪</td><td>10分</td><td colspan="2">鼠标操作悬停与移动</td><td></td></tr>
<tr><td>5</td><td>临时追踪</td><td>10分</td><td colspan="2">“TRACKING”命令的使用</td><td></td></tr>
<tr><td>6</td><td>合计</td><td colspan="4"></td></tr>
<tr><td rowspan="2">7</td><td rowspan="2">结果记录</td><td colspan="2">操作是否正确</td><td colspan="2">是/否</td></tr>
<tr><td colspan="2">结果是否正确</td><td colspan="2">是/否</td></tr>
<tr><td>8</td><td>操作时间</td><td colspan="4"></td></tr>
<tr><td>9</td><td>教师签名</td><td colspan="4"></td></tr>
</table>

任务二　绘制花池

任务分析

本任务的花池图纸由花池平面图、花池立面图和花池剖面图组成。

花池的绘图思路：

① 规划图层→设置文字样式→设置标注样式→设置多重引线样式。

② 绘制花池平面图轮廓线→填充平面花池→标注花池平面尺寸→标注花池平面引线→绘制花池平面图图名、比例。

③ 绘制花池立面图轮廓线→填充立面花池→标注花池立面尺寸→标注花池立面引线→标注花池立面标高→绘制花池立面图图名、比例。

④ 绘制花池剖面图轮廓线→填充花池剖面→标注花池剖面尺寸→标注花池剖面引线→标注花池剖面标高→绘制花池剖面图图名、比例。

相关知识

一、标高符号

标高是标注建筑物高度方向的一种尺寸形式，以m为单位。

绝对标高：以青岛附近黄海平均海平面为零点测出的高度尺寸，仅在建筑总平面图中使用。

相对标高：以建筑物底层室内地面为零点测出的高度尺寸。

建筑标高：指楼地面、屋面等装修完成后构件表面的标高，如楼面、台阶顶面等标高。

结构标高：指结构构件未经装修的表面的标高，如圈梁底面、梁顶面等标高。

景观施工图中的标高符号及其含义如表 3-2-1 所示。

表 3-2-1　　景观施工图中的标高符号缩写

标高符号	含义	标高符号	含义
FL	完成面的标高	*BK*	路牙底标高
WL	水面的标高	*BL*	池底标高
BF	水底标高	*SL*	土面标高
TW	墙顶标高	*FF*	室内楼地面标高
BW	墙底标高	*FG*	室外软景完成面标高
TK	路牙顶标高	*BC*	路沿底标高

二、剖切符号

剖切符号宜优先采用国际通用方法表示，也可采用常用方法表示，同一套图纸宜采用一种方法表示。

剖切符号通常由长边（位置线）和短边（方向线）组成，长短两边互相垂直。剖切位置线即所要表示的垂直面与水平面的切线；剖切方向线则相当于一个箭头，其指向即为人眼所看向的方向。

剖切符号用粗实线表示，长度宜为 6~10mm；剖切方向线应垂直于剖切位置线，长度应短于剖切位置线，宜为 4~6mm。绘制时，剖视剖切符号不应与其他图线相接触。

剖视剖切符号的编号宜采用粗阿拉伯数字，按剖切顺序由左至右、由下至上连续编排，并应注写在剖视方向线的端部。

需要转折的剖切位置线，应在转角的外侧加注与该符号相同的编号。

断面的剖切符号应仅用剖切位置线表示，其编号应注写在剖切位置线的一侧；编号所在的一侧应为该断面的剖视方向，其余同剖面的剖切符号。

当与被剖切图样不在同一张图内时，应在剖切位置线的另一侧注明其所在图纸的编号，也可在图上集中说明。

索引剖视详图时，应在被剖切的部位绘制剖切位置线，并以引出线引出索引符号，引出线所在的一侧应为剖视方向。索引符号的编号应符合《房屋建筑制图统一标准》（GB/T 50001—2017）第 7.2.1 条的规定。

三、引出线

引出线宽度应为 0.25*b*（*b* 为基本线宽），宜采用水平方向的直线，或与水平方向呈 30°、45°、60°、90°的直线，并经上述角点再折成水平线。文字说明宜注写在水平线的上方，也可注写在水平线的端部。索引详图的引出线，应与水平直线相连接。

同时引出的几个相同部分的引出线，宜相互平行，也可画成集中于一点的放射线。

多层构造或多层管道共用引出线，应通过被引出的各层，并用圆点示意对应各层次。文字说明宜注写在水平线的上方，或注写在水平线的端部，说明的顺序应由上至下，并应与被说明的层次对应一致；如层次为横向排序，则由上至下的说明顺序应与由左至右的层次对应一致。

任务实施

一、设置绘图环境

设置绘图环境的步骤如下：

步骤一：规划图层。新建“01 设计线”“02 填充”“03 尺寸标注”“04 引线标注”“05 文字”“06 标高”图层。

步骤二：设置文字样式。如图 3-2-1 所示，新建“宋体”“数字”两种文字样式。设置“高度”为“0.0000”，“宽度因子”为“0.7000”，其他按默认设置。

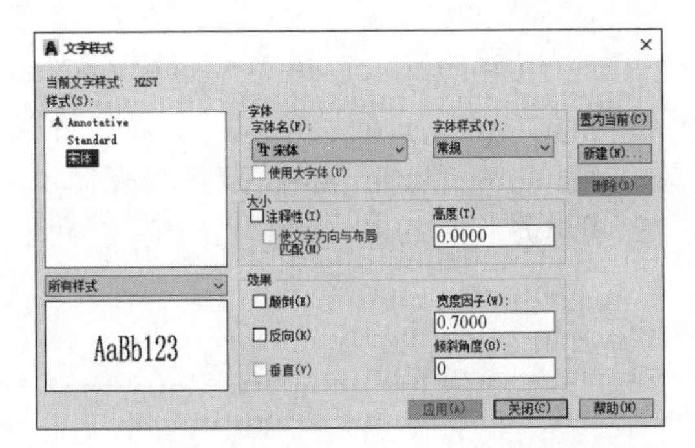

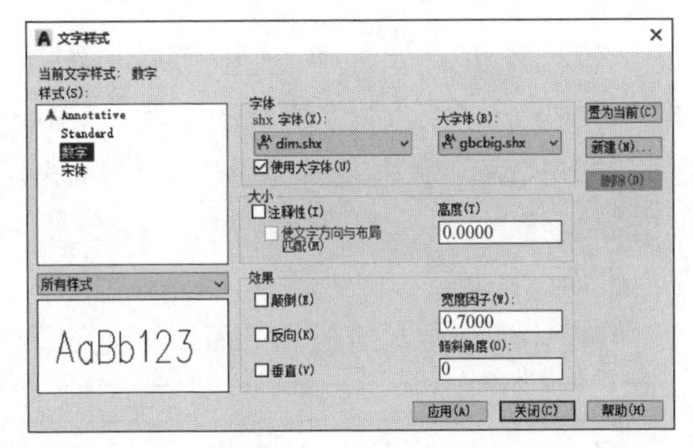

图 3-2-1　新建文字样式

步骤三：设置标注样式。新建“dim30”“dim50”两种标注样式。在“线”标签下，勾选“固定长度的尺寸界线”，设置“长度”为“5”，其他按默认设置。在“符号和箭头”标签下，修改“箭头”样式为“建筑标记”，其他按默认设置。在“文字”标签下，将“文字样式”改为“数字”，“文字高度”改为“5”，其他按默认设置。在“调整”标签下，勾选“使用全局比例”，设置“dim30”的全局比例为“30”，“dim50”的全局比例为“50”，其他按默认设置。在“主单位”标签下，将“精度”改为“0”，其他按默认设置。

步骤四：设置多重引线样式。新建“ml30”“ml50”两种标注样式。

在新建（修改）多重引线样式对话框的“引线格式”标签下，将“箭头”符号改为“点”，大小为“2”，其他按默认设置。在“引线结构”标签下，勾选“指定比例”，设置“ml30”的指定比例为“30”，“ml50”的指定比例为“50”，其他按默认设置。在“内容”标签下，将“文字样式”改为“数字”，“引线连接”连接位置左、右都改为“第一行加下划线”，其他按默认设置。

执行上述操作后，完成绘图环境设置。

二、阶梯式花池平面图

绘制阶梯式花池平面图的步骤如下：

步骤一：绘制花池平面图轮廓线。将“01 设计线”置为当前图层。选择菜单中的“绘图”→“矩形”，绘制 7800mm×1200mm 的矩形，选择菜单栏中的“修改”→“偏移”，将矩形向内偏移 200mm。选择菜单栏中的“绘图”→“直线”，从距外矩形左上角点 1500mm 处，向下绘制长度为 200mm 的直线。选择菜单栏中的“修改”→“复制”，将此直线复制多个。

按上述步骤绘制的花池平面图轮廓线如图 3-2-2 所示。

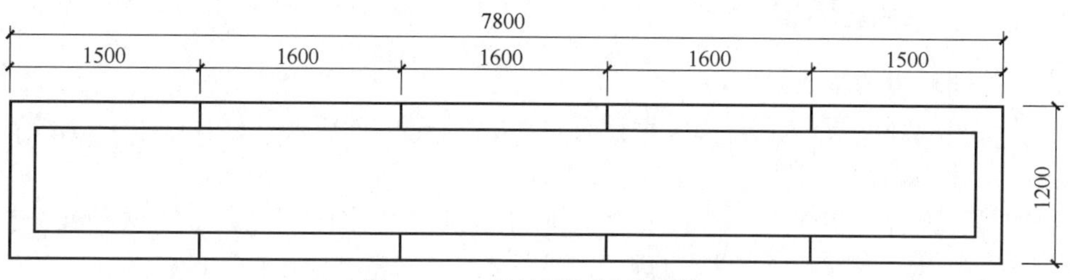

图 3-2-2　花池平面图轮廓线

步骤二：填充花池平面图。将“02 填充”置为当前图层，选择菜单栏中的“绘图”→“图案填充”，设置填充图案为“CROSS”，角点为“0”，比例为“20”，以“拾取点”的方式确定填充边界，单击矩形内的任意一点，此时，填充边界将蓝色高亮显示，单击“预览”，确认无误后，按 Space 键返回“图案填充”对话框，单击“确定”，完成花池平面图的填充。

按上述步骤绘制的花池平面图填充如图 3-2-3 所示。

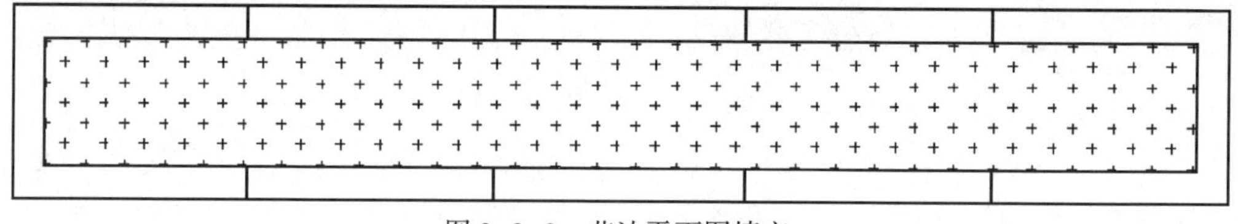

图 3-2-3　花池平面图填充

步骤三：标注花池平面图尺寸。将“03 尺寸标注”置为当前图层，选择“dim50”标注样式，然后选择菜单栏中的“标注”→“线性”，标注花池平面图尺寸。

按上述步骤标注的花池平面图尺寸如图 3-2-4 所示。

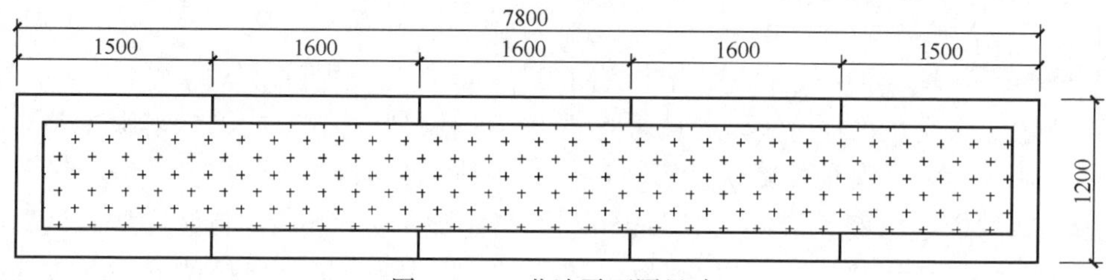

图 3-2-4　花池平面图尺寸

步骤四：标注花池平面图引线。将“04 引线标注”置为当前图层，选择“ml50”多重引线样式，选择菜单栏中的“标注”→“多重引线”，标注花池平面图引线。

按上述步骤标注的花池平面图引线如图 3-2-5 所示。

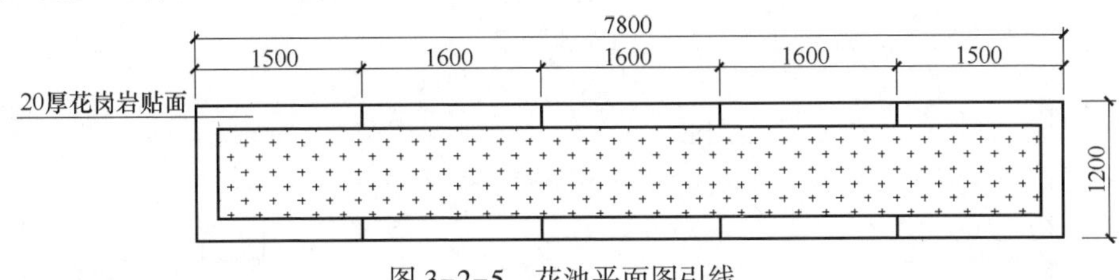

图 3-2-5　花池平面图引线

步骤五：绘制剖切符号和图名。将“05 文字”置为当前图层，选择菜单栏中的“绘图”→“多段线”，绘制剖切线，依次单击“工具”→“选项板”→“特性”，修改多段线的“全局宽度”为“50”。选择菜单栏中的“绘图”→“文字”，绘制剖切文字“*A*”。选择菜单栏中的“绘图”→“文字”/“圆”/“多段线”，绘制图名。

按上述步骤绘制的剖切符号和图名如图 3-2-6 所示。

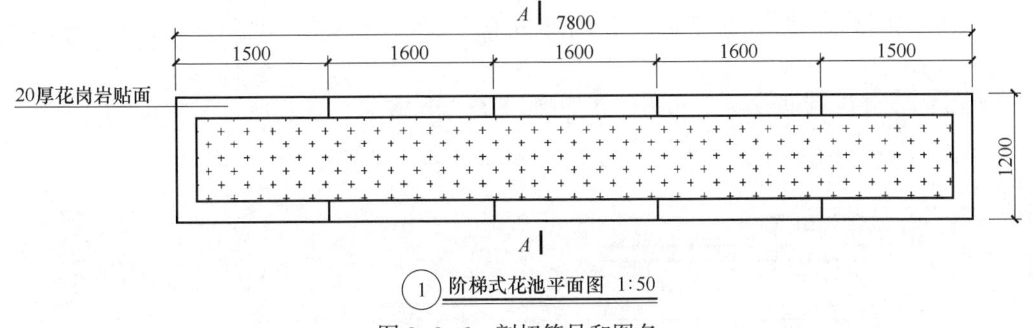

图 3-2-6　剖切符号和图名

执行上述操作后，完成阶梯式花池平面图的绘制。

三、阶梯式花池立面图

绘制阶梯式花池立面图的步骤如下：

步骤一：绘制花池立面图轮廓线。将“01 设计线”置为当前图层，选择菜单栏中的“绘图”→“直线”或“多段线”，绘制向右 1500mm、向下 300mm、向右 1600mm、向下 300mm、向右 1600mm、向下 300mm、向右 1600mm、向下 300mm、向右 1500mm、向下 300mm、向左 7800mm、向上 1500mm 的闭合图形。

按上述步骤绘制的阶梯式花池立面图轮廓线如图 3-2-7 所示。

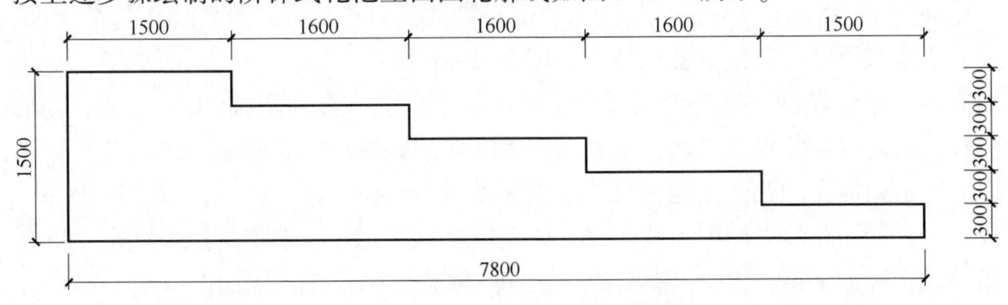

图 3-2-7　花池立面图轮廓线

选择菜单栏中的“绘图”→“多段线”，绘制如图 3-2-8 所示的长约 9000mm 的水平线表示室外地坪。在“特性”面板中，设置“全局宽度”为“50”。

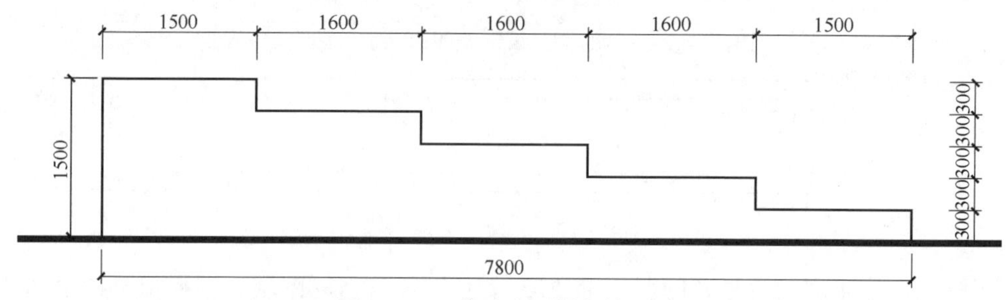

图 3-2-8　花池立面图室外地坪

步骤二：填充花池立面图。将“02 填充”置为当前图层，选择菜单栏中的“绘图”→“图案填充”，设置填充图案为“AR-B816C”，角点为“0”，比例为“0.7”，以“拾取点”的方式确定填充边界，单击矩形内的任意一点，此时，填充边界将蓝色高亮显示，单击“预览”，确认无误后，按 Space 键返回“图案填充”对话框，单击“确定”，完成花池立面图的填充。

按上述步骤绘制的花池立面图填充如图 3-2-9 所示。

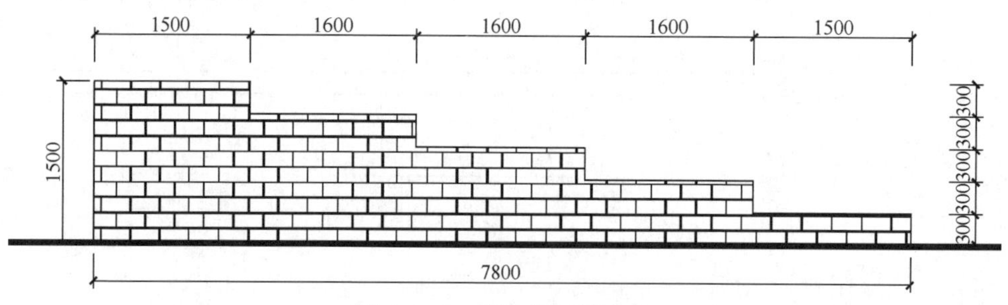

图 3-2-9　花池立面图填充

步骤三：绘制标高。将“06 标高”置为当前图层，选择菜单栏中的“绘图”→“多段线”，启用“极轴追踪”，设置极轴角度为“45”“90”“135”“180”。单击任意一点为起点，长度为“150”，角度为“225”，确定第二个点；长度为“150”，角度为“135”，确定第三个点；长度为“500”，角度为“0”，确定第四个点。选择菜单栏中的“注释”→“文字”→“多行文字”，设置高度为“150”，文字内容为“±0. 000”。移动标高符号和文字，使标高符号的三角形尖端指向室外地坪的位置。然后复制此标高符号和文字到阶梯式花池的其他位置，将标高文字分别修改为“0. 300”“0. 600”“0. 900”“1. 200”“1. 500”。

按上述步骤绘制的花池立面图标高如图 3-2-10 所示。

步骤四：标注花池立面图尺寸。将“03 尺寸标注”置为当前图层，选择“dim50”标注样式，然后选择菜单栏中的“标注”→“线性”，标注花池立面图尺寸。

按上述步骤标注的花池立面图尺寸如图 3-2-11 所示。

步骤五：标注花池立面图引线。将“04 引线标注”置为当前图层，选择“ml50”多重引线样式，选择菜单栏中的“标注”→“多重引线”，标注花池立面图引线。

按上述步骤标注的花池立面图引线如图 3-2-12 所示。

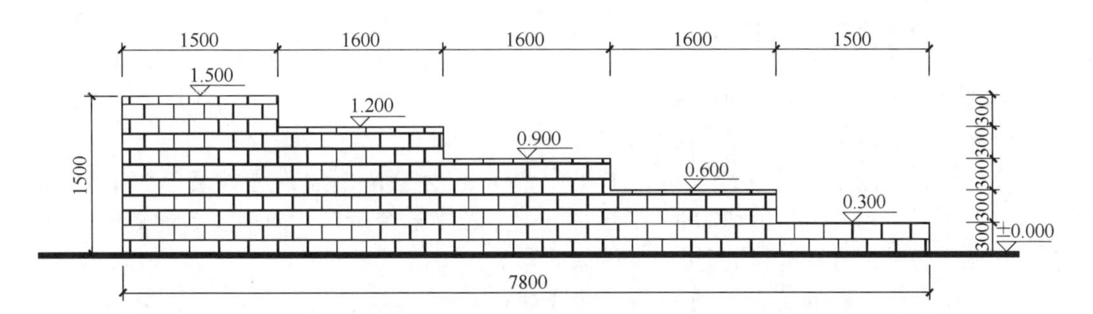

图 3-2-10 花池立面图标高

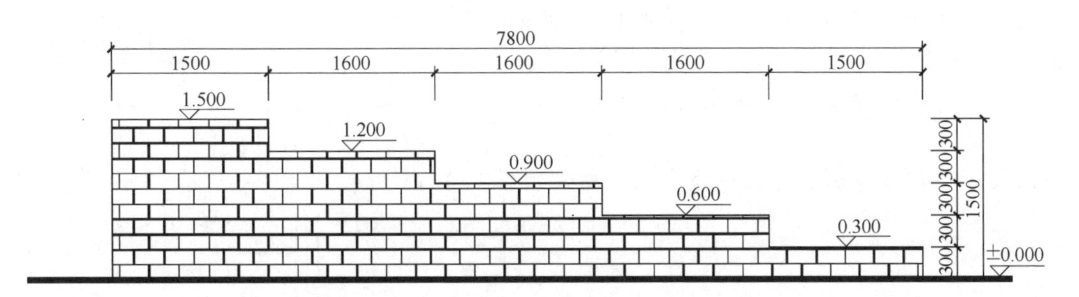

图 3-2-11 花池立面图尺寸

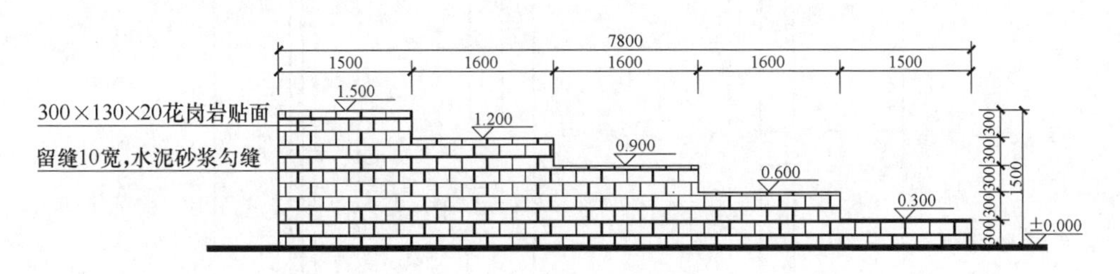

图 3-2-12 花池立面图引线

步骤六：绘制图名。将“05 文字”置为当前图层，选择菜单栏中的“绘图”→“文字”/“圆”/“多段线”，绘制图名。

按上述步骤绘制的花池立面图图名如图 3-2-13 所示。

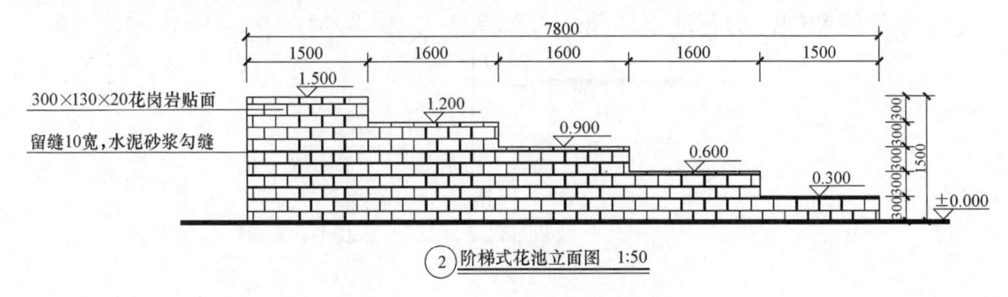

图 3-2-13 花池立面图图名

执行上述操作后，完成阶梯式花池立面图的绘制。

四、阶梯式花池剖面图

绘制阶梯式花池剖面图的步骤如下：

步骤一：绘制花池剖面图轮廓线。

绘制砖砌花池上部轮廓线。将“01 设计线”置为当前图层，选择菜单栏中的“绘图”→“矩形”，绘制 200mm×300mm 的矩形。然后选中这个矩形，向下复制此矩形。再选中上述两个矩形，向右复制得到两个新的矩形。

按上述步骤绘制的砖砌花池上部轮廓线如图 3-2-14 所示。

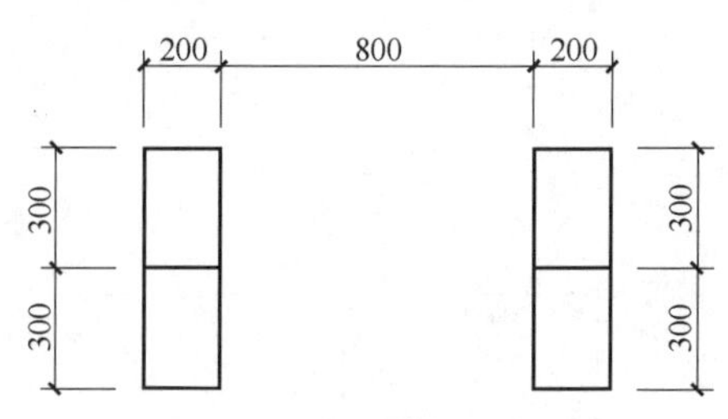

图 3-2-14　砖砌花池上部轮廓线

绘制砖砌花池中部轮廓线。绘制 200mm×900mm 的矩形，在此轮廓内，绘制 20 厚贴面砖，20 厚水泥砂浆结合层，120 宽砖墙及全局宽度为 50、长度为 800mm 的室外地坪线。然后删除 200mm×900mm 的矩形。

按上述步骤绘制的砖砌花池中部轮廓线如图 3-2-15 所示。

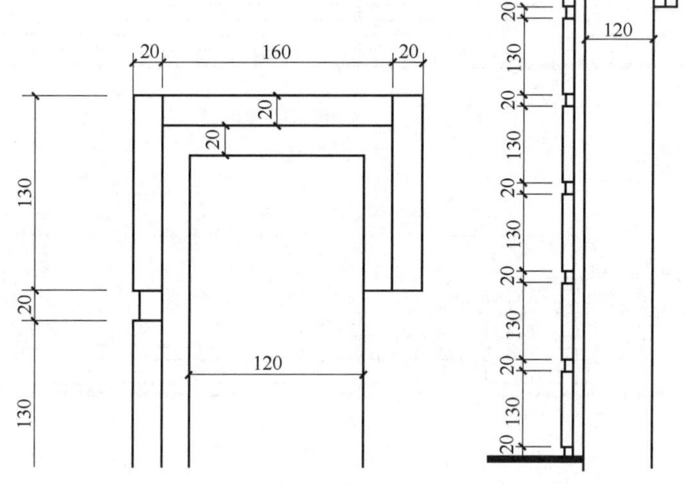

图 3-2-15　砖砌花池中部轮廓线

绘制砖砌花池下部轮廓线。选择菜单栏中的“绘图”→“多段线”/“矩形”，绘制下部的砖墙和基础。

按上述步骤绘制的砖砌花池下部轮廓线如图 3-2-16 所示。

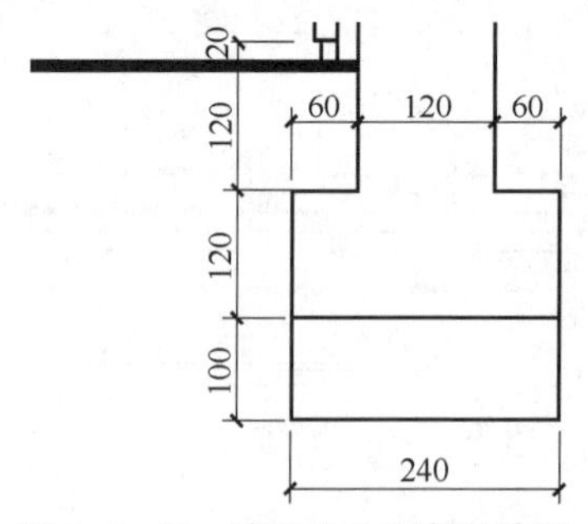

图 3-2-16　砖砌花池下部轮廓线

镜像复制中部、下部轮廓线。如图 3-2-17 所示，连接两边砖墙表示花池内种植土的位置，完成花池剖面图轮廓线的绘制。

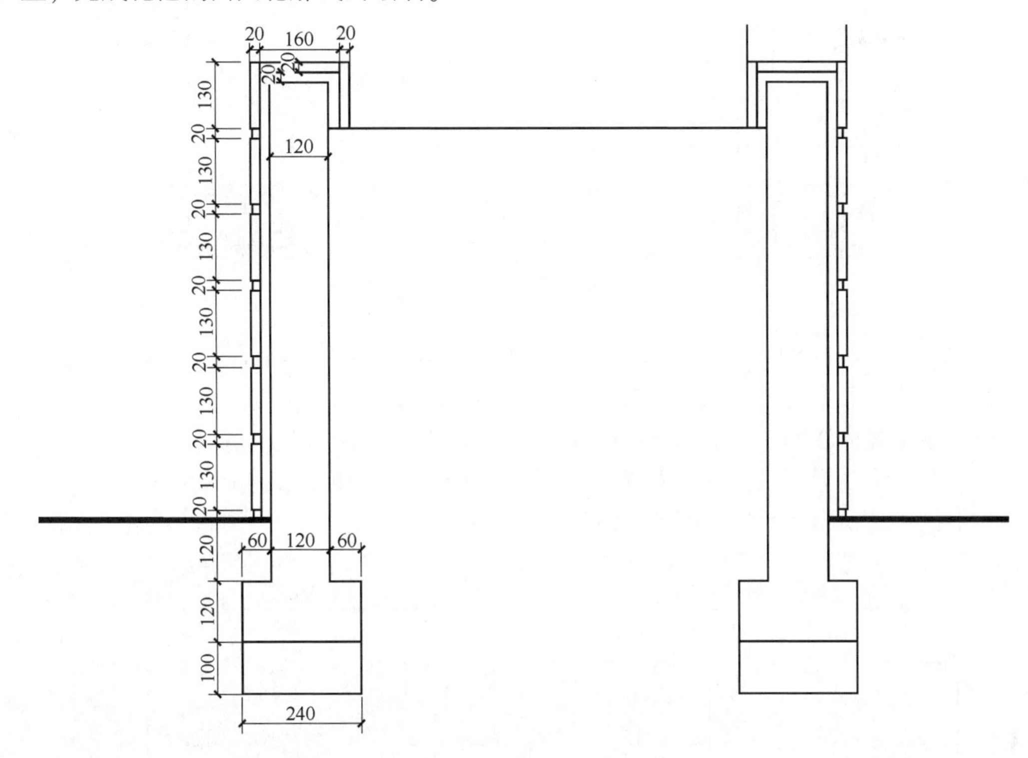

图 3-2-17　花池剖面图轮廓线

步骤二：填充花池剖面图。将“02 填充”置为当前图层，选择菜单栏中的“绘图”→“图案填充”，设置填充图案为“ANSI31”，角点为“0”，比例为“10”，以“拾取点”的方式确定填充边界，单击砖墙内的任意一点，此时，填充边界将蓝色高亮显示，单击“预览”，确认无误后，按 Space 键返回“图案填充”对话框，单击“确定”，完成花池剖面图砖墙的填充。

按上述步骤绘制的花池剖面图砖墙填充如图 3-2-18 所示。

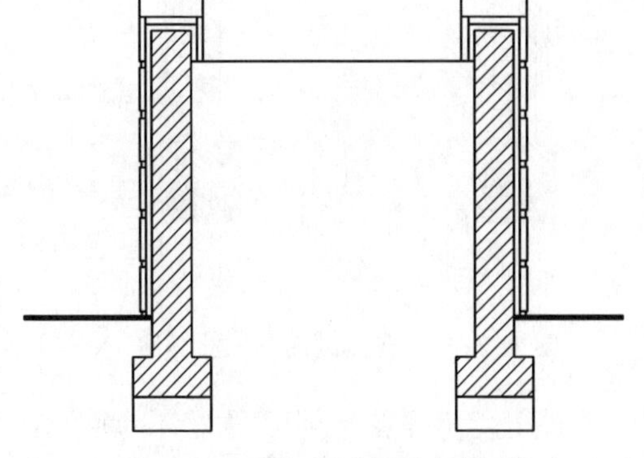

图 3-2-18　花池剖面图砖墙填充

设置填充图案为“AR-RSHKE”，角点为“0”，比例为“0.1”，以“拾取点”的方式确定填充边界，完成花池剖面图碎石垫层的填充。

绘制素土夯实的临时边界线，设置填充图案为“AR-RARQ1”，角点为“45”，比例为“0.1”，以“拾取点”的方式确定填充边界，完成花池剖面图素土夯实的填充。删除素土夯实的临时边界线。

按上述步骤绘制的花池剖面图碎石垫层和素土夯实填充如图 3-2-19 所示。

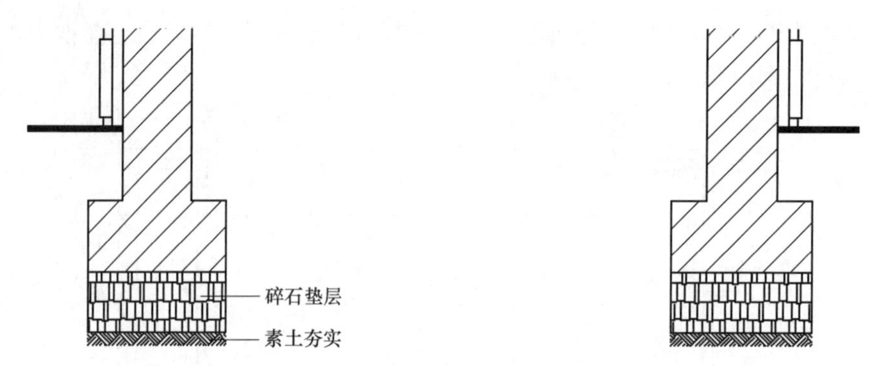

图 3-2-19　花池剖面图碎石垫层和素土夯实填充

步骤三：标注花池剖面图尺寸。将“03 尺寸标注”置为当前图层，选择“dim30”标注样式，选择菜单栏中的“标注”→“线性”，标注花池剖面图尺寸。

按上述步骤标注的花池剖面图尺寸如图 3-2-20 所示。

步骤四：绘制标高。复制立面图的对应位置标高符号，标注剖面图标高。

按上述步骤绘制的花池剖面图标高如图 3-2-21 所示。

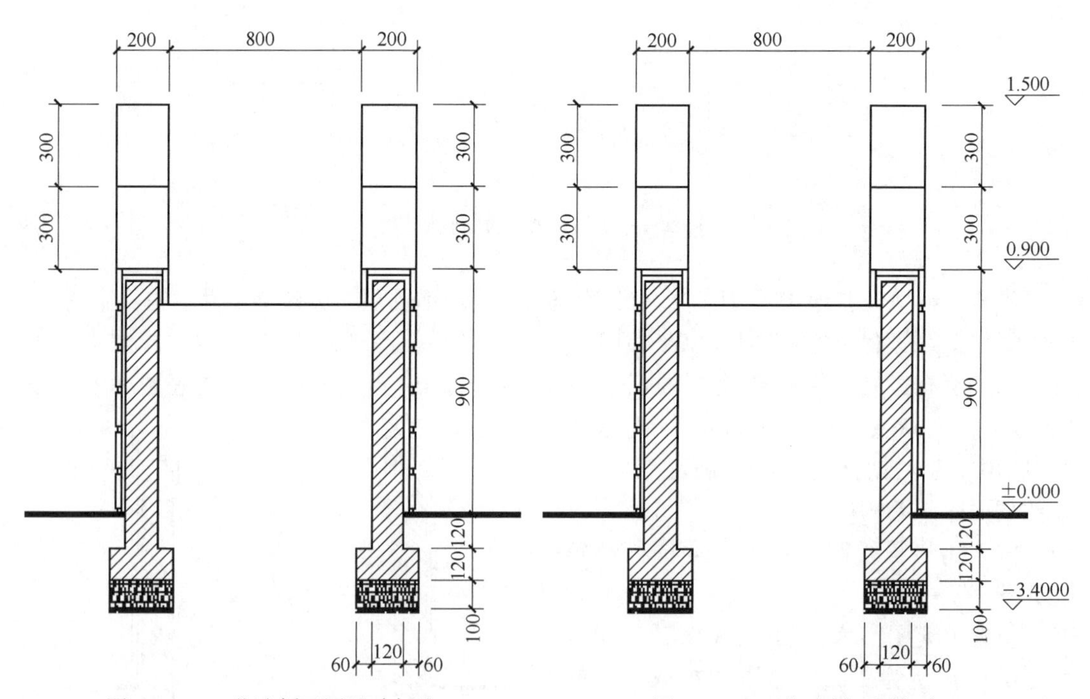

图 3-2-20　花池剖面图尺寸标注　　图 3-2-21　花池剖面图标高

步骤五：标注花池剖面图文字。将“04 引线标注”置为当前图层，选择“ml30”多重引线样式，选择菜单栏中的“标注”→“多重引线”，标注花池剖面图引线。

按上述步骤标注的花池剖面图文字如图 3-2-22 所示。

步骤六：绘制图名。将“05 文字”置为当前图层，选择菜单栏中的“绘图”→“文字”/“圆”/“多段线”，绘制图名。

按上述步骤绘制的花池剖面图图名如图 3-2-23 所示。

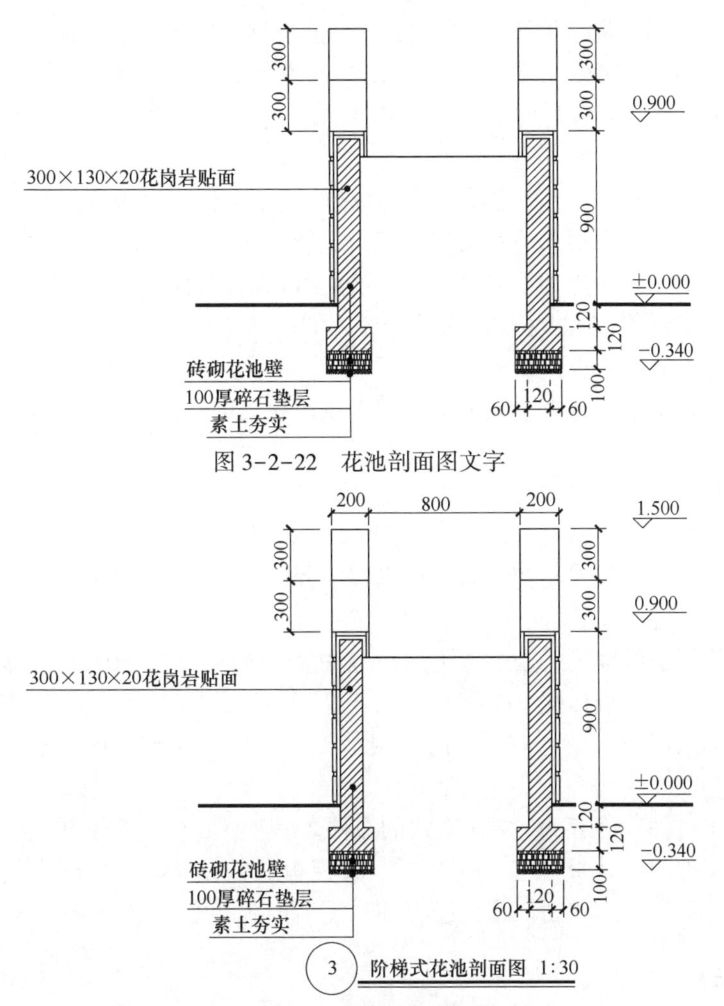

图 3-2-22　花池剖面图文字

图 3-2-23　花池剖面图图名

执行上述操作后，完成阶梯式花池剖面图的绘制。

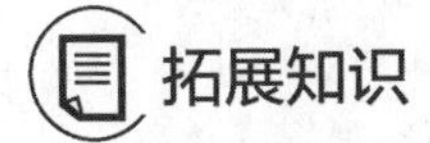

拓展知识

一、页面设置和图纸创建样板

页面设置提供了用于发布和打印的设置。创建图纸集时，应指定包含所有新建图纸的一个或多个页面设置的图形样板文件，此文件称为图纸创建样板。

另一个 dwt 文件称为页面设置替代文件，可指定其中包含的页面设置替代每张图纸的页面设置。在“图纸集特性”对话框中指定页面设置替代文件。

发布图纸集时，可以使用在每个图形文件中定义的页面设置，也可以对所有图形文件使用页面设置替代，还可以发布到 DWF 或 DWFx 文件。

二、制作 dwt 模板（样板文件）

样板文件的作用有两个，一是样板图形存储图形的所有设置，还可能包含预定义的图层、标注样式和视图。样板图形通过文件扩展名“.dwt”区别于其他图形文件。它们通常保存在Template目录中。二是如果根据现有的样板文件创建新图形，则新图形中的修改不会影响样板文件。可以使用随程序提供的一个样板文件，也可以创建自定义样板文件。

创建一个新的文件时，AutoCAD会提示选择模板文件，一般默认的是“cadiso.dwt”模板，然后要进行规划图层、设置文字样式、设置标注样式、设置引线样式、插入图框等绘图准备工作。为了减少这种重复性工作，我们可以制作自己的dwt模板文件，在下次绘图时直接调用，这样能够大大提高绘图的工作效率。

制作dwt模板文件的步骤如下：

步骤一：规划图层。依据绘制园林景观图纸中用到的颜色、线型、线宽等，定制我们需要的图层。

步骤二：设置文字样式。一般可以设置“宋体”“黑体”“数字”等几种字体。初学者可以不用设置文字的“注释性”，文字高度为“0.0000”，“宽度因子”为“0.7000”。

步骤三：设置标注样式。初学者不用设置注释性标注，但要根据绘图需要，设置不同全局比例的几种标注样式。

步骤四：设置引线样式。初学者不用设置注释性标注，但要根据绘图需要，设置不同全局比例的几种多重引线样式。

步骤五：插入图框。在“模型空间”或“布局空间”中插入已经绘制好的不同图幅的图纸。

步骤六：将文件“另存为”dwt格式的文件。

下次新建文件时，选择已经定制好的dwt模板文件，此时，文件中的图层、文字样式、标注样式、引线样式和图框都已经存在，无须重新设置。

练习提高

（1）绘制并标注如图3-2-24所示的花池、树池的平面图。

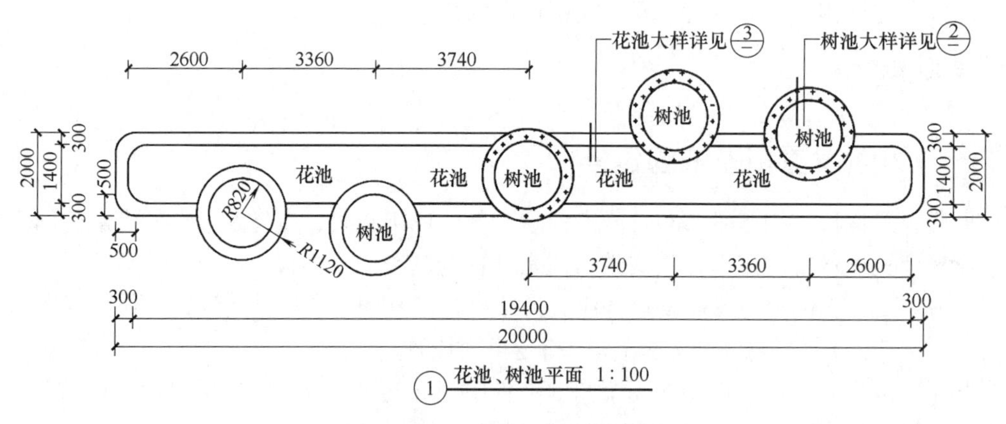

图3-2-24 花池、树池平面图

（2）绘制并标注如图3-2-25所示的树池大样图。

（3）绘制并标注如图3-2-26所示的花池大样图。

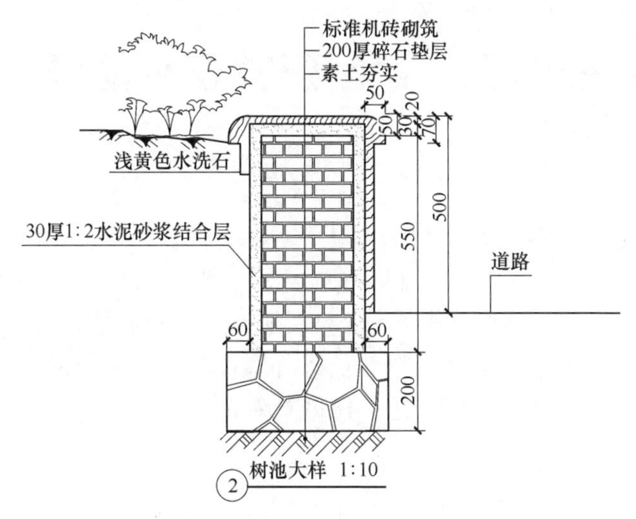

图 3-2-25 树池大样图

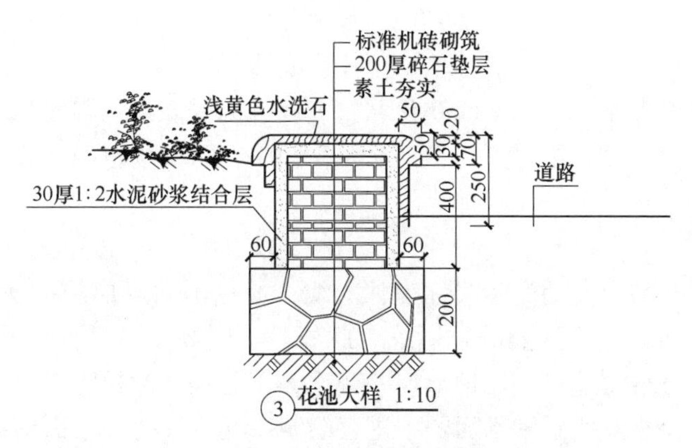

图 3-2-26 花池大样图

教学评价

根据操作练习进行考核，考核项目和评分标准见评分标准表。

评分标准表

序号	考核项目	配分	评分标准	得分
1	花池轮廓线	20 分	轮廓线准确	
2	花池填充	20 分	填充图案合理，角度、比例合理	
3	花池标高	20 分	标高标注位置准确	
4	花池尺寸标注	20 分	尺寸标注准确，比例合理	
5	花池引线标注	20 分	引线文字大小合理	
6	合计			
7	结果记录	操作是否正确	是/否	
		结果是否正确	是/否	
8	操作时间			
9	教师签名			

任务三　绘制园林植物图例

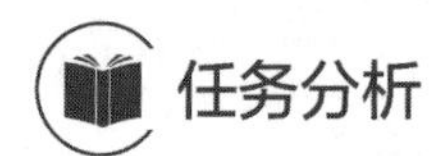

风景园林设计要素分为地形、植物材料、建筑物、铺装、园林构筑物、水等。植物材料按形态可分为乔木、灌木、绿篱、花卉和草坪等。用户可以将绘制的图例创建为块，将图例以块为单位进行保存，并归类于每一个文件夹内，以后再次需要利用此图例制图时，只需“插入”该图块即可，同时还可以对块进行属性赋值。图块的使用可以大大提高制图效率。本任务将绘制各种AutoCAD园林植物图例的图块。

一、林缘线

林缘线是指植物空间所形成的边界。设计林缘线时，要注意收合关系。林缘线流畅平滑、有进有退，形成大小不一的空间变化和忽远忽近的景深，透视线的开辟、气氛的形成等都依靠林缘线设计。林缘线多应用于平面布局图中，是植物空间划分的重要手段。

二、林冠线

水平望去，树冠与天空的交际线称为林冠线。通过不同树形的植物，如塔形、柱形、球形、垂枝形等，构成变化强烈的林冠线。此外，不同高度的乔灌草搭配，构成变化适中、层次丰富的林冠线。通过利用地形高差变化，布置不同的植物，可以形成高低不同的林冠线。林冠线主要在立面图和剖面图中进行绘制。在设计时，平面图和立面图往往相辅相成，应二者合一考虑，注重一致性和相互对应的关系。

三、CAD 块

在AutoCAD中，插入图形中的符号和详细信息都称为块。块是合并到单个命名对象的对象集合。CAD块是对象的具名群组，这些对象可作为单个二维或三维对象。用户可以使用CAD块创建重复的内容，如工程图符号、常用零部件和标准详图。通过重复使用和共享内容，块可以帮助用户节省时间、保持图纸内容的一致性并精简文件大小。

不论何时创建块或将图形作为块插入图纸中，块定义中的所有块信息（包括其几何图形、图层、颜色、线型和块属性对象）均作为非图形信息存储在图形文件中。插入的每个块是对块定义的“块参照”，通常称为“块”。

四、属性块

属性是将数据附着到块上的标签或标记。属性中可能包含的数据包括零件编号、价格、注释和物主的名称等。

属性模式控制块中属性的行为，这些行为包括：

① 属性在图形中是否可见。不可见属性不能显示或打印，但其属性信息存储在图形

文件中，并且可以写入提取文件以供数据库程序使用。

② 属性是常量还是变量。插入带有变量属性的块时，会提示用户输入要与块一同存储的数据；块也可以使用常量属性（即属性值不变的属性），常量属性在插入块时不提示输入值。

③ 属性是否可以相对于块的其余部分移动。可以使用夹点更改属性的位置，无须重新定义块。要防止发生这种移动，可以锁定属性相对于块中其他对象的位置。

创建一个或多个属性定义后，可以将它们附着到块，其方法是在定义或重新定义块时，将它们包含在选择集中。

五、处理植物素材

为了避免插入树木块时图层混乱，定义树木块的时候要将块图形的图层更改为“0”图层，然后再创建植物块。如果是使用已经创建完的植物块素材，要注意处理并整理植物素材。首先要将所有素材更改到“0”图层中，再执行“文件”→“实用程序”→“清理”命令，清理多余的图层和块名（这时还有很多图层不能清理）。选择所有的图块，执行“修改”→“分解”命令，如果有嵌套块，可以多执行几次“分解”命令。然后将所有素材更改到“0”图层中，再执行“文件”→“实用程序”→“清理”命令，此时所有图形都已经归到“0”图层中。重新定义植物块。

六、定义新块（块编辑器）

AutoCAD 提供了“动态图块编辑器”功能。块编辑器是专门用于创建块定义并添加动态行为的编写区域，它提供了专门的编写选项板，通过这些选项板可以快速访问块编写工具。除了块编写选项板之外，块编辑器还提供了绘图区域，用户可以根据需要在程序的主绘图区域中绘制和编辑几何图形。同时，用户可以指定块编辑器绘图区域的背景色。

定义新块的步骤如下：

步骤一：依次单击“常用”选项卡→“块”面板→“创建”。

步骤二：在“编辑块定义”对话框中输入新的块定义的名称，选择要定义的块图形，指定基点。单击“确定”。

步骤三：依次单击“块编辑器”选项卡→“打开/保存”面板→“保存块”。

注意：

此操作将保存块定义，即使用户未在块编辑器的绘图区域中添加任何对象。

步骤四：单击“关闭块编辑器”。

七、表格

在 AutoCAD 中，可以使用“TABLE”命令指定表格的行数和列数，还可以对行、列或整个表格进行拉伸和大小调整。如果针对注释使用布局选项卡，则直接在布局选项卡上创建表格，会自动进行缩放。如果针对注释使用模型空间，则需要缩放表格。表格不支持注释性缩放。

插入表格的步骤如下：

步骤一：在命令提示下输入“TABLE”。

步骤二：如图3-3-1所示，在“插入表格”对话框中，输入“4”作为“列数”，并输入“3”作为“数据行数”，指定表格的位置。

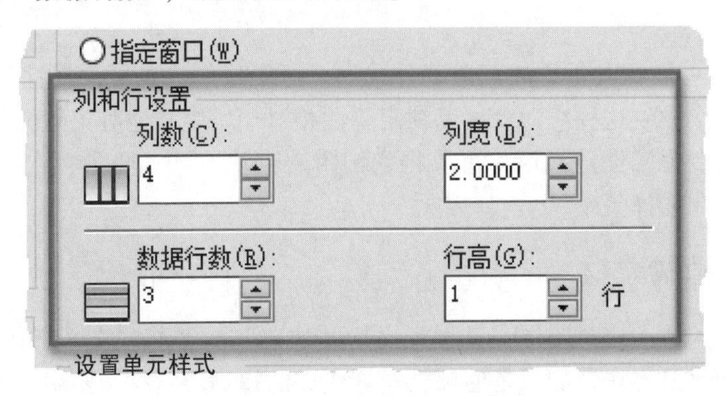

图3-3-1 表格列和行设置

默认情况下，使用标准表格样式时，会出现如图3-3-2所示的三种单元样式。

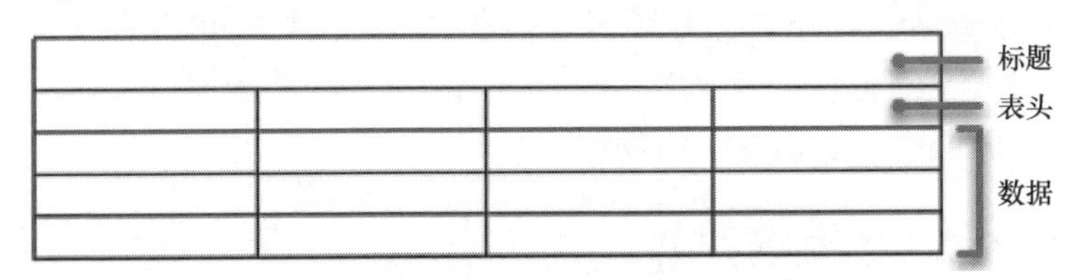

图3-3-2 表格标题、表头和数据

步骤三：如图3-3-3所示，在表格外部单击，然后在一条边上选择该表格以显示其夹点。

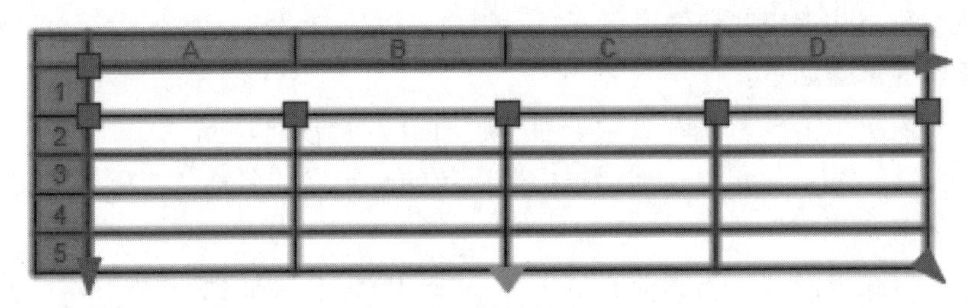

图3-3-3 表格夹点编辑

要更改表格的大小和形状，应单击三角形夹点。此外，可以单击方形夹点来调整列宽。还可以使用“对象捕捉追踪”将夹点与现有几何图形对齐。

提示：

尽管AutoCAD有强大的图形功能，但其表格处理功能相对较弱，而在实际工作中，往往需要在AutoCAD中制作各种表格，如苗木数量表等。

在AutoCAD环境下，可以用手工画线方法绘制表格，然后再在表格中填写文字。然而这种方法不但效率低下，而且很难精确控制文字的书写位置，文字排版也很成问题。尽管AutoCAD支持对象链接与嵌入，可以插入Word或Excel表格，但是这种方法插入的表格修改起来不是很方便，一点小小的修改就得进入Word或Excel，修改完成后，又得退回到 AutoCAD 中。另一方面，一些特殊符号如一级钢筋符号以及二级钢筋符号等，在 Word 或 Excel 中也很难直接输入。

为了解决这一问题，可以先在 Excel 中制完表格，复制到剪贴板，然后再在 AutoCAD 环境下选择编辑菜单中的“选择性粘贴”，单击“确定”后，表格即转化成 AutoCAD 实体。用“EXPLODE”命令炸开，即可编辑其中的线条及文字。

八、设计中心

利用 AutoCAD 的“设计中心”能够方便地将其他图纸里的“块”图形插入正在设计的图纸里（事实上也可以将其他图纸里的“文字样式”“标注样式”“图层”等添加到正在设计的图纸里）。

选择菜单栏中的“工具”→“选项板”→“设计中心”，或者在按住 Ctrl 键的同时按下大键盘上的数字键“2”，都可以打开设计中心。

设计中心的左侧是树形的文件夹列表，和资源管理器一样，可以很方便地找到需要的图纸文件。如果经常要用到某个文件夹或者图纸文件，可以在这个文件夹或者图纸文件上右击鼠标，再单击“设置为主页”。这样，以后只要单击设计中心上方带有小屋子图案的“主页”按钮，就会立刻定位到设置成主页的文件夹或者图纸文件。

此外，也可以将经常要用到的某个文件夹或者图纸文件添加到收藏夹，其方法是在这个文件夹或者图纸文件上右击鼠标，再单击“添加到收藏夹”，使用时单击设计中心上方“主页”按钮左边的“收藏夹”按钮即可打开收藏夹列表。

定位到需要的图纸文件以后，双击“块”图标，就会显示该图纸里包含的“块”图形。在要用的“块”图形上双击，或者右击后单击“插入块”，就会弹出“插入”对话框。在“插入”对话框里键入要缩放的比例和旋转的角度后单击“确定”即可将该“块”图形插入当前正在设计的图纸里。如果缩放的比例是“1”，旋转的角度是“0”，也可以直接将该“块”图形用鼠标拖入当前的图纸里。

AutoCAD 自带许多“块”文件，涉及机械、电子电路、家装、建筑等领域常用的图形，它们在 AutoCAD 安装目录的 Sample Design Center、Sample Dynamic Blocks、Sample Mechanical Sample 路径下，在“设计中心”里可以任意调用。AutoCAD 默认的“主页”在 Sample Design Center 路径下。

如果在源文件里将“块”图形进行了修改，在“设计中心”中不会自动更新，可以在设计中心右击这个“块”图形，并单击“仅重定义”进行手动更新。

提示：

为什么不用“WBLOCK”命令将图形直接创建成外部“块”文件，再用“INSERT”命令插入当前设计图纸呢？原因是“WBLOCK”命令只能创建外部“静态块”，而不能创建外部“动态块”，如果创建的是动态块就只能借助“设计中心”或是“工具选项板”。

九、工具选项板

工具选项板比设计中心更加强大，它能够将“块”图形、几何图形（如直线、圆、多段线）、填充、外部参照、光栅图像以及命令都组织到工具选项板里创建成工具，以便将这些工具应用于当前正在设计的图纸。

选择菜单栏中的“工具”→“选项板”→“工具选项板”，或者在按住Ctrl键的同时按下大键盘上的数字键“3”，都可以打开工具选项板。

工具选项板由许多选项板组成，每个选项板里包含若干工具，这些工具可以是“块”，也可以是几何图形（如直线、圆、多段线）、填充、外部参照、光栅图像，还可以是命令。

若干选项板可以组成“组”。在工具选项板标题栏上右击鼠标，在弹出的快捷菜单下端列出的就是“组”的名称。单击某个“组”名称，该组的选项板就能够打开并显示。另外，也可以直接单击选项板下方重叠在一起的地方打开所需的选项板。

单击工具选项板中的“工具”，命令行将显示相应的提示，按照提示进行操作即可将工具选项板里的工具使用到当前正在设计的图纸中。

任务实施

一、绘制针叶树图块

绘制针叶树图块的步骤如下：

步骤一：使用“直线”命令绘制针叶树基础线条。在“0”图层中，选择菜单栏中的“绘图”→“直线”，绘制长度为2500mm的直线。再次调用“绘图”→“直线”命令，绘制长度为2000mm的直线。两条线的“颜色”“线型”“线宽”都选择“ByLayer”。

按上述步骤绘制的针叶树直线如图3-3-4所示。

步骤二：使用“阵列”命令绘制针叶树图例。选择菜单栏中的“修改”→“阵列”，选择环形阵列。以两条直线交点为阵列中心点，项目数为“12”。

按上述步骤绘制的阵列后的针叶树直线如图3-3-5所示。

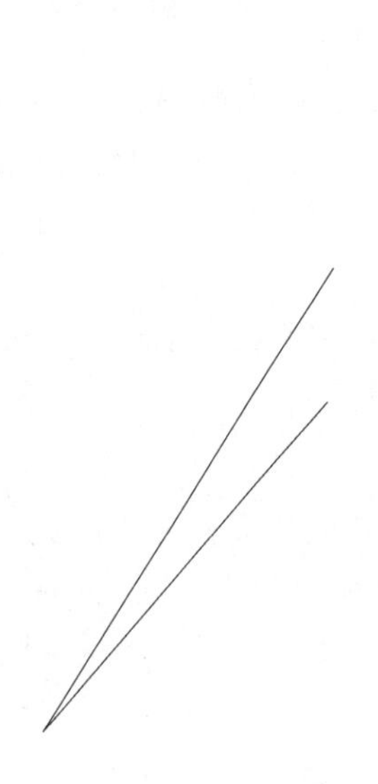

图3-3-4　针叶树直线

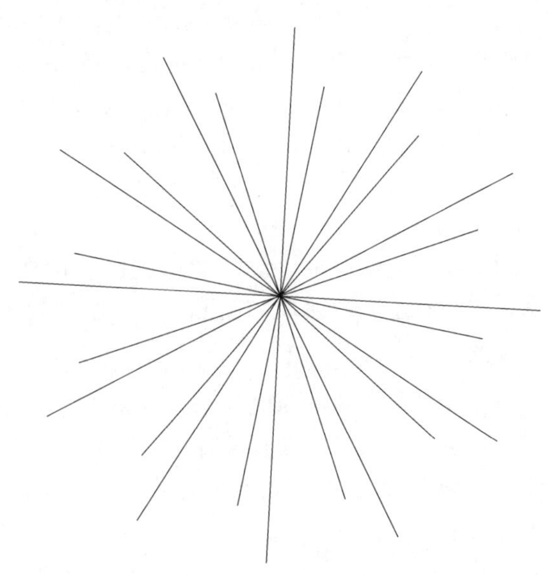

图3-3-5　阵列后的针叶树直线

步骤三：定义针叶树图块。选择菜单栏中的“绘图”→“块”→“创建块”，调出如

图 3-3-6 所示的“块定义”对话框。单击“选择对象”按钮，在屏幕上选择步骤二阵列出的针叶树图例，按 Space 键完成选择，返回“块定义”对话框。单击“拾取点”按钮，在屏幕上选择步骤二阵列出的针叶树图例的中心点，自动返回“块定义”对话框，在“名称”位置输入“乔木 01”，单击“确定”按钮完成块定义。

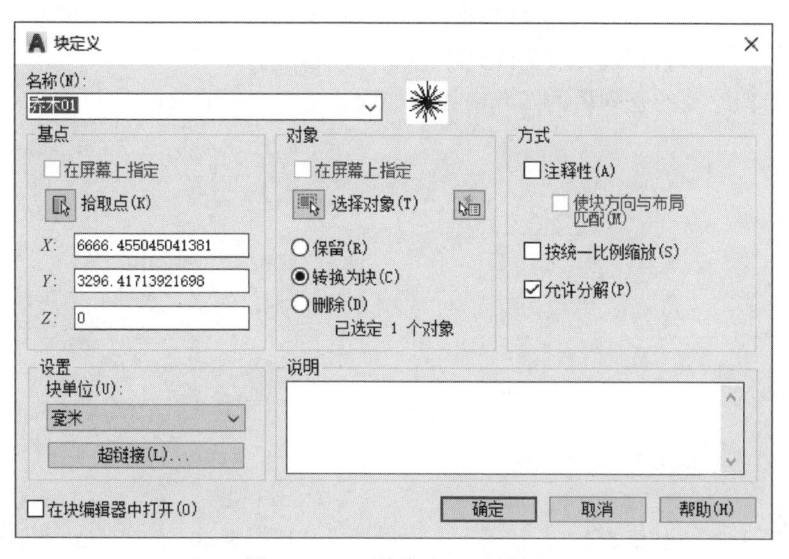

图 3-3-6　“块定义”对话框

步骤四：修改针叶树图块。如果要修改针叶树图块，可以双击针叶树图块，调出如图 3-3-7 所示的“编辑块定义”对话框。选择要修改的针叶树图块，单击“确定”，进入如图 3-3-8 所示的“块编辑器”界面，可以更改线条、颜色、线宽等特性，修改完成后，保存并单击“关闭块编辑器”，完成块的修改。

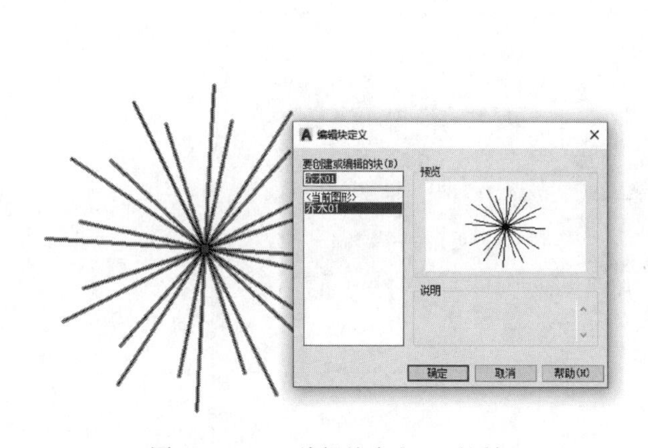

图 3-3-7　“编辑块定义”对话框

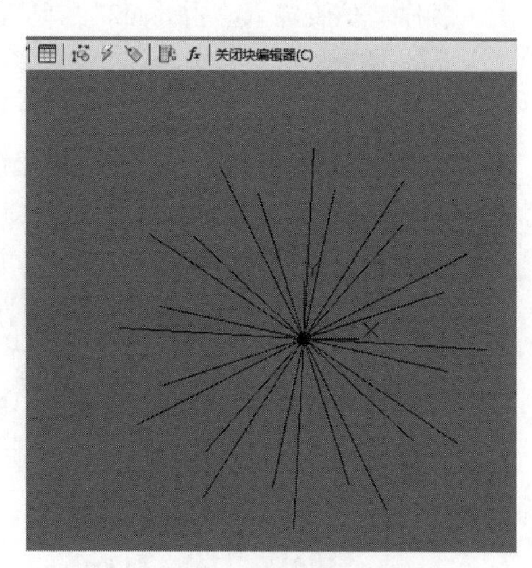

图 3-3-8　“块编辑器”界面

二、绘制阔叶树图块

绘制阔叶树图块的步骤如下：

步骤一：使用“直线”命令绘制阔叶树基础线条。在“0”图层中，选择菜单栏中的“绘图”→“直线”，绘制长度为2500mm的直线。然后调用“绘图”→“圆弧”命令，绘制六片叶子。所有线的“颜色”“线型”“线宽”都选择“ByLayer”。

按上述步骤绘制的阔叶树线条如图3-3-9所示。

步骤二：使用“阵列”命令绘制阔叶树图例。选择菜单栏中的“修改”→“阵列”，选择环形阵列。以两条直线交点为阵列中心点，项目数为“6”。

按上述步骤绘制的阵列后的阔叶树线条如图3-3-10所示。

图3-3-9　阔叶树线条

图3-3-10　阵列后的阔叶树线条

步骤三：定义阔叶树图块。选择菜单栏中的“绘图”→“块”→“创建块”，调出如图3-3-11所示的“块定义”对话框。单击“选择对象”按钮，在屏幕上选择步骤二阵列出的阔叶树图例，按Space键完成选择，返回“块定义”对话框。单击“拾取点”按钮，在屏幕上选择步骤二阵列出的阔叶树图例的中心点，自动返回“块定义”对话框，在“名称”位置输入“乔木02”，单击“确定”按钮完成块定义。

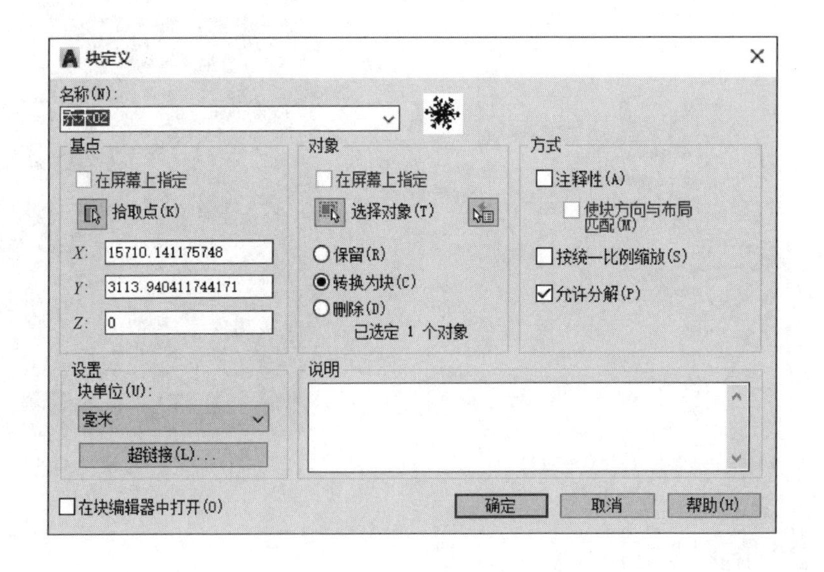

图3-3-11　“块定义”对话框

三、绘制灌木丛图块

灌木丛图例可用云线表示。绘制灌木丛图块的步骤如下：

步骤一：绘制云线。在“0”图层中，选择菜单栏中的“绘图”→“修订云线”，在命令行输入“A”，设置弧长为“500”，绘制灌木丛林缘线。

按上述步骤绘制的灌木丛林缘线如图 3-3-12 所示。

步骤二：修改云线。选择菜单栏中的“绘图”→“修订云线”，在命令行输入“O”，选择要修改的云线。可以将云线反向。

步骤三：绘制手绘样式云线。选择菜单栏中的“绘图”→“修订云线”，在命令行输入“S”，然后输入“C”，选择圆弧样式为手绘，绘制云线。

按上述步骤绘制的手绘样式云线如图 3-3-13 所示。

图 3-3-12　使用“修订云线”命令绘制的灌木丛林缘线

图 3-3-13　手绘样式的修订云线

四、绘制绿篱图块

绘制绿篱图块的步骤如下：

步骤一：绘制绿篱边框。在“0”图层中，选择菜单栏中的“绘图”→“矩形”，绘制 10000mm×1000mm 大小的绿篱边框。

按上述步骤绘制的绿篱边框如图 3-3-14 所示。

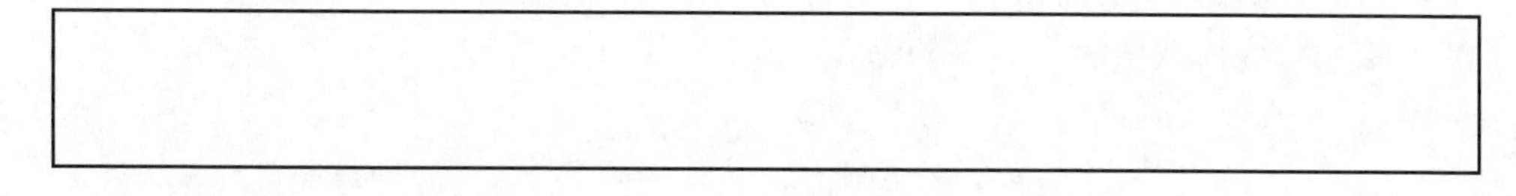

图 3-3-14　绿篱边框

步骤二：绘制绿篱填充。选择菜单栏中的“绘图”→“图案填充”，设置填充图案为“JIS-LC-20A”，角点为“0”，比例为“10”。

按上述步骤绘制的绿篱填充如图 3-3-15 所示。

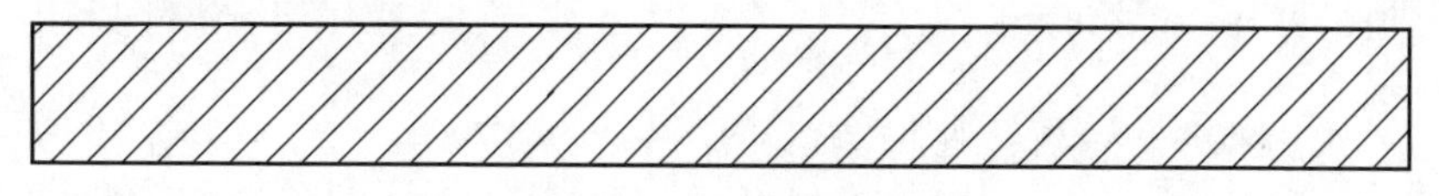

图 3-3-15　绿篱填充

拓展知识

一、快速布局植物

1. 绘制树阵

绘制树阵的步骤如下：

步骤一：绘制如图 3-3-16 所示的树池和树木平面图例。

步骤二：选择菜单栏中的“修改”→“阵列”→“矩形阵列”，即可绘制矩形树阵，结果如图 3-3-17 所示。

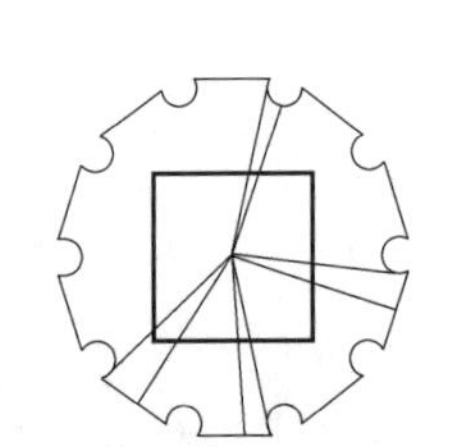

图 3-3-16　树池和树木平面图例

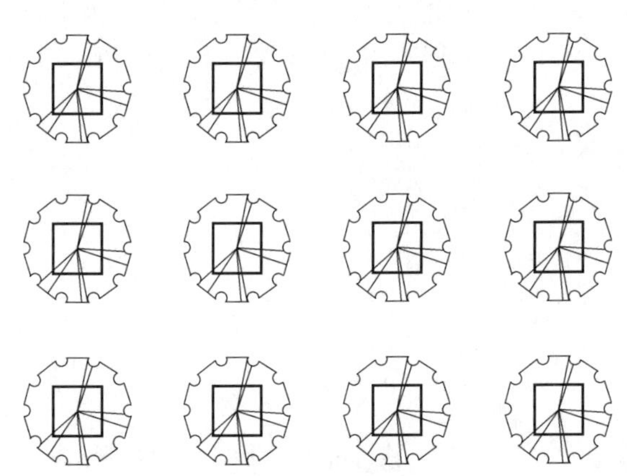

图 3-3-17　使用“阵列”命令绘制的树阵

2. 绘制行道树

绘制行道树的步骤如下：

步骤一：绘制园林甬路和树木图例。选择菜单栏中的“绘图”→“样条曲线，绘制园路弧线。然后选择菜单栏中的“修改”→“偏移”，绘制 1500mm 宽的园林甬路。复制已经绘制好的“乔木 02”到甬路边缘，结果如图 3-3-18 所示。

步骤二：绘制行道树栽植线。选择菜单栏中的“修改”→“偏移”，偏移距离为“1000”，绘制行道树栽植线，结果如图 3-3-19 所示。

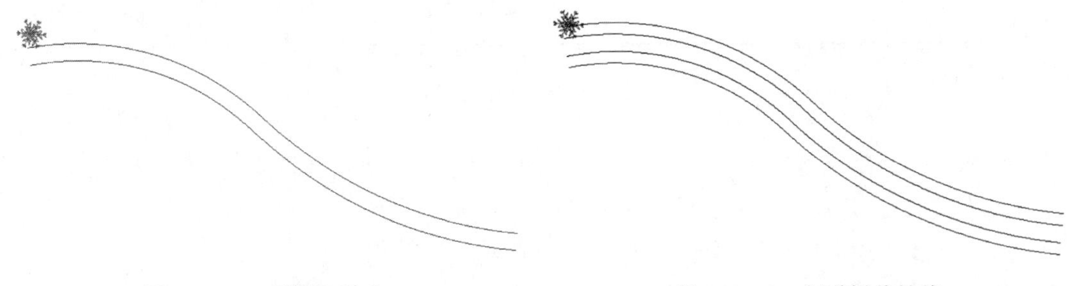

图 3-3-18　甬路和乔木

图 3-3-19　行道树栽植线

步骤三：定距等分栽植线。选择菜单栏中的“绘图”→“点”→“定距等分”，在命令行提示下选择一条栽植线，根据命令行提示，在命令行中输入“B”，然后在命令行提示下，输入“乔木 02”，当命令行提示“是否对齐块和对象”时，选择“是”。指定线段长度，输入“5000”，结果如图 3-3-20 所示。

图 3-3-20　定距等分栽植行道树

步骤四：用同样的方法绘制另一侧行道树，结果如图 3-3-21 所示。

图 3-3-21　定距等分栽植另一侧行道树

步骤五：删除辅助线，完成行道树绘制。

二、统计植物数量

1. 快速选择

使用快速选择的步骤如下：

选择菜单栏中的“工具”→“快速选择”，弹出如图 3-3-22 所示的“快速选择”对话框。“对象类型”选择“块参照”，“特性”选择“名称”，“值”选择“乔木 02”。图纸中所有的“乔木 02”图块都被选中，同时命令行提示块的个数。

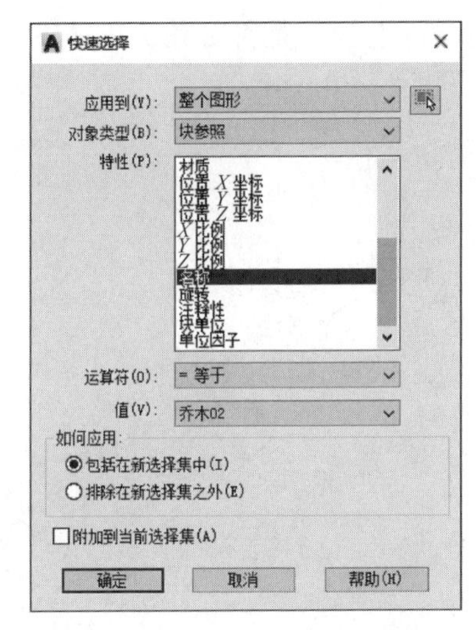

图 3-3-22 “快速选择”对话框

2. 对象选择过滤器

使用对象选择过滤器的步骤如下：

步骤一：在命令行输入“FILTER”，弹出如图 3-3-23 所示的“对象选择过滤器”对话框。首先单击“添加选定对象”按钮，在绘图区域中选择“乔木 02”树木块，然后删除“块名”以外的对象信息，再单击“应用”按钮。

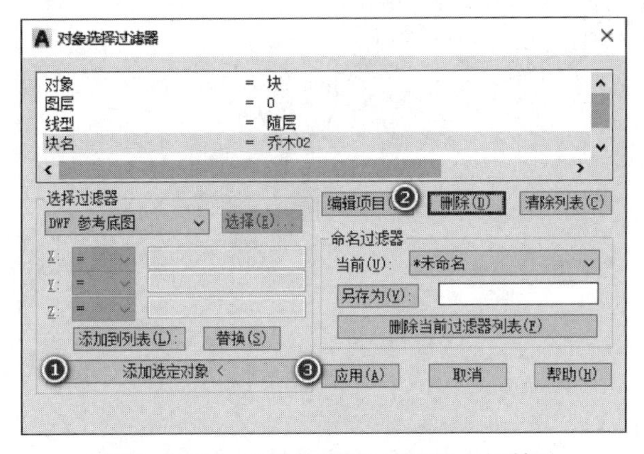

图 3-3-23 “对象选择过滤器”对话框

步骤二：如图 3-3-24 所示，选择要统计树木的区域。

步骤三：如图 3-3-25 所示，命令行显示选择的树木块的个数。

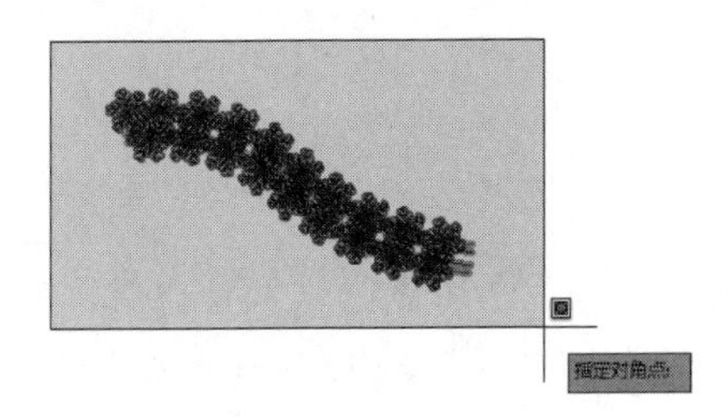

图 3-3-24 选择要统计树木的区域

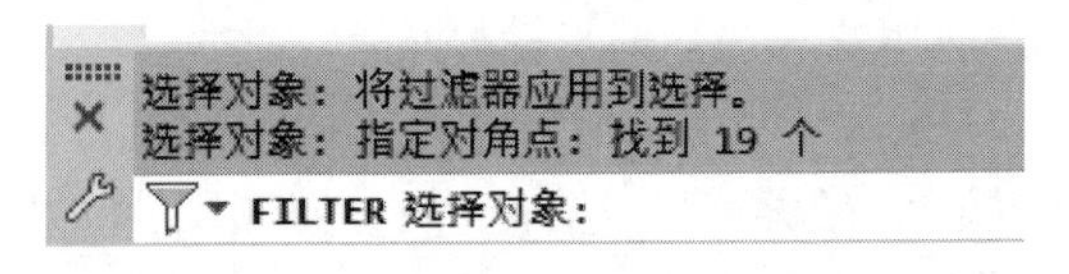

图 3-3-25 快速选择过滤器找到的树木块个数

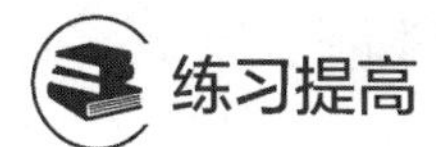

练习提高

（1）如图 3-3-26 所示，参考教师提供的苗木图例表示例，创建自己的苗木图例表。

苗木图例表

分类	序号	图例	植物名称	规格				数量	备注
				高度/m	胸径/cm	地径/cm	冠幅/m		
常绿乔木	1		赤松 A	≥6	—	—	3.0~4.0	20 株	枝条无脱落
			赤松 B	≥4	—	—	2.0~2.5	31 株	枝条无脱落
	2		樟子松 A	5.0~6.0	—	—	3.0~4.0	29 株	枝条无脱落
			樟子松 B	≥4.0	—	—	2.0~2.5	22 株	枝条无脱落
	3		青杆	5.0~6.0	—	—	2.0~2.5	42 株	枝条无脱落
	4		白杆	5.0~6.0	—	—	2.0~2.5	10 株	枝条无脱落
落叶乔木	5		旱柳	5.0~6.0	≥10	—	3.0~3.5	25 株	分枝点 2.5m
	6		黄菠萝	5.0~6.0	12~15	—	3.0~4.0	20 株	分枝点 2.0m
	7		水曲柳	6.0~7.0	12~15	—	3.5~4.0	50 株	分枝点 3.0m
	8		丛生白桦	8.0~10.0	≥10.0	—	≥4.0	50 株	每株 4 株以上
	9		白桦	3.5~4.5	≥5.0	—	1.0~1.5	26 株	—
	10		银中杨	5.5~6.0	≥10	—	2.0~2.5	58 株	分枝点 1.5m
	11		蒙古栎	5.0~6.0	12~15	—	3.0~4.0	59 株	分枝点 2.5m
	12		五角枫	5.0~6.0	12~15	—	3.0~3.5	60 株	分枝点 2.5m
	13		山槐	5.0~6.0	12~15	—	3.0~3.5	29 株	分枝点 2.5m
	14		重榆	5.0~6.0	12~15	—	3.0~3.5	20 株	分枝点 2.5m
	15		拧筋槭	5.0~5.5	≥10	—	3.0~3.5	20 株	分枝点 2.5m
	16		核桃楸	5.5~6.0	≥10	—	2.5~3.0	17 株	分枝点 2.5m

图 3-3-26　苗木图例表示例

（2）根据图 3-3-27 所示的规划平面图，绘制楼间绿地小游园绿化平面图。

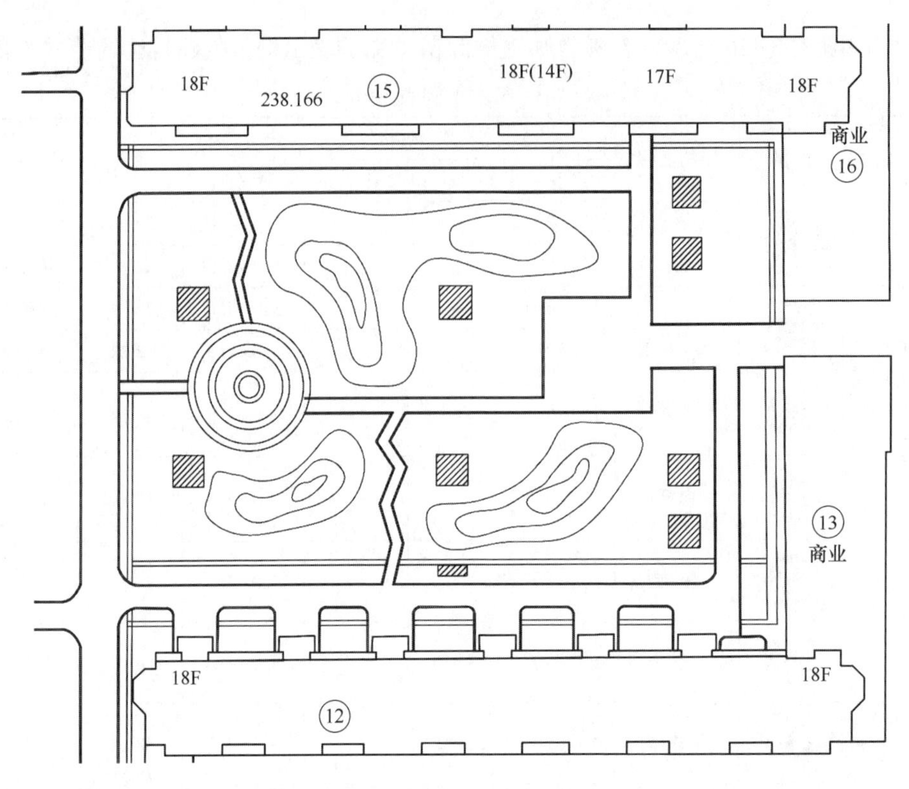

图 3-3-27　楼间绿地小游园规划平面图

（3）创建带属性的植物图例。

教学评价

根据操作练习进行考核，考核项目和评分标准见评分标准表。

评分标准表

<table>
<tr><th>序号</th><th>考核项目</th><th>配分</th><th colspan="2">评分标准</th><th>得分</th></tr>
<tr><td>1</td><td>制作苗木图例</td><td>25 分</td><td colspan="2">能制作针叶树、阔叶树、绿篱的图例</td><td></td></tr>
<tr><td>2</td><td>制作树阵</td><td>25 分</td><td colspan="2">能运用阵列命令制作树阵</td><td></td></tr>
<tr><td>3</td><td>定距等分</td><td>30 分</td><td colspan="2">能运用定距等分绘制行道树</td><td></td></tr>
<tr><td>4</td><td>快速选择</td><td>10 分</td><td colspan="2">能选择块名相同的树木图例</td><td></td></tr>
<tr><td>5</td><td>统计苗木数量</td><td>10 分</td><td colspan="2">能运用快速选择过滤器统计苗木数量</td><td></td></tr>
<tr><td>6</td><td>合计</td><td colspan="4"></td></tr>
<tr><td rowspan="2">7</td><td rowspan="2">结果记录</td><td colspan="2">操作是否正确</td><td colspan="2">是/否</td></tr>
<tr><td colspan="2">结果是否正确</td><td colspan="2">是/否</td></tr>
<tr><td>8</td><td>操作时间</td><td colspan="4"></td></tr>
<tr><td>9</td><td>教师签名</td><td colspan="4"></td></tr>
</table>

任务四　打 印 文 件

任务分析

完成园林景观施工图纸的绘制后，要将 dwg 格式的图纸打印成纸质的图纸或是 PDF 等格式的图片。

园林景观施工图纸的打印方式有两种，一是在模型空间中打印，也就是经常用来绘制图形的模型空间；二是在布局空间中打印，在布局空间中需要创建布局视口。完成模型空间或布局空间的图纸排版、图框的添加和标题栏的填写之后，就可以开始打印了。如图 3-4-1 所示，打印的步骤一般为：添加打印机（绘图仪）→选择图纸尺寸→设置打印范围→选择打印比例→选择打印样式→选择图形方向→打印预览→确定打印。

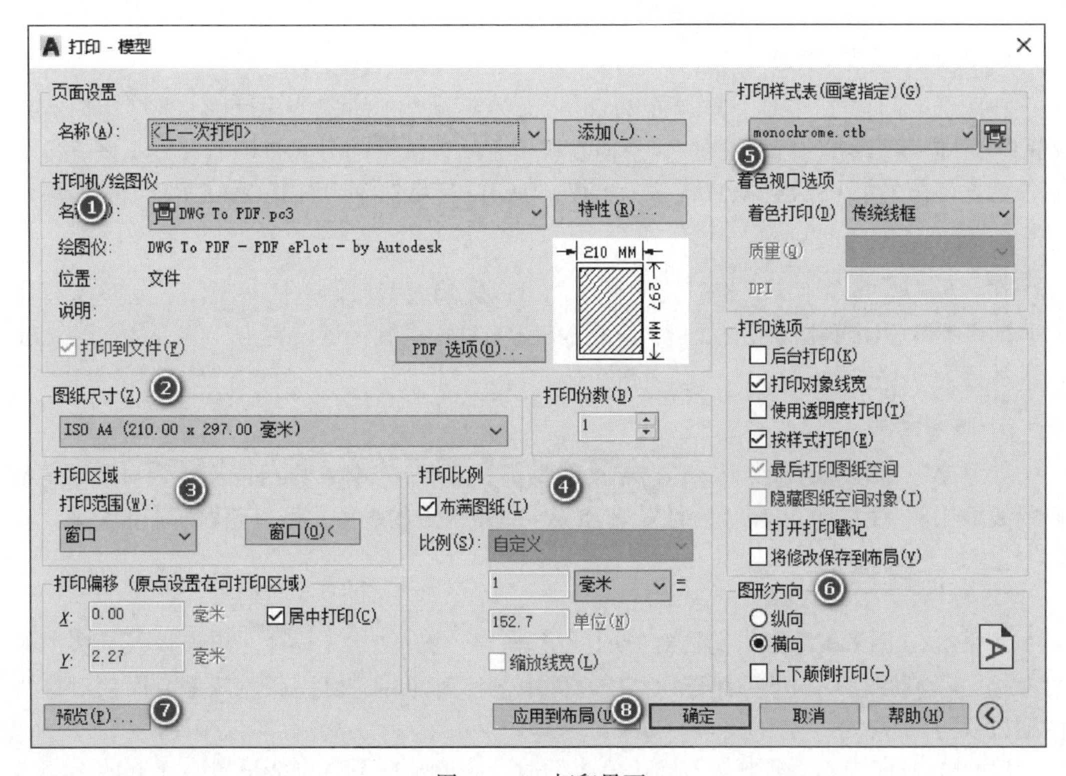

图 3-4-1　打印界面

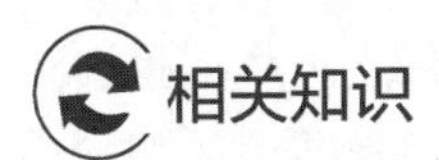

相关知识

一、比例

1. 线型比例

线型比例针对每个图形单位，控制线型图案的大小和重复间距。在线型比例中，存在大量的缩放选项，可以影响线型的显示和打印方式。

2. 全局比例因子

全局比例因子将影响图形中所有线型的外观。在命令提示下或使用线型管理器更改LTSCALE 系统变量，可以设置全局比例因子。默认的全局比例因子为 1.0。比例因子越小，重复的线型图案数就越多，并且每个线型图案的间距也越小。

3. 当前对象比例

当前对象比例（也称为当前的线型比例）控制新对象的线型比例。用户可以通过更改 CELTSCALE 系统变量或使用线型管理器来设置当前的对象比例。默认的当前对象比例为 1.0。创建几何图形时，当前的对象比例将成为对象的线型比例特性。在“特性”选项板中可以更改现有对象的线型比例。

对象的线型比例基于全局比例因子和线型比例特性。在 CELTSCALE = 2 的图形中绘制的直线，如果将 LTSCALE 系统变量设置为“0.5”，其效果与在 CELTSCALE = 1 的图形中绘制的直线 LTSCALE = 1 时的效果相同。

4. 图纸空间线型比例

在图纸空间内工作时，布局视口将设置为不同的比例。从图纸空间打印时，将PSLTSCALE 系统变量设置为“1”，从而在视口之间以统一的方式打印所有线型图案，而不考虑比例。如果 PSLTSCALE 设置为“0”，所有线型都将使用 LTSCALE 的全局设置。

5. 模型空间线型比例

在“模型”选项卡中工作时，注释比例可以影响线型比例。从“模型”选项卡打印时，如果不希望注释比例影响线型，应将 MSLTSCALE 系统变量设置为“0”。MSLTSCALE的默认值为“1”。

6. 线型比例

如果使用图案指定了线型，但对象的线型仍看起来像实体，则可能需要为对象指定不同的线型比例。用户可以在“特性”选项板中更改对象的线型比例以获取所需的外观。

二、注释性

一张 CAD 图纸中除了与实物对应的图形外，还会有文字、标注、填充以及一些图例（图块）等辅助图形，这些图形在 CAD 软件中被称为注释，而注释性就是专门针对这些图形设置的一种特性。

以 CAD 打印为例，当要按不同比例出图时，一般情况下就只能设置一个新的标注样式，然后对文字高度、填充比例、图块比例等进行修改。按照这种方法，如果同样的文字、标注或图例要同时出现在不同比例的视口中就会很难处理。但是如果给文字、标注等图形设置好注释性比例，在出图时调整模型空间或布局空间视口的比例，已设置 CAD 注释性的文字、标注等图形便会自动按比例调整。

在 CAD 中注释性比例是一个能够大幅度提高出图效率和质量的功能，该功能主要应用于文字和标注，使其大小匹配后期的打印或者浏览的需求，从而让出图达到事半功倍的效果。

注释性使用步骤一般为：设置文字或标注样式为“注释性”→在“特性”面板中添加

注释比例→选择要调整注释比例的视口→在状态栏的“注释比例”中选择注释比例。按此步骤操作后，文字、标注等图形便会自动按比例调整。

三、视口

1. 模型空间视口

在模型空间中，可将绘图区域分隔成一个或多个矩形区域，称为模型空间视口。

视口是显示用户模型的不同视图的区域。在大型或复杂的图形中，显示不同的视图可以缩短在单一视图中缩放或平移的时间。而在一个视图中可能漏掉的错误可能会在另一个视图中看到。

当显示多个视口时，使用蓝色矩形框亮显的视口称为当前视口。

注意：

① 控制视图的命令（如平移和缩放）仅适用于当前视口。

② 创建或修改对象的命令在当前视口中启动，但它们的结果将应用到模型，并且显示在其他视口中。

③ 可以在一个视口中启动命令并在不同视口中完成。

④ 通过在任意视口中单击，可以将其置为当前视口。

⑤ 不应将模型空间视口与布局视口相混淆，布局视口仅在布局选项卡上可用并用于在图纸上排列图形的视图。

2. 布局视口

布局视口是显示模型空间的视图的对象。在每个布局上，可以创建一个或多个布局视口，每个布局视口类似于一个按某一比例和所指定方向来显示模型视图的窗口。

（1）创建布局视口

当使用“MVIEW”命令或“视口”工具栏创建新的布局视口时，使用以下方法之一指定要在其中显示的视图：

① 单击矩形区域的对角点，模型空间的范围将自动显示。

② 指定命名选项以使用以前保存的模型空间视图。

③ 指定临时访问模型空间的新选项以定义矩形区域。

④ 选择“对象”选项，然后选择一个要将其转换为布局视口的闭合对象，例如圆或闭合 L 形多段线。

注意：

最好单独建立一个图层放置布局视口。准备好输出图形时，可以关闭图层以显示无边界的布局视口。

（2）修改布局视口

创建布局视口后，可以更改其大小和特性，还可按需对其进行缩放和移动。要控制布局视口的所有特性，可使用“特性”选项板。要进行最常见的更改，应选择一个布局视口并使用其夹点。

（3）锁定布局视口

为防止意外平移和缩放，每个布局视口都具有“显示锁定”特性，可启用或禁用该特性。用户可以通过“特性”选项板、快捷菜单（当布局视口处于选定状态时）、功能区上“布局视口”选项卡中的按钮，以及状态栏上的按钮（当一个或多个布局视口处于选定状态时）访问此特性。

四、打印

1. Printing（打印）和 Plotting（绘图）的区别

在过去，打印和绘图在 AutoCAD 输出中有所区别。打印机仅可生成文字，而绘图仪则能生成矢量图形。随着技术的不断进步，现代打印机不仅功能越来越强大，而且还能生成高质量矢量数据的光栅图像，打印和绘图之间的差别已经很少，两者在很大程度上可以互换使用。

2. 矢量图

矢量图也称为面向对象的图像或绘图图像，在数学上定义为一系列由点连接的线。矢量文件中的图形元素称为对象。每个对象都是一个自成一体的实体，它具有颜色、形状、轮廓、大小和屏幕位置等属性。

矢量图根据几何特性来绘制图形，矢量可以是一个点或一条线。矢量图只能靠软件生成。矢量图文件占用内在空间较小，因为这种类型的图像文件包含独立的分离图像，可以自由无限制地重新组合。它的特点是放大后图像不会失真，和分辨率无关，适用于图形设计、文字设计和一些标志设计、版式设计等。

提示：

AutoCAD 生成的 dwg 格式文件，是矢量图的一种格式。

五、模型空间和图纸空间

AutoCAD 有两个不同的空间，即模型空间和图纸空间（通过使用“LAYOUT”标签）。下面介绍模型空间和图纸空间的特征。

1. 模型空间中视口的特征

① 在模型空间中，可以绘制全比例的二维图形和三维模型，并带有尺寸标注。

② 在模型空间中，每个视口都包含对象的一个视图。例如，设置不同的视口会得到俯视图、正视图、侧视图和立体图等。

③ 在模型空间中，用“VPORTS”命令创建视口和视口设置，并可以保存以备后用。

④ 在模型空间中，视口是平铺的，它们不能重叠，总是彼此相邻。

⑤ 在模型空间中，在某一时刻只有一个视口处于激活状态，十字光标只能出现在一个视口中，并且也只能编辑该活动的视口（平移、缩放等）。

⑥ 在模型空间中，只能打印活动的视口；如果 UCS 图标设置为“ON”，则该图标会出现在每个视口中。

⑦ 在模型空间中，系统变量 MAXACTVP 决定了视口的范围是 2~64。

2. 图纸空间中视口的特征

① 在图纸空间中，状态栏上的“PAPER”取代了“MODEL”。

② 在图纸空间中，“VPORTS”“PS”“MS”“VPLAYER”命令处于激活状态。

注意：

只有激活了“MS”命令后，才可使用“PLAN”“VPOINT”“DVIEW”命令。

③ 在图纸空间中，视口的边界是实体。可以删除、移动、缩放、拉伸视口。

④ 在图纸空间中，视口的形状没有限制。例如，可以创建圆形视口、多边形视口等。

⑤ 在图纸空间中，视口不是平铺的，可以用各种方法将它们重叠或分离。

⑥ 在图纸空间中，每个视口都在创建它的图层上，视口边界与图层的颜色相同，但边界的线型总是实线。

出图时如不想打印视口，可将其单独置于一个图层上，冻结即可。

⑦ 在图纸空间中，可以同时打印多个视口。

⑧ 在图纸空间中，十字光标可以不断延伸，穿过整个图形屏幕，与每个视口无关。

⑨ 在图纸空间中，可以通过“MVIEW”命令打开或关闭视口；通过“SOLVIEW”命令创建视口或者通过“VPORTS”命令恢复在模型空间中保存的视口。在缺省状态下，视口创建后都处于激活状态。关闭一些视口可以提高重绘速度。

⑩ 在图纸空间中，在打印图形且需要隐藏三维图形的隐藏线时，可以使用“MVIEW”→“HIDEPLOT”拾取要隐藏的视口边界。

⑪ 在图纸空间中，系统变量 MAXACTVP 决定了活动状态下的视口数是 64。

第一次进入图纸空间时，是看不见视口的，必须用“VPORTS”或“MVIEW”命令创建新视口或者恢复已有的视口配置（一般在模型空间保存）。可以利用“MS”和“PS”命令在模型空间和“LAYOUT”（图纸空间）中来回切换。

六、设置打印设备

为了获得更好的打印效果，在打印之前，用户应该对打印设备进行相应的设置。可以通过以下五种方式执行“打印”命令：

① 单击“应用程序”按钮，在弹出的菜单中单击“打印”命令。

② 单击“快速访问”工具栏→“打印”。

③ 单击菜单栏“文件”→“打印”。

④ 单击“输出”选项卡→“打印”面板→“打印”。

⑤ 按 Ctrl+P 组合键。

一、模型空间打印

模型空间打印的步骤如下：

步骤一：打开图纸。打开如图 3-4-2 所示的百好花园小区楼间绿化平面图图纸。

步骤二：添加图框。将已经绘制好的 A2 图框（图 3-4-3）复制到文件的模型空间内。

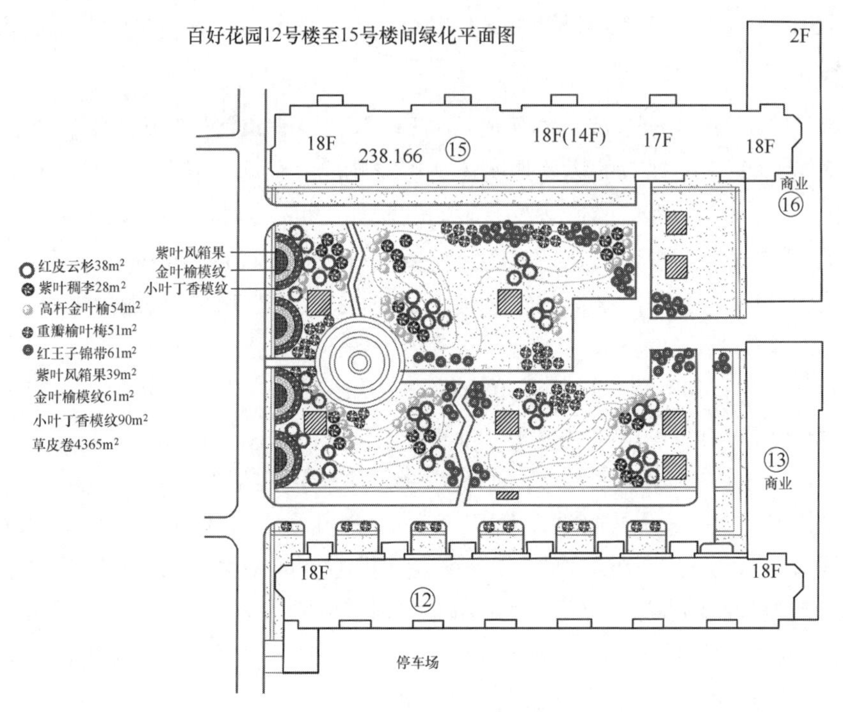

图 3-4-2　打印发布的图纸

步骤三：缩放图纸或图框。如果一张图纸内只打印一个平面图，则可以缩放图框，以合适的比例放大图框，图框内框完全包括图纸即可。如果一张图纸内要打印多张图，如平面图、剖面图、节点大样图都在一张图纸上，则不能放大图框，而是要将平面图、剖面图、节点大样图做成块后按比例缩小，布局在图框内。由于此任务是 1∶1 绘制的图形，则将 A2 图框放大 400 倍，即平面图的出图比例是 1∶400，同时根据实际情况修改标题栏，如图 3-4-4 所示。

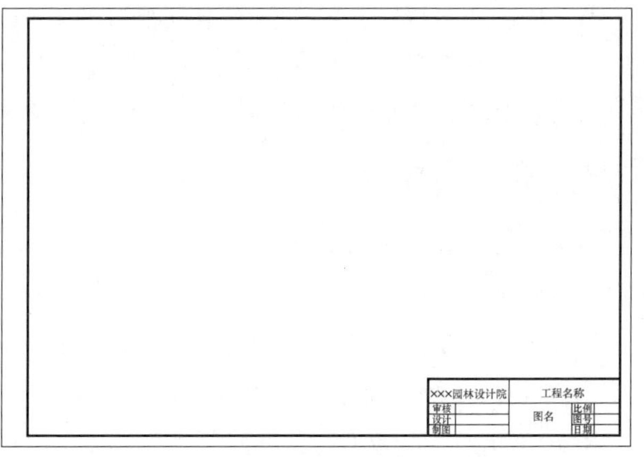

图 3-4-3　A2 图框

步骤四：打印文件。如果图纸用于汇报和施工，则要打印成纸质图纸，需要选择已经连接的打印机（绘图仪）进行打印。如果图纸用于制作彩色平面图，图纸下一步要在 Photoshop 软件中打开，则需要将图纸打印成图片格式，目前主流的格式是 PDF 格式。打印机选择“DWG To PDF. pc3”，其他打印选项与物理打印机相同。

二、布局空间打印

布局空间打印的步骤如下：

步骤一：打开图纸。在模型空间中打开如图 3-4-5 所示的阶梯式花池图纸。

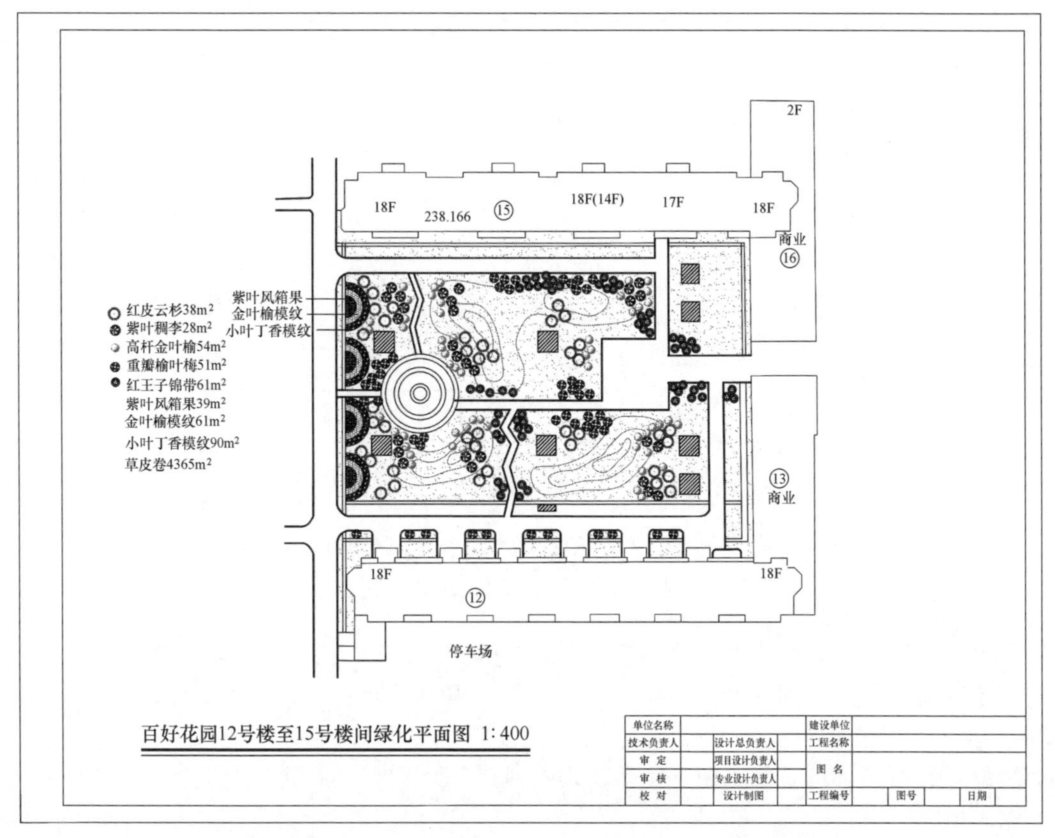

图 3-4-4　缩放图框

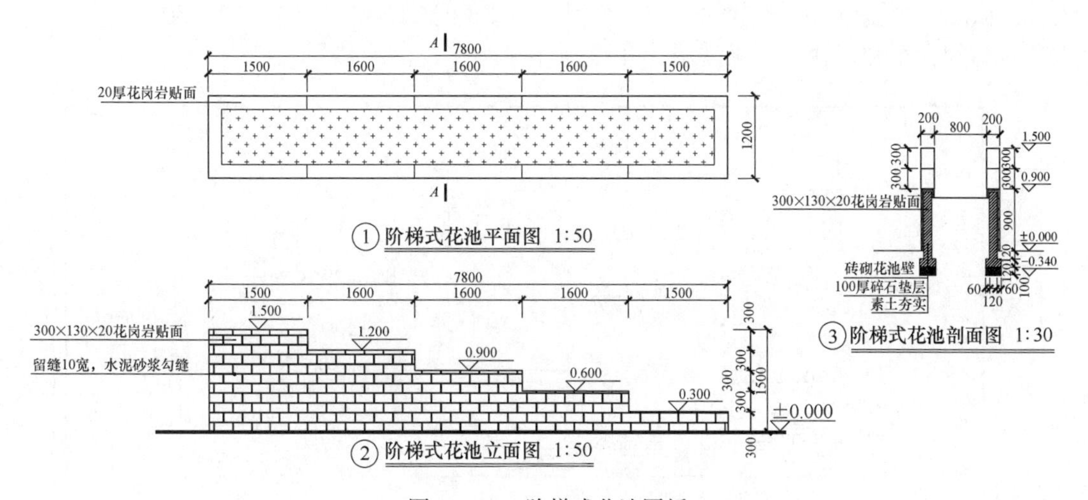

图 3-4-5　阶梯式花池图纸

步骤二：添加图框。如图 3-4-6 所示，将已经绘制好的 A3 图框复制到文件的布局空间内。

步骤三：创建布局视口。为了在打印时不打印视口线，需要创建一个“视口”图层，用于存放创建的视口。且“视口”图层在“图层特性管理器”中设置为“不打印”。

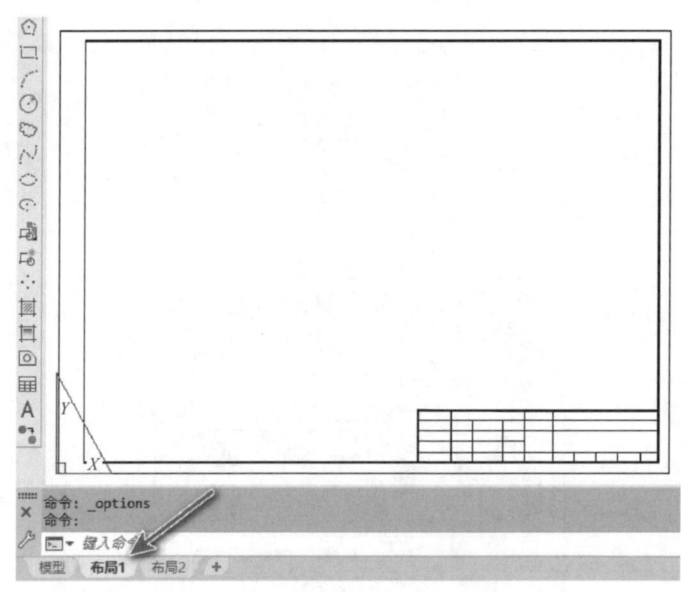

图 3-4-6　在布局中添加图框

按图纸缩放
1 2 3 4 5
图 3-4-7　“视口”工具栏

如图 3-4-7 所示，调出“视口”工具栏。图中第一个按钮是“显示视口对话框”，第二个按钮是“单个视口”，第三个按钮是“多边形视口”，第四个按钮是“将对象转换为视口”，第五个按钮是“裁剪现有视口”，“按图纸缩放”选项是选择视口后更改视口的比例。

在布局中，创建三个“单个视口”。三个视口分别显示“阶梯式花池平面图”“阶梯式花池立面图”“阶梯式花池剖面图”，三个视口的比例分别为“1∶50”“1∶50”“1∶30”。调整视口的大小和位置，结果如图 3-4-8 所示。

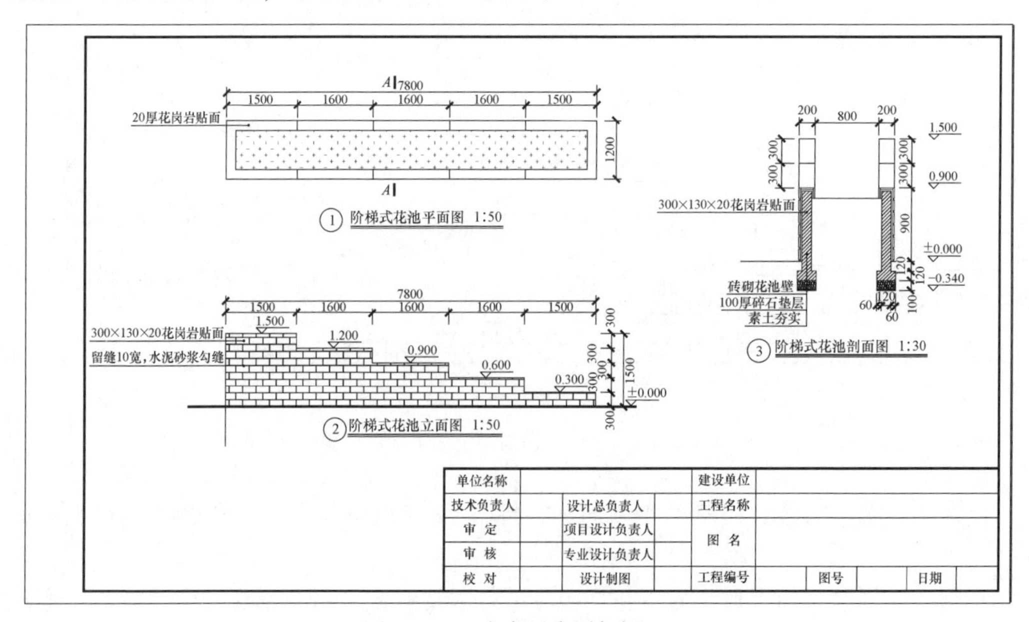

图 3-4-8　在布局中添加视口

步骤四：打印文件。打印的 PDF 格式的黑白图纸如图 3-4-9 所示。

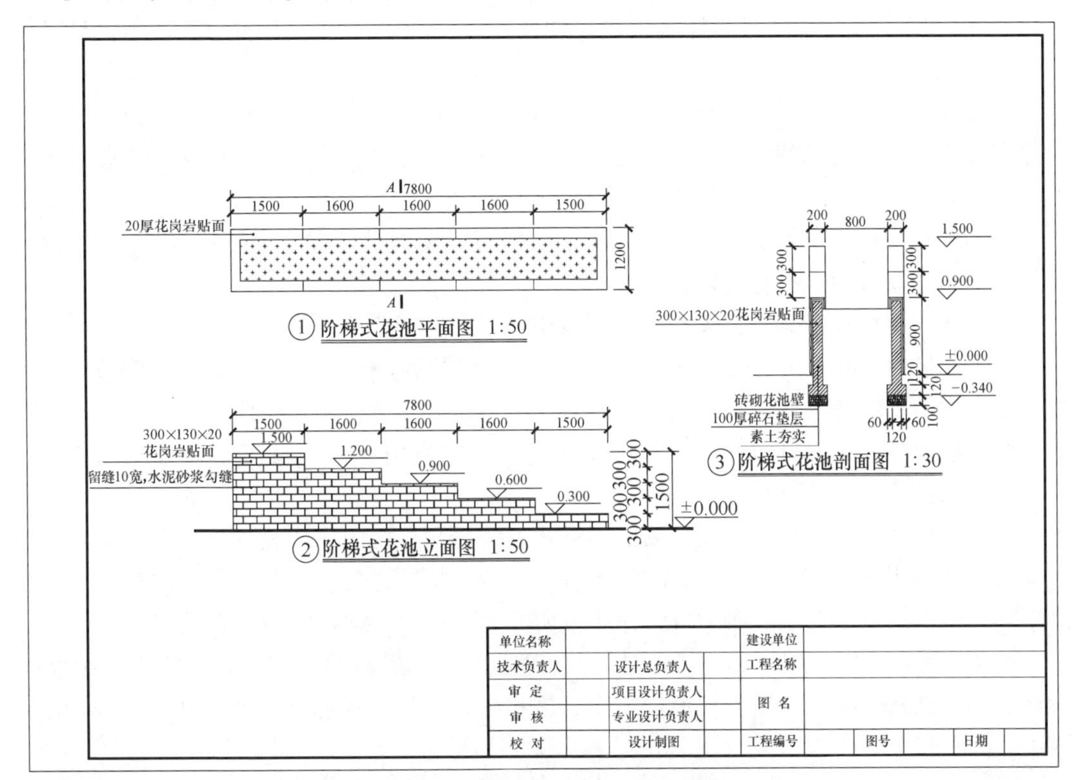

图 3-4-9　打印的 PDF 格式的黑白图纸

拓展知识

一、打印样式

在 AutoCAD 中绘制图形时，将不同的对象绘制在不同的图层里，各图层有各自的颜色、线型、线宽，但打印到图纸上有时候需要打印的所有线条都是黑色或是灰色，可以通过打印样式表实现按颜色打印。打印样式表可以指定 AutoCAD 图纸中的线条、文字、标注等各个图形对象在打印时用何种颜色打出，打印出的线条宽度是多少等。

打印样式用于控制每个对象或图层的打印方式。将打印样式指定给对象或图层，会在打印时替代特性，例如颜色、线型和线宽。仅打印对象的外观受打印样式的影响。

打印样式表收集了多组打印样式，并将它们保存到文件，以便以后打印时应用。

打印样式管理器是包含所有可用打印样式表以及“添加打印样式”向导的文件夹。

打印样式表有两种类型：颜色相关和命名。一个图形只能使用一种类型的打印样式表。用户可以在两种打印样式表之间切换。

对于颜色相关打印样式表，对象的颜色确定如何对其进行打印。这些打印样式表文件的扩展名为“*.ctb”。在 AutoCAD 中，不能直接为对象指定颜色相关打印样式。相反，要控制对象的打印颜色，必须更改对象的颜色。例如，图形中所有被指定为红色的对象均以相同的方式打印。

命名打印样式表使用直接指定给对象和图层的打印样式。这些打印样式表文件的扩展名为“ *.stb”。使用这些打印样式表可以使图形中的每个对象以不同颜色打印，与对象本身的颜色无关。

打印样式与线型和颜色一样，也是对象特性，可以将打印样式指定给对象或图层。打印样式控制对象的打印特性，包括颜色、抖动、灰度、笔号、虚拟笔、淡显、线型、透明度、线条端点样式、线条连接样式、填充样式。

打印样式为用户提供了很大的灵活性，用户可以设置打印样式来替代其他对象特性，也可以根据需要关闭这些替代设置。

打印样式组保存在颜色相关打印样式表中或命名打印样式表中。

如表 3-4-1 所示，颜色相关打印样式表用对象的颜色来确定打印特征（如线宽）。例如，图形中所有红色的对象均以相同方式打印。可以在颜色相关打印样式表中编辑打印样式，但不能添加或删除打印样式。颜色相关打印样式表中有 256 种打印样式，每种样式对应一种颜色。

命名打印样式表包括用户定义的打印样式。使用命名打印样式表时，具有相同颜色的对象可能会以不同方式打印，这取决于指定给对象的打印样式。命名打印样式表的数量取决于用户的需求量。可以将命名打印样式像所有其他特性一样指定给对象或布局。

在 AutoCAD 中，可以使用“打印样式管理器”添加、删除、重命名、复制和编辑打印样式表。默认情况下，颜色相关打印样式表和命名打印样式表都存储在 Plot Styles 文件夹中。

表 3-4-1　　颜色相关打印样式表

打印样式	说明
acad. ctb	默认打印样式表
Fill Patterns. ctb	设定前 9 种颜色使用前 9 个填充图案,所有其他颜色使用对象的填充图案
Grayscale. ctb	打印时将所有颜色转换为灰度
monochrome. ctb	将所有颜色打印为黑色
无	不应用打印样式表
Screening 100%. ctb	对所有颜色使用 100% 墨水
Screening 75%. ctb	对所有颜色使用 75% 墨水
Screening 50%. ctb	对所有颜色使用 50% 墨水
Screening 25%. ctb	对所有颜色使用 25% 墨水

注意：

只有已将图形设定为使用颜色相关打印样式表时，才可以将颜色相关打印样式表指定给图层。

二、创建和编辑打印样式表

创建一个新的打印样式表的步骤一般为：选择菜单栏中的“文件”→“打印样式管理器”，在弹出的窗口中双击“添加打印样式表向导”，单击“下一步”，在“添加打印样式表-开始”窗口点选“创建新打印样式表”，再单击“下一步”，在“添加打印样式表-选择打印样式表”窗口点选“颜色相关打印样式表”或“命名打印样式表”，再单击“下一步”，在“添加打印样式表-文件名”窗口输入新创建的打印样式表的名字，再依次单击“下一步”“完成”。

如果要将图纸文件里的红色图形对象打印成线宽为0.8mm的黑色，黄色图形对象打印成线宽为0.1mm的黑色，绿色图形对象打印成线宽为0.15mm的黑色，青色图形对象打印成线宽为0.4mm的黑色，则应双击要编辑的颜色相关打印样式表，打开“打印样式表编辑器”，单击“格式视图”选项卡，在“打印样式”里选中“红”色，在“特性”的“颜色”下拉列表里选中“黑”色，在“线宽”下拉列表里选中“0.8mm”。用同样的方法将“黄”色的特性颜色设置成“黑”色，线宽设置成“0.1mm”；将“绿”色的特性颜色设置成“黑”色，线宽设置成“0.15mm”；将“青”色的特性颜色设置成“黑”色，线宽设置成“0.4mm”。然后单击“保存并关闭”退出“打印样式表编辑器”。

新创建的命名打印样式表中只有名为“普通”的打印样式，双击要编辑的命名打印样式表，打开“打印样式表编辑器”。单击“格式视图”选项卡，在“打印样式”中右击鼠标，单击“添加样式”，输入添加的样式的名称，并设置该样式的打印颜色和线宽等特性。重复以上操作，直到添加完所有需要的样式为止，单击“保存并关闭”退出“打印样式表编辑器”。

在“页面设置管理器”中，可以将打印样式表赋予图纸文件。打开图纸文件，在“模型”或“布局”中，选择菜单栏中的“文件”→“页面设置管理器”，在弹出的“页面设置管理器”对话框选择当前页面设置，单击“修改”，在弹出的对话框中可以选择打印机、图纸尺寸和要采用的打印样式表。

AutoCAD默认选用颜色相关打印样式表，在“页面设置管理器”中找不到命名打印样式表，要采用命名打印样式表必须运行“CONVERTPSTYLES”命令以指定要采用的命名打印样式表，指定后就可以在“页面设置管理器”中找到命名打印样式表。如果图纸文件已经采用了颜色相关打印样式表，还可以运行“CONVERTCTB”命令将颜色相关打印样式表转换成命名打印样式表，转换后的命名打印样式表中的各样式自动被赋予对应的图层。

如果图纸文件采用了命名打印样式表，就可以在“图层特性管理器”中将打印样式指定给各图层。选择菜单栏中的“格式”→“图层”，或直接在工具栏单击打开“图层特性管理器”，单击某图层的打印样式，可以重新选择打印样式。也可以选择菜单栏中的“格式”→“打印样式”，给当前图层指定打印样式。

命名打印样式不但可以指定给图层，还可以直接指定给图形对象。选中图形对象后，选择菜单栏中的“格式”→“打印样式”，就可以给选中的图形对象指定打印样式，也可以选中图形对象后在特性面板里进行指定，还可以在选中图形对象后直接用“特性”工具栏的“打印样式控制”工具指定。

如果指定给图形对象的打印样式与图形对象所在图层不一致，打印时将优先使用图形对象的打印样式。如果在图层里设定了线宽并且希望用图层里设定的线宽进行打印，可以采用AutoCAD自带的名为“monochrome.ctb”的颜色相关打印样式表或名为“monochrome.stb”的命名打印样式表。

如果图层和打印样式表都设定了线宽，AutoCAD 总是按打印样式表的线宽进行打印。

多段线在打印时不受打印样式表设定的线宽影响，总是按其自身的线宽进行打印。

练习提高

（1）根据教师提供的如图 3-4-10 所示的花池、树池平面图、大样图图纸，在布局中添加图框，创建视口，打印图纸。

（2）绘制任意图形，为此图形添加文字说明，并设置文字为注释性，为注释性文字添加注释性比例（1∶2、1∶4、1∶10）。在布局中创建视口，根据注释性比例设置视口的比例，视口比例分别为 1∶2、1∶4、1∶10。观察图形在不同比例的视口下显示的大小，再观察注释性文字在不同比例的视口下的大小。讨论注释性的作用。

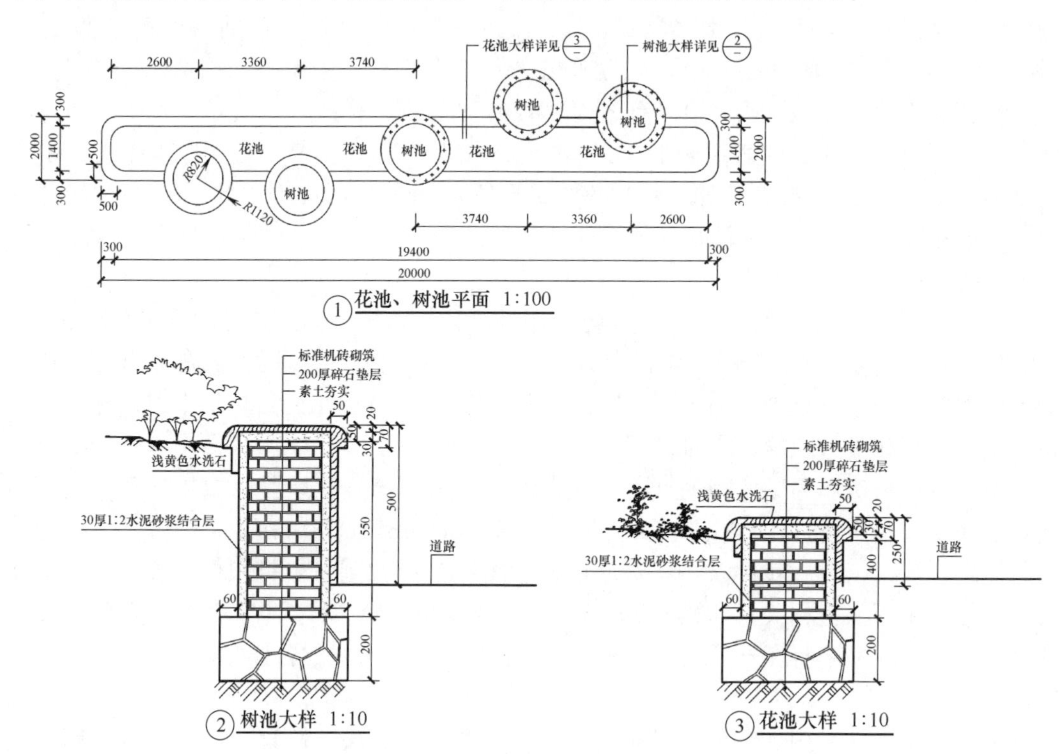

图 3-4-10　花池、树池平面图、大样图

教学评价

根据操作练习进行考核，考核项目和评分标准见评分标准表。

评分标准表

序号	考核项目	配分	评分标准	得分
1	缩放图框	20 分	模型空间中缩放图框，打印图纸	
2	视口	20 分	创建视口，调整视口比例、视口位置	
3	打印文件	20 分	熟悉打印流程，能打印文件	
4	虚拟打印	20 分	能选择合适的打印机打印各种打印样式的 PDF 图纸	

续表

序号	考核项目	配分	评分标准	得分
5	注释性	20 分	理解文字、标注的注释性	
6	合计			
7	结果记录	操作是否正确	是/否	
		结果是否正确	是/否	
8	操作时间			
9	教师签名			

项目四

AutoCAD绘制园林景观施工图

任务一　绘制园林植物配置平面图

任务分析

园林植物是园林工程建设中最重要的材料，植物配置的优劣直接影响园林工程的质量及园林功能的发挥。园林植物配置不仅要遵循科学性，而且要讲究艺术性，力求以科学合理的配置，创造出优美的景观效果，从而使生态、经济、社会三者效益并举。

按植物生态习性和园林布局要求，应合理配置园林中各种植物（乔木、灌木、花卉、草皮和地被植物等），以发挥它们的园林功能和观赏特性。园林植物配置是园林规划设计的重要环节。

园林植物的配置包括两个方面：一方面是各种植物相互之间的配置，考虑植物种类的选择，树丛的组合，平面和立面的构图、色彩、季相以及园林意境；另一方面是园林植物与其他园林要素如山石、水体、建筑、园路等相互之间的配置。

植物具有生命，不同的园林植物具有不同的生态和形态特征。它们的干、叶、花、果的姿态、大小、形状、质地、色彩和物候期各不相同；它们（主要指树木）在幼年、壮年、老年以及一年四季的景观也颇有差异。进行植物配置时，要因地制宜，因时制宜，使植物正常生长，充分发挥其观赏特性。选择园林植物要以乡土树种为主，以保证园林植物具有正常的生长发育条件，并能反映出各个地区的植物风格。

园林设计归根到底是植物材料的设计，目的是改善人类的生活环境。园林绿化施工图必须要按植物生态习性和绿地布局要求，合理配置乔木、灌木、绿篱、地被和草坪，以发挥它们的园林功能和观赏特性。

相关知识

1. 园林景观植物绿化配置方法

自然界山岭岗阜上和河湖溪涧旁的植物群落，具有天然的植物组成和自然景观，是自然式植物配置的艺术创作源泉。中国古典园林和较大的公园、风景区中，植物配置通常采用自然式，但在局部地区，特别是主体建筑物附近和主干道路旁侧，也会采用规则式。园林植物的配置方法主要有孤植、对植、列植、丛植、群植、林植等。

2. 花卉的配置方法

花卉的配置方法包括花丛、花境和花坛。

任务实施

在 AutoCAD 中，可以利用植物素材库进行园林景观植物绿化配置。

1. 孤植

孤植的操作步骤如下：

步骤一：打开植物素材库。

步骤二：使用“修改”菜单下的“复制”命令或“插入”菜单下的“DWG 参照”命令，将植物素材复制或插入图形中，如图 4-1-1 所示。

图 4-1-1　孤植

2. 对植

对植的操作步骤如下：

步骤一：打开植物素材库。

步骤二：使用“修改”菜单下的“复制”命令或“插入”菜单下的“DWG 参照”命令，将植物素材复制或插入图形中，然后使用“复制”或“镜像”命令复制此植物素材，如图 4-1-2 所示。

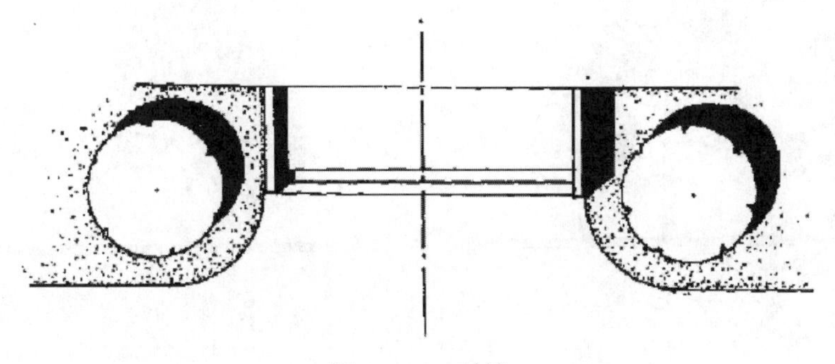

图 4-1-2　对植

3. 列植

列植的操作步骤如下：

步骤一：打开植物素材库。

步骤二：使用“修改”菜单下的“复制”命令或“插入”菜单下的“DWG 参照”命令，将植物素材复制或插入图形中，使用“复制”或“阵列”命令复制此植物素材，如图 4-1-3 所示。

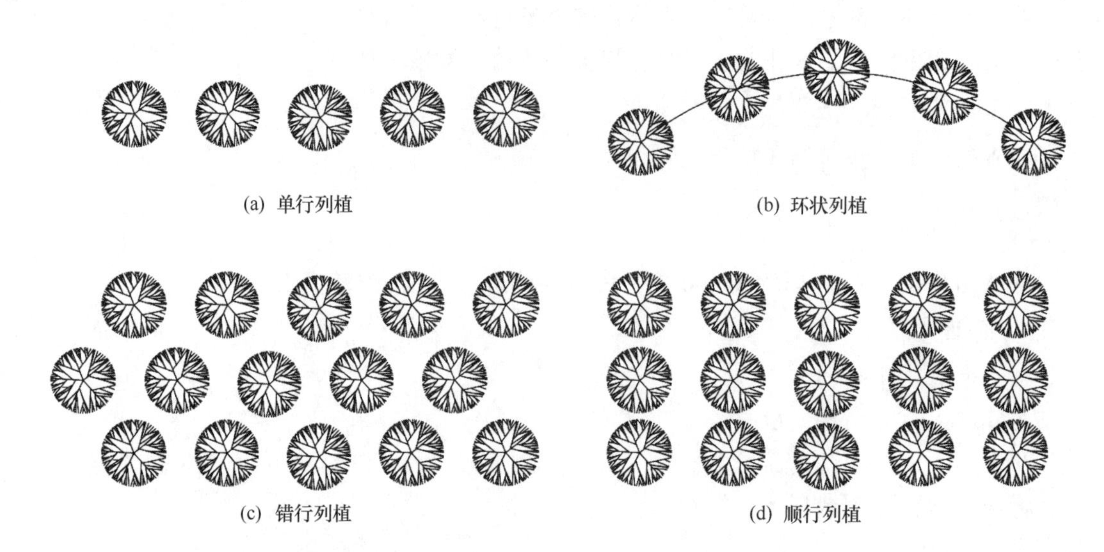

(a) 单行列植　(b) 环状列植

(c) 错行列植　(d) 顺行列植

图 4-1-3　列植

4. 丛植

丛植的操作步骤如下：

步骤一：打开植物素材库。

步骤二：使用“修改”菜单下的“复制”命令或“插入”菜单下的“DWG 参照”命令，将植物素材复制或插入图形中，使用“复制”命令复制多个此植物素材，如图 4-1-4 至图 4-1-7 所示。

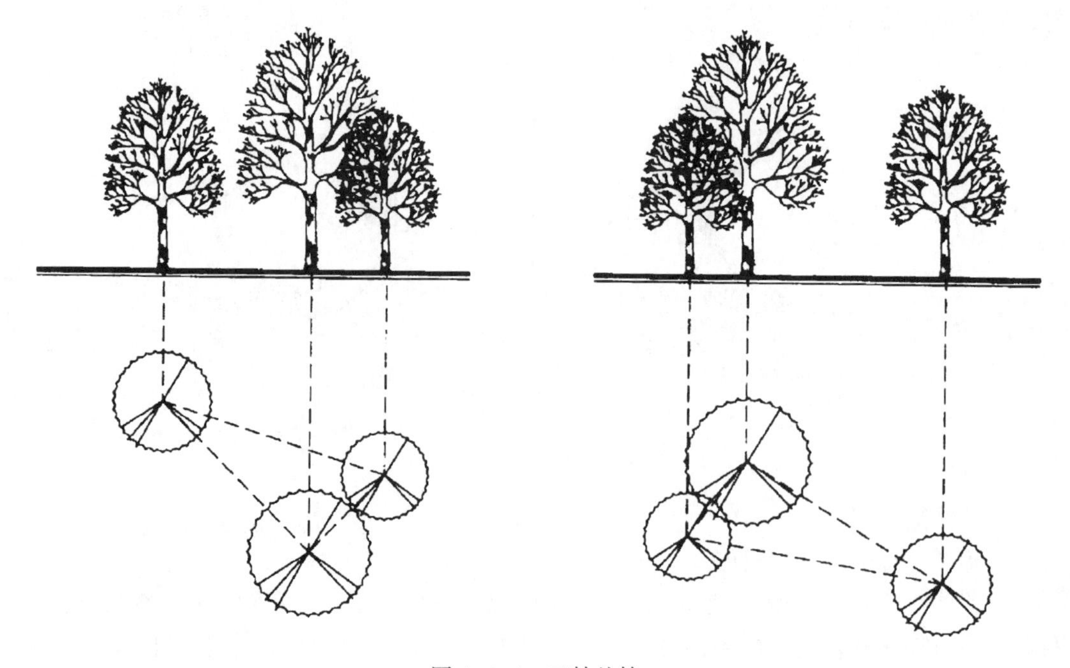

图 4-1-4　三株丛植

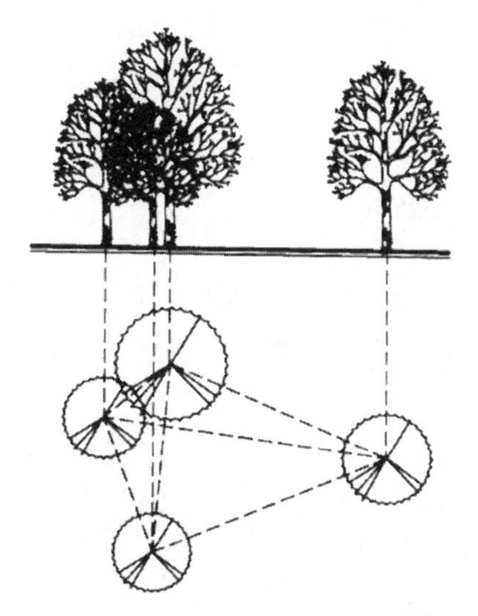
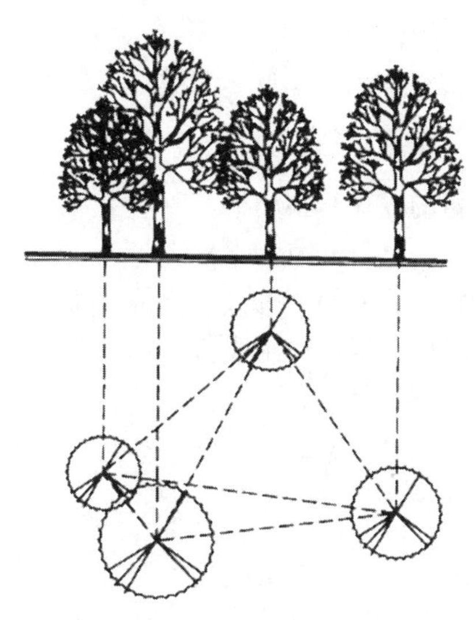

图 4-1-5　四株丛植

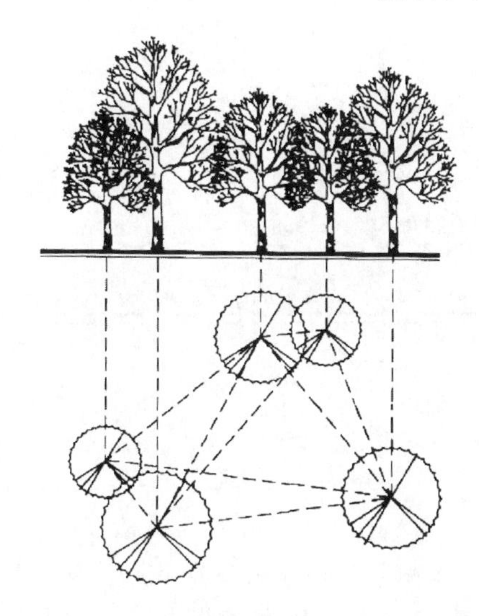
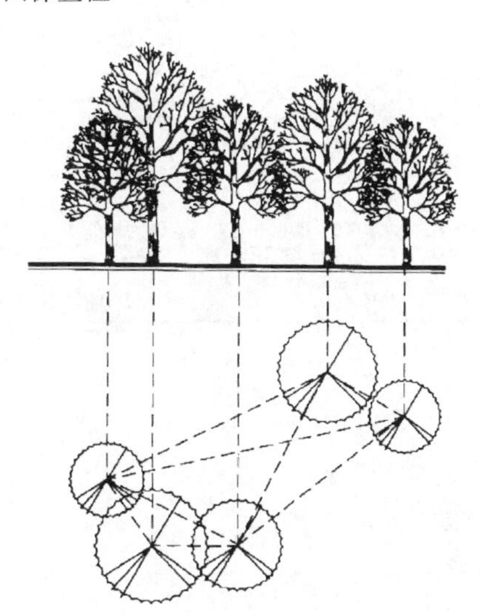

图 4-1-6　五株丛植

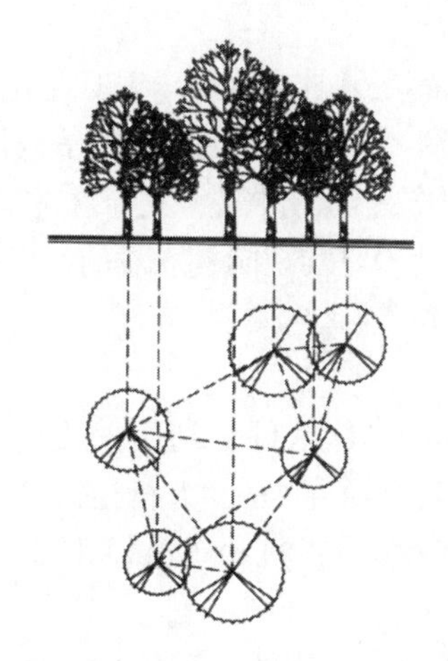
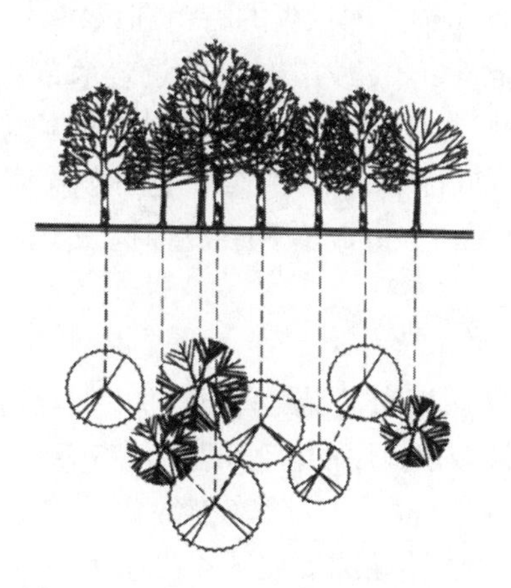

图 4-1-7　多株丛植

5. 群植

群植的操作步骤参考丛植。

6. 林植

林植的操作步骤如下：

步骤一：打开植物素材库。

步骤二：使用“修改”菜单下的“复制”命令或“插入”菜单下的“DWG 参照”命令，将植物素材复制或插入图形中，使用“复制”或“镜像”命令复制此植物素材，如图 4-1-8 所示。

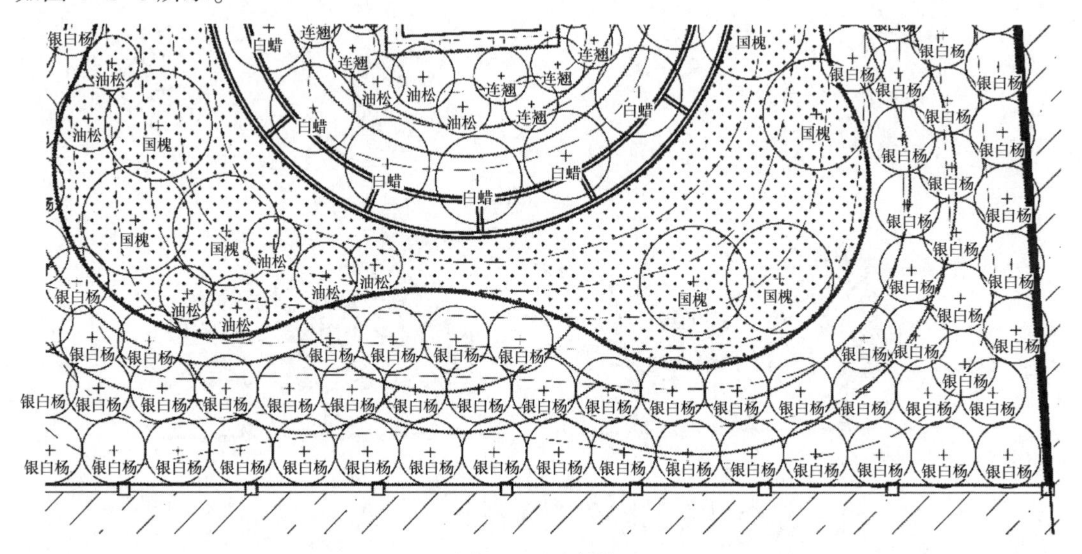

图 4-1-8　林植

拓展知识

在园林空间中，无论是以植物为主景，还是植物与其他园林要素共同构成主景，在植物种类的选择、数量的确定、位置的安排和方式的采取上都应强调主体，应做到主次分明，以表现园林空间景观的特色和风格。

园林设计以植物为主体，通过艺术布局，构建出既满足园林功能要求又具备优美植物景观的空间环境。园林植物空间的创作根据地形、地貌条件，利用植物进行空间的划分，创造出某一景观或特殊的环境气氛。这种创作同其他艺术创作一样，讲究“立意在先”。植物配置在平面构图上的林缘线和在立面构图上的林冠线的设计，是实现园林立意的必要手段。

练习提高

（1）按照植物景观配置设计的基本流程，使用 AutoCAD 软件，利用搜集的植物图例素材，设计城市道路的植物配置。路旁绿地宽 20m，人行道宽 3m，人行道绿化带宽 1m，非机动车道宽 5m，非机动车道绿化带宽 1m，机动车道宽 9m，机动车道绿化带宽 2m，道路长 200m。道路轮廓线如图 4-1-9 所示。

（2）按照植物景观配置设计的基本流程，使用 AutoCAD 软件，利用搜集的植物图例素材，设计城市广场的植物配置。广场轮廓线如图 4-1-10 所示。

图 4-1-9　道路轮廓线

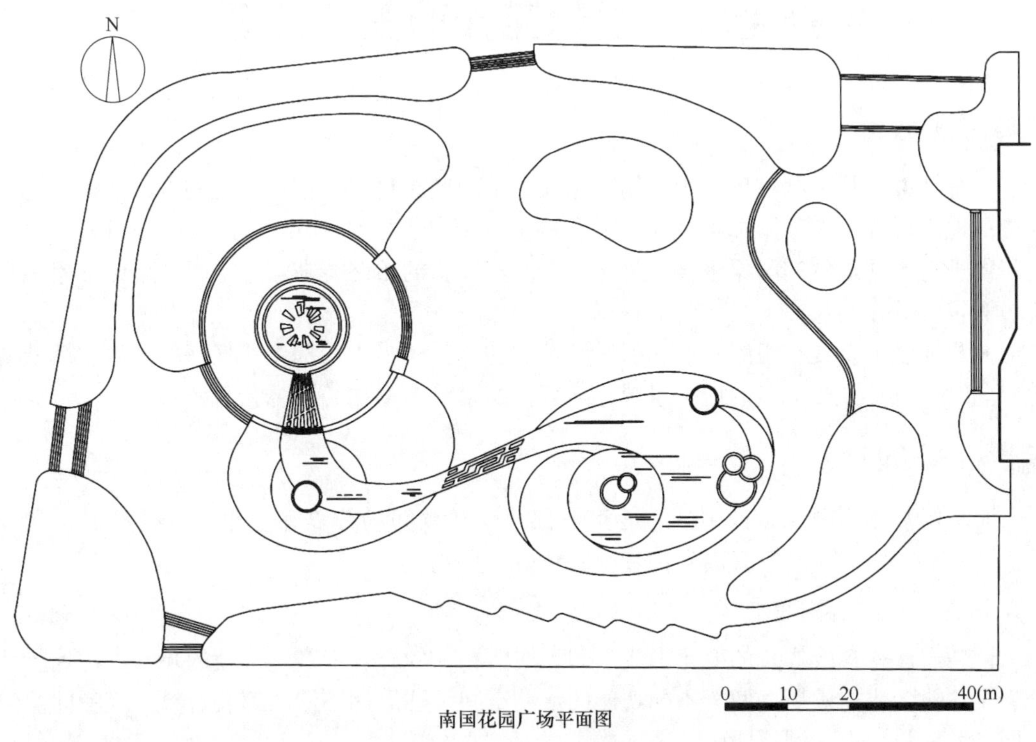

图 4-1-10　广场轮廓线

教学评价

根据操作练习进行考核，考核项目和评分标准见评分标准表。

评分标准表

序号	考核项目	配分	评分标准	得分
1	乔木种类及习性	20 分	熟悉 20 种以上乔木的生态习性	
2	灌木种类及习性	20 分	熟悉 20 种以上灌木的生态习性	

续表

序号	考核项目	配分	评分标准	得分
3	美的形式法则	30分	按照美的形式法则配置植物	
4	城市道路植物配置	15分	道路绿化树种选择与植物配置	
5	城市广场植物配置	15分	广场绿化树种选择与植物配置	
6	合计			
7	结果记录	操作是否正确	是/否	
		结果是否正确	是/否	
8	操作时间			
9	教师签名			

任务二　绘制园林铺装施工图

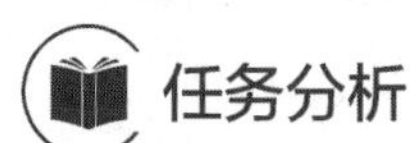

任务分析

园林铺装，是在园林环境中运用自然或人工的铺装材料，按照一定的方式铺设于地面形成的地表形式。作为园林景观的一个有机组成部分，园林铺装主要通过对园路、空地、广场等进行不同形式的印象组合，贯穿游人游览过程的始终，在营造空间的整体形象上具有极为重要的作用。

园林铺装不仅具有组织交通和引导游览的功能，还为人们提供了良好的休息、活动场地，同时还直接创造优美的地面景观，给人美的享受，增强了园林艺术效果。

相关知识

园林铺装作为园林设计中的重要组成部分，在空间的分隔和变化、视线的引导和强化、意境与主题的体现等方面发挥着至关重要的作用。

1. 空间的分隔和变化

铺装通过材料或样式的变化形成空间界线，在人的心理上产生不同的暗示，达到空间分隔及功能变化的效果。两个不同功能的活动空间往往采用不同的铺装材料，或者即使使用同一种材料，也采用不同的铺装样式。

2. 视线的引导和强化

在园林设计中，经常采用直线形的线条铺装引导游人前进；在需要游人驻足停留的场所，则采用无方向性或稳定性的铺装；当需要游人关注某一重要的景点时，则采用聚向景点方向走向的铺装。另外，通过铺装线条的变化，可以强化空间感，比如用平行于视平线的铺装线条强调铺装面的深度，用垂直于视平线的铺装线条强调宽度。合理利用这一技巧可以在视觉上调整空间大小，起到使小空间变大、窄路变宽等效果。

3. 意境与主题的体现

良好的景观铺装往往能对空间起到烘托、补充或诠释主题的增彩作用。利用铺装图案强化意境，是中国园林艺术的表现手法之一。这类铺装通过使用文字、图形、特殊符号等元素来传达空间主题，加深意境，在一些纪念性、知识性和导向性空间中比较常见。

任务实施

一、绘制园路平面图、剖面图

根据已经掌握的知识，设置图层、文字样式、标注样式和多重引线样式，绘制园路平面图和剖面图。

1. 绘制“园路 1”平面图

绘制“园路 1”平面图的步骤如下：

步骤一：新建“道路轮廓”图层，选择菜单栏中的“绘图”→“直线”，绘制 2200mm×1600mm 的矩形。选择菜单栏中的“修改”→“偏移”，设置“偏移距离”为“100”，分别偏移左右两侧直线，完成“园路 1”的轮廓线绘制。结果如图 4-2-1 所示。

步骤二：新建“道路填充”图层，绘制路边石。选择菜单栏中的“绘图”→“矩形”，绘制 100mm×200mm 的矩形。选择菜单栏中的“修改”→“复制”，复制此矩形。结果如图 4-2-2 所示。

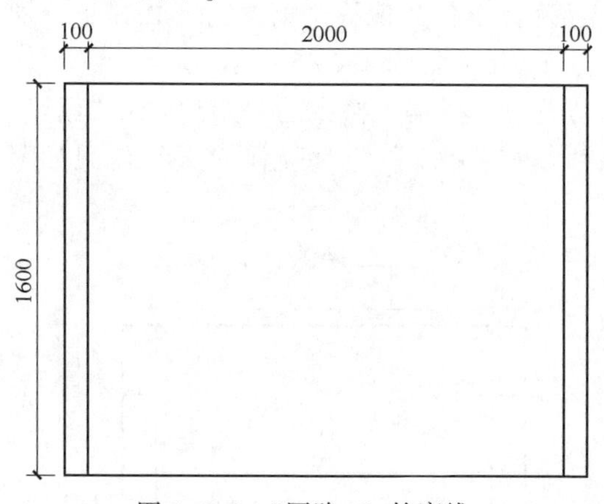

图 4-2-1 “园路 1”轮廓线

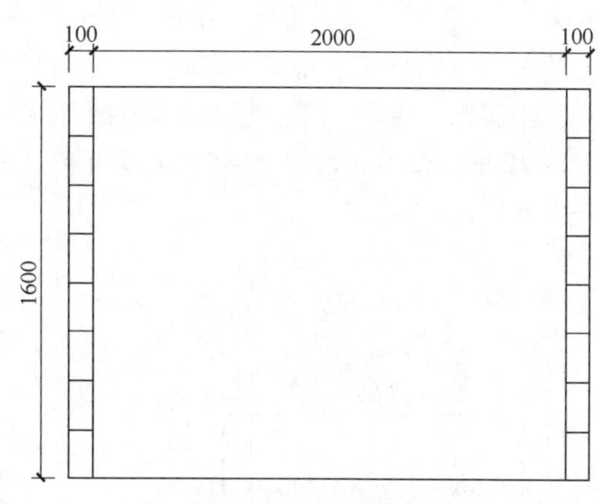

图 4-2-2 “园路 1”路边石

步骤三：在“道路填充”图层，综合运用“修改”菜单下的“复制”“移动”“旋转”和“阵列”命令，绘制路面。结果如图 4-2-3 所示。

步骤四：新建“尺寸标注”和“文字标注”图层，分别在各自图层中标注“园路 1”的尺寸和文字说明，绘制“园路 1”的剖切索引符号。结果如图 4-2-4 所示。

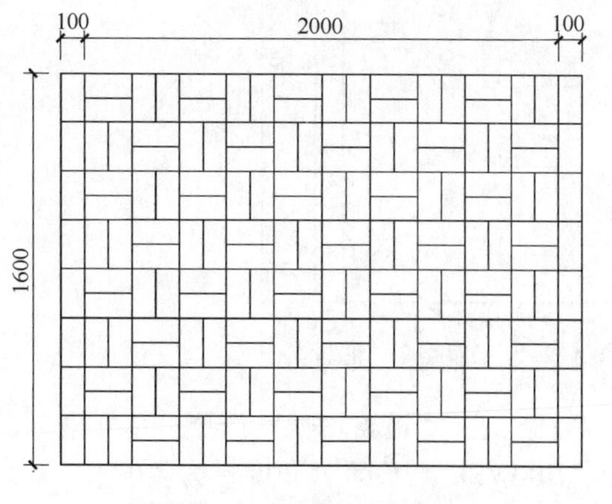

图 4-2-3 “园路 1”路面

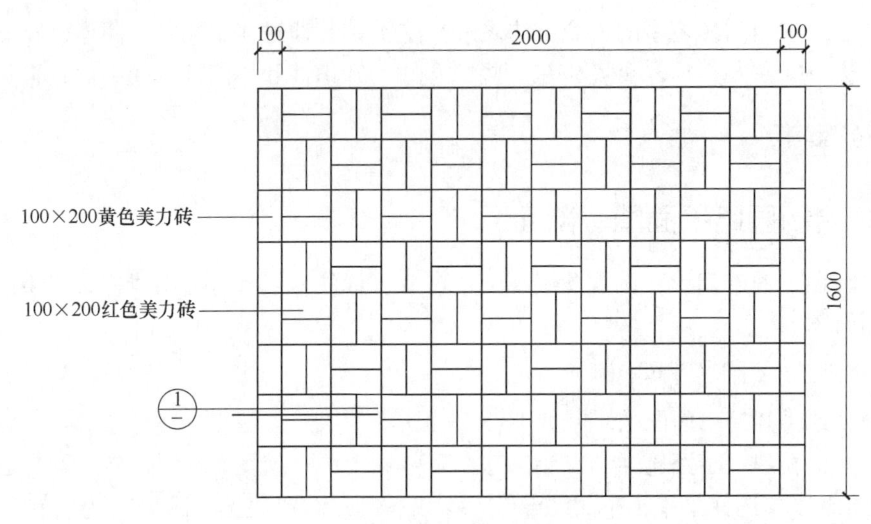

图 4-2-4 “园路 1” 平面图

2. 绘制“园路 2”平面图

步骤一：选择“道路轮廓”图层，选择菜单栏中的“绘图”→“直线”，绘制 1200mm×1600mm 的矩形。选择菜单栏中的“修改”→“偏移”，设置“偏移距离”为“100”，分别偏移左右两侧直线，完成“园路 2”的轮廓线绘制。结果如图 4-2-5 所示。

步骤二：选择“道路填充”图层，绘制路边石。选择菜单栏中的“绘图”→“矩形”，绘制 100mm×200mm 的矩形。选择菜单栏中的“修改”→“复制”，复制此矩形。结果如图 4-2-6 所示。

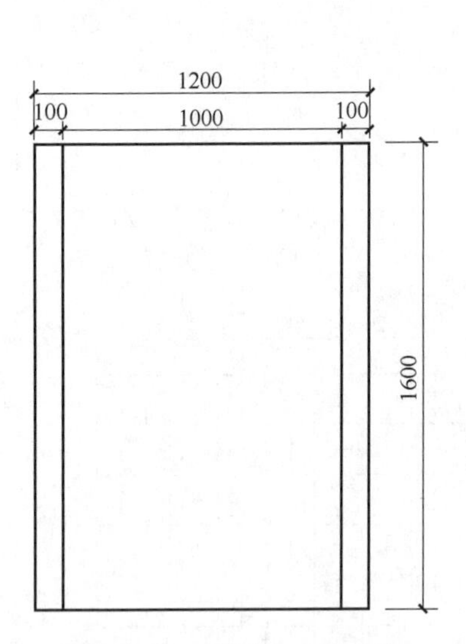

图 4-2-5 “园路 2” 轮廓线

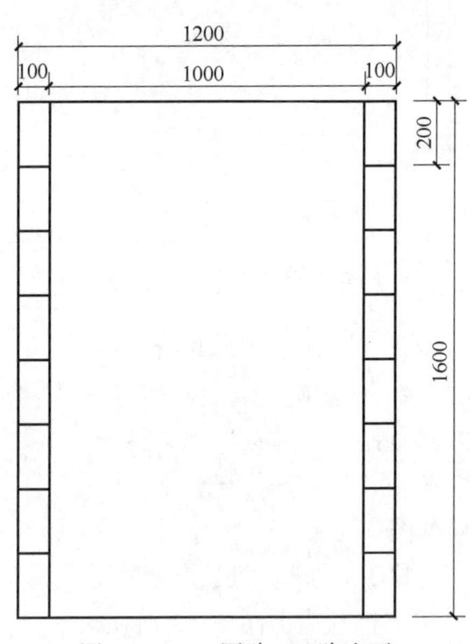

图 4-2-6 “园路 2” 路边石

步骤三：选择“道路填充”图层，选择菜单栏中的“绘图”→“图案填充”，填充图案选择“GRAVEL”，设置“角度”为“0”，“比例”为“200”，拾取路面内一点填充，绘制路面。结果如图 4-2-7 所示。

步骤四：选择“尺寸标注”和“文字标注”图层，分别在各自图层中标注“园路2”的尺寸和文字说明，绘制“园路2”的剖切索引符号。结果如图4-2-8所示。

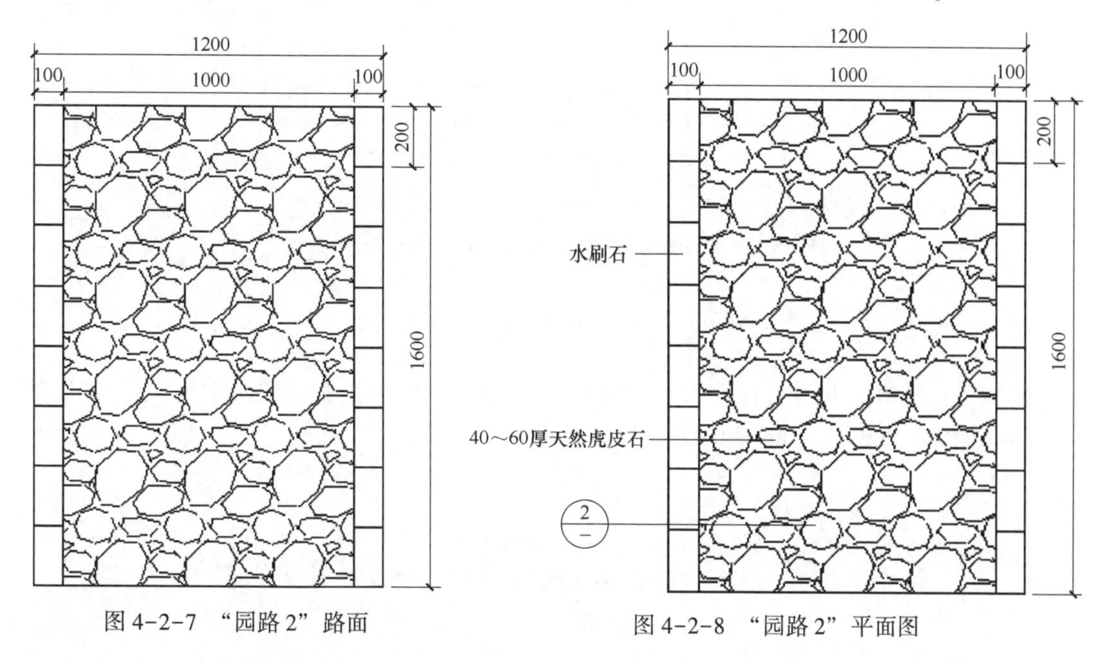

图4-2-7 “园路2”路面

图4-2-8 “园路2”平面图

3. 绘制“剖面图1”

绘制“剖面图1”的步骤如下：

步骤一：选择“道路轮廓”图层，选择菜单栏中的“绘图”→“矩形”，分别绘制860mm×150mm的矩形、860mm×50mm的矩形、100mm×60mm的矩形、200mm×60mm的矩形，完成“剖面图1”的轮廓线绘制。结果如图4-2-9所示。

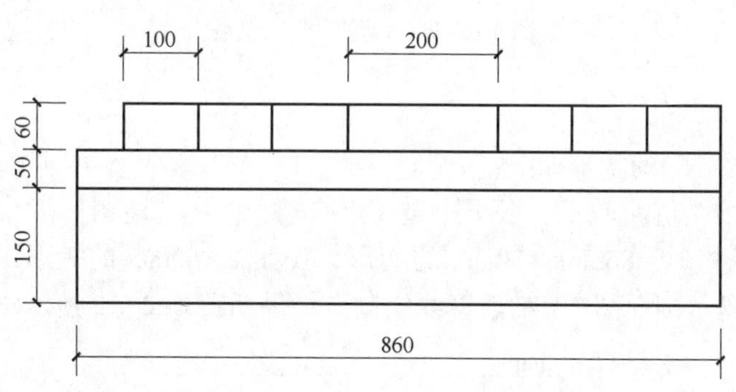

图4-2-9 “剖面图1”轮廓线

步骤二：选择“道路填充”图层，在860mm×150mm的矩形的下方绘制一个860mm×80mm的辅助矩形。选择菜单栏中的“绘图”→“图案填充”，填充图案选择“EARTH”，设置“角度”为“45”，“比例”为“200”，拾取辅助矩形内一点填充，绘制素土夯实剖面，然后删除860mm×80mm的辅助矩形。选择菜单栏中的“绘图”→“图案填充”，填充图案选择“AR-CONC”，设置“角度”为“0”，“比例”为“200”，拾取860mm×150mm矩形内一点填充，绘制垫层剖面。选择菜单栏中的“绘图”→“图案填充”，填充图案选择

"AR-SAND"，设置"角度"为"0"，"比例"为"100"，拾取860mm×50mm矩形内一点填充，绘制水泥砂浆剖面。结果如图4-2-10所示。

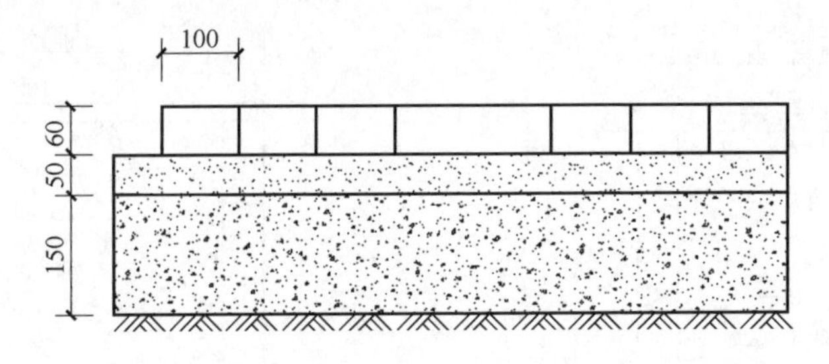

图4-2-10 "剖面图1"填充

步骤三：选择"尺寸标注"和"文字标注"图层，分别在各自图层中标注"剖面图1"的尺寸和文字说明，在右侧绘制折断线。结果如图4-2-11所示。

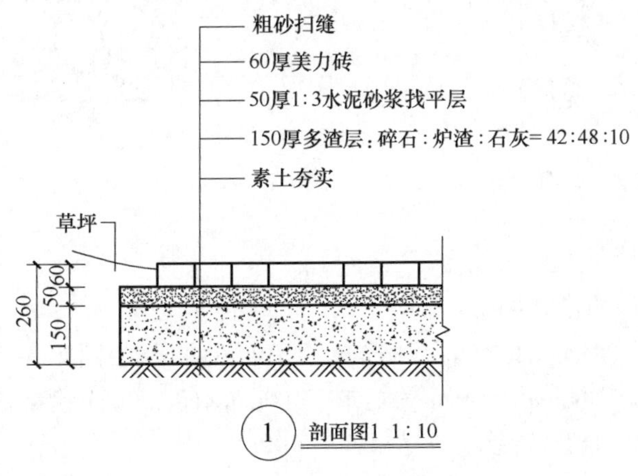

图4-2-11 "剖面图1"标注

4. 绘制"剖面图2"

绘制"剖面图2"的步骤如下：

步骤一：选择"道路轮廓"图层，选择菜单栏中的"绘图"→"矩形"，分别绘制860mm×150mm的矩形、860mm×50mm的矩形、100mm×60mm的矩形以及其他多种不同尺寸的矩形，完成"剖面图2"的轮廓线绘制。结果如图4-2-12所示。

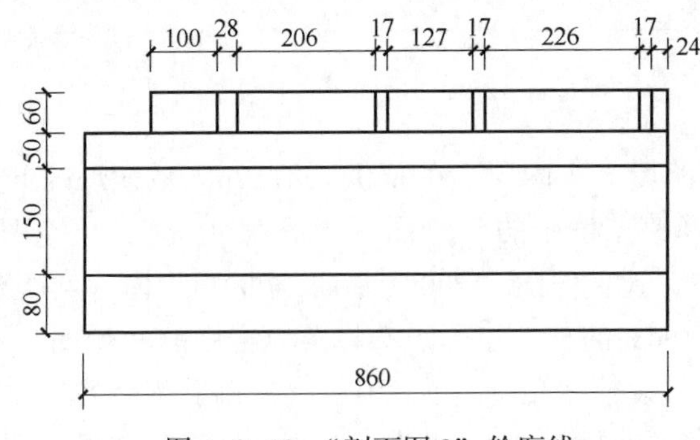

图4-2-12 "剖面图2"轮廓线

步骤二：选择“道路填充”图层，在860mm×80mm的辅助矩形内，选择菜单栏中的“绘图”→“图案填充”，填充图案选择“EARTH”，设置“角度”为“45”，“比例”为“200”，拾取辅助矩形内一点填充，绘制素土夯实剖面，然后删除860mm×80mm的辅助矩形。选择菜单栏中的“绘图”→“图案填充”，填充图案选择“AR-CONC”，设置“角度”为“0”，“比例”为“200”，拾取860mm×150mm矩形内一点填充，绘制垫层剖面。选择菜单栏中的“绘图”→“图案填充”，填充图案选择“AR-SAND”，设置“角度”为“0”，“比例”为“100”，拾取860mm×50mm矩形内一点填充，绘制水泥砂浆剖面。结果如图4-2-13所示。

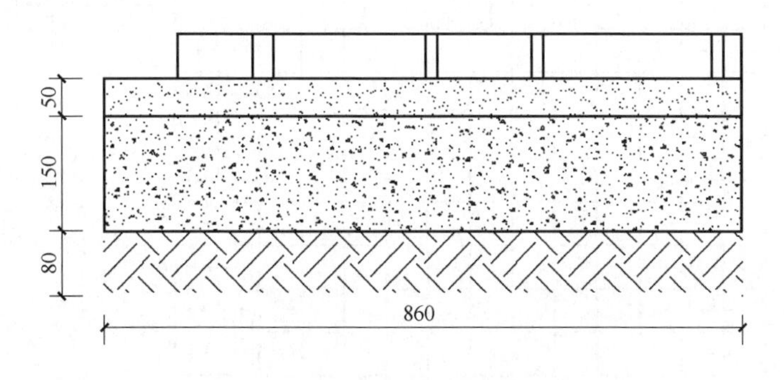

图4-2-13 “剖面图2”填充

步骤三：选择“尺寸标注”和“文字标注”图层，分别在各自图层中标注“剖面图2”的尺寸和文字说明，在右侧绘制折断线。结果如图4-2-14所示。

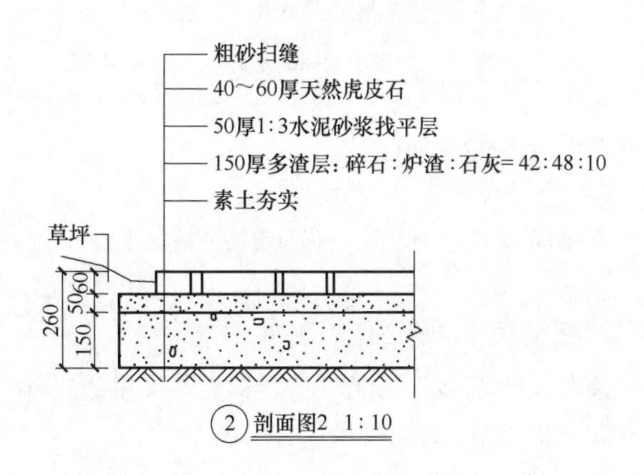

图4-2-14 “剖面图2”标注

二、绘制广场花岗岩铺装平面详图、剖面详图

根据已经掌握的知识，设置图层、文字样式、标注样式和多重引线样式，绘制广场花岗岩铺装平面详图和剖面详图。

1. 绘制地面广场花岗岩铺装平面详图

综合运用“绘图”菜单、“修改”菜单和“标注”菜单下的命令，设置不同图层，绘制地面广场花岗岩铺装平面详图。结果如图4-2-15所示。

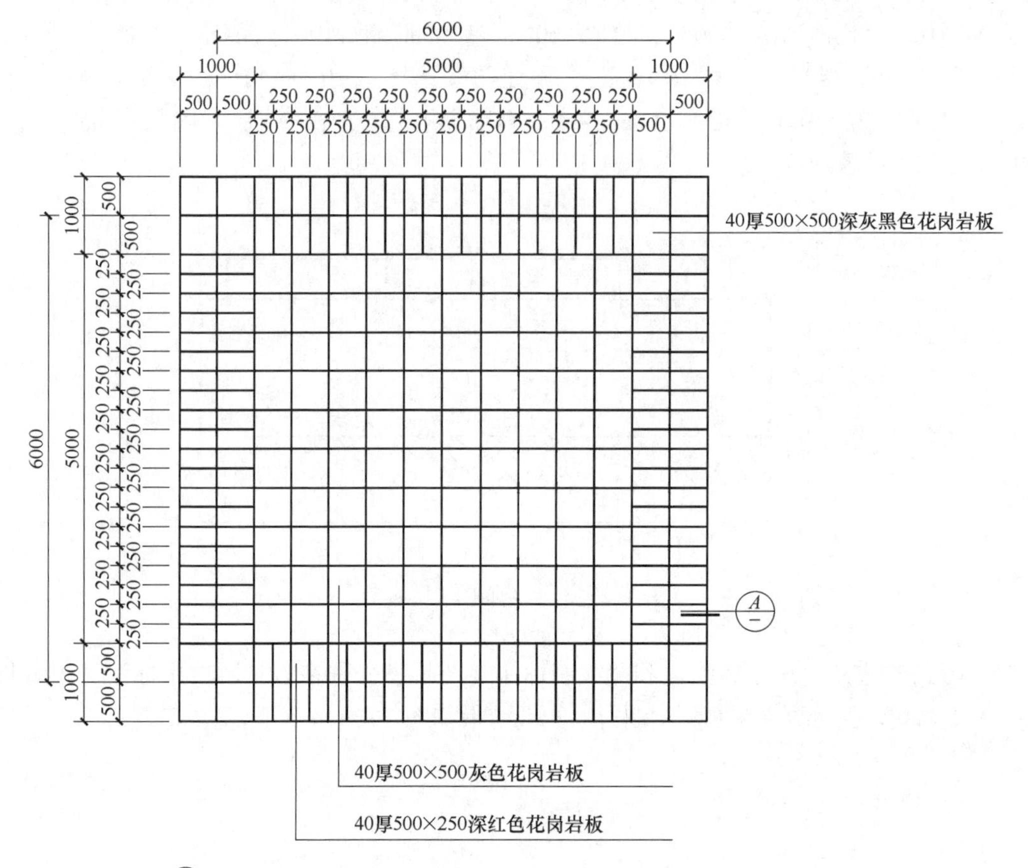

图4-2-15 地面广场花岗岩铺装平面详图

2. 绘制下沉广场花岗岩铺装平面详图

综合运用“绘图”菜单、“修改”菜单和“标注”菜单下的命令，设置不同图层，绘制下沉广场花岗岩铺装平面详图。结果如图4-2-16所示。

3. 绘制地面广场花岗岩铺装剖面详图

综合运用“绘图”菜单、“修改”菜单和“标注”菜单下的命令，设置不同图层，绘制地面广场花岗岩铺装 *A* 剖面详图。结果如图4-2-17所示。

4. 绘制下沉广场花岗岩铺装剖面详图

综合运用“绘图”菜单、“修改”菜单和“标注”菜单下的命令，设置不同图层，绘制下沉广场花岗岩铺装 *B* 剖面详图。结果如图4-2-18所示。

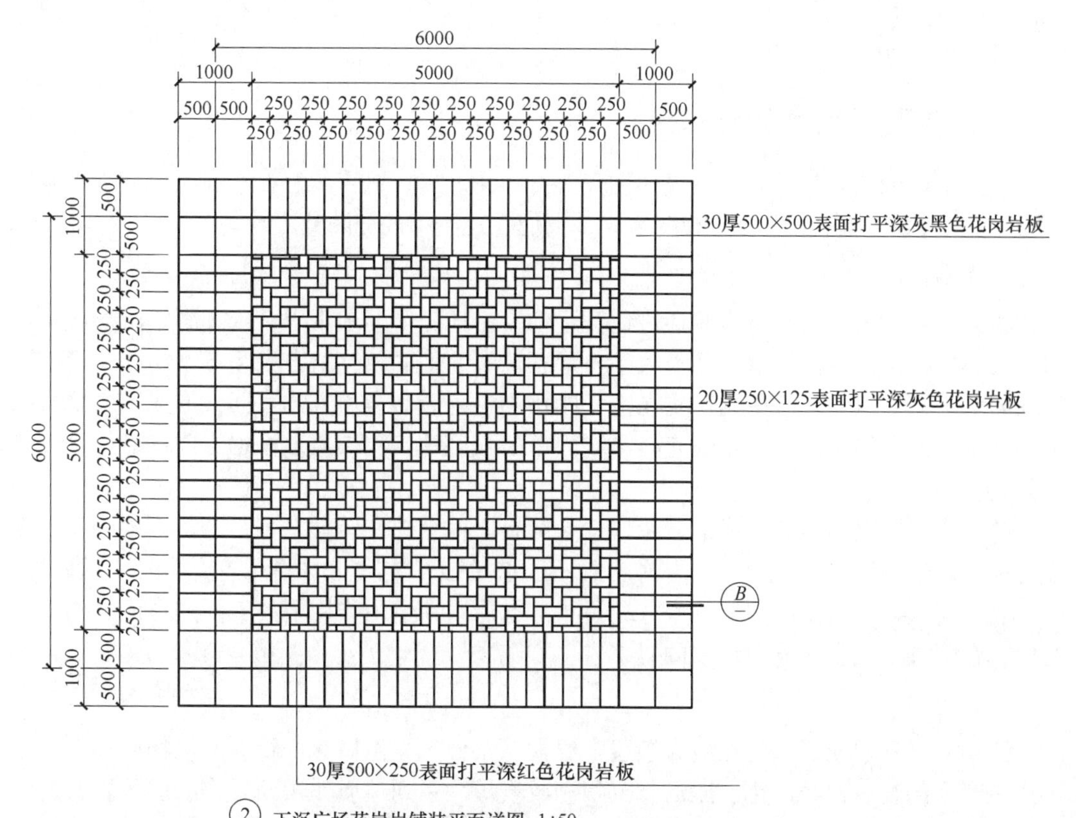

图 4-2-16 下沉广场花岗岩铺装平面详图

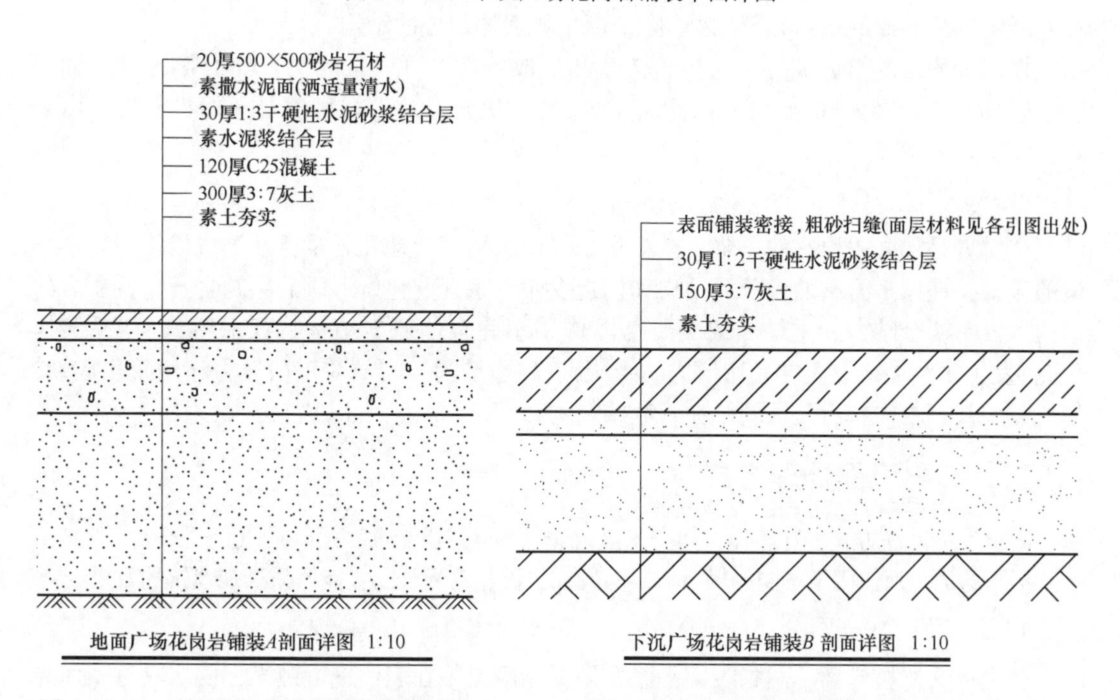

图 4-2-17 地面广场花岗岩铺装剖面详图

图 4-2-18 下沉广场花岗岩铺装剖面详图

拓展知识

一、岩石成因类型及其特征

地球固体的表层是由岩石组成的硬壳——地壳。组成地壳的岩石按成因可分为岩浆岩（火成岩）、沉积岩（水成岩）和变质岩，它们在地壳中的分布并不均匀。

1. 岩浆岩

岩浆岩又称火成岩，是岩浆通过地壳运动，沿地壳薄弱地带上升冷却凝结后形成的岩石。岩石中矿物的结晶程度、颗粒大小、形状以及它们的相互组合关系各不相同，形成了岩浆岩的不同结构。岩石中的矿物在空间的排列、配置和充填方式不同，形成了岩浆岩的不同构造。这些结构和构造特征直接影响岩石的强度等工程性质。根据形成条件，可以将岩浆岩分为喷出岩和侵入岩。

喷出岩是指喷出地表形成的岩浆岩，一般呈原生孔隙和节理发育，产状不规则，厚度变化大，岩性很不均一，比侵入岩强度低，透水性强，抗风能力差，如流纹岩、粗面岩、安山岩、玄武岩、火山碎屑岩。侵入岩是指液态岩浆在造山作用下贯入同期形成的构造空腔内，在深处结晶和冷凝而形成的岩浆岩，如花岗岩。

2. 沉积岩

沉积岩又称水成岩，是在地壳表层常温常压条件下，由风化产物、有机物质和某些火山作用产生的物质，经风化、搬运、沉积和成岩等一系列地质作用而形成的层状岩石。沉积岩主要有碎屑结构（碎屑物质被胶结物黏结起来而形成的结构）、泥质结构（由粒径小于0.005mm的黏土颗粒组成的结构）、晶粒结构（由岩石颗粒在水溶液中结晶或呈胶体形态凝结沉淀而成的结构）、生物结构（由生物遗体组成的结构）。

根据沉积岩的组成成分、结构、构造和形成条件，可以将沉积岩分为碎屑岩（如砾岩、砂岩、粉砂岩）、黏土岩（如泥岩、页岩）、化学岩及生物化学岩（如石灰岩、白云岩、泥灰岩）等。

3. 变质岩

变质岩是地壳中原有的岩浆岩或沉积岩，由于地壳运动和岩浆活动等造成物理化学环境的改变，使原来岩石的成分、结构和构造发生一系列变化所形成的新的岩石。变质岩的结构主要有变余结构（重结晶或变质结晶作用不完全使原岩结构特征保留）、变晶结构（岩石发生重结晶或变质结晶所形成的结构）、碎裂结构（岩石受定向压力作用发生破裂，形成碎块甚至粉末状后又被胶结在一起的结构）。

二、石材表面处理方式

石材表面处理方式多种多样，如磨光面（抛光面）、亚光面、火烧面（烧毛面）、荔枝面等。不同的加工面适用于不同的场所，不同的加工面相互配合，更能增强景观建筑的效果。

1. 磨光面（抛光面）

磨光面又称抛光面，是指表面平整，用树脂磨料等在表面进行抛光，使之具有镜面光泽的板材。一般的石材光度可以做到80~90度，有些石种的光度甚至可以做到100度以上，但有些石种却没办法磨光，最多只能做到亚光。一般而言，光度越高其价格越高。磨光面一般用于平板幕墙及室内墙面、地板等，特别是一些高档的建筑，其室内墙面和地板对光度的要求很高。其特点是光度高，对光的反射强，能充分地展示石材本身丰富艳丽的色彩和天然的纹理。

2. 亚光面

亚光面是指表面平整，用树脂磨料等在表面进行较少的磨光处理。其光度较磨光面低，一般在30~50度或30~60度。亚光面具有一定的光度，但对光的反射较弱，其表面平整光滑，光度很低。

3. 火烧面（烧毛面）

火烧面又称烧毛面，是指用乙炔、氧气或丙烷等为燃料产生的高温火焰对石材表面加工而成的粗面饰面。值得注意的是，并非所有的石材都适合火烧加工，或加工效果可能不尽如人意。由于火烧可以烧掉石材表面的一些杂质和熔点低的成分，从而在表面上形成粗糙的饰面，手摸上去会有一定的刺感。为防止加工过程中石材破裂，火烧面的加工对石材的厚度有一定的要求，一般要求厚度至少为2cm，某些石材厚度要求会更高。此外，部分材质在火烧过程中会有一定的变色，比如锈石（G682），火烧后的锈石会显现出一定的淡红色，而不是原本的黄锈色。火烧面的特点是表面粗糙自然、不反光、加工快、价格相对便宜，常用于外墙干挂等场景。

4. 荔枝面

荔枝面是用形如荔枝皮的锤在石材表面敲击，从而在石材表面形成形如荔枝皮的粗糙表面。荔枝面多见于雕刻品表面或广场石等的表面，分为机荔面（机器荔枝面）和手荔面（手工荔枝面）两种，一般而言手荔面比机荔面更细密一些，但它更费工费时。

5. 龙眼面

龙眼面用一字锤在石材表面交错敲击形成如龙眼皮外表的粗糙表面，是岗岩雕刻品表面处理的最常见方式之一。和荔枝面相同，龙眼面也分为机器和手工两种。

6. 菠萝面

菠萝面是在石材表面用凿子和锤子敲击成外观形如菠萝皮的板材。菠萝面比荔枝面和龙眼面粗犷，可分为粗菠萝面和细菠萝面两种。

7. 仿古面

为了消除火烧面表面的刺手感，在石材经过火烧之后，再用钢刷刷3~6遍，即形成仿古面。仿古面既有火烧面的凹凸感，摸起来又光滑不会刺手，是一种非常好的表面处理方法。此外，仿古面的做法还有很多，比如火烧后水冲、酸蚀，直接钢刷刷或高压水冲面等。仿古面的加工相对费时，价格也相对较高。

8. 蘑菇面

蘑菇面是指在石材表面用凿子和锤子敲击形成如起伏山形的板材。这种加工方法对石材的厚度有一定的要求，一般底部厚度至少为3cm，凸起部分可根据实际要求在2cm及以上。蘑菇面大量用于经济型的围墙。

9. 自然面

自然面是指用锤子将一块石材从中间自然分裂开来，形成状如自然界石头表面极度凹凸不平的加工方法。自然面极为粗犷，大量用于小方块、路沿石等产品。

10. 其他

除上述方式外，石材的表面处理还有机切面、拉沟面、盲人面、喷砂面等方式。

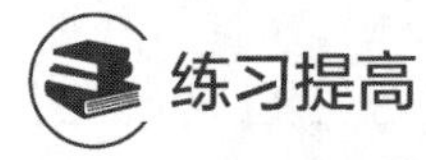

练习提高

（1）绘制如图 4-2-19 所示的广场砖铺地详图。

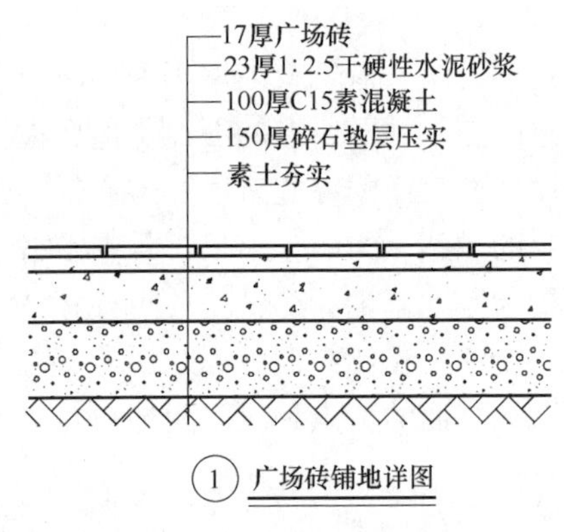

图 4-2-19　广场砖铺地详图

（2）绘制如图 4-2-20 所示的水洗石铺地详图。

（3）绘制如图 4-2-21 所示的陶砖（板岩）铺地详图。

（4）绘制如图 4-2-22 所示的卵石铺地详图。

（5）绘制如图 4-2-23 所示的花岗石铺地详图。

（6）绘制如图 4-2-24 所示的青石板铺地详图。

（7）绘制如图 4-2-25 所示的车行道铺地详图。

（8）绘制如图 4-2-26 所示的植草砖铺地详图。

（9）绘制如图 4-2-27 所示的人行道铺地详图。

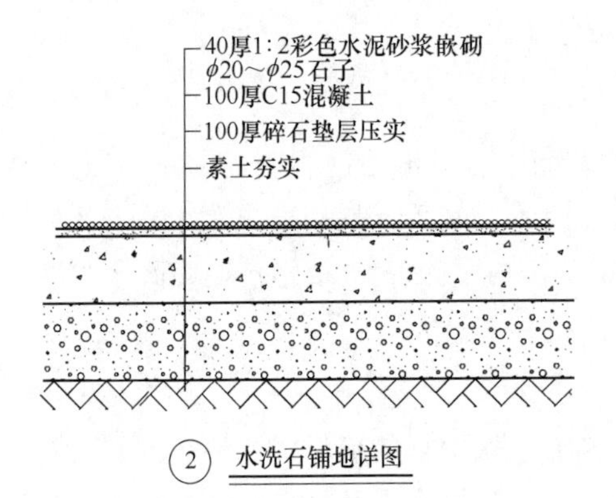

图 4-2-20　水洗石铺地详图

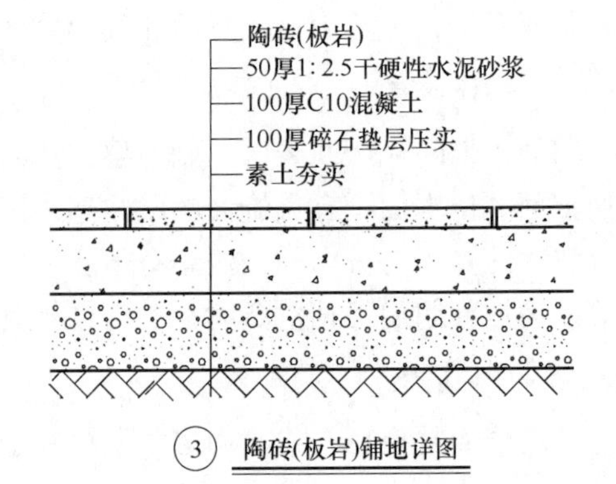

图 4-2-21　陶砖（板岩）铺地详图

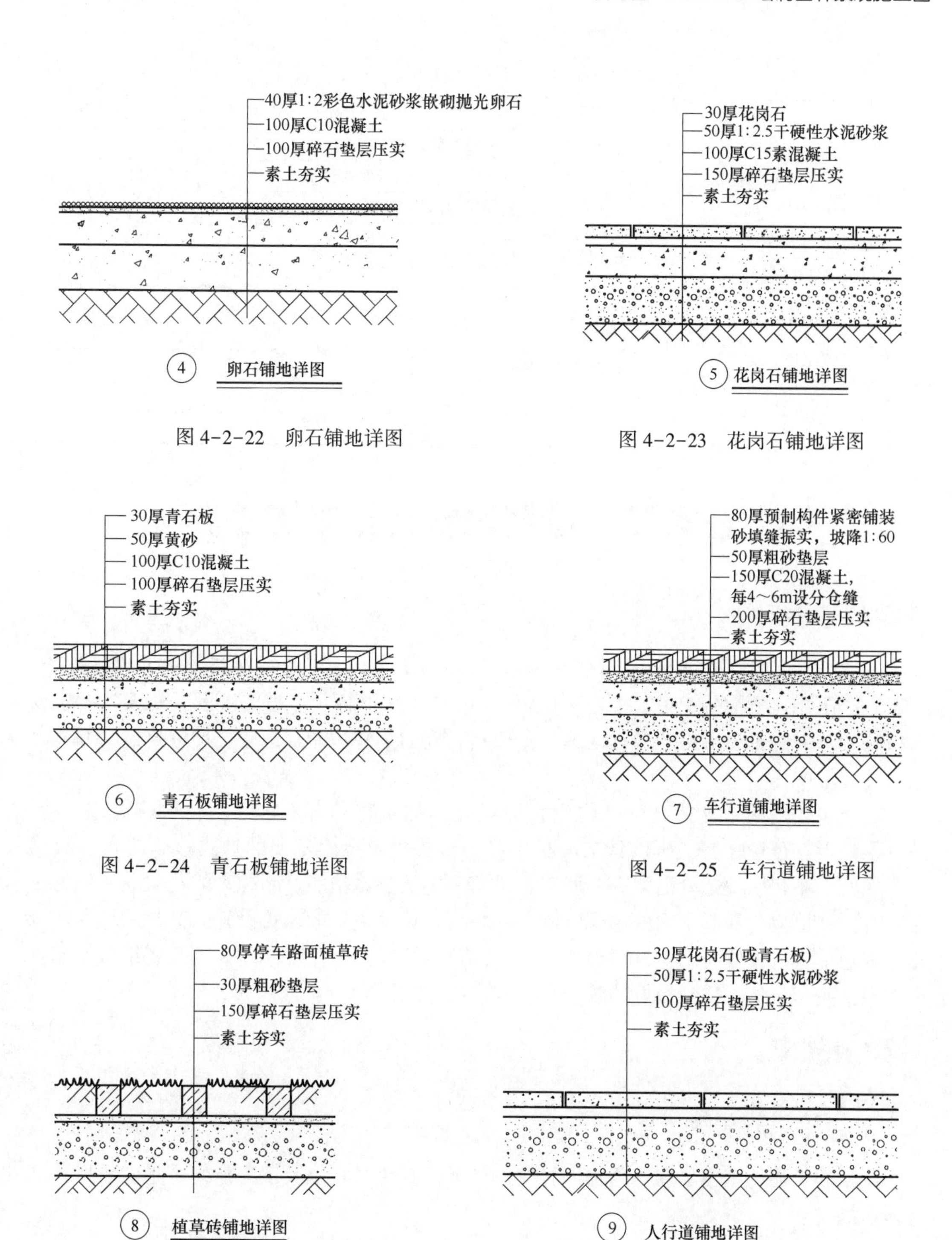

图4-2-22　卵石铺地详图

图4-2-23　花岗石铺地详图

图4-2-24　青石板铺地详图

图4-2-25　车行道铺地详图

图4-2-26　植草砖铺地详图

图4-2-27　人行道铺地详图

教学评价

根据操作练习进行考核，考核项目和评分标准见评分标准表。

评分标准表

序号	考核项目	配分		评分标准	得分
1	铺装结构	25分		熟悉道路铺装的各层结构	
2	面层表面处理方式	25分		熟悉花岗岩面层的表面处理方式	
3	铺装方法	30分		块料面层的铺装方法	
4	尺寸标注	10分		正确标注铺装平面图的尺寸	
5	引线标注	10分		正确标注铺装剖面图的引线文字说明	
6	合计				
7	结果记录	操作是否正确		是/否	
		结果是否正确		是/否	
8	操作时间				
9	教师签名				

任务三　绘制园林花架施工图

任务分析

花架，顾名思义，就是用有花的植物装饰的架子。“花”是指观花藤本或攀缘植物，“架”是指用作支持的东西。将花架作为统一的整体来理解，即为艺术设置的架式构筑物与植物相统一的单体形象和园林设施。花架具有廊的某些功能，但它更接近自然，并能融于园林环境中。

花架主要是为了支持蔓生植物生长而设置的构筑物。由于它可以展示植物枝、叶、花、果的形态色彩之美，所以具有园林小品的装饰性特点。花架的形式极为丰富，有棚架、廊架、亭架、篱架、门架等，所以也具有一定的建筑功能。园林中的花架既可作为小品点缀，又可成为局部空间的主景；既是一种可供休息赏景的建筑设施，又是一种立体绿化的理想形式。设置花架不仅不会减少绿地的比例，反而因植物与建筑的紧密结合使园林中的人工美与自然美得到极好的统一。

相关知识

一、花架的功能

花架的功能特点主要在于增加园林中的空间、绿色景观以及解决建筑过量的矛盾。其具体功能如下：

① 休息赏景。花架具有亭、廊等的休息、赏景及组织和划分空间等建筑功能。

② 展示花卉和点缀环境。在为可供观赏的攀缘植物生长创造生态条件的同时，花架还可以通过展示植物枝、叶、花、果的形态和色彩来点缀环境，并形成通透的园林建筑空间。

③ 框景、障景。花架可以作为框景使用，将园中最佳景色纳入画面。还可以遮挡陋景，把园内既不美又不能拆除的构筑物，如车棚、人防工事的顶盖等遮挡起来。

④ 增加景深、层次。花架可以在园林造景中作为划分空间和增加景深、层次的材料，

是传统造园艺术手法中一种较理想的小品。

二、花架的应用

花架的具体应用场景如下：

① 可应用于各种类型的园林绿地中，常设置在风景优美的地方供休息和点景。

② 可以和亭、廊、水榭等结合，组成外形美观的园林建筑群。

③ 在居住区绿地、儿童游戏场中花架可供休息、遮阴、纳凉。

④ 用花架代替廊子，可以联系空间。

⑤ 用格子垣攀缘藤本植物，可分隔景物。

⑥ 园林中的茶室、冷饮部、餐厅等，可以用花架做凉棚，设置座席。

⑦ 可用花架做园林的大门。

在使用花架时，应遵循以下原则：

① 因地制宜选择花架。由于花架要为植物生长创造条件，所以花架位置的选择十分重要。按照所栽植物的生物学特性，确定花架的方位、体量、花池的位置及面积等，尽可能使植物得到良好的光照及通风条件。

② 在公共绿地中的花架需要突出它的组景、造景作用和提供游憩设施的功能。这是由公共绿地的性质所决定的。公共绿地游人较多，需要充分利用一切设施为游人服务。公共绿地中绿化面积较大，花架在形态、体量、色彩、负载感上都较易与环境形成鲜明的对比，引起游人的注目，从而显著表现出花架组景、造景的美化艺术效果。

③ 在专用绿地内花架应当偏重于体现装饰建筑空间和增加环境绿量的作用。由于专用绿地周围建筑的比重较大，应充分利用任何一处可用空间来增加绿量，改善生态，美化和减弱建筑空间的呆板枯燥形象。花架门、花架墙、花架廊等都是以弥补建筑空间的缺乏来创造花架的形式。

④ 作为主景的花架必须突出其自身的风格艺术特点。使人感觉亲切的花架，首先要有一个适合人活动的尺度，花架的柱高不能低于2m，也不能高于3m，廊宽也要控制在2~3m。使人感到壮观的花架，须在不失灵巧空透、与环境相协调的基础上，或以攀缘植物的枝、叶、花、果繁茂取胜，或以廊架的纵深延展、棚架的开阔壮观来展现壮观之美。花架的造型美往往体现在线条、轮廓、空间组合变化及选材和色彩的配合上。造型美的集中表现，应当是对植物优美姿态的衬托，以及能够反映环境的宁静安详或热烈等特定的气氛。因此花架的造型不必刻意求奇，否则反倒喧宾夺主，冲淡了花架的植物造景作用。一个成功的主景花架设计，可以在线条、轮廓或空间组合的某一方面有所创新。

⑤ 园林中的配景花架受到各种条件的制约。在功能上要满足休憩和观赏周围景色的要求；在艺术效果上要衬托主景，强调主景与环境的过渡。在以水为主景的园林空间中，若以水面的辽阔平静取胜，那么花架的位置以临水为宜，其色彩、线条、轮廓应当具有变化丰富的特点。倒影既可点缀水面，又可衬托出水面的辽阔与安静。

三、花架设计要点

进行花架设计时，应注意以下要点：

① 花架在绿荫掩映下要好看、好用，在落叶之后也要好看、好用。因此要把花架作

为一件艺术品，而不单作为构筑物来设计，应注意比例尺寸、选材和必要的装修。

② 花架体型不宜太大，尽量接近自然。花架的柱高不能低于 2m，也不能高于 3m，廊宽也要控制在 2～3m。

③ 花架的四周，一般都较为通透，除了作为支撑的墙、柱，没有围墙门窗。花架的上下（铺地和檐口）两个平面，也并不一定要对称和相似，可以自由伸缩交叉，相互引伸，使花架置身于园林之内，融汇于自然之中，不受阻隔。

④ 要综合考虑所在公园的气候、地域条件、攀缘植物的特点以及花架在园林中的功能作用等因素来构思花架的形体。按照所栽植物的生物学特性，确定花架的方位、体量与花池的位置及面积等，尽可能使植物得到良好的光照及通风条件。

任务实施

一、花架平面图

根据已经掌握的知识，设置图层、文字样式、标注样式和多重引线样式，绘制花架平面图。

绘制花架平面图的步骤如下：

步骤一：新建“花架”图层，选择菜单栏中的“绘图”→“矩形”，绘制 500mm×500mm 的矩形。选择菜单栏中的“修改”→“阵列”→“矩形阵列”，按 Ctrl+1 组合键调出“特性”面板，选择阵列后的矩形，设置“列数”为“5”，“列偏移距离”为“3500”，“行数”为“2”，“行偏移距离”为“2500”，完成花架柱的轮廓线绘制。结果如图 4-3-1 所示。

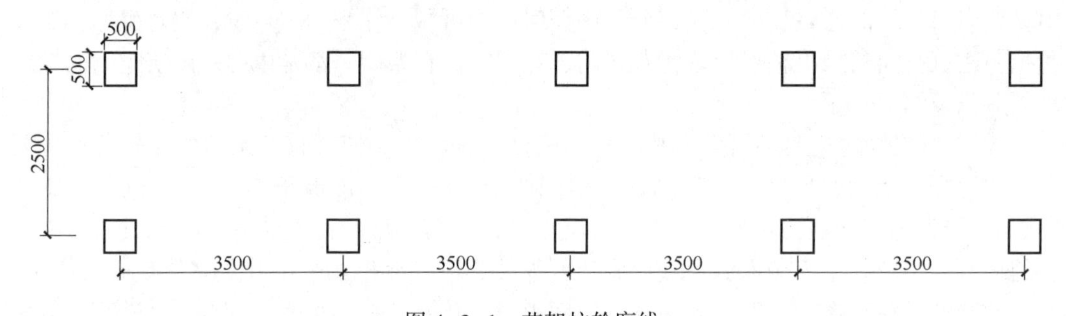

图 4-3-1　花架柱轮廓线

步骤二：在“花架”图层，选择菜单栏中的“绘图”→“矩形”，绘制 3000mm×400mm 的矩形。选择“临时对象捕捉”，移动矩形至柱中间，再选择菜单栏中的“修改”→“阵列”→“矩形阵列”，按 Ctrl+1 组合键调出“特性”面板，选择阵列后的矩形，设置“列数”为“4”，“列偏移距离”为“3500”，“行数”为“2”，“行偏移距离”为“2500”，完成花架凳面的轮廓线绘制。结果如图 4-3-2 所示。

步骤三：在“花架”图层，选择菜单栏中的“绘图”→“矩形”，绘制 150mm×300mm 的矩形。移动并复制此矩形至凳面中间，完成花架凳面支撑的轮廓线绘制。结果如图 4-3-3 所示。

步骤四：新建“标注”图层，然后新建“dim50”的标注样式，设置“文字高度”为“3”，“全局比例”为“50”，标注花架，完成花架平面图的绘制。结果如图 4-3-4 所示。

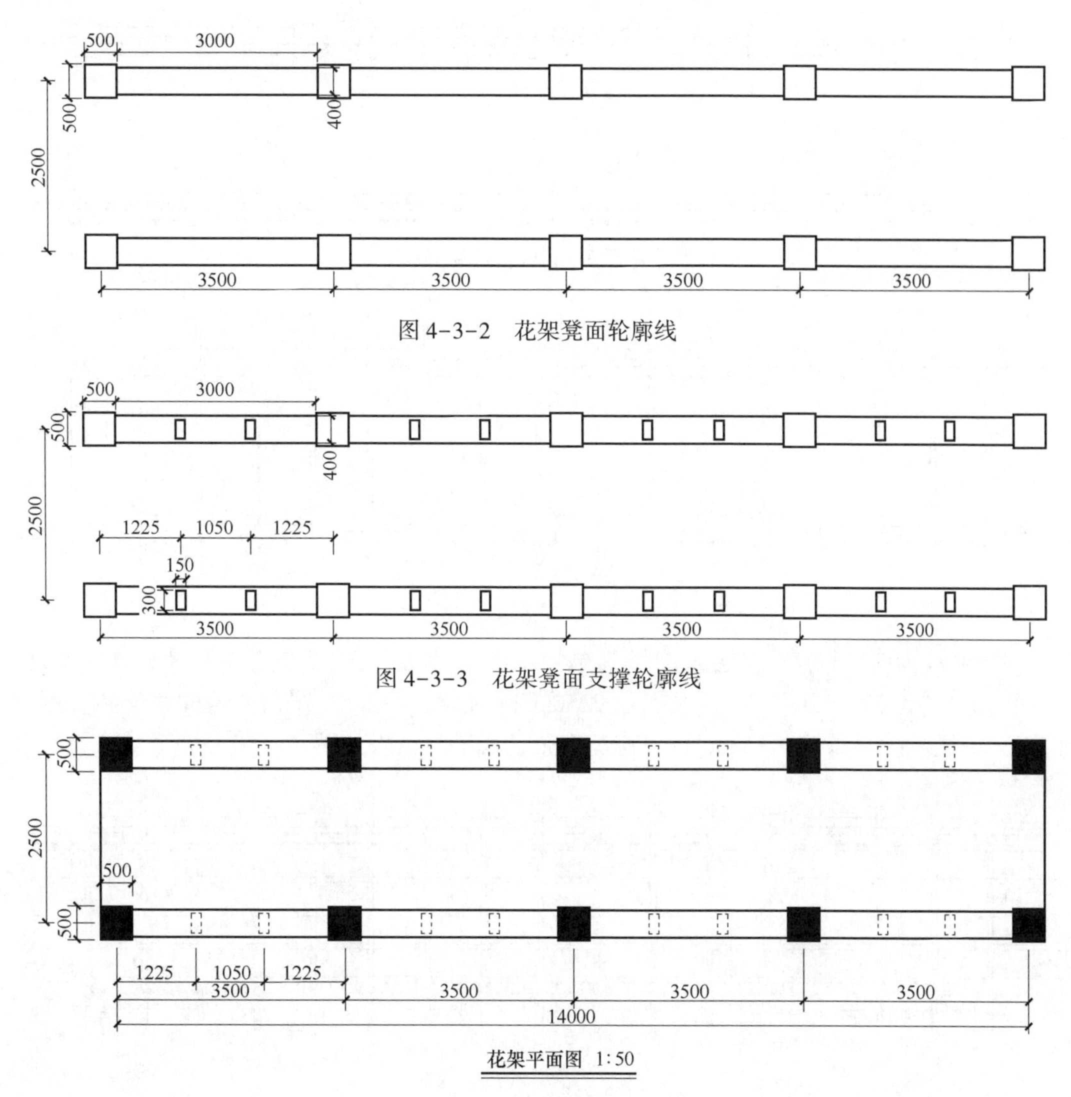

图 4-3-2　花架凳面轮廓线

图 4-3-3　花架凳面支撑轮廓线

图 4-3-4　花架平面图

二、花架顶视图

绘制花架顶视图的步骤如下：

步骤一：在“花架”图层，选择菜单栏中的“绘图”→“矩形”，绘制 15750mm×100mm 的矩形木梁。移动木梁，使木梁中心对齐下排柱中心，选择菜单栏中的“修改”→“复制”，设置“距离”为“2500”，完成花架木梁的轮廓线绘制。然后选择菜单栏中的“修改”→“修剪”，修剪多余的线段。结果如图 4-3-5 所示。

步骤二：在“花架”图层，选择菜单栏中的“绘图”→“矩形”，绘制 80mm×3600mm 的矩形木椽。移动木椽，使木椽中心对齐左侧柱中心，选择菜单栏中的“修改”→“阵列”→“矩形阵列”，按 Ctrl+1 组合键调出“特性”面板，选择阵列后的矩形，设置“列数”为“17”，“列偏移距离”为“875”，“行数”为“1”，“行偏移距离”为“0”，完成花架木椽的轮廓线绘制。结果如图 4-3-6 所示。

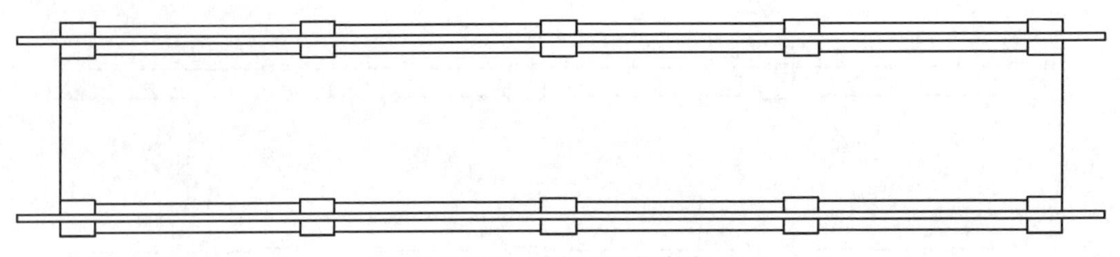

图 4-3-5　花架木梁轮廓线

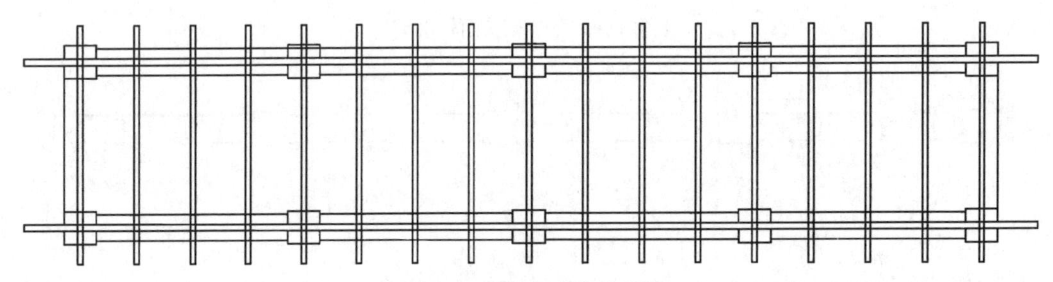

图 4-3-6　花架木椽轮廓线

步骤三：在“花架”图层，选择菜单栏中的“修改”→“复制”，选择下边的木梁，分别向上复制 250、750、1250、1750、2250mm 的距离，完成木檩条的轮廓线绘制。然后选择菜单栏中的“修改”→“修剪”，修剪多余的线段。结果如图 4-3-7 所示。

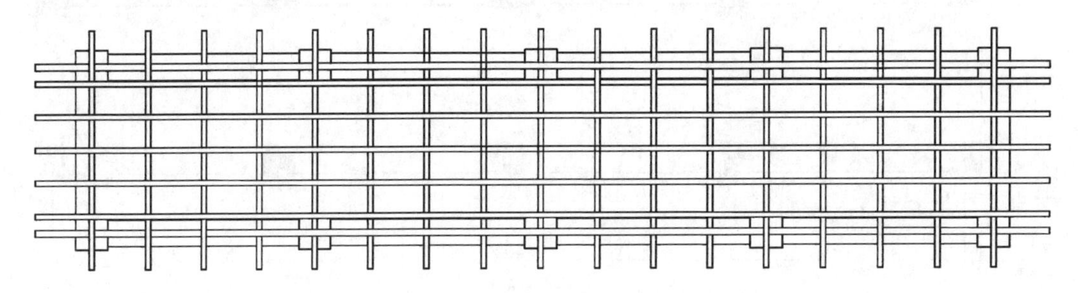

图 4-3-7　花架木檩条轮廓线

步骤四：在“标注”图层，选择“dim50”的标注样式，设置“文字高度”为“3”，“全局比例”为“50”，标注花架，完成花架顶视图的绘制。结果如图 4-3-8 所示。

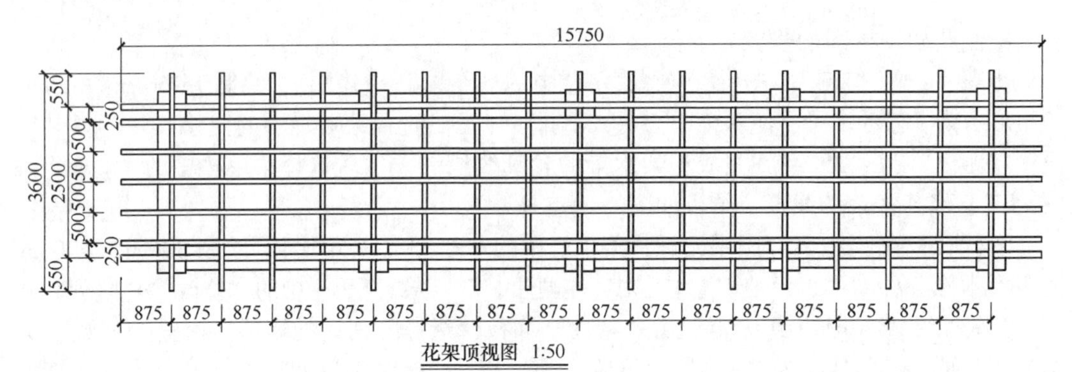

图 4-3-8　花架顶视图

三、花架立面图

绘制花架立面图的步骤如下：

步骤一：在“花架”图层，选择菜单栏中的“绘图”→“多段线”，绘制长度为18379mm的线段，用于表示地面。利用“特性”面板，修改此多段线的“全局宽度”为“25”。选择菜单栏中的“绘图”→“直线”，绘制500mm×2500mm的花架柱，花架柱左下角点距离多段线左侧1947mm。

选择花架柱底边线，向上“偏移”5次，“偏移距离”为“417”。填充花架柱，选择“图案填充”，填充图案为“AR-SAND”，设置“填充比例”为“2.5”。结果如图4-3-9所示。

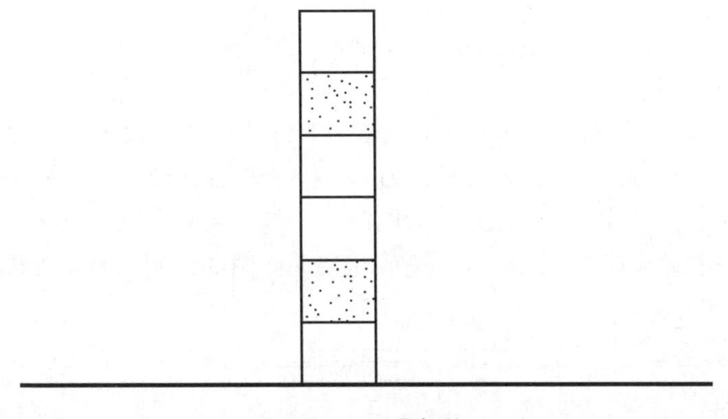

图4-3-9　花架柱

步骤二：在“花架”图层，选择菜单栏中的“绘图”→“矩形”，分别绘制80mm×3000mm和150mm×320mm的矩形，作为花架座凳和座凳支撑。它们距离花架柱右下角点的位置如图4-3-10所示。

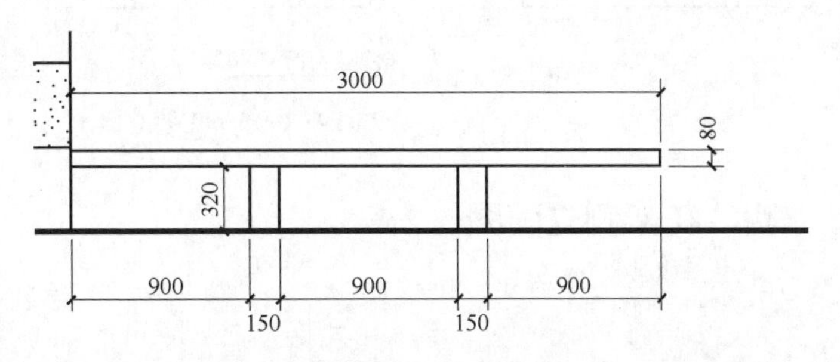

图4-3-10　花架座凳和座凳支撑

步骤三：在“花架”图层，选择花架柱、花架座凳和座凳支撑，向右复制4次，复制距离分别为3500、7000、10500、14000mm，删除多余的座凳和座凳支撑。结果如图4-3-11所示。

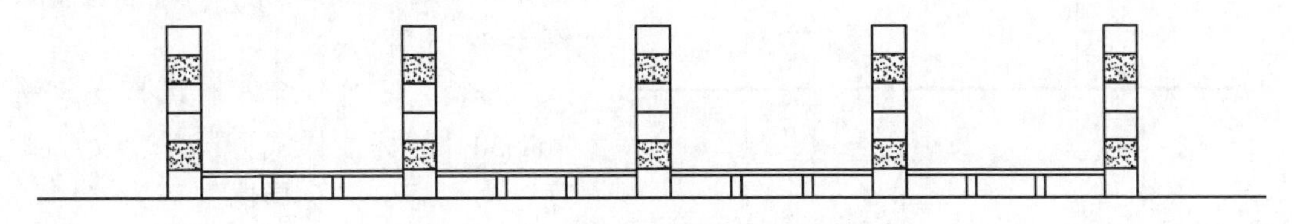

图4-3-11　花架柱、花架座凳和座凳支撑

步骤四：在“花架”图层，选择菜单栏中的“绘图”→“矩形”，分别绘制 15750mm×250mm、15750mm×200mm 和 80mm×200mm 的矩形，然后复制 80mm×200mm 的矩形，完成花架梁、椽和檩条的绘制。结果如图 4-3-12 所示。

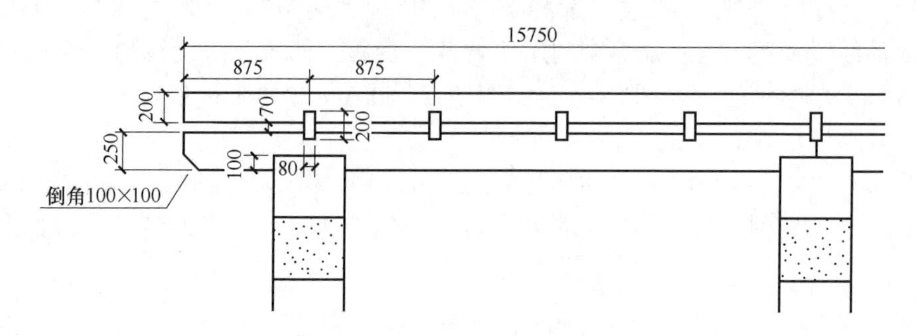

图 4-3-12　花架梁、椽和檩条

步骤五：在“标注”图层，选择“dim50”的标注样式，设置“文字高度”为“3”，“全局比例”为“50”，标注花架（花架梁为“100×250 防腐硬木”，椽和檩条为“80×200 防腐硬木”，花架柱为“深灰色粒径 2~4 水洗石”和“金栗米色粒径 2~4 水洗石”，座凳和座凳支撑为“粗磨面花岗岩凳面”），完成花架立面图的绘制。结果如图 4-3-13 所示。

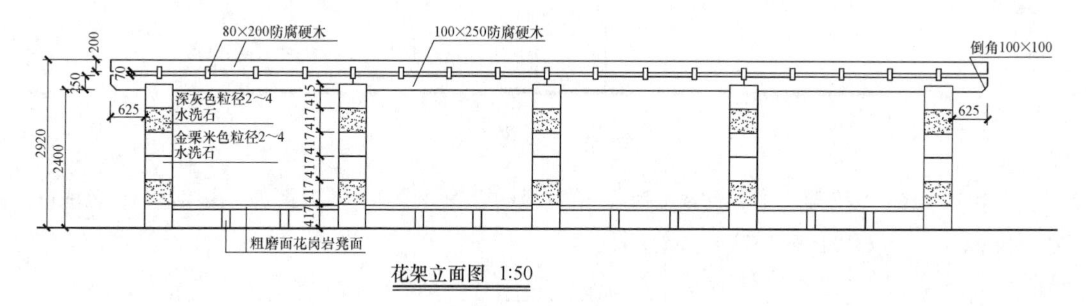

图 4-3-13　花架立面图

四、花架侧立面图

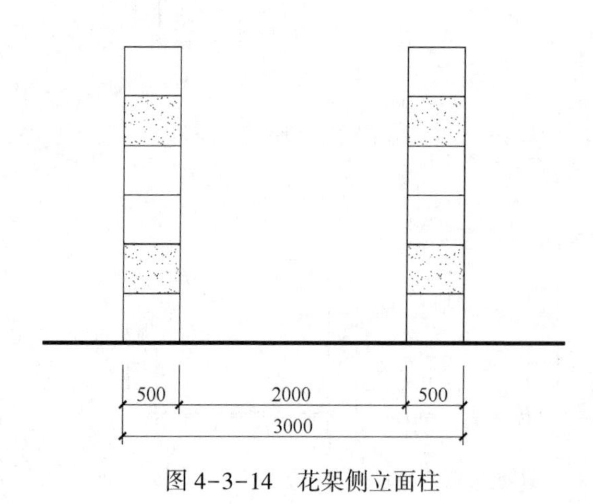

图 4-3-14　花架侧立面柱

绘制花架侧立面图的步骤如下：

步骤一：复制已经绘制好的地面、花架柱，作为花架侧立面柱，尺寸如图 4-3-14 所示。

步骤二：在“花架”图层，绘制侧立面木梁、椽和檩条，尺寸和位置如图 4-3-15 所示。

步骤三：在“标注”图层，选择“dim50”的标注样式，设置“文字高度”为“3”，“全局比例”为“50”，标注花架。结果如图 4-3-16 所示。

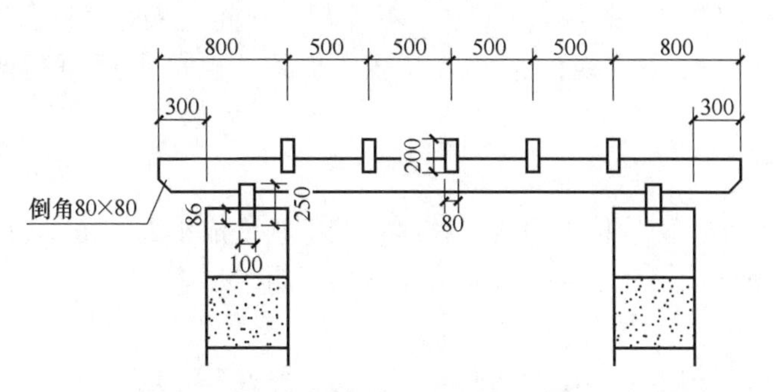

图 4-3-15 花架侧立面木梁、椽和檩条

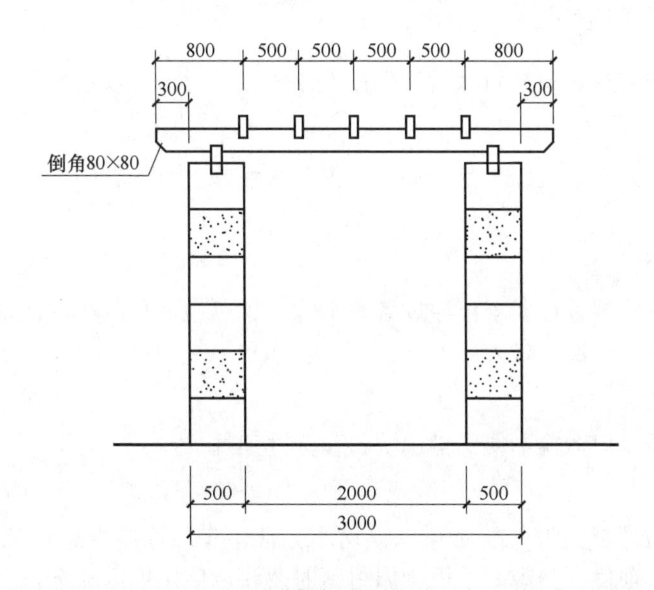

图 4-3-16 花架侧立面图

拓展知识

一、花架的结构

花架一般由基础、柱、梁、椽四个构件组成。在某些花架中，梁和柱合成一体，篱架的花格实际上代替了椽的作用，因而是一种结构相当简单的建筑。

二、花架的造型

花架造型比较灵活且富于变化，最常见的形式是架梁式。这种花架是先立柱，再沿柱排列的方向布置梁，在两排梁上垂直于柱列方向架设间距较小的枋，两端向外挑出悬臂。

花架一般可分为三类，下面分别对其进行介绍。

1. 双柱花架（廊式花架）

双柱花架就像以攀缘植物做顶的休憩廊。值得注意的是，供植物攀缘的花架板，其平面排列可等距（一般在50cm左右），也可不等距，板间嵌入花架砧，以取得光影和虚实变化；其立面也不一定是直线的，可为曲线、折线，也可由顶面延伸至两侧地面，如“滚地龙”一般。

2. 单柱花架

当花架宽度缩小，两柱接近而成一柱时，花架板变成中部支撑、两端外悬。为了整体的稳定和美观，单柱花架在平面上宜做成曲线形、折线形。

3. 独立式花架

独立式花架包括各种供攀缘用的花墙、花瓶、花钵、花柱等。

三、花架的选材

花架常用的建筑材料包括竹木材、钢筋混凝土、石材、金属材料等。

1. 竹木材

竹木材朴实、自然、价廉、易于加工，但耐久性差。竹木材限于强度及断面尺寸，梁柱间距不宜过大。

2. 钢筋混凝土

钢筋混凝土可根据设计要求浇灌成各种形状，也可做成预制构件，现场安装。其形式灵活多样，经久耐用，使用最为广泛。

3. 石材

石材厚实耐用，但运输不便，常用块料作为花架柱。

4. 金属材料

金属材料轻巧易制，构件断面及自重均小，常用于独立的花柱、花瓶等。其造型活泼、通透、多变、现代、美观。采用金属材料时要注意使用地区和选择攀缘植物种类，以免炙伤嫩枝叶，并应经常油漆养护，以防脱漆腐蚀。

四、花架植物的配置

目前应用于园林中的蔓生花架植物不下于几十种，由于它们的生长速度、枝条长短、叶和花的色彩形状各不相同，因此应用花架必须综合考虑所在地块的气候、立地条件、植物特性以及花架在园林中的功能作用等因素。避免出现有架无花或花架的体量和植物的生长能力不相适应，致使花不能布满全架以及花架面积不能满足植物生长需要等问题。

一般情况下，一个花架配置一种攀缘植物，也可配置2~3种相互补充的攀缘植物。各种攀缘植物的观赏价值和生长要求不尽相同，设计花架前要有所了解。

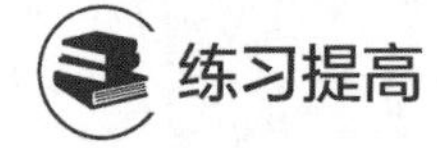

绘制花架施工图

（1）绘制如图4-3-17所示的花架平面图。

（2）绘制如图4-3-18所示的花架剖面图。

（3）绘制如图4-3-19所示的花架侧剖面图。

（4）绘制如图4-3-20所示的花架节点详图。

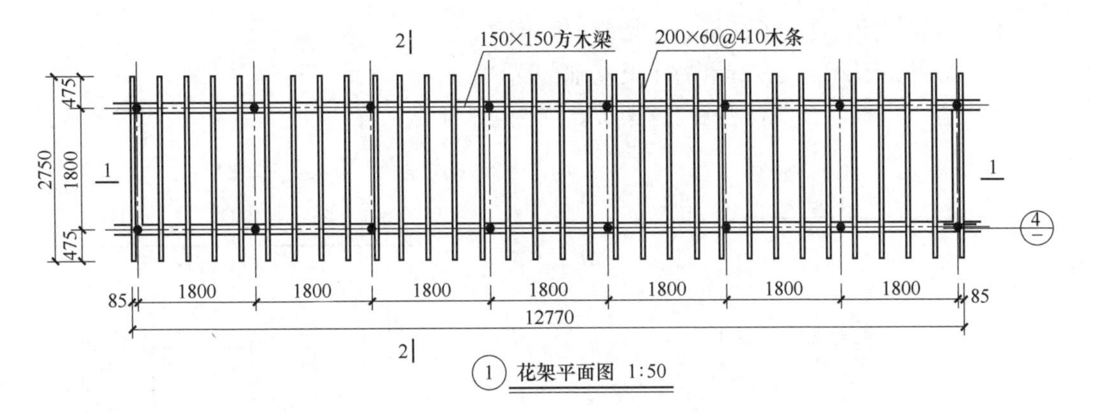

图 4-3-17 花架平面图

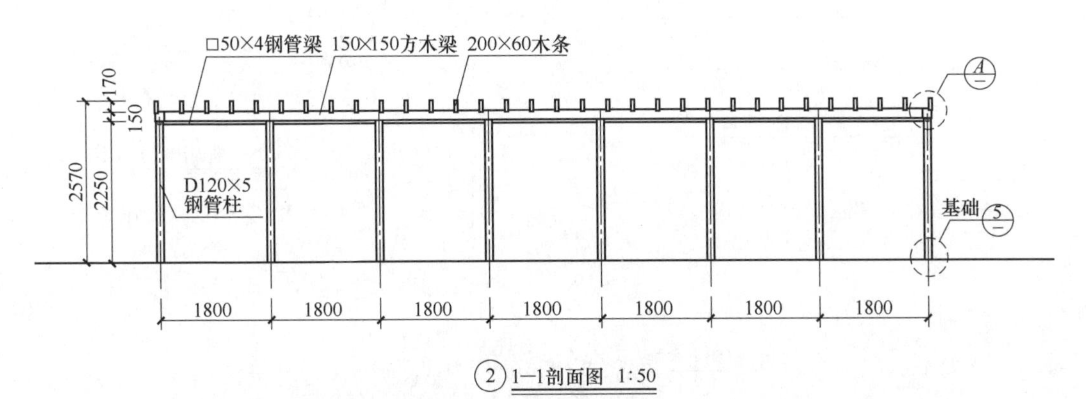

图 4-3-18 花架剖面图

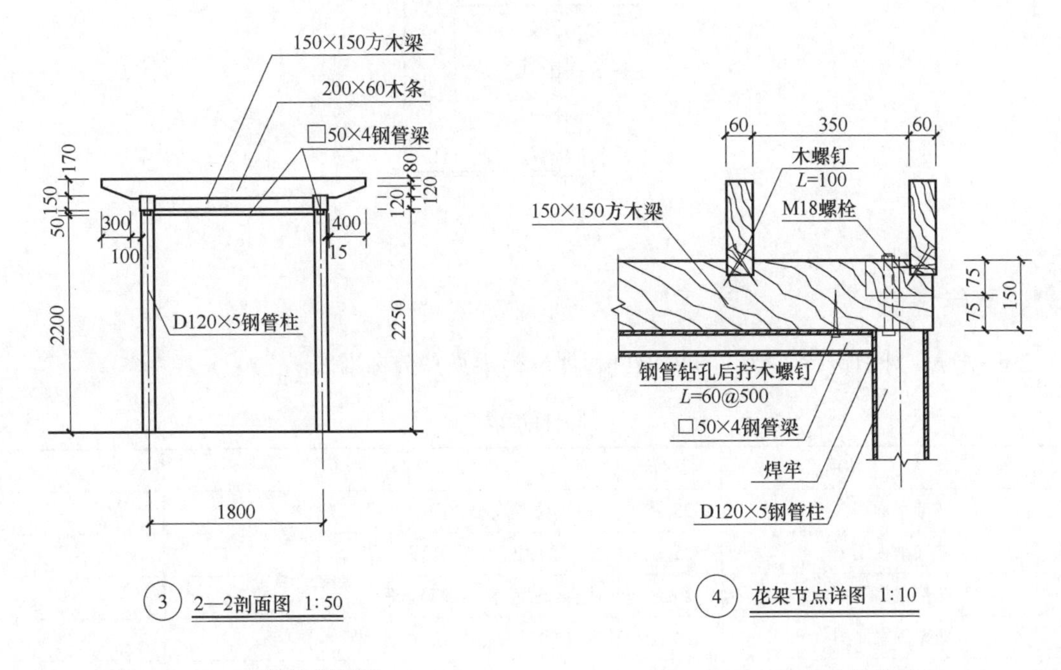

图 4-3-19 花架侧剖面图

图 4-3-20 花架节点详图

（5）绘制如图 4-3-21 所示的花架基础平面图。
（6）绘制如图 4-3-22 所示的花架基础剖面图。
（7）绘制如图 4-3-23 所示的花架节点详图。

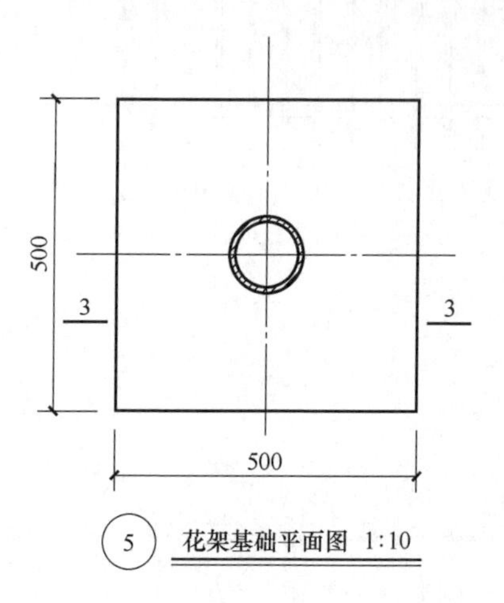

图 4-3-21　花架基础平面图

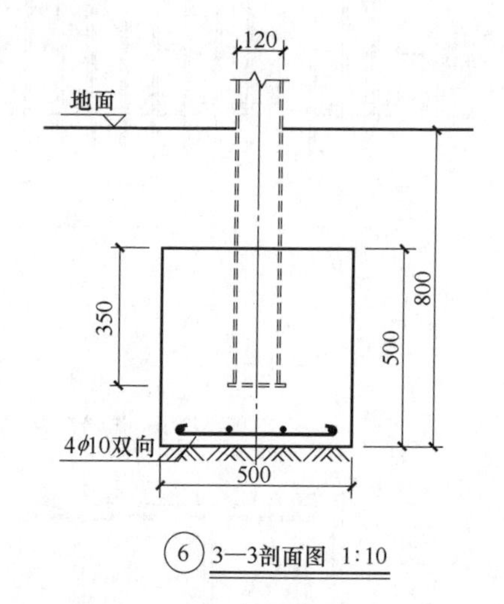

图 4-3-22　花架基础剖面图

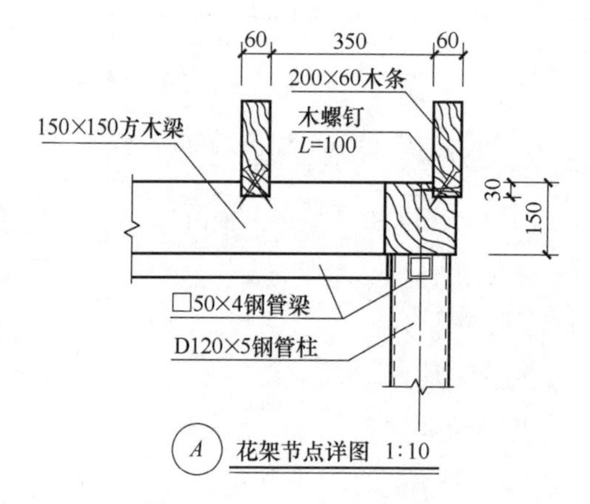

图 4-3-23　花架节点详图

教学评价

根据操作练习进行考核，考核项目和评分标准见评分标准表。

评分标准表

序号	考核项目	配分	评分标准	得分
1	花架平面图	25 分	柱、梁位置大小合理	
2	花架顶视图	25 分	椽、檩条位置大小合理	
3	花架立面图	20 分	柱、梁高度、材料准确合理	
4	花架侧立面图	20 分	椽、檩条高度、材料准确合理	
5	花架标注	10 分	文字、尺寸标注清楚，大小合理	

续表

序号	考核项目	配分		评分标准	得分
6	合计				
7	结果记录	操作是否正确		是/否	
		结果是否正确		是/否	
8	操作时间				
9	教师签名				

任务四　绘制园林景亭施工图

任务分析

亭者停也，亭者景也，亭者情也，亭者蔽也。作为休息、观景、传情、遮蔽的亭子，从古至今都是人们休息、游乐、观景的重要地点。

亭是一种中国传统建筑，是我国古典建筑艺术中的瑰宝，是一种独特的中华文明的缩影。根据亭子所建造的位置不同，可以将亭子分为：路亭、景亭、井亭、碑亭。建在乡间道路一侧的亭子，专供来往行人休息，所以称为“路亭”。在园林内，亭子不仅供游人休息，而且也可以在里面观赏园内、园外的风景，所以也称为“景亭”。在中国，亭子几乎成为园林不可或缺的构成元素，可以说无园不建亭。

相关知识

根据亭子的平面形状，可以大致分为方形、六边形、八边形、扇形、圆形等。而根据其顶部的样式，又可分为攒尖顶式、歇山顶式、卷棚顶式、复合式等。根据其屋顶的层数，又有单层、双层、多层等。根据风格又分为中式亭、新中式亭、欧式亭、现代亭等。

亭的分类

1. 按平面建造形制分类

从平面建造形制来看，亭可分为单体亭与组合亭两类。

（1）单体亭

单体亭的平面形式多为古典建筑中常用的一些简单的几何形，如正多边形、长方形、仿生形等。

① 正多边形。正方形在亭的平面形态中是最规整的，它表现为强烈的轴线对称性。此外，还有正三角形亭、正六边形亭、正八边形亭等。

② 长方形。不同于厅堂、大殿等园林主体建筑，因亭的体量偏小，长方形平面形式的亭长宽比通常接近1∶1.6的黄金比例。若平面过于狭长，就显得失去了美感。长方形平面的亭通常是面阔三间，进深四椽。

③ 仿生形。常见的仿生形亭有扇形、圆形以及仿植物形态，如梅花形和海棠形。

（2）组合亭

常见的组合亭有半亭、亭廊、双亭以及一个主体和若干个附体组合的亭。

① 半亭。亭与墙的结合，多和走廊相连。在古典园林中，尤其是一些面积不大的庭院，由于尺寸的限制，空间的窄小，有许多角落不利于处理。此时若将半亭建设在园林的角落，可以填补空白，把原本阴暗的角隅变得乐趣横生。

半亭可以与游廊、门洞结合，也可以独立建造。它不仅可以作为配景，而且也可以作为主要的景观建筑。半亭的选址，多选在平地之上。即使半亭的下方有假山或叠石，也不会存在太大的高差。半亭的平面类型也有较多的种类，除了常见的方形外，还有半圆形、多边形等。

② 亭廊。在古典园林中，亭和廊是常见的组合，形成亭廊。亭与廊有着相似的空间通透性，它们组合在一起使亭的形象更加饱满，而且亭廊又属于一种独特的景观建筑。一些园林大致是由亭廊的组合串联而成，这种组合的应用丰富了空间的游览性。

亭在和廊相结合的时候，通常有三种组合形式：亭位于廊的转折点、亭作为分隔点打断长廊、亭位于廊的尽头。

在一些规模较小的园林中，由于局势限制，其中的廊多起伏不断、高低曲折，这类廊通常会在转折处、尽头两端或者廊与廊的相接处等地方修建亭。亭在其中起到了过渡与缓冲的作用，打破了长廊的单调感，丰富了景观观赏性。

③ 双亭。双亭是一种极具特色的形式，两个相同的亭组合形成双亭，例如桂湖中的交加亭即是双六边形亭。双亭的组合在结构上并不复杂，但这样的组合使整个亭的体量得到增强，形态更加丰富有趣。

④ 一个主体和若干个附体组合的亭。这类亭中最具代表性的例子是古典园林中的一些十字形平面的亭。这种亭的屋顶较为复杂，有的中间为长脊，前后出抱厦；有的中部高起，四面做抱厦；而有的则为两个悬山屋顶十字相交。

2. 按立面类型分类

从立面类型来看，亭可分为单檐和重檐两类。

（1）单檐

单檐是古典建筑的形式之一，它只有一层屋檐。单檐的亭由亭柱承重，支撑屋顶结构。亭的屋顶通常有飞檐和起翘，所以单檐亭在整体形态上呈现上大下小的趋势。单檐亭通常尺度小，灵活性强，方便安置。

单檐亭通常占地面积不大，小的仅有几平方米，因此在建造时具有较大的自由度和灵活性，选址上受到的约束也较小。单檐亭造型集中、向上，无论从哪个角度看过去，它都显得独立而完整、玲珑而轻巧，很符合园林的要求。

（2）重檐

相较于单檐的概念，重檐的建筑通常有两层或多层屋檐。对于重檐的亭，由于多层的屋顶增加了屋顶的重量，而亭的柱又不宜像大殿一样粗壮，所以为了承重，重檐的亭通常会选择增加柱的数量，这样在造型上也会稍显隆重。重檐亭的木构架，一般是在单檐亭木构架的基础上，用双围柱法或立童柱法进行扩增，这两种方法都是靠增加柱完成的。双围柱法，是将原来单檐亭木构架的柱增高，使原亭上架作为上层檐结构，在此基础上增加一圈外柱，作为重檐的下架柱，形成具有内外两圈柱的亭。立童柱法，是在井字梁交叉处设童柱，作为上层构架的檐柱，各童柱间要加承椽枋，它与下层檐檩作为下层屋面椽的承接构件。

3. 按造型分类

从造型来看，亭可分为攒尖顶式、歇山顶式、卷棚顶式以及复合式等。

（1）攒尖顶式

建筑物的屋面在顶部交会为一点，形成尖顶，这种建筑称为攒尖建筑，其屋顶称为攒尖顶。亭的屋顶形态中最常见的就是攒尖顶。攒尖顶的特点是屋顶为锥形，没有正脊，只有垂脊，顶部集中于一点，即宝顶。根据垂脊的数量，攒尖顶可以进一步细分为不同的类型，如三角攒尖、六角攒尖、八角攒尖等。而圆形攒尖顶则更为独特，通常没有垂脊。

（2）歇山顶式

歇山顶是两坡顶加周围廊形成的屋顶样式。歇山顶一共有九条屋脊，包括一条正脊、四条垂脊和四条戗脊，因此又被称为九脊顶。歇山顶的正脊在屋檐的中间折断，分为垂脊和戗脊，这一设计仿佛让屋顶“歇”了一下，因此得名“歇山”。歇山式的屋顶在两侧各形成了一块三角形的墙面，又称作“山花”。歇山顶将直线和斜线很好地结合在一起，在视觉上给人一种棱角分明、结构清晰的感觉。

（3）卷棚顶式

卷棚顶式为双坡式屋顶。它在两坡连接的地方舍弃了大脊，由瓦垄直接卷过屋面形成弧形的曲面。卷棚顶没有正脊，屋面前坡与脊部呈弧形滚向后坡，颇具一种曲线所独有的阴柔之美。

（4）复合式

歇山顶和攒尖顶结构常常组合在一起成为复合式。除此之外，复合式还包括将两个或多个亭组合在一起形成的特殊并复杂的结构，以及一半亭一半其他建筑结构的组合结构，例如亭廊。

4. 按建造材料分类

从建造材料来看，亭可分为木亭、石亭、砖亭、茅亭、竹亭和铜亭。

（1）木亭

中国建筑是木结构体系，所以亭也大多是木结构的。木构的亭，以木构架琉璃瓦顶和木构黛瓦顶两种形式最为常见。前者为皇家建筑和坛庙宗教建筑中所特有，富丽堂皇，色彩浓艳。而后者则是中国古典亭榭的主导，或质朴庄重，或典雅清逸，遍及大江南北，是中国古典亭的代表形式。此外，木结构的亭，也有做成片石顶、铁皮顶和灰土顶的，这种一般比较少见，属于较为特殊的形制。

（2）石亭

以石建亭，在我国也相当普遍，现存最早的亭，就是石亭。早期的石亭大多模仿木结构的做法，斗拱、月梁、明栿、雀替、角梁等，皆以石材雕琢而成。明清以后，石亭逐渐摆脱了仿木结构的形式，突出了石材的特性，构造方法也相应地简化，其造型质朴、厚重，出檐平短，细部简单，有些石亭甚至简单到只用四根石柱顶起一个石质的亭盖。这种石块砌筑的亭，简洁古朴，表现了一种坚实、粗犷的风貌。然而，有些石亭，为了追求错彩镂金、精细华丽的效果，仍然以石仿木雕刻斗拱等构件，屋顶用石板做成歇山、方攒尖和六角攒尖等。

（3）砖亭

碑亭往往有厚重的砖墙，如明清陵墓中所用，但它们仍是木结构的亭，砖墙只不过是用以保护梁、柱及碑身，并借以产生一种庄重、肃穆的气氛，而不起结构承重作用。真正以砖做结构材料的亭，都是采用拱券和叠涩技术建造的。北京北海团城的玉瓮亭和安徽滁州琅琊山的怡亭，就是全部用砖建造起来的砖亭。与木构亭相比，砖亭的造型别致，颇具特色。

（4）茅亭

茅亭是各类亭的鼻祖，它源于现实生活，山间路旁歇息避雨的休息棚、水车棚等，即茅亭的原形。此类亭多用原木稍做加工成为梁柱，或覆茅草，或盖树皮，一派天然情趣。由于它保留着自然本色，颇具山野林泉之意，所以备受清高风雅之士赏识。

（5）竹亭

用竹做亭，唐代已有先例。由于竹不耐久，存留时间短，所以遗留下来的竹亭极少。现在的竹亭，多用绑扎辅以钉、铆的方法建造。而有些竹亭，梁柱等结构的构建仍用木材外包竹片，以仿竹形，这种设计既坚固，又便于维护。

（6）铜亭

据《儒林外史》记载，明代南京中山王府内的瞻园假山上，曾建有一座铜亭，其立意新巧，下方还可以燃火取暖。现存的铜亭并不多见，著名的有泰山的金阙、颐和园的宝云阁、昆明鸣凤山的金殿，以及五台山的铜亭等。

5. 按性质功能分类

从性质功能来看，亭可分为路亭、桥亭、井亭、钟鼓亭、乐亭、祭祀亭、碑亭、纪念亭、流杯亭。

（1）路亭

《释名》中的“亭者，停也。人所亭集也”就是指由驿亭演变而成的路亭。它们大多坐落在村头、路旁、渡口和山野之间，供过往行人歇脚、避雨和纳凉。建于村头、街尾的路亭，则是村民耕作之余，下棋、纳凉和谈天的地方，是村民们十分喜爱的去处。因此，路亭往往在村镇建筑构成中占有重要的地位，一些造型很有特色的路亭还成为了村镇的标志。

（2）桥亭

桥亭是亭与桥的结合。桥上建亭，最初是为了遮雨防腐，以延长木构桥梁的使用寿命。后来出于造型的目的，也开始在石桥上建亭。桥亭主要分为两类：一类是建亭于桥头；另一类是建亭于桥上。

（3）井亭

井亭出现得很早，是为了防止井水受到污染、保持井内清洁、防滑而设置的。乡村中的井亭比较古朴，其结构和构造都很简单；城镇中的井亭较为复杂；而皇家宫苑中的井亭，则建造得相当华丽。

（4）钟鼓亭

钟鼓亭是为报时之用，在寺庙中常成对出现。当然，也有一些单独设置的钟亭，如南京的大钟亭和九华山的大钟亭等。

（5）乐亭

乐亭是戏台的前身。由于戏剧的发展，乐亭逐渐不能适应需要，而被戏台、戏楼等所取代。但从戏台、戏楼等建筑造型中，仍可窥见亭对其形象的影响。宋金时期，南曲、杂剧、院本、诸宫调等相继出现，演出场地也由地面登入舞台。至元代，杂剧大为发展，乐亭遍及各地。

（6）祭祀亭

庙宇、道观和祠堂中常设有亭，而位于中轴线上主要殿堂之前的亭，则多为供奉祭品、举行仪式之用。祭祀亭虽名称不一，如献亭、拜亭、香亭、享亭等，但其作用相同，都属于祭祀之亭。祭祀亭包括两种形式：一种是独立的亭，如山西晋祠东岳庙的献亭、陕西黄帝陵的祭亭；另一种是与主要殿堂连成一体，屋顶做成勾连搭的形式，或以短廊相接的亭，如山西蒲县东岳庙的献亭和广东德庆龙母祖庙的香亭等。

（7）碑亭

碑亭属于庇护亭，是为了保护某些重要的物体而建造的亭。而有些碑亭则带有纪念意义。曲阜孔庙中有十三座御碑亭，均是为了保护唐宋以来祭孔、修庙的石碑而建。

（8）纪念亭

许多亭都带有纪念的性质，或是为了纪念某些著名的历史人物而建，或是为了纪念一些重要的历史事件而建。这类亭本身也许并无多大特色，但是如若身临其境，却会令人回首往事，感慨万千。

（9）流杯亭

流杯亭是我国园林中所特有的一种娱乐性建筑，也是一种特殊形式的亭。流杯也称流觞，《字源》对曲水流觞的解释是："在曲折水流中泛杯而饮，三月三日之酒宴。"是古人举行的一种饮酒赋诗的娱乐活动。这种活动最初在室外进行，后来逐渐演变为在凿有弯曲回绕水槽的亭内进行，于是流杯亭应运而生。

任务实施

一、景亭顶平面图

根据已经掌握的知识，设置图层、文字样式、标注样式和多重引线样式，绘制景亭顶平面图。

绘制景亭顶平面图的步骤如下：

步骤一：新建"花架"图层，选择菜单栏中的"绘图"→"矩形"，绘制4040mm×4040mm的矩形。选择菜单栏中的"修改"→"偏移"，选择矩形向内偏移，设置"偏移距离"为"20"。结果如图4-4-1所示。

步骤二：选择菜单栏中的"绘图"→"矩形"，绘制两个5940mm×100mm的矩形。将这两个矩形旋转并移动到景亭顶边框中心。结果如图4-4-2所示。

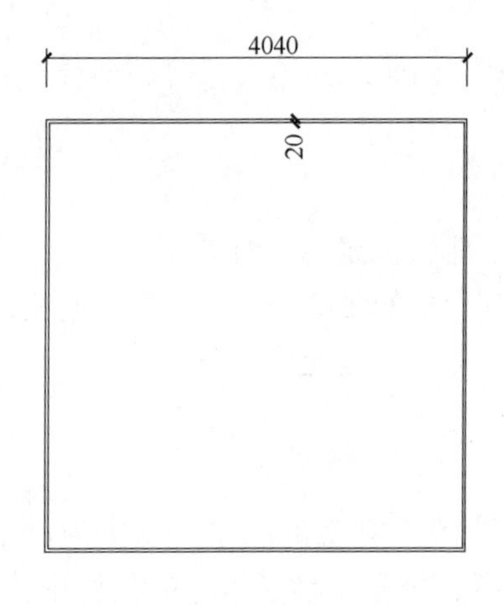

图 4-4-1　景亭顶边框

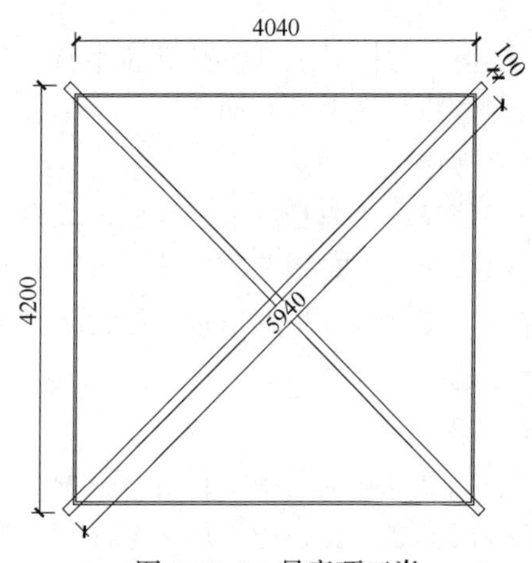

图 4-4-2　景亭顶正脊

步骤三：修剪正脊与顶边框的交叉部分后，新建“填充”图层。选择菜单栏中的“绘图”→“填充”，选择填充图案“ANSI32”，设置“填充比例”为“20”，“角度”分别为“45”和“135”。填充结果如图 4-4-3 所示。

步骤四：新建“标注”图层，标注亭顶尺寸与文字，填写图名和比例。结果如图 4-4-4 所示。

图 4-4-3　景亭顶部填充

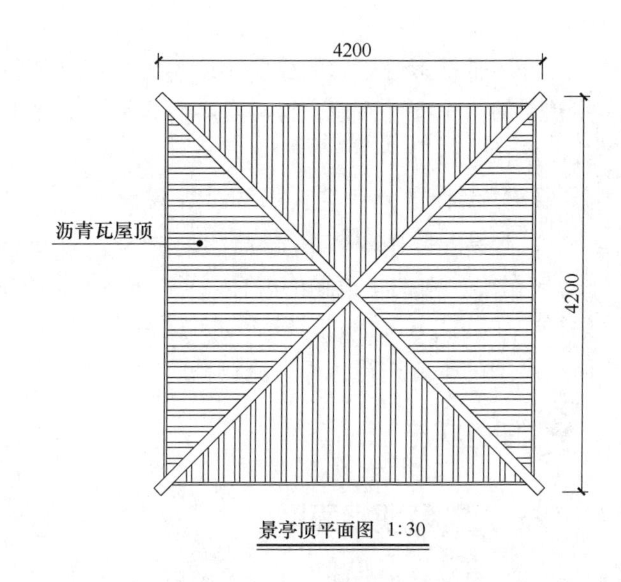

图 4-4-4　景亭顶平面图

二、景亭底平面图

绘制景亭底平面图的步骤如下：

步骤一：选择“花架”图层，选择菜单栏中的“绘图”→“矩形”，绘制 4000mm×4000mm 的矩形。选择菜单栏中的“修改”→“偏移”，选择矩形向内偏移，设置“偏移距离”为“250”。结果如图 4-4-5 所示。

步骤二：选择菜单栏中的“绘图”→“矩形”，绘制 200mm×200mm 的矩形柱。矩形柱左下角距下边框和左边框均为 250mm。选择菜单栏中的“修改”→“镜像”，复制柱。结果如图 4-4-6 所示。

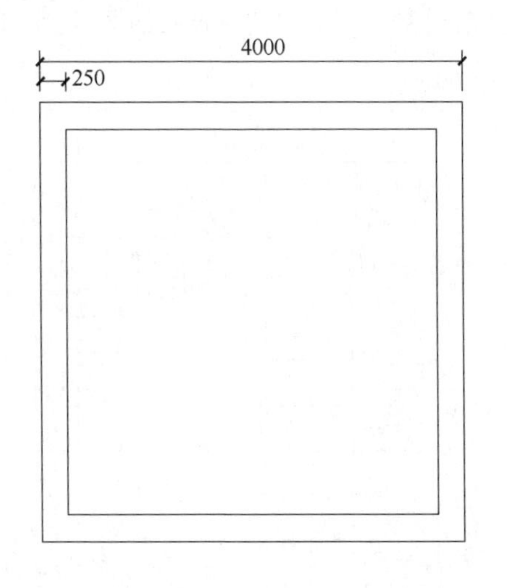

图 4-4-5　景亭底边框

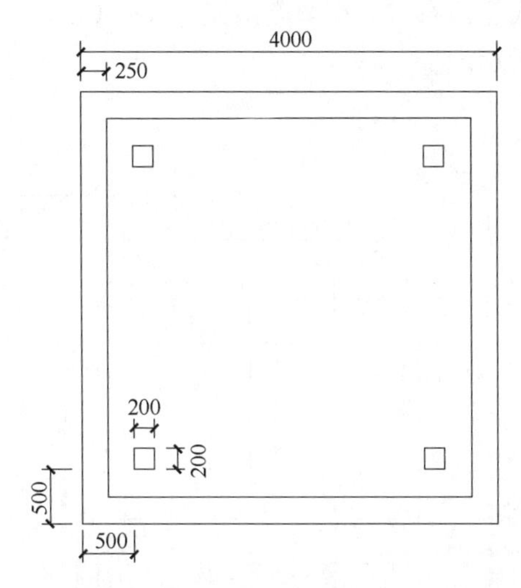

图 4-4-6　景亭柱

步骤三：选择菜单栏中的“绘图”→“矩形”，绘制 400mm×2600mm 的矩形座凳。选择菜单栏中的“修改”→“镜像”，复制座凳。结果如图 4-4-7 所示。

步骤四：选择菜单栏中的“修改”→“修剪”，修剪座凳与柱之间多余的线。选择菜单栏中的“绘图”→“直线”，在距离下侧座凳右边缘 915mm 处绘制垂直的线，并修剪多余的线。结果如图 4-4-8 所示。

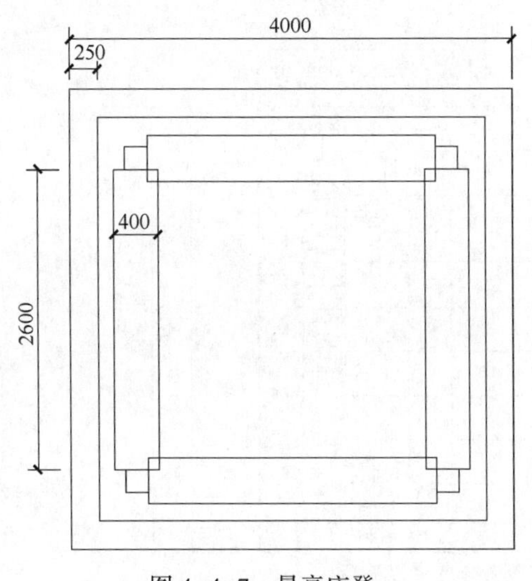

图 4-4-7　景亭座凳

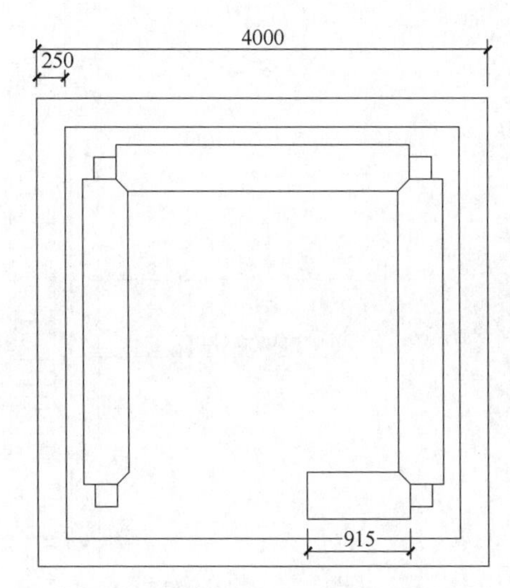

图 4-4-8　修剪后的景亭座凳

步骤五：选择“填充”图层，选择菜单栏中的“绘图”→“矩形”，绘制 400mm×400mm 的花岗岩。复制此花岗岩铺满地面，选择菜单栏中的“修改”→“修剪”，修剪掉柱和座凳覆盖区域的花岗岩。结果如图 4-4-9 所示。

步骤六：选择“填充”图层，选择菜单栏中的“绘图”→“填充”，填充座凳。选择填充图案“JIS-LC-8A”，设置“填充比例”为“15”，左右两侧座凳填充角度为“135”，上下两侧座凳填充角度为“45”。继续选择菜单栏中的“绘图”→“填充”，填充底座边石，选择填充图案“AR-CONC”，设置“填充比例”为“2”。结果如图4-4-10所示。

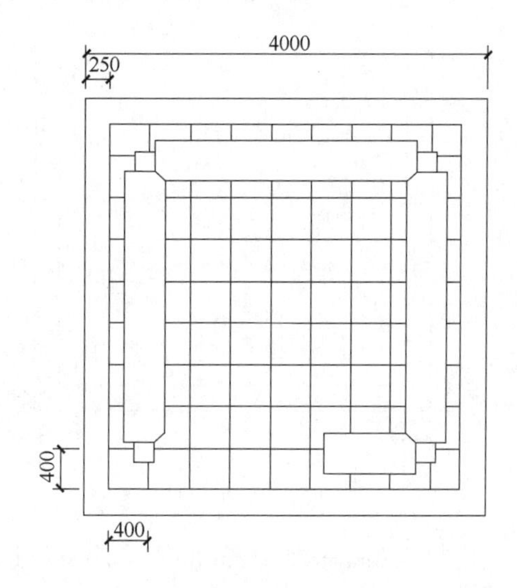

图4-4-9　花岗岩铺装

图4-4-10　填充座凳和边石

步骤七：选择“标注”图层，标注底平面尺寸与文字，填写图名和比例。结果如图4-4-11所示。

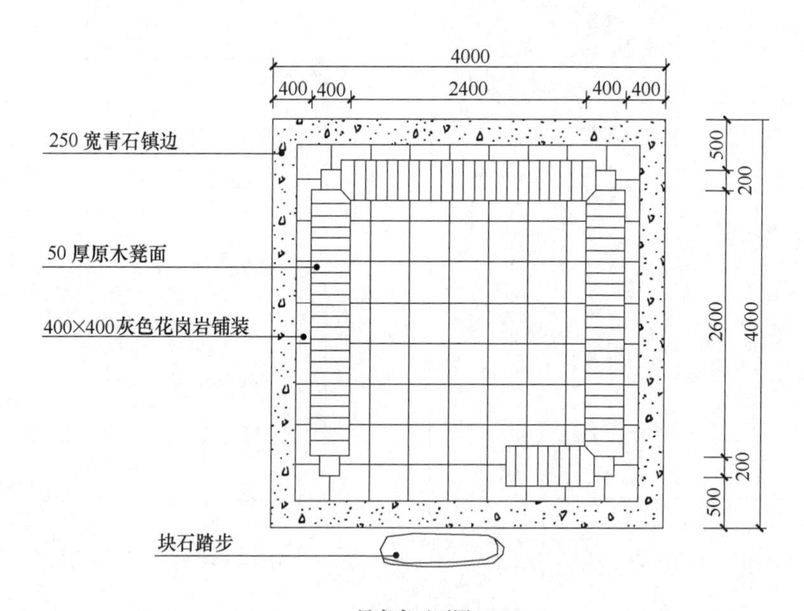

图4-4-11　景亭底平面图

三、景亭立面图

绘制景亭立面图的步骤如下：

步骤一：选择“花架”图层，选择菜单栏中的“绘图”→“矩形”，由下至上绘制4000mm×250mm的矩形表示座基，绘制200mm×2800mm的矩形表示亭柱，绘制3800mm×112mm的矩形表示梁。选择菜单栏中的“绘图”→“直线”，绘制4200mm×976mm的三角形表示亭顶边框。结果如图4-4-12所示。

步骤二：选择菜单栏中的“修改”→“偏移”/“修剪”等命令，设置“偏移距离”为50，绘制亭顶边框。结果如图4-4-13所示。

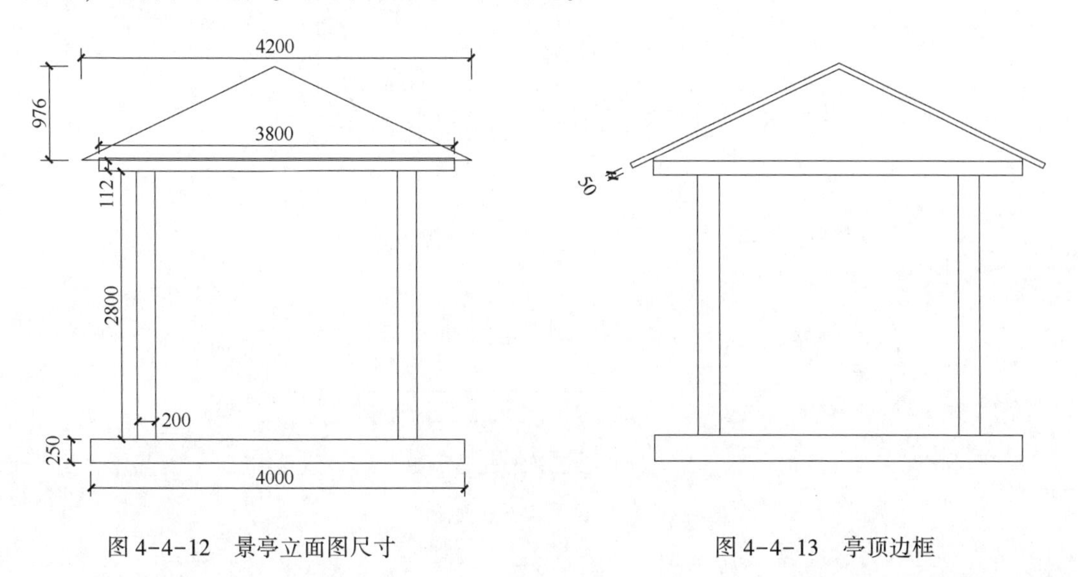

图4-4-12　景亭立面图尺寸　　　　图4-4-13　亭顶边框

步骤三：选择菜单栏中的“绘图”→“直线”等命令，绘制亭顶横梁及景亭匾额。结果如图4-4-14所示。

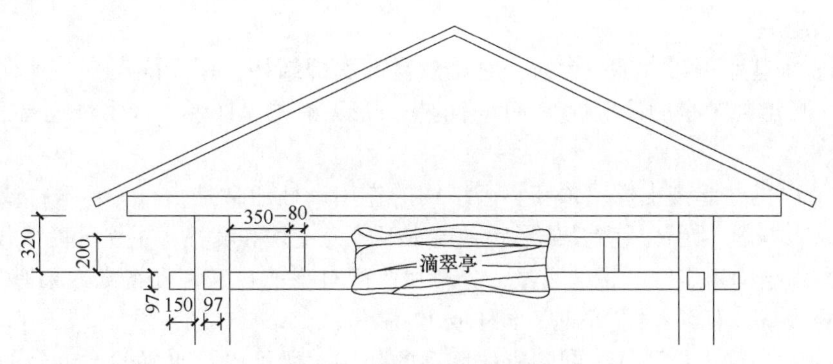

图4-4-14　亭顶横梁及景亭匾额

步骤四：选择菜单栏中的“绘图”→“直线”等命令，绘制座凳及踏步。结果如图4-4-15所示。

步骤五：选择“标注”图层，标注立面尺寸与文字，填写图名和比例。结果如图4-4-16所示。

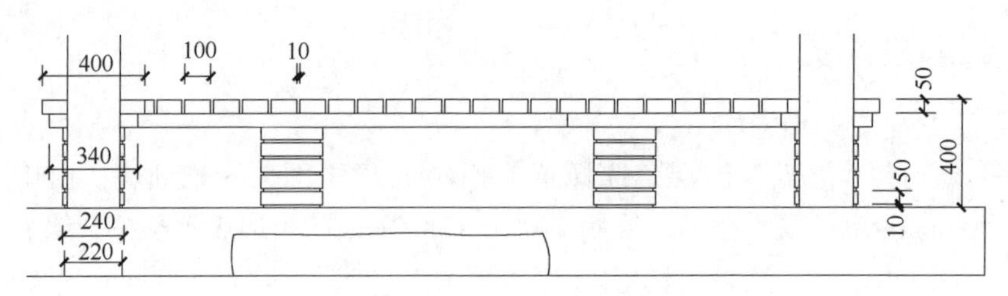

图 4-4-15　座凳及踏步

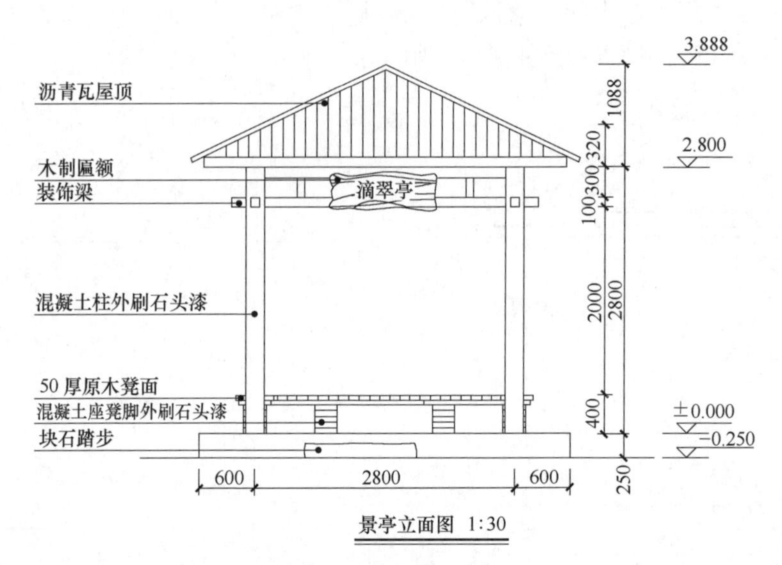

图 4-4-16　景亭立面图

拓展知识

亭是一种传统的建筑形式，在中国文化中具有重要的地位。它通常由基座、柱、梁、屋顶和围墙组成。

① 基座。基座也叫台基或台阶，它是景亭的底部结构，用于隔离亭与地面，既起到装饰作用，也增强了亭的稳定性。基座有的呈方形，有的呈圆形，选用时应视建筑风格和环境而定。

② 柱。亭的柱起到支撑屋顶和整个结构的作用。柱通常是由石头、木材或者砖石建造的，可以有方形、圆形或者其他形状。柱一般分为主柱和辅柱，主柱负责承载重量，辅柱则用于增强结构稳定性。柱的数量、分布和造型对亭的稳定性和视觉效果有很大影响。中国传统的景亭一般有 4 柱、6 柱、8 柱或 12 柱等。

③ 梁。亭的梁连接了柱，起到支撑屋顶的作用。梁可以是水平的或者斜的，具体形式取决于亭的设计风格和结构需求。梁一般由木材或者石头构成。横梁被置于柱的上方，用来支撑亭顶，它与柱共同形成了亭的骨架结构。

④ 屋顶。屋顶是亭的上部结构，一般为四坡或八坡形状，覆盖有瓦片。屋顶的设计和装饰直接影响亭的整体美感。亭的屋顶设计独特，通常采用曲线形状，如拱形、折线形等。屋顶一般由瓦片、木瓦或者琉璃瓦铺设而成，以保护内部空间免受雨水侵入。同时，

屋顶还可以通过其形态体现亭所代表的地位和等级。此外，有些亭的屋顶设计非常复杂，具有多层次的檐口和翘角，使其更具艺术美感和视觉冲击力。

⑤ 围墙。亭通常会有一圈围墙，用于给亭提供安全性和私密性。围墙可以是石墙、木栅栏或者铁艺栏杆，其上可以装饰雕刻、绘画或者字画等艺术元素，以增加亭子的美观性。

此外，亭中还有许多装饰元素，包括琉璃、挂落、斗拱、雕刻等，这些装饰元素在很大程度上展现了中国传统艺术的精细和美感。

中国传统的木质景亭采用榫卯结构，即各部分之间无须使用钉子，而是通过凹凸相配的榫卯连接固定。这种结构既牢固又美观。

除了以上的结构细节，亭还常常在建筑风格和装饰上呈现出丰富多样的特点。不同地区和历史时期的亭，在整体形态、材料选用、装饰风格等方面都会有所差异。同时，亭也常常与自然景观相结合，成为园林中的重要元素，营造出富有诗意和禅意的环境。

作为一种传统建筑形式，亭在中国文化中占有独特的地位。它既是人们休闲娱乐的场所，也是举办文化活动的地方。亭不仅展示了中国人对自然和美的追求，也承载了丰富的历史、文化和艺术内涵。无论是在城市还是乡村，亭都是连接过去与现在、传统与现代的重要纽带，展现了中国古老而独特的建筑传统。

练习提高

（1）绘制如图 4-4-17 所示的透光亭天棚平面图。

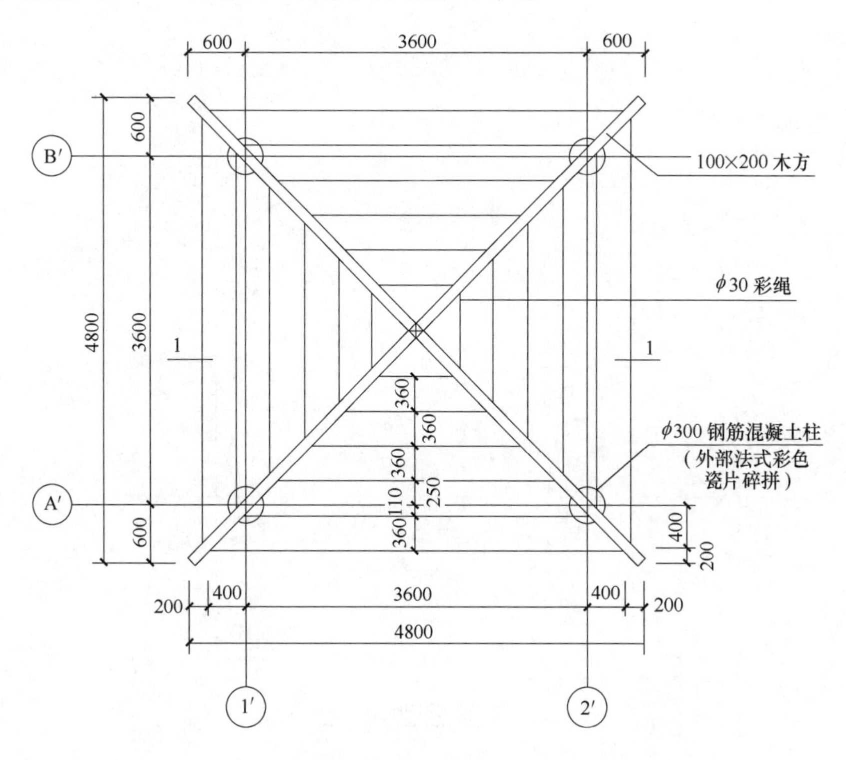

图 4-4-17　透光亭天棚平面图

（2）绘制如图 4-4-18 所示的透光亭天棚 1-1 平面图。

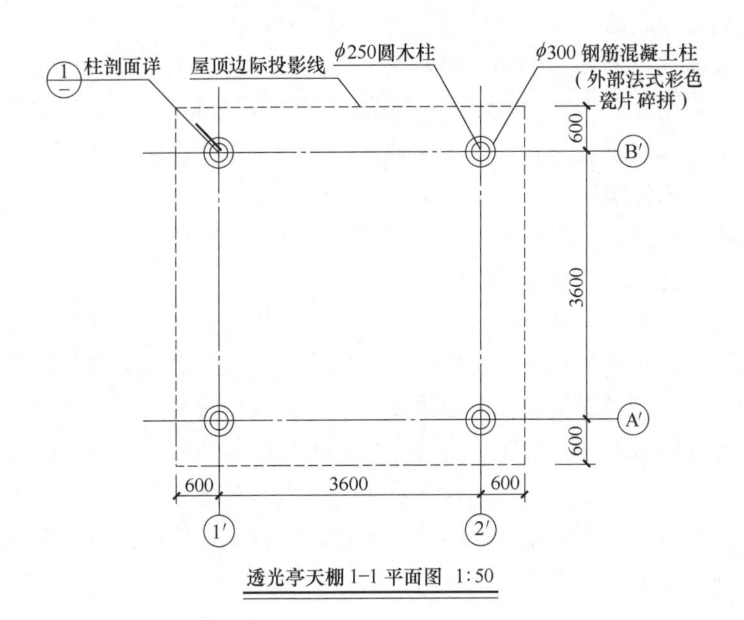

图 4-4-18　透光亭天棚 1-1 平面图

（3）绘制如图 4-4-19 所示的透光亭立面图。

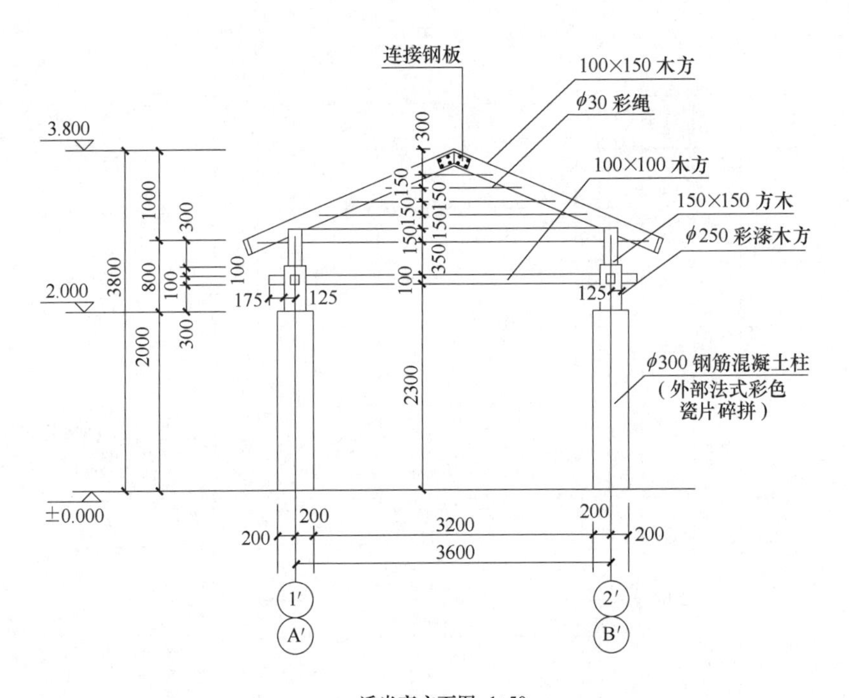

图 4-4-19　透光亭立面图

（4）绘制如图 4-4-20 所示的透光亭柱剖面 1 详图。

（5）绘制如图 4-4-21 所示的透光亭柱剖面 2 详图。

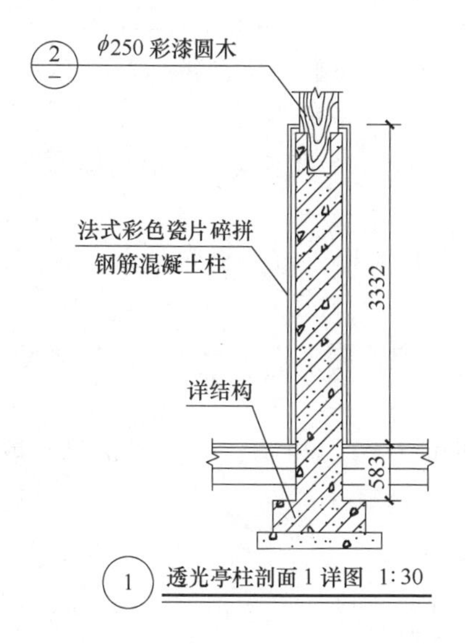

图 4-4-20　透光亭柱剖面 1 详图

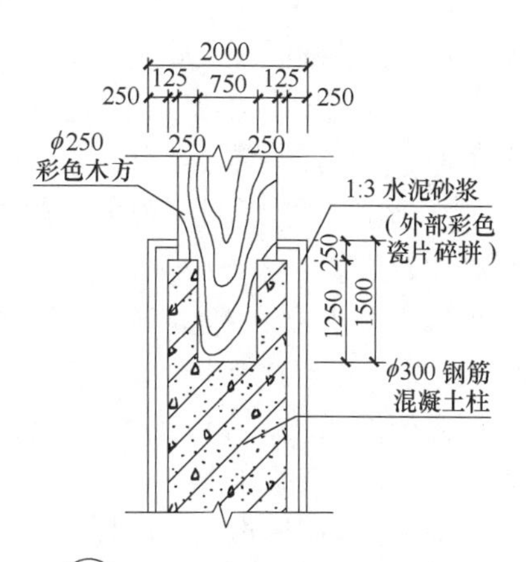

图 4-4-21　透光亭柱剖面 2 详图

教学评价

根据操作练习进行考核，考核项目和评分标准见评分标准表。

评分标准表

序号	考核项目	配分	评分标准	得分
1	亭分类	20 分	熟悉亭的分类	
2	亭顶平面	20 分	熟悉亭顶平面的绘制方法	
3	亭底平面	20 分	熟悉亭底平面的绘制方法	
4	亭立、剖面图	20 分	熟悉亭立、剖面图的绘制方法	
5	亭节点、详图	20 分	熟悉亭节点、详图的绘制方法	
6	合计			
7	结果记录	操作是否正确	是/否	
		结果是否正确	是/否	
8	操作时间			
9	教师签名			

任务五　绘制园林景墙施工图

任务分析

园林景墙施工图设计应该包括以下内容：

① 布局图。根据园林设计方案，将景墙的位置、形状、高度等进行布局，确定园林景墙的整体效果。

② 基础设计。根据景墙的高度和材料选择，设计景墙的基础结构，包括基础深度、基础宽度、基础混凝土强度等。

③ 结构设计。根据景墙的高度、厚度和材料选择，设计景墙的结构，包括墙体厚度、承重结构、隔音层等。

④ 施工工艺。根据景墙的结构设计，确定施工工艺和流程，包括材料选购、加工、运输、安装等。

⑤ 安全措施。在施工图设计中应该考虑到安全措施，包括施工现场的安全防护措施、材料运输和搬运过程中的安全措施等。

⑥ 图纸标注。在施工图纸上应该标注清楚每个构件的尺寸、材料、数量等信息，方便施工人员进行施工。

具体设计应该根据实际情况进行调整和完善。

相关知识

园林景墙是指在园林中设置的一种景观墙体，可以分隔不同区域、修饰景观、增加空间层次感。下面从材料、结构、设计，施工四个方面对园林景墙进行介绍。

① 材料。园林景墙可以使用各种材料，如石材、砖石、木材、竹子、玻璃等，可根据设计需要和实际情况进行选择。

② 结构。园林景墙可以是单面或双面的，可以是直线或曲线的，也可以有不同的高度和厚度。结构的选择应该考虑到景观设计的整体效果和实际施工难度。

③ 设计。园林景墙的设计应该考虑到整个园林的风格和主题，同时也要考虑到实用性和美观性。设计时应该注意材料的可持续性和环保性。

④ 施工。园林景墙的施工需要考虑到结构稳定性和安全性，同时也要注意施工过程中对园林环境的保护。施工前应该进行充分的规划和准备工作。

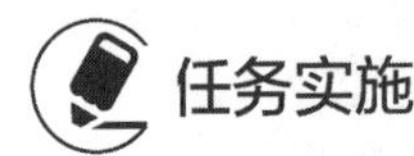

任务实施

一、景墙平面图

根据已经掌握的知识，设置图层、文字样式、标注样式和多重引线样式，绘制景墙平面图。

绘制景墙平面图的步骤如下：

步骤一：新建“景墙”图层，选择菜单栏中的“绘图”→“矩形”，绘制 1800mm×400mm 的矩形。结果如图 4-5-1 所示。

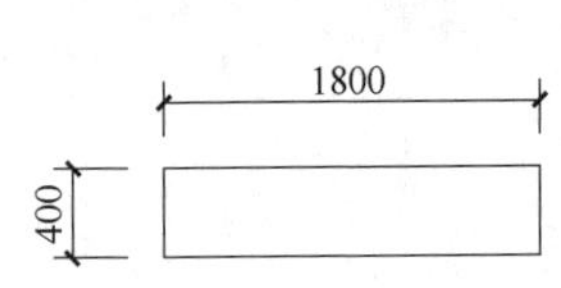

图 4-5-1　景墙平面轮廓线

步骤二：选择“景墙”图层，绘制两侧墙体和艺术玻璃轮廓线。景墙左、右轮廓线分别向内偏移 300mm 的距离以表示墙体，在中间水平方向上绘制间距为 16mm 的两条直线表示艺术玻璃。结果如图 4-5-2 所示。

步骤三：在景墙右侧绘制半径为 200mm 的圆表示灯具。

结果如图 4-5-3 所示。

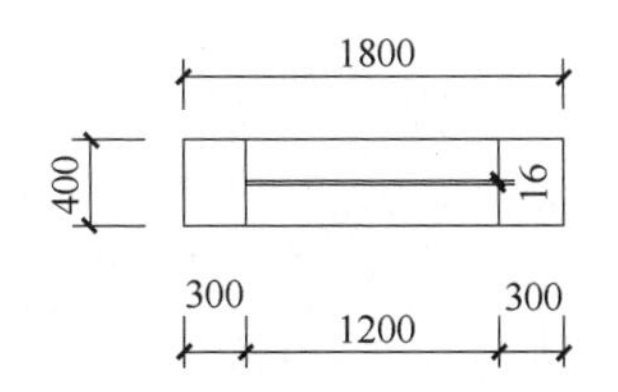

图 4-5-2　墙体和艺术玻璃轮廓线

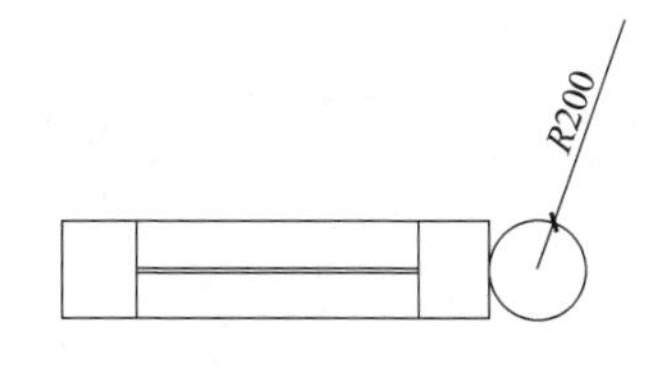

图 4-5-3　灯具轮廓线

步骤四：复制 5 组景墙和 4 组灯具，新建“标注”图层，标注尺寸和文字说明。结果如图 4-5-4 所示。

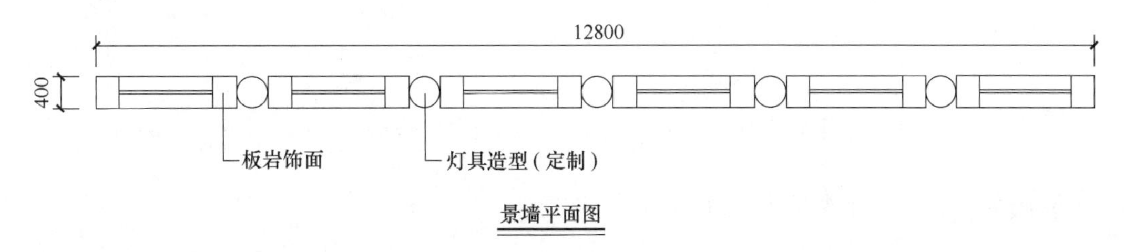

图 4-5-4　景墙平面图

二、景墙立面图

绘制景墙立面图的步骤如下：

步骤一：选择“景墙”图层，选择菜单栏中的“绘图”→“矩形”，绘制 1800mm×3000mm 的矩形。结果如图 4-5-5 所示。

步骤二：选择“景墙”图层，绘制墙体和艺术玻璃轮廓线。景墙上、左、右轮廓线分别向下、向右、向左偏移 300mm 的距离以表示墙体，中间空白处表示艺术玻璃，修剪多余线条。结果如图 4-5-6 所示。

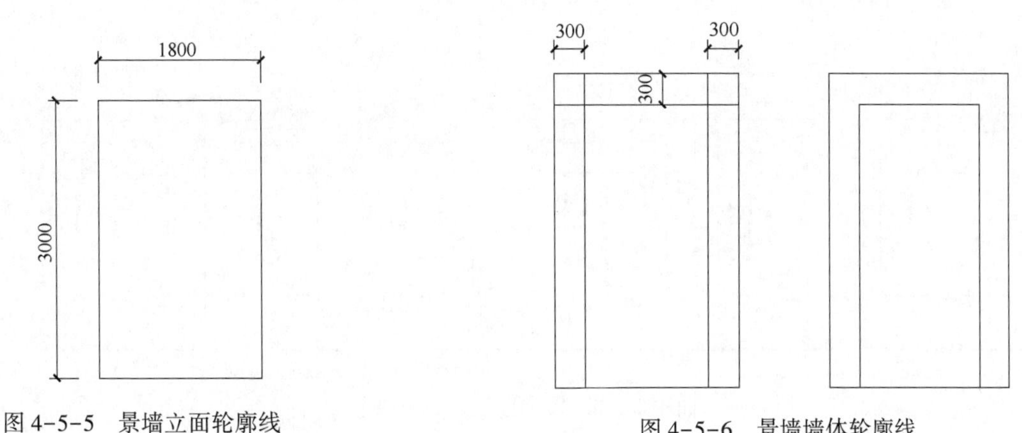

图 4-5-5　景墙立面轮廓线

图 4-5-6　景墙墙体轮廓线

步骤三：选择“景墙”图层，绘制中间玻璃及上下空白区域。结果如图 4-5-7 所示。

步骤四：绘制 400mm×2000mm 的矩形，矩形内部绘制弧线以表示灯具立面图。结果如图 4-5-8 所示。

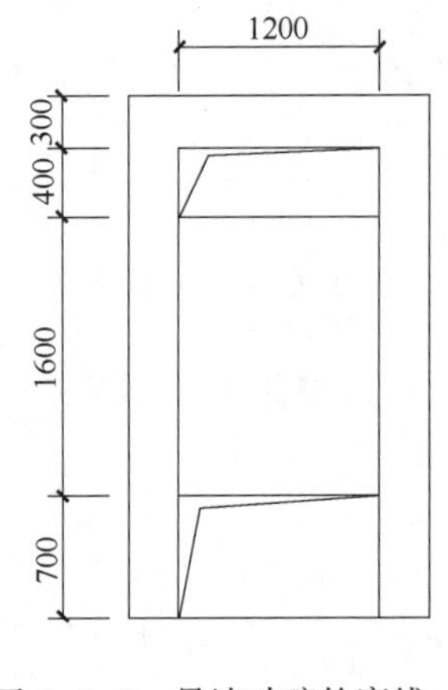

图 4-5-7　景墙玻璃轮廓线

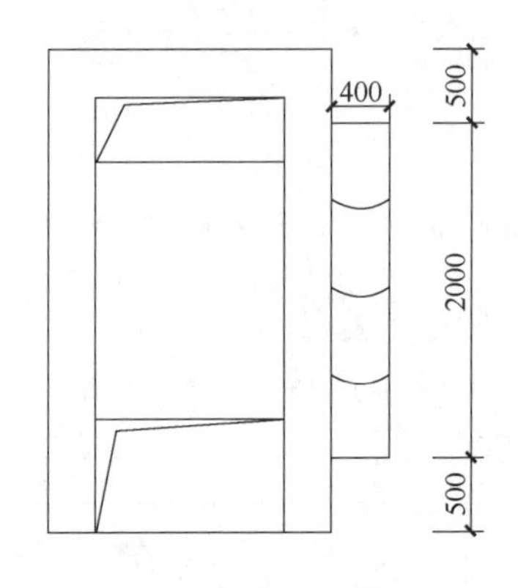

图 4-5-8　景墙灯具轮廓线

步骤五：复制 5 组景墙和 4 组灯具。结果如图 4-5-9 所示。

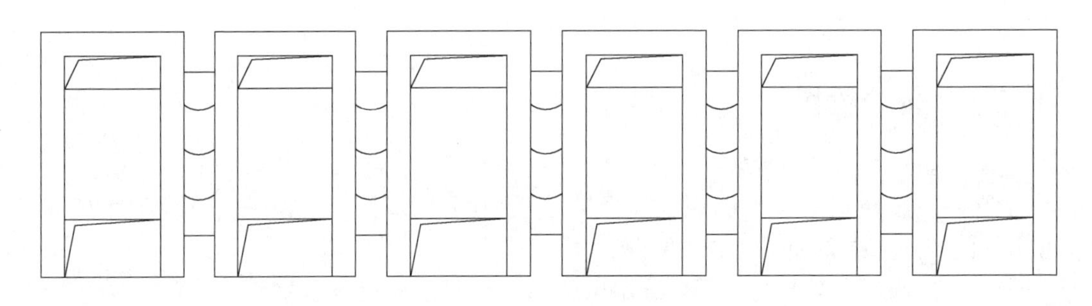

图 4-5-9　景墙立面轮廓线

步骤六：绘制或插入“艺术字”图块，然后绘制剖切符号。结果如图 4-5-10 所示。

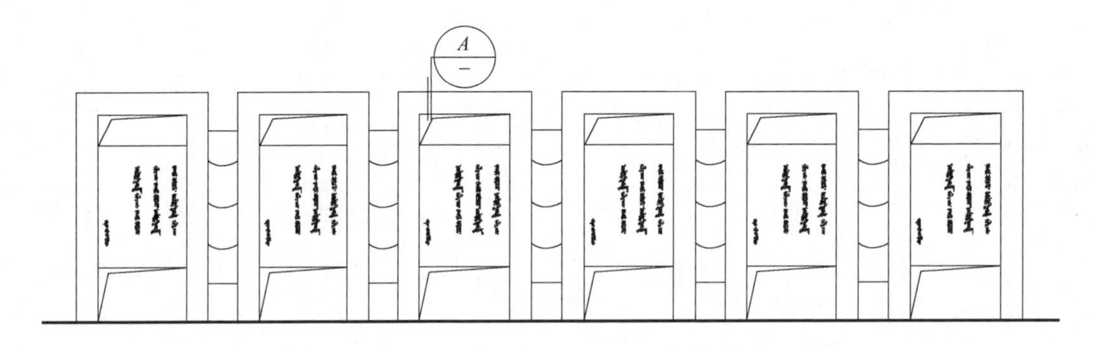

图 4-5-10　景墙艺术字及剖切符号

步骤七：选择“标注”图层，标注尺寸和文字说明。结果如图 4-5-11 所示。

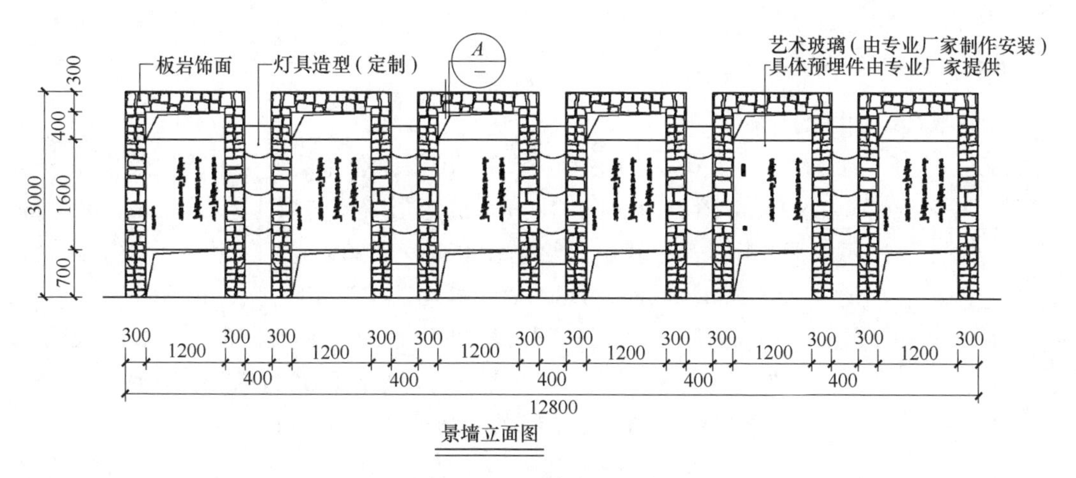

图 4-5-11　景墙立面图

三、景墙基础详图

绘制景墙基础详图的步骤如下：

步骤一：选择“景墙”图层，选择菜单栏中的“绘图”→“矩形”，绘制 700mm×700mm 的矩形表示垫层。选择菜单栏中的“修改”→“偏移”，选择矩形向内偏移，“偏移距离”为“100”，得到 500mm×500mm 的矩形表示基础。结果如图 4-5-12 所示。

步骤二：选择菜单栏中的“修改”→“偏移”，选择 500mm×500m 的矩形向内偏移，“偏移距离”为“160”，得到 180mm×180mm 的矩形表示墙体。结果如图 4-5-13 所示。

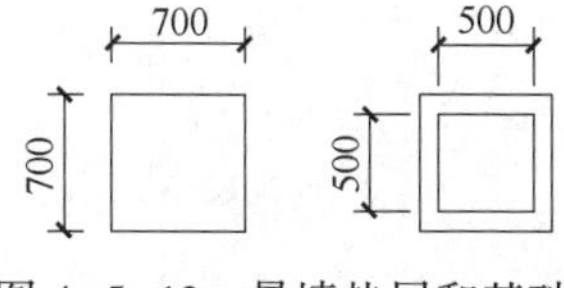

图 4-5-12　景墙垫层和基础

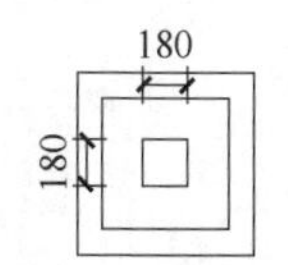

图 4-5-13　景墙墙体

步骤三：选择菜单栏中的“修改”→“偏移”，选择墙体向内偏移，“偏移距离”为“20”，表示混凝土墙体。选择菜单栏中的“绘图”→“圆”，绘制 4 个半径为 5mm 的圆，并填充黑色以表示钢筋。结果如图 4-5-14 所示。

步骤四：选择“标注”图层，标注尺寸和文字说明。结果如图 4-5-15 所示。

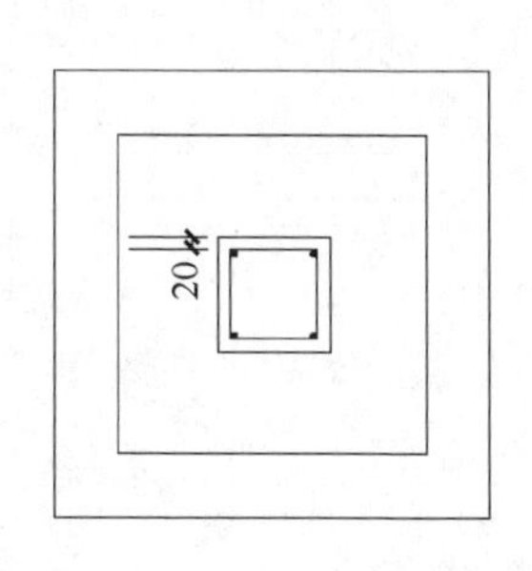

图 4-5-14　景墙结构

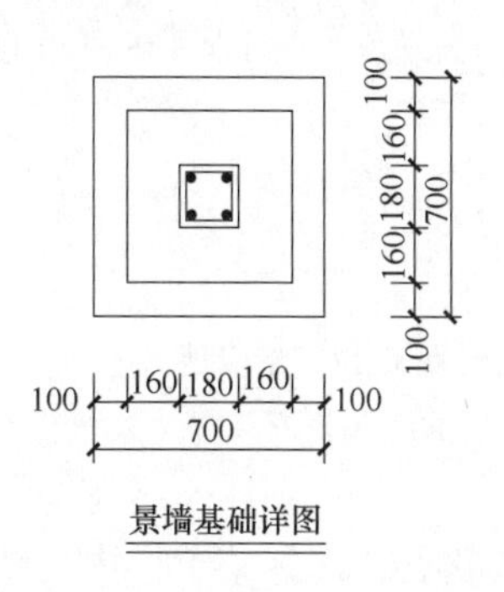

图 4-5-15　景墙基础详图

四、景墙剖面图

绘制景墙剖面图的步骤如下：

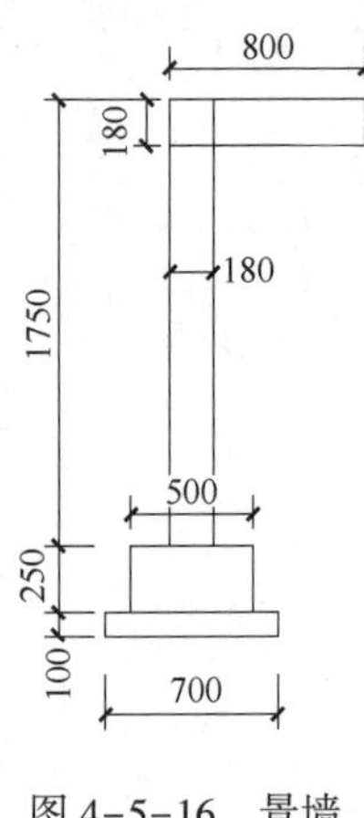

图 4-5-16　景墙剖面轮廓线

步骤一：选择“景墙”图层，选择菜单栏中的“绘图”→“矩形”，绘制 700mm×100mm 的矩形表示垫层，绘制 500mm×250mm 的矩形表示基础，绘制 180mm×1750mm 的矩形表示竖墙，绘制 800mm×180mm 的矩形表示横墙。结果如图 4-5-16 所示。

步骤二：选择“景墙”图层，在垫层底部向上 700mm 处绘制直线以表示地面，在竖墙中间处绘制两条折断线，在横墙右侧绘制折断线，删除多余线条。结果如图 4-5-17 所示。

步骤三：选择菜单栏中的“绘图”→“多段线”，设置多段线“全局宽度”为“2”，绘制景墙内钢筋，“主筋间距”为“140”，“钢筋保护层”为“20”，“箍筋间距”为“200”，基础钢筋单层双向。结果如图 4-5-18 所示。

步骤四：绘制砂浆黏结层、板岩饰面和地面，选择菜单栏中的“修改”→“偏移”，将地面以上墙体向外偏移两次，“偏移距离”为“30”。选择菜单栏中的“绘图”→“直线”，绘制地面填充轮廓线。结果如图 4-5-19 所示。

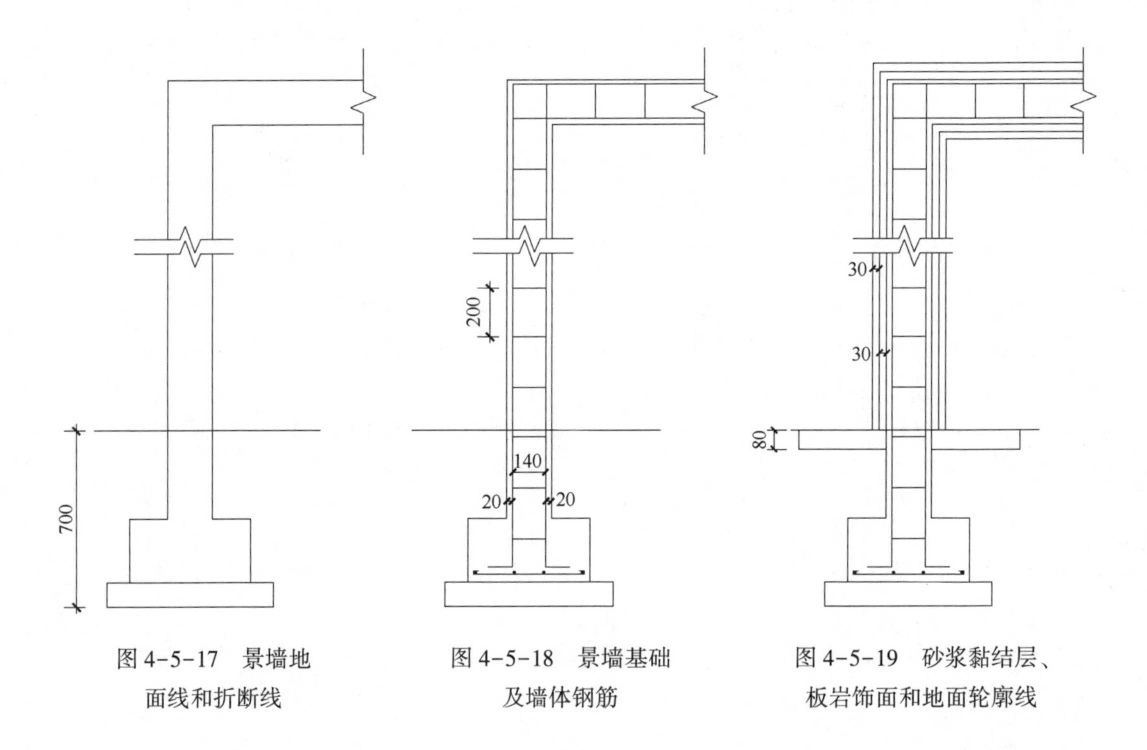

图 4-5-17　景墙地面线和折断线

图 4-5-18　景墙基础及墙体钢筋

图 4-5-19　砂浆黏结层、板岩饰面和地面轮廓线

步骤五：选择菜单栏中的“绘图”→“填充”，选择填充图案“AR-SAND”，填充砂浆黏结层，“比例”为“20”。选择填充图案“ANSI38”，填充板岩饰面，“比例”为

“150”。选择填充图案“EARTH”，填充地面，“比例”为“200”。删除多余地面轮廓线。结果如图 4-5-20 所示。

步骤六：选择“标注”图层，标注尺寸和文字说明。结果如图 4-5-21 所示。

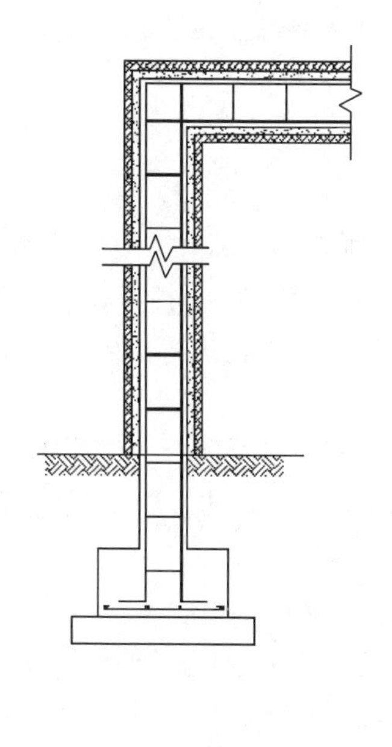

图 4-5-20　填充砂浆黏结层、板岩饰面和地面

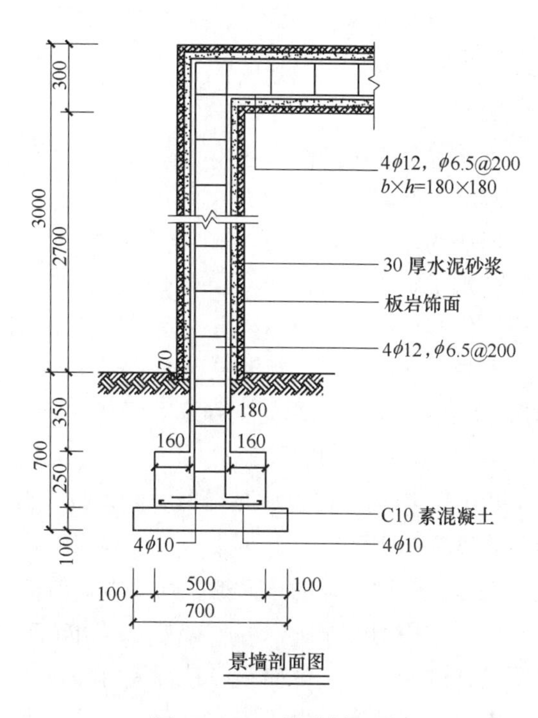

图 4-5-21　景墙剖面图

拓展知识

一、混凝土

混凝土是一种由水泥、砂、骨料和适量的掺合料经过搅拌、浇筑、凝固而成的人工建筑材料。它具有良好的可塑性和可流动性，在施工现场可以灵活地进行浇筑、成型，适用于各种建筑结构的构建。

混凝土主要由水泥、砂、骨料、掺合料、水等部分构成。

1. 水泥

水泥是混凝土的胶凝材料，通过与水发生化学反应形成胶凝物，使混凝土具有强度和硬化特性。

2. 砂

砂作为细骨料的一种，用于填充和增加混凝土的体积，同时提供一定的抗压强度和工作性能。

3. 骨料

骨料也称为粗骨料，常见的有石子、碎石等，用于增加混凝土的强度和稳定性。

4. 掺合料

根据需要可添加掺合料，如粉煤灰、矿渣粉等，用于改善混凝土的性能，如增加耐久性、减少收缩等。

5. 水

水是混凝土中的溶剂，用于激活水泥的化学反应，并参与混凝土的凝固过程。

混凝土经过适当的配合比设计，将水泥、砂、骨料和掺合料、水按一定比例进行混合，形成均匀的混合物。在施工现场，混凝土可以通过搅拌车或混凝土搅拌站进行搅拌，然后使用泵车或倒车机器将混凝土运输至指定施工地点。最后，进行浇筑、振实和养护等工序，使其逐渐硬化成为具有一定强度和耐久性的建筑材料。

混凝土强度等级是指混凝土在静态加载下的承载能力。根据《混凝土结构设计规范》（GB 50010—2010），混凝土强度等级按照抗压强度进行划分，常见的混凝土强度等级有C15、C20、C25、C30、C35、C40、C45、C50、C55、C60。

以 C15 为例，它表示混凝土的设计抗压强度为 15MPa。而 C20 则表示混凝土的设计抗压强度为 20MPa，以此类推。每个等级都代表着对混凝土的不同强度要求。

混凝土强度等级的选择通常需要考虑所处环境、工程性质、结构要求等因素。在一般建筑中，常用的混凝土强度等级为 C25 和 C30，而在高层建筑或特殊结构中，可能需要使用更高强度的混凝土，如 C40 或以上等级。

混凝土强度等级仅代表设计值，并不保证实际强度达到该数值。因此，在实际施工中，还需要进行充分的质量控制和检测，以确保混凝土的强度符合设计要求。

二、钢筋

钢筋是一种常用的建筑材料，也被称为钢筋条或钢筋杆。它由高强度钢材制成，主要用于加固和增强混凝土结构的抗拉能力。

在混凝土结构中，钢筋常被用于加固混凝土梁、柱、板等构件的抗拉部分，以提高整体结构的强度和稳定性。在施工过程中，钢筋通过精确布置固定到预留的位置，与混凝土一起形成钢筋混凝土构件。这样的组合可以发挥钢材的抗拉能力和混凝土的耐压性能，实现了两种材料的优势互补。

主筋和箍筋是在混凝土结构中使用的两种常见类型的钢筋。

主筋是用于承受主要的拉力或抗弯强度的钢筋。主筋通常布置在混凝土梁、柱、板等构件的主要受力区域，以增强结构的抗拉性能或抵抗弯曲力。主筋在结构设计中根据需要进行计算和布置，通常是经过精确定位并按照一定间距等方式固定在混凝土内部。

箍筋是用于约束混凝土结构中主筋的钢筋。箍筋通常布置在主筋周围，以防止主筋在混凝土受压过程中发生屈服或滑移。箍筋主要通过提供侧向约束力来增加混凝土结构的抗震性能和受力承载能力。箍筋可以是环形的（称为箍带）或直线形的，可根据不同的设计需求和构件形状进行确定。

主筋和箍筋的选择和布置是根据混凝土结构的力学特性和设计要求进行的。通过合理的主筋和箍筋布置，可以增强结构的整体强度、刚度和韧性，提高其抗震性能和承载能力。在实际施工中，需要按照设计要求进行正确的主筋和箍筋的安装和固定，确保其位置准确、间距合适，并严格遵守相关的施工规范和要求。

在绘制图纸或施工图过程中，主筋和箍筋的表示方式应遵循一定的标准和规定。下面介绍它们常见的表示方式。

1. 主筋的表示方式

在平面图上，主筋通常用粗实线表示，并标注主筋的直径、间距、长度等信息。

在剖面图上，主筋通常用符号“ϕ”（代表直径）和字母“A”（代表钢筋）组合表示，并标注其直径和数量等信息。

2. 箍筋的表示方式

在平面图上，箍筋通常用细实线或虚线表示，并标注箍筋的直径、间距、长度等信息。

在剖面图上，箍筋通常用符号“ϕ”（代表直径）和字母“G”（代表箍筋）组合表示，并标注其直径和数量等信息。

此外，在具体的图纸或图纸标注中，还可能会使用不同的符号、颜色或其他标识来表示主筋和箍筋，具体要根据相关设计规范和标准进行解读。钢筋的尺寸、编号、材料等信息也会在图纸中进行详细注明，以确保施工的准确性和一致性。

练习提高

（1）绘制如图 4-5-22 所示的景墙平面图。

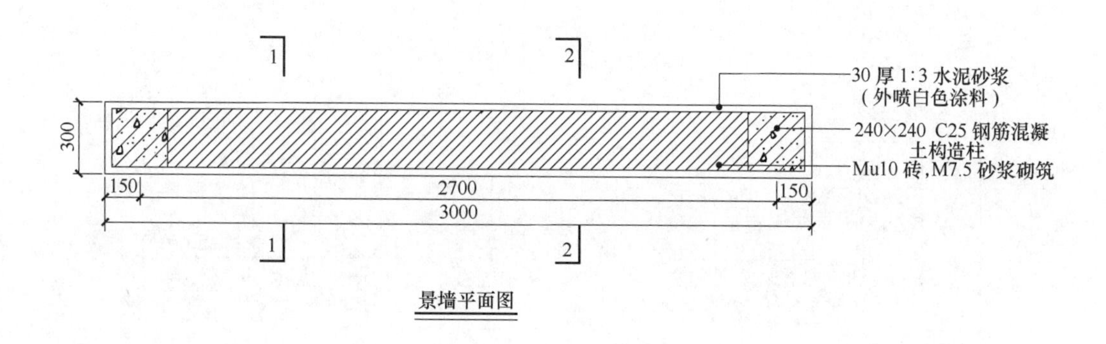

图 4-5-22　景墙平面图

（2）绘制如图 4-5-23 所示的景墙立面图。

（3）绘制如图 4-5-24 所示的景墙 1-1 剖面图。

（4）绘制如图 4-5-25 所示的景墙 2-2 剖面图。

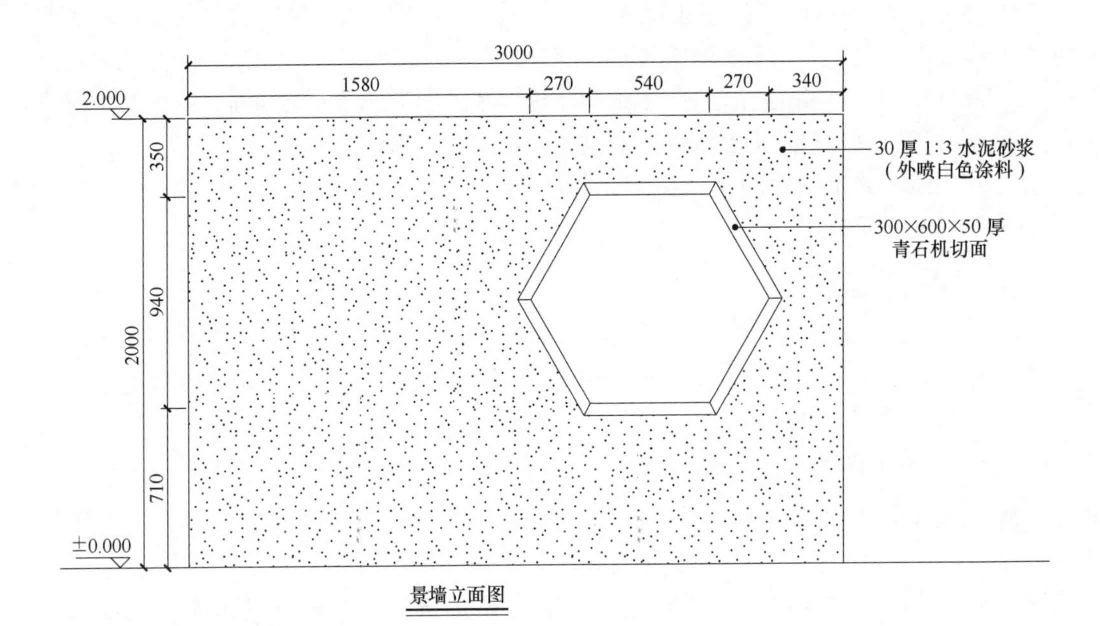

图 4-5-23　景墙立面图

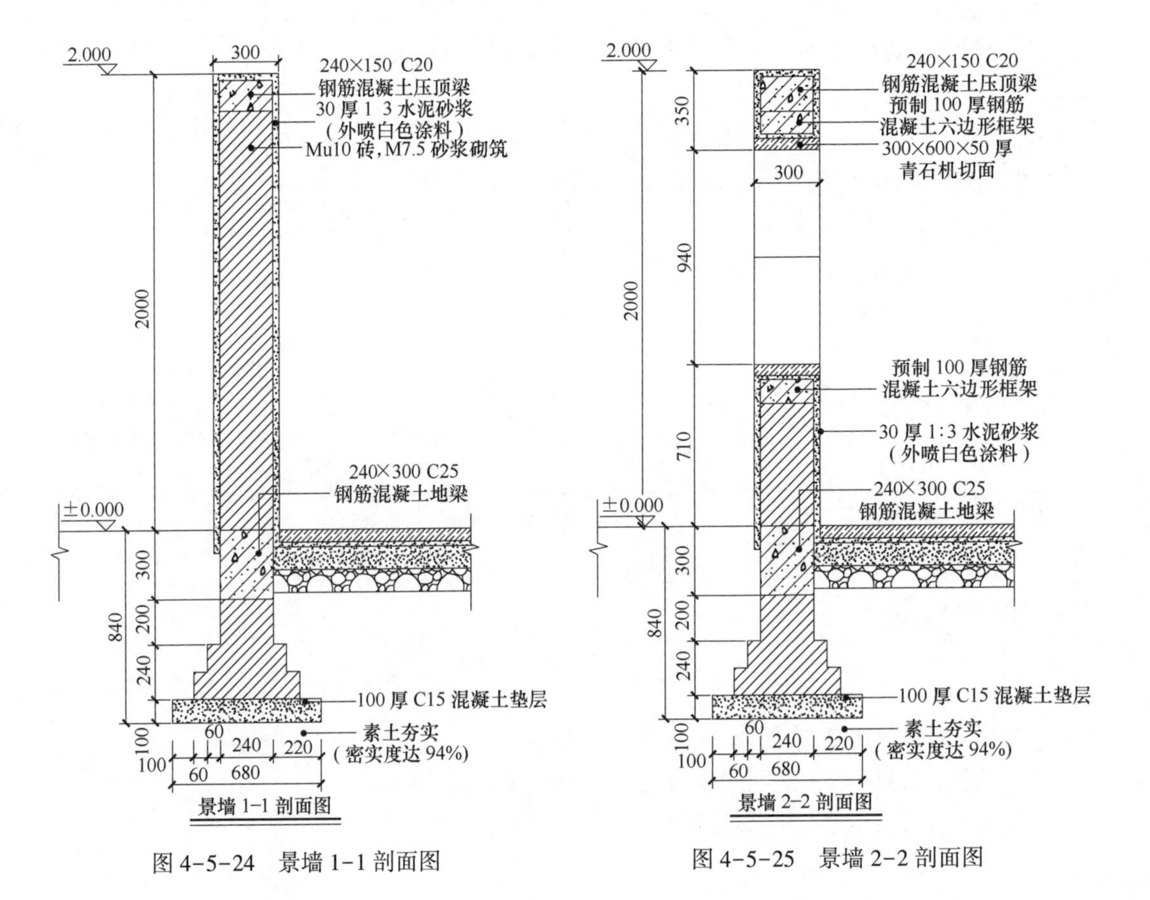

图 4-5-24　景墙 1-1 剖面图

图 4-5-25　景墙 2-2 剖面图

教学评价

根据操作练习进行考核，考核项目和评分标准见评分标准表。

评分标准表

<table>
<tr><th>序号</th><th>考核项目</th><th>配分</th><th colspan="2">评分标准</th><th>得分</th></tr>
<tr><td>1</td><td>景墙平面图</td><td>20 分</td><td colspan="2">平面造型准确,标注清晰</td><td></td></tr>
<tr><td>2</td><td>景墙立面图</td><td>20 分</td><td colspan="2">立面造型标注清晰全面</td><td></td></tr>
<tr><td>3</td><td>景墙基础详图</td><td>20 分</td><td colspan="2">基础标注准确</td><td></td></tr>
<tr><td>4</td><td>景墙剖面图</td><td>30 分</td><td colspan="2">剖面各部分绘制准确,标注清晰</td><td></td></tr>
<tr><td>5</td><td>打印图纸</td><td>10 分</td><td colspan="2">视口比例合适,选择图幅合理</td><td></td></tr>
<tr><td>6</td><td>合计</td><td colspan="4"></td></tr>
<tr><td rowspan="2">7</td><td rowspan="2">结果记录</td><td colspan="2">操作是否正确</td><td colspan="2">是/否</td></tr>
<tr><td colspan="2">结果是否正确</td><td colspan="2">是/否</td></tr>
<tr><td>8</td><td>操作时间</td><td colspan="4"></td></tr>
<tr><td>9</td><td>教师签名</td><td colspan="4"></td></tr>
</table>

AutoCAD综合项目

任务一　绘制园林植物种植施工图

任务分析

综合性园林施工图一般包括绿化、园建、结构、园林电气、园林给排水等专业图纸。

一套完整的园林绿化施工图包括封面、目录、绿化设计说明、苗木表、绿化平面图索引图、绿化分区乔木平面图、绿化分区灌木平面图、绿化分区地被平面图等若干张图纸。小型场地的绿化施工图可以简化，乔木、灌木及地被可以绘制在一张图纸上。

相关知识

绿化配置图主要包括平面布局、植物分布、植物种类、植物数量、其他元素、图例和说明、施工和维护要求。

1. 平面布局

平面布局是绿化配置图的基础，它显示了整个区域的形状和大小以及对应的地形、地貌等信息。

2. 植物分布

植物分布详细描绘了各种植物在整个区域中的分布情况，包括树木、灌木、花草等所有植物的具体位置。

3. 植物种类

绿化配置图通常会在一侧列出所有用到的植物种类，包括学名和俗名，以此来标注图上的植物分布。

4. 植物数量

对于每一种植物，配置图都将列明其数量，以便于采购和管理。

5. 其他元素

绿化配置图还可能包括道路、建筑、装饰物、灯光、喷泉、座凳、垃圾桶等其他元素的位置和细节。这些元素也是设计的一部分，对于达成设计效果有重要影响。

6. 图例和说明

图例用于解释图上的各种标记和符号，说明则提供了关于设计的其他必要信息，例如植物的选取理由，以及特别的设计考虑等。

7. 施工和维护要求

绿化配置图还可能包含有关施工和维护的要求，如植物种植深度、寿命、需要的光照和水分条件等，以确保植物能在特定环境中良好生长。

任务实施

绘制绿化施工图

绘制绿化施工图的步骤如下：

步骤一：绘制上木种植图。结果如图 5-1-1 所示。

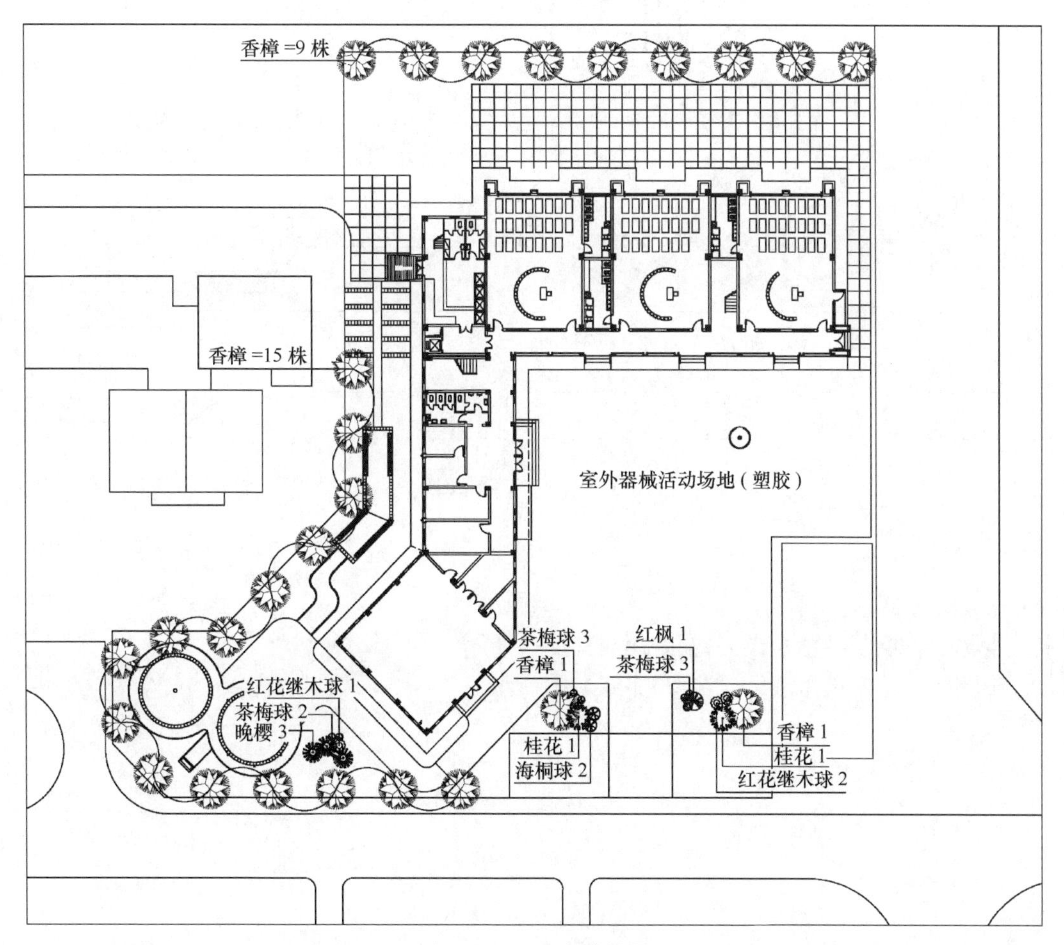

图 5-1-1　上木种植图

步骤二：绘制下木种植图。结果如图 5-1-2 所示。

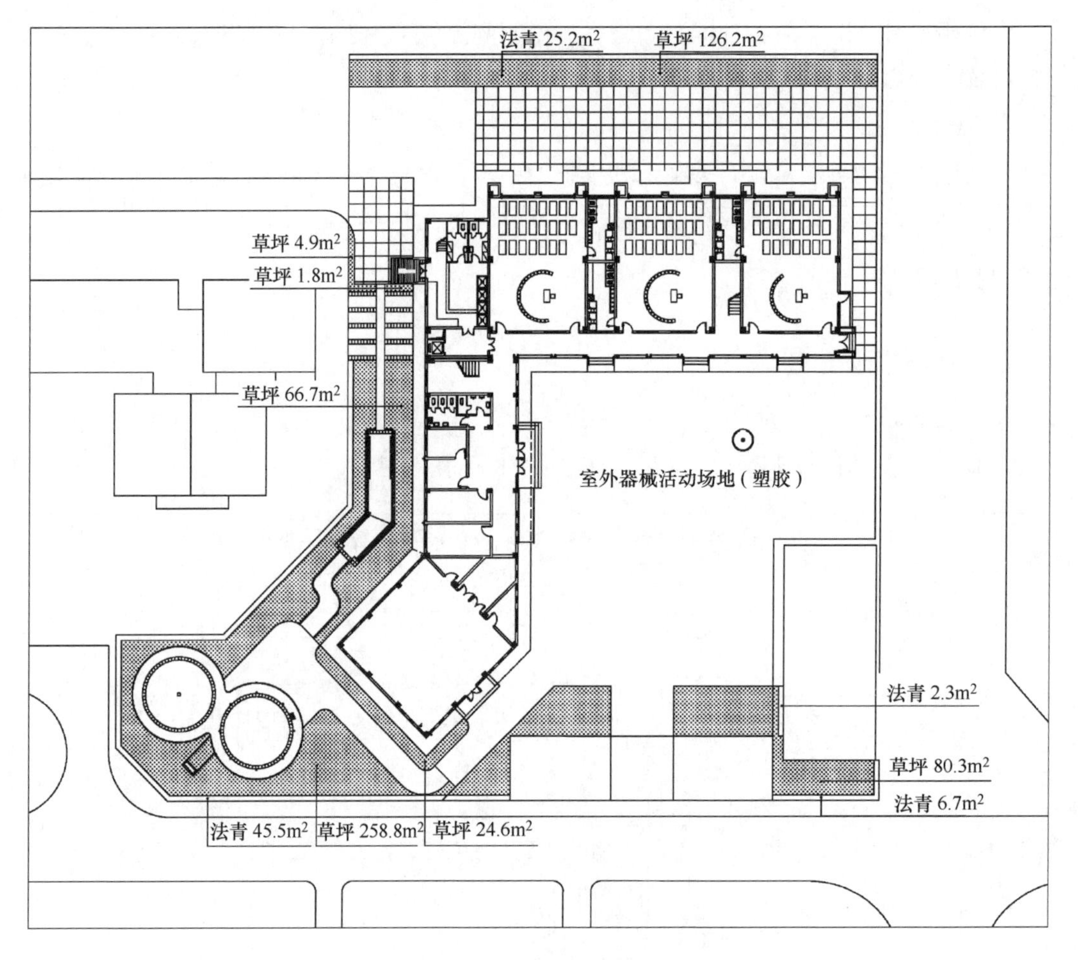

图 5-1-2　下木种植图

步骤三：绘制种植总图。结果如图 5-1-3 所示。

步骤四：绘制苗木表。结果如图 5-1-4 所示。

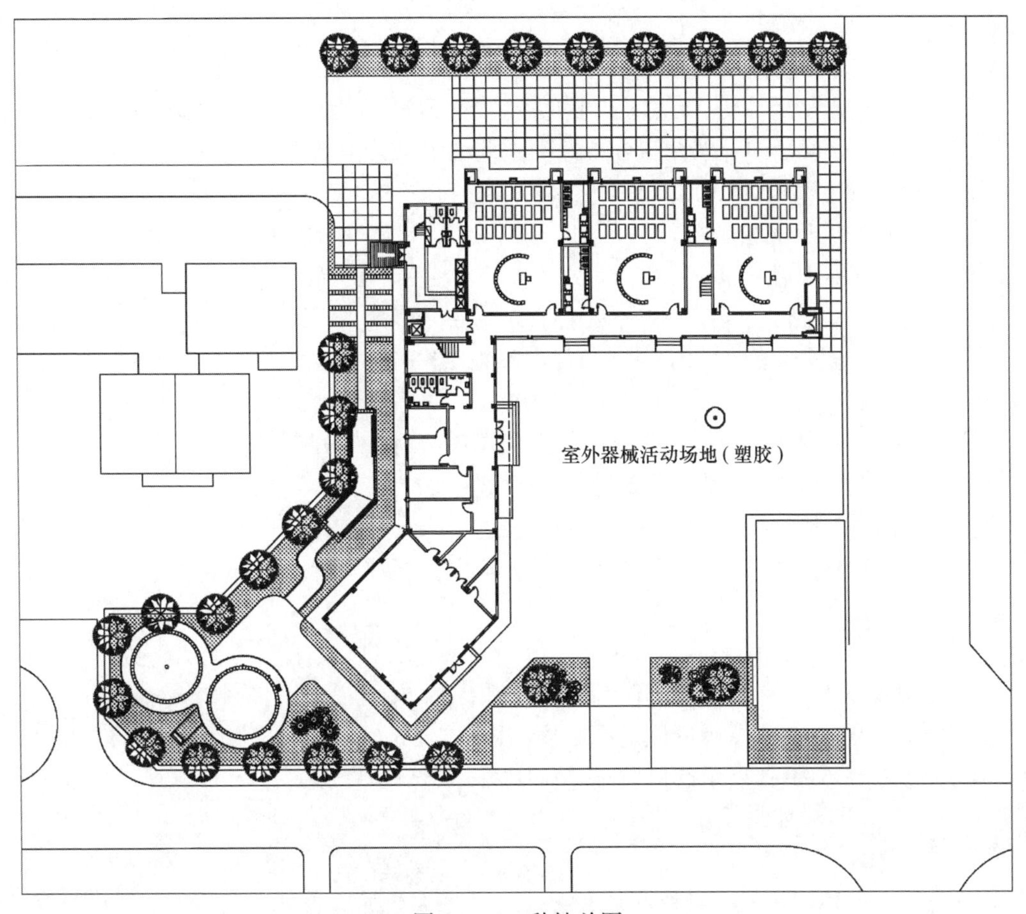

图 5-1-3 种植总图

图例	名称	规格/cm			单位	数量	说明
		胸径	冠径	高			
	香樟	14~16	350~400	500~550	棵	26	树干笔直，2m 处分枝，一级分枝 3~5 枝，冠形饱满无缺冠
	桂花	地径 15	200~250	250~300	棵	2	枝叶饱满，丛生，形态优美
	红枫	地径 7	150~180	150~180	棵	1	0.5m 左右处分枝，一级分枝 3~5 枝，冠形饱满无缺冠
	晚樱	地径 8~10	180~220	200~250	棵	3	树干笔直，0.8m 左右处分枝，一级分枝 3~5m 枝，冠形饱满无缺冠
	海桐球		120	100~120	棵	2	光球
	红花继木球		120	100~120	棵	3	光球
	茶梅球		50~60	50~60	棵	8	光球
	法青		60~80	180~200	m^2	79.7	15 棵/m^2，三年生苗，长势优良
	草坪				m^2	563.3	狗牙根和黑麦草混播草皮，满铺

图 5-1-4 苗木表

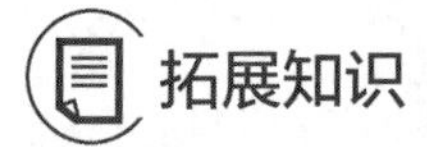

拓展知识

进行园林景观设计时，应严格依据现有资料，并遵循相关国家及行业标准，同时参考现行法律法规。确保设计的合理性与合规性。主要的设计依据如下：

① 本项目的方案设计图纸。

② 本项目的勘察测绘图纸。

③ 业主提供的其他资料。

④《公园设计规范》(GB 51192—2016)。

⑤《城市绿地设计规范(2016 年版)》(GB 50420—2007)。

⑥《风景园林制图标准》(CJJ/T 67—2015)。

⑦《防灾避难场所设计规范(2021 年版)》(GB 51143—2015)。

⑧《园林绿化工程施工及验收规范》(CJJ 82—2012)。

⑨《绿化种植土壤》(CJ/T 340—2016)。

⑩ 其他现行有关法律法规、行业标准及规范。

练习提高

(1)绘制如图 5-1-5 所示的庭院绿化施工图(一)。

(2)绘制如图 5-1-6 所示的庭院绿化施工图(二)。

(3)绘制如图 5-1-7 所示的庭院绿化施工图(三)。

教学评价

根据操作练习进行考核，考核项目和评分标准见评分标准表。

评分标准表

序号	考核项目	配分	评分标准	得分
1	乔木施工图	20 分	乔木大小、位置合理，标注清晰准确	
2	灌木施工图	20 分	灌木大小、位置合理，标注清晰准确	
3	地被施工图	20 分	地被轮廓线优美，标注清晰准确	
4	花卉施工图	20 分	花卉搭配合理，标注清晰准确	
5	打印图纸	20 分	合理设置视口，图纸比例合适	
6	合计			
7	结果记录	操作是否正确	是 / 否	
		结果是否正确	是 / 否	
8	操作时间			
9	教师签名			

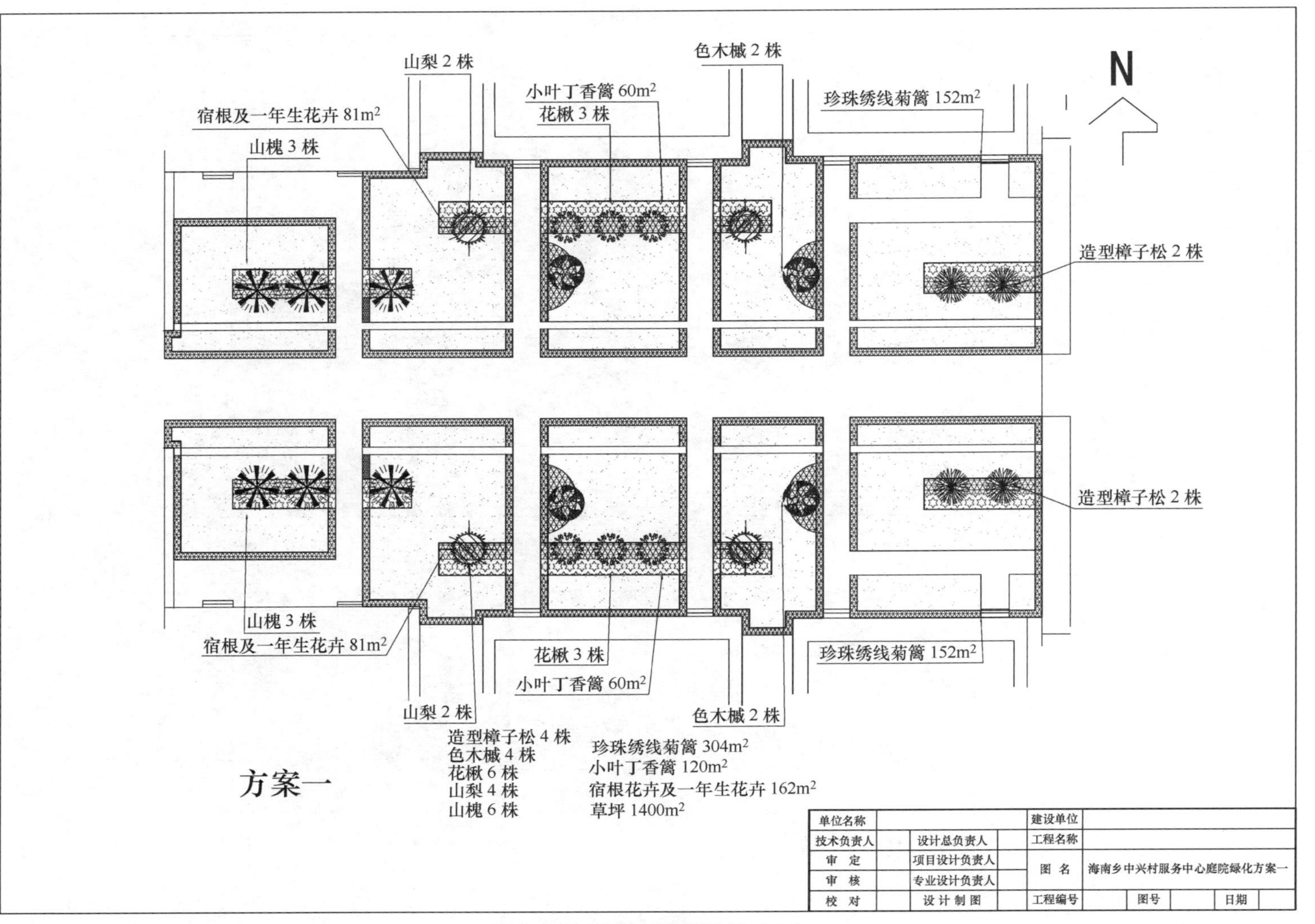

图 5-1-5　庭院绿化施工图（一）

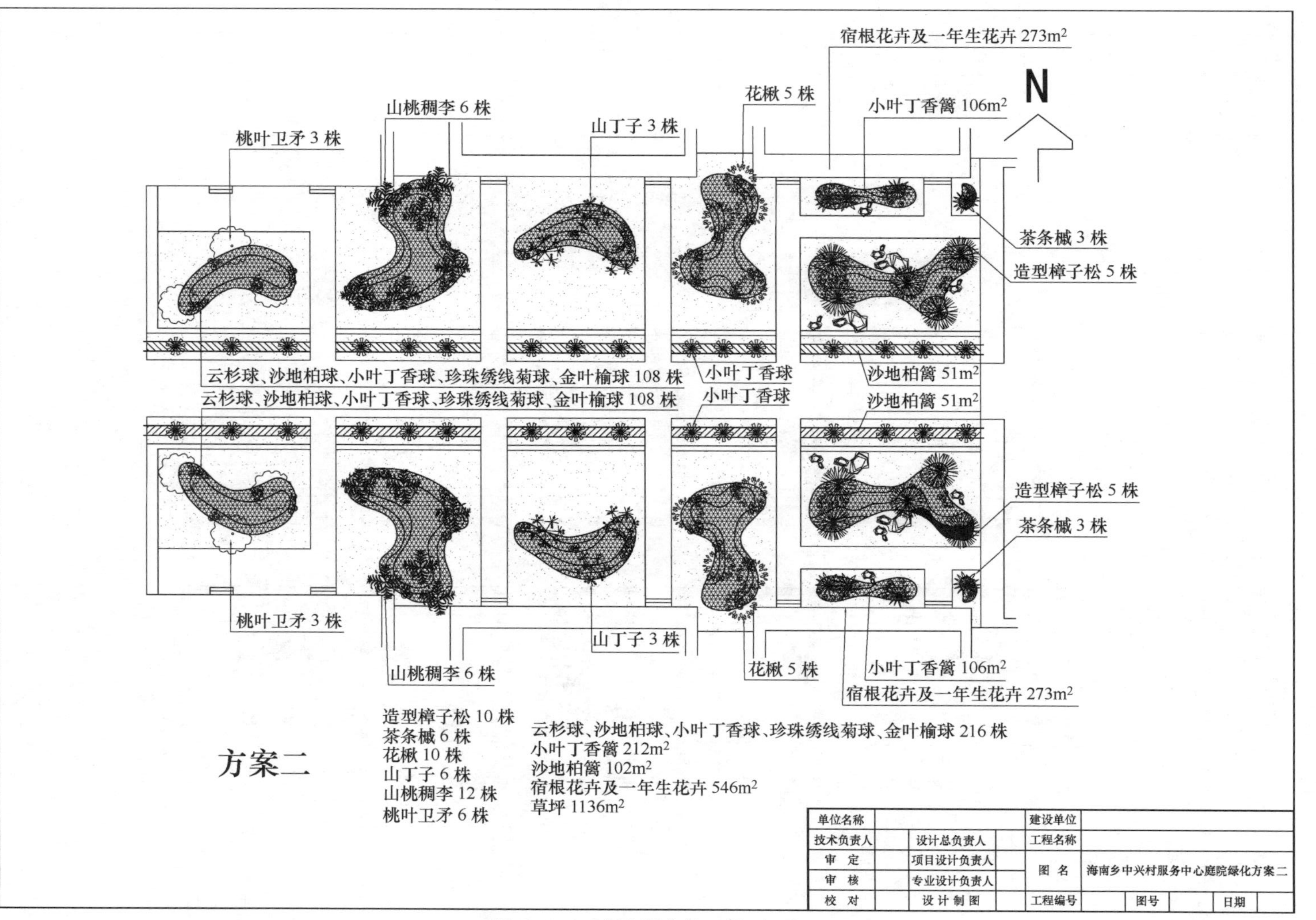

图 5-1-6 庭院绿化施工图（二）

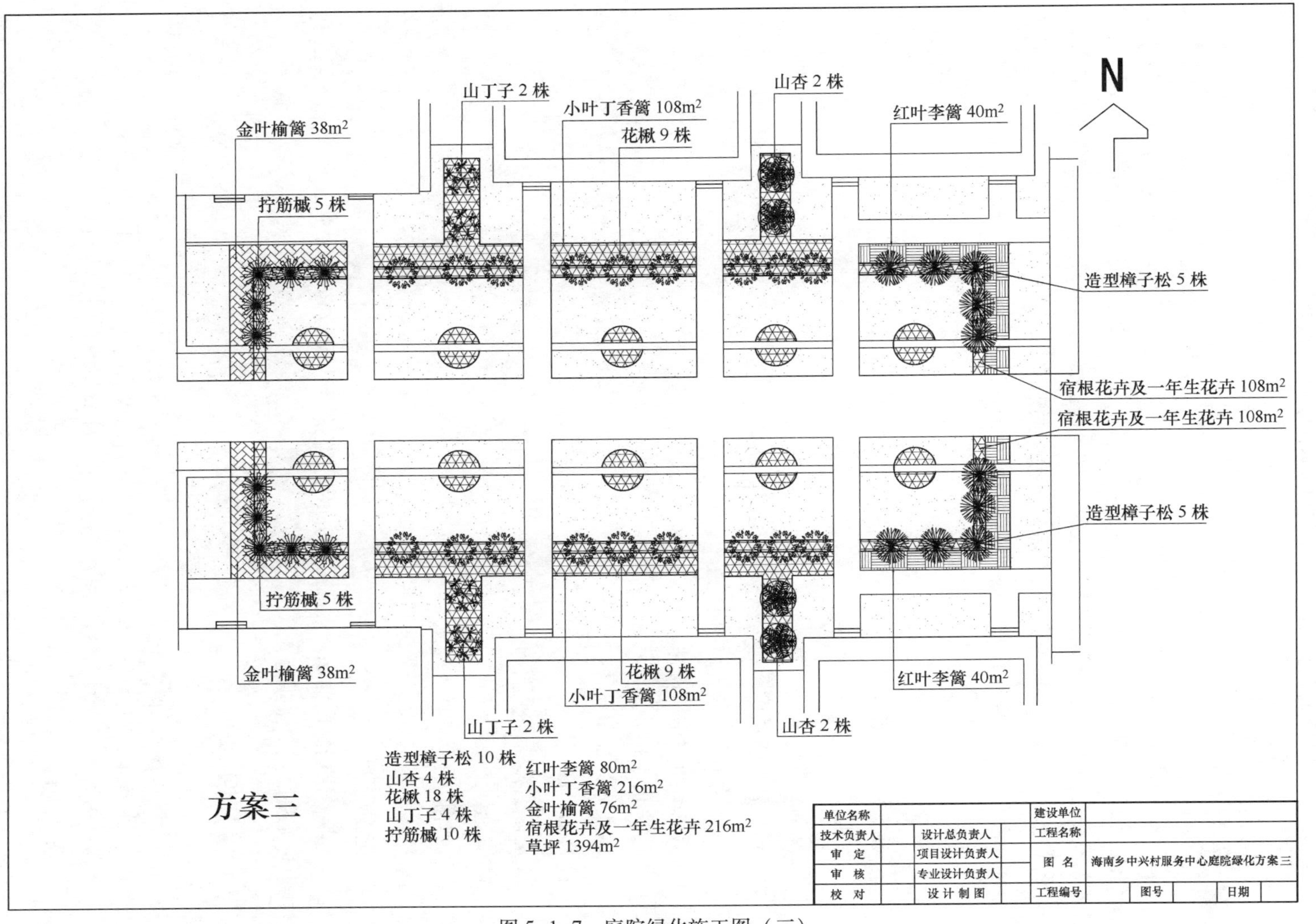

图 5-1-7　庭院绿化施工图（三）

任务二　绘制庭院景观施工图

任务分析

庭院是指附属于建筑物的外围场地，可供人们进行室外活动。按照中国传统的观念，“庭”指堂前屋后的空地，“院”指由建筑围合而成的活动空间，即室内居住空间的室外延伸。庭院将室内外的生活场景串联起来，为人们提供或动或静、生态宜居的生活场所。庭院都是依附于其建筑物的，不具有对外单独使用的功能。

由于庭院的面积较小，庭院景观施工图一般出A3图幅的图纸，图纸内容一般包括：

① 封面。

② 目录。

③ 施工设计说明。

④ 庭院现状平面图。

⑤ 庭院总平面图。

⑥ 庭院总平面定位图。

⑦ 庭院尺寸与竖向定位图。

⑧ 庭院总平面铺装图。

⑨ 总平面索引图。

⑩ 各部分景观详图。

⑪ 庭院物料表。

⑫ 庭院给排水总平面图。

⑬ 水施详图。

⑭ 设计说明及灯具布局图。

⑮ 植物配置图。

⑯ 植物配置表。

本任务将根据给定的7000mm×7000mm庭院的尺寸和标高（图5-2-1至图5-2-3）绘制一套完整的庭院景观施工图。

相关知识

一、庭院景观的风格

目前最为流行的造园风格包括欧式、中式、日式三种类型。

1. 欧式庭院

欧式庭院分为多种不同的风格，意大利、法国、荷兰、英国的造园艺术是西方的典型代表。从严谨的理性到松弛的感性，庭院开始融入人们的生活中，成为一种生活方式。

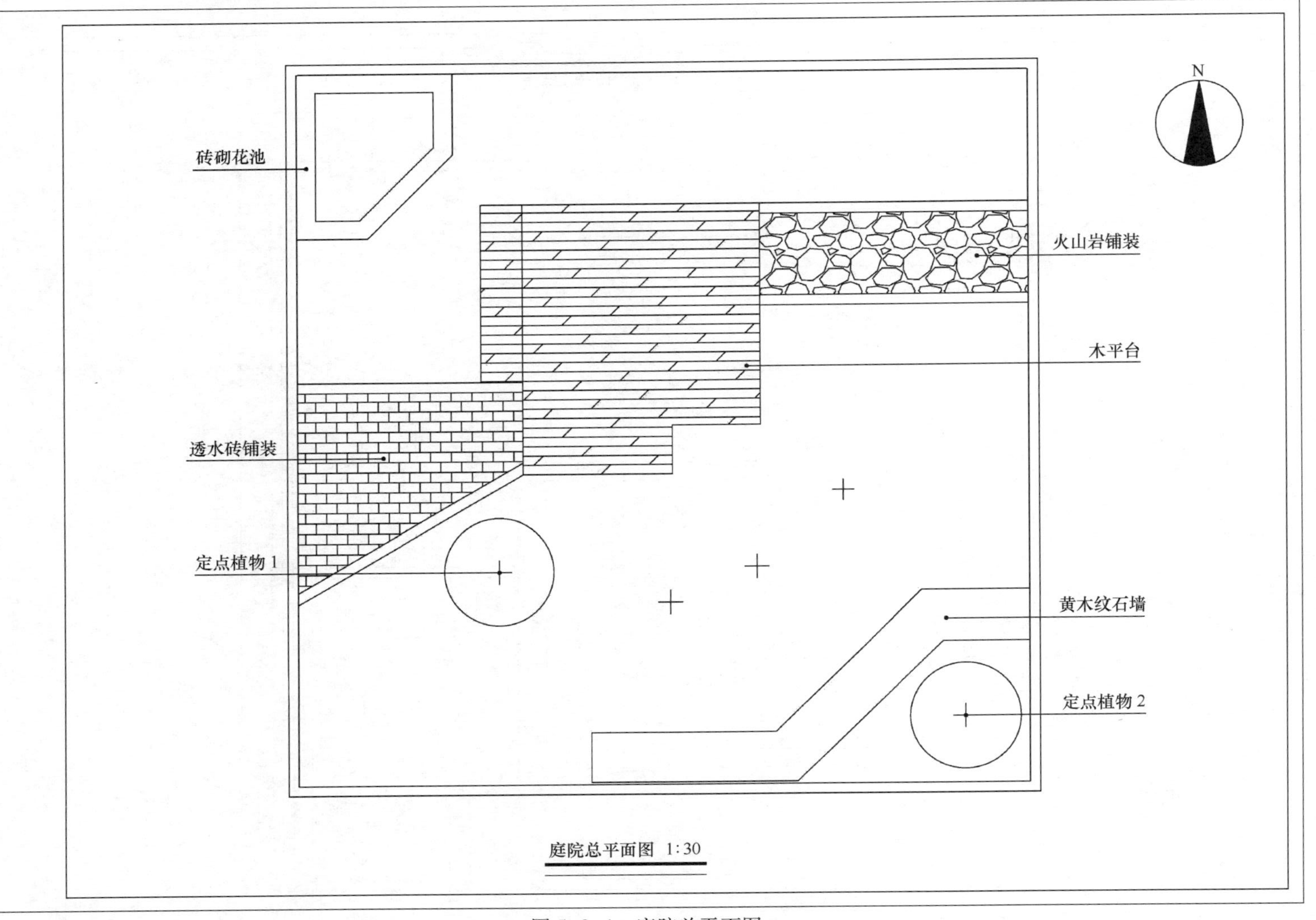

图 5-2-1　庭院总平面图

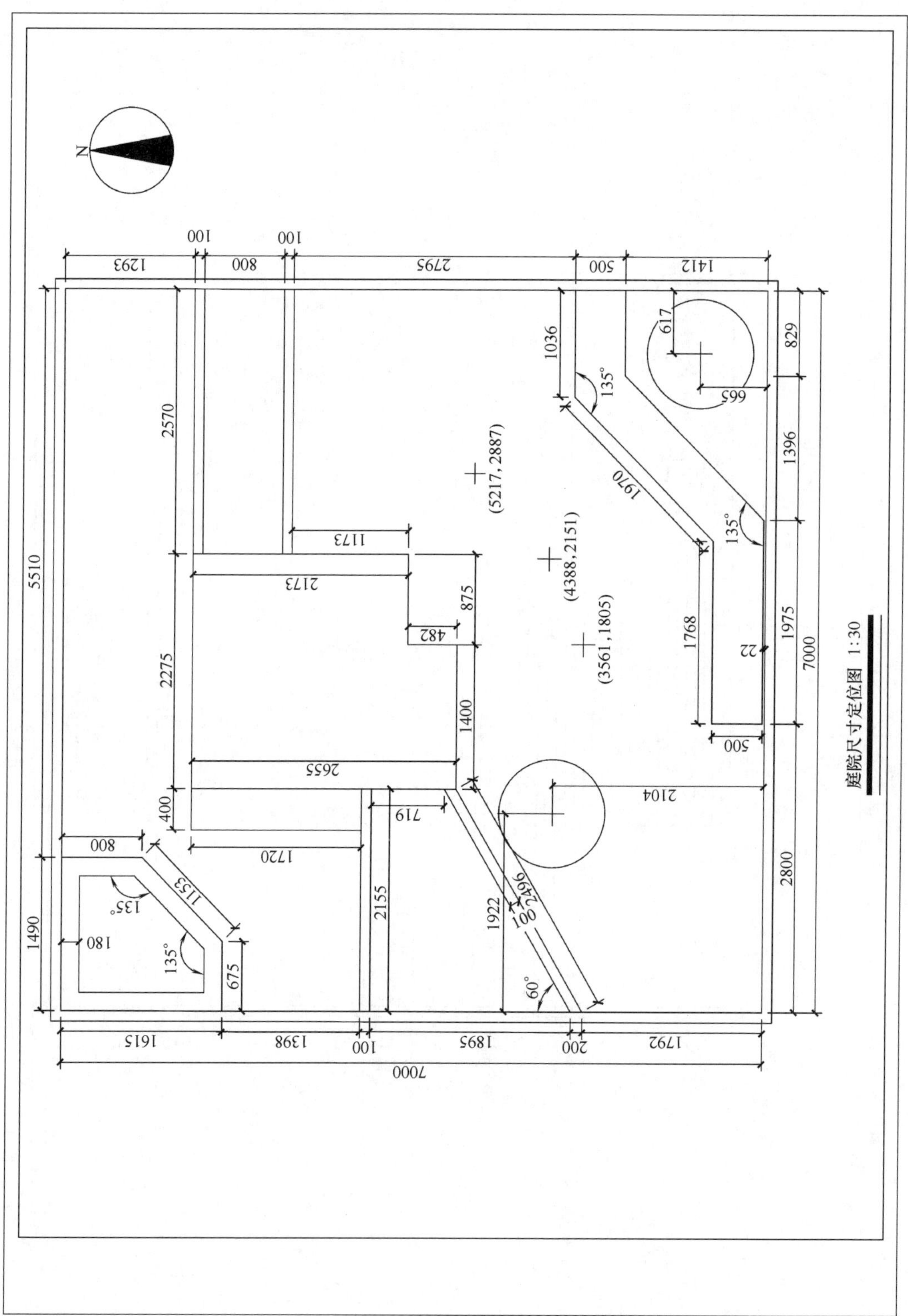

图 5-2-2　庭院尺寸定位图

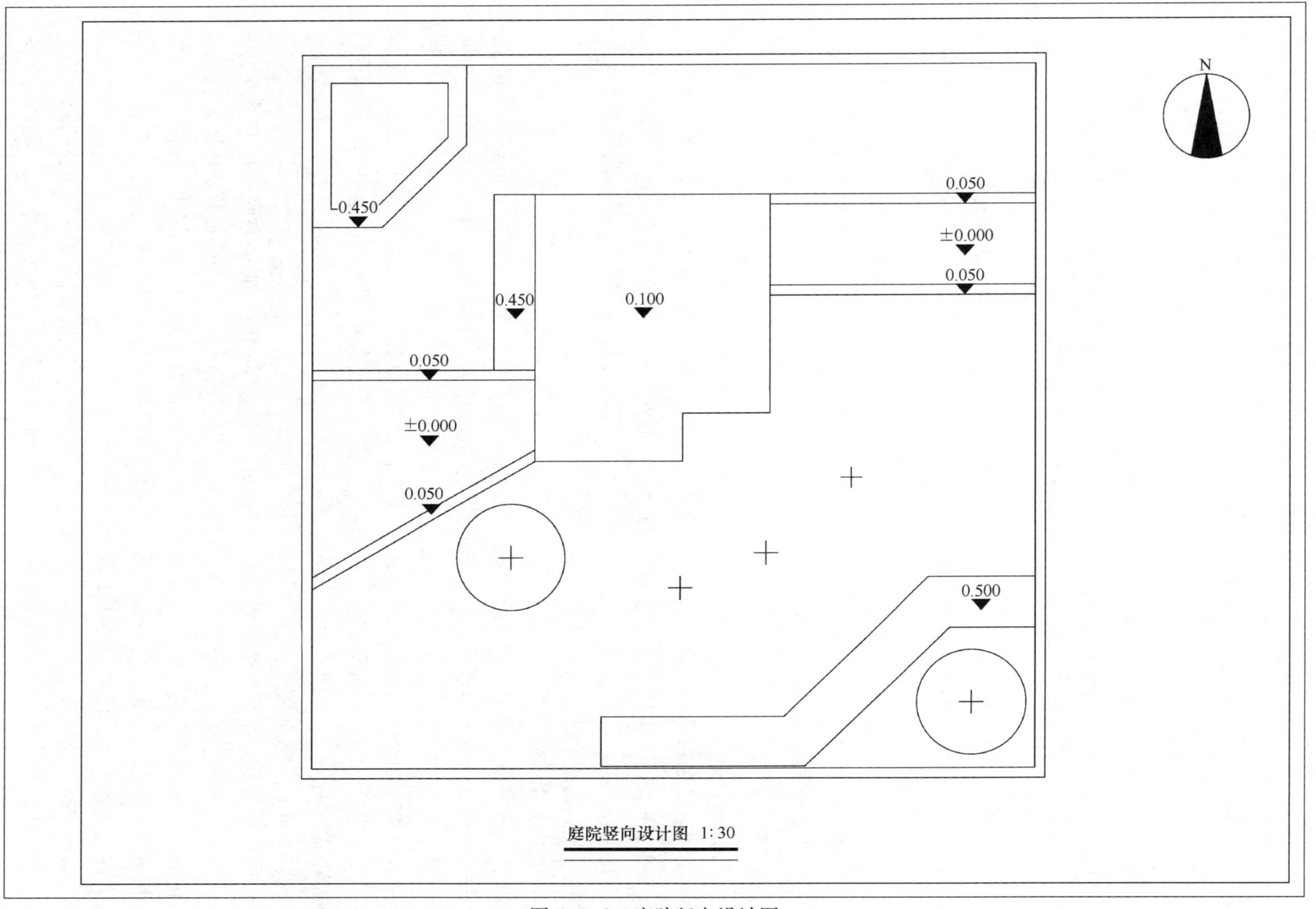

图 5-2-3　庭院竖向设计图

（1）意式台地园

台地园是欧式园林的重要分类，最早出现在意大利，是现存古园林四大体系之一。它的建筑位于最高点，以体现出宏伟、庄严之感。把这种手法运用到庭院设计中，可以利用地势差将庭院打造成上下两层，下层空间用作储藏间或娱乐室，上层空间依然是院子的一部分。

（2）法式水景园

法国园林十分重视用水，认为水是造园不可或缺的要素。这种类型的园林巧妙地规划水景，特别善于运用流水表现庭院的生机活力。在园林水景建造中，可以将水分为静态水体、流动水体、跌落水体、喷涌水体（雾森）四种基本类型。

（3）荷式规则园

荷式规则园又称几何式、对称式庭院，将几何学作为经典的思维论证方法，对西方的哲学、科学和文化艺术都具有深远影响。这种类型的园林将庭院布置成规则式，给人一种整齐、清爽的感觉。

欧式园林景观的设计充满了理性主义色彩，庭院根据功能和需求进行布局，景观简单大方。通过区域对比反映出清晰的观念和简洁的几何学线性，巧妙地利用地形，打造出各种舒适美观的庭院。

2. 中式庭院

（1）中式庭院

中式庭院即传统中式庭院，是指在我国特定的传统历史背景下，逐步吸收、传承、借鉴、融合中国传统园林景观的精髓，通过传统的造园手法，运用传统的构景元素，结合现代材料与技术，加以艺术化处理的庭院风格。中式庭院将自然写意的景观融入生活场景中，既蕴涵传统韵味，又符合当代需求的生活方式。

（2）新中式庭院

新中式庭院兴起于中国传统文化复兴的新时期，是指传承传统中式庭院的营造精髓，结合对当代文化审美的理解，将我国的传统文化元素与当代的流行因素相互融合、相互碰撞而产生的一种艺术形式。简单来说，新中式庭院是对中国传统中式庭院的简化和改良。新中式庭院发展至今，早已弱化了古典园林派系的地域特征，保留了传统中式庭院的空间格局，在景观元素的外观形式上更加简约，色彩上则更加内敛沉稳，彰显其稳重、优雅的独特中式格调。

（3）现代中式庭院

现代中式庭院是带有中式审美意味的现代混搭风格庭院。它在空间上打破了传统古典园林的固有思维模式，以更加实用、理性的方式打造现代中式庭院的景观环境。现代中式风格是中式意韵的现代演绎，也是对传统文化的再设计。现代人生活节奏较快，丰富的物质基础使人们对于高效、高格调生活环境的追求更加迫切，而自然、通透、典雅的审美需求恰好与写意山水的诗画意境不谋而合。

从审美严肃性角度来看，新中式庭院大于现代中式庭院；从空间布局及功能性角度来看，现代中式庭院大于新中式庭院；从装饰细节角度来看，由传统中式庭院到新中式庭院，再到现代中式庭院的风格演变，体现在由木作曲线进化到简练的直线条，再进化到融入多元材料的微妙区别上。

3. 日式庭院

(1) 日式枯山水庭院

在日式枯山水庭院中，以经过梳理的砂石象征江河湖海，以石组象征山峦，配置少量苔草或灌木，拟自然山水之境。它强调以砾石组景为景观主体，其余景观元素如茶亭等作为枯山水景观的背景及功能辅助。

(2) 东方禅意庭院

东方禅意庭院是中国传统山水式庭院与日式禅宗庭院相互借鉴融合的产物。东方禅意庭院中的自然景物常被赋予人格美、品德美和精神美，它注重诗情画意、寓情于景的体验感，注重景观整体的气质与韵味。

日式枯山水庭院和东方禅意庭院都追求视觉上的极致简约纯净，并希望借由景观达到净化心灵的目的。它们在景观元素与开阔的空间感上也具有一定的相似性。二者的主要区别在于，日式枯山水庭院的景观整体性高于东方禅意庭院。在我国本土文化环境下，东方禅意庭院中的其他中式元素包容度更高，因此在实际应用中东方禅意风格相较而言更加普遍。

二、庭院景观的特点

庭院景观具有私密性、个性化、小尺度、生态性等特点。

1. 私密性

传统的私家庭院是为人们提供锻炼身体、下棋、聊天等日常性和休闲性活动的场所。而现在的私家庭院景观设计是将庭院作为一个外边封闭、中心敞开的较为私密性的空间，为人们提供了更广泛的活动范围。在这里，人们不仅可以进行锻炼、下棋等主观性的娱乐休闲活动，还能通过视觉、听觉、嗅觉等多种感官，享受阳光照射、呼吸清新空气、观赏花草树木、倾听潺潺流水等，从而感受大自然的乐趣。因此，这种私家庭院已经成为人们乐于聚集的场所。

2. 个性化

私家庭院作为院落主人室内空间的延伸，其服务对象是庭院的主人。因此，在进行私家庭院景观设计时，要从庭院主人的文化背景、兴趣爱好等角度出发，无限地拓展景观空间，设计出能充分显现主人独特气质和品位的个性化庭院景观，充分反映主人对美好生活的追求，从而体现私家庭院景观设计的个性化特点。

3. 小尺度

现代私家庭院面积大都在50~600m²，并被房屋分隔成多个形状不一、大小不一的空间。鉴于现代私家庭院的这种小尺度的特点，进行私家庭院景观设计时，在景观元素上力求做到小、巧、精、细，然后运用小中见大的艺术手法，在方寸之地营造一个可游、可赏的清幽、恬静的庭院景观。

4. 生态性

设计师在进行私家庭院景观设计时，应充分保留原有的地形进行适当改造，合理组织排水和道路线形，尽量减少土方量。对于能够再利用的小景观元素也可以通过改造等手段，融入整个私家庭院景观设计，来增加庭院的生态气息，使人们足不出户就可以与大自然亲密接触，享受人与自然和谐相处的安宁温馨。

任务实施

绘制一套完整的庭院景观施工图的步骤如下：

步骤一：绘制图纸封面。综合运用“绘图”菜单下的“矩形”“文字”命令绘制封面。结果如图 5-2-4 所示。

步骤二：绘制图纸目录。综合运用“绘图”菜单下的“直线”“矩形”和“注释”菜单下的“表格”“文字”等命令绘制图纸目录。结果如图 5-2-5 所示。

步骤三：绘制施工说明。综合运用“绘图”菜单下的“文字”等命令绘制施工说明。结果如图 5-2-6 所示。

步骤四：绘制总平面及索引图。参考项目一任务二中介绍的索引符号和详图符号，综合运用“绘图”菜单下的绘图命令和“修改”菜单下的修改命令，绘制总平面及索引图。结果如图 5-2-7 所示。

步骤五：绘制尺寸标注图。综合运用“标注”菜单下的“标注样式”“对齐标注”等命令，设置标注样式并标注图形。结果如图 5-2-8 所示。

步骤六：绘制竖向设计图。综合运用“绘图”菜单下的“多段线”“文字”“填充”等命令，绘制标高符号。结果如图 5-2-9 所示。

步骤七：绘制网格定位图。综合运用“绘图”菜单下的“直线”“文字”和“修改”菜单下的“复制”等命令，绘制网格。结果如图 5-2-10 所示。

步骤八：绘制植物配置图。参考项目四任务一中介绍的植物绘制知识，绘制植物平面图。结果如图 5-2-11 所示。

步骤九：绘制水电配置图。参考水电图例，综合运用“绘图”菜单下的“直线”“多段线”“矩形”“圆”等命令，绘制水电图。结果如图 5-2-12 所示。

步骤十：绘制砖砌花池详图。综合运用“绘图”菜单、“修改”菜单和“标注”菜单下的各命令，绘制花池的平、立、剖面图。结果如图 5-2-13 所示。

步骤十一：绘制铺装详图。综合运用“绘图”菜单、“修改”菜单和“标注”菜单下的各命令，绘制铺装的平、剖面图。结果如图 5-2-14 所示。

步骤十二：绘制黄木纹石墙详图。综合运用“绘图”菜单、“修改”菜单和“标注”菜单下的各命令，绘制黄木纹石墙的平、剖面图。结果如图 5-2-15 所示。

步骤十三：绘制木平台详图。综合运用“绘图”菜单、“修改”菜单和“标注”菜单下的各命令，绘制木平台的平、剖面图和龙骨。结果如图 5-2-16 所示。

步骤十四：绘制木座凳详图。综合运用“绘图”菜单、“修改”菜单和“标注”菜单下的各命令，绘制木座凳的平、立、剖面图。结果如图 5-2-17 所示。

步骤十五：绘制水池详图。综合运用“绘图”菜单、“修改”菜单和“标注”菜单下的各命令，绘制水池的平、剖面图。结果如图 5-2-18 所示。

庭院景观施工图

设计单位：××××

日　　期：2023. 8. 1

图 5-2-4　图纸封面

图纸目录					
页码	图号	图名	图幅	张数	比例
1	ZS-SM	施工说明	A3	1	1 : 30
2	ZT-01	总平面及索引图	A3	1	1 : 30
3	ZT-02	尺寸标注图	A3	1	1 : 30
4	ZT-03	竖向设计图	A3	1	1 : 30
5	ZT-04	网格定位图	A3	1	1 : 30
6	ZT-05	植物配置图	A3	1	1 : 30
7	ZT-06	水电配置图	A3	1	1 : 30
8	YS-01	砖砌花池详图	A3	1	1 : 15
9	YS-02	铺装详图	A3	1	1 : 20
10	YS-03	黄木纹石墙详图	A3	1	1 : 15
11	YS-04	木平台详图	A3	1	1 : 20
12	YS-05	木座凳详图	A3	1	1 : 15
13	YS-06	水池详图	A3	1	1 : 20

建设单位	
设计单位	
施工单位	
项目名称： 庭院景观设计	
设计	
制图	
校对	
审核	
审定	
图名	
图号	ML-01
比例	
日期	
页码	

图 5-2-5　图纸目录

施工说明

一、本施工图纸为××省职业院校技能大赛园艺赛项使用，如果和行业规范不一致，请遵照本图要求实施。

二、所有砌筑项目，基础部分均须进行开挖、夯实（石墙、花池最下面一层材料的底面不得高于工位钢框表面，花池基础层施工不需要采用放脚形式）；石墙采用黄木纹片岩干垒，垒砌时上下不能通缝，缝间隙不可以填土和细砂，应回填块料或砾石；如果片岩尺寸大小，可分内外两片垒砌，顶层须设置不少于4块横向连接。花池用标准水泥砂浆砌筑，图示尺寸为花池墙体尺寸，压顶板采用外沿悬挑2cm的方式；砂浆填缝须饱满（勾缝），砌筑用砂浆由选手现场拌合。

三、木平台龙骨布置须受力清晰且合理，立柱基础下采用垫层形式。

四、地面铺砖应在素土夯实，找平后进行块料铺设。

五、水池应采用自然式水体，尺寸定位图中，水池水岸线设计须经过图示三个坐标，水池开挖完成后应先进行夯实，再用细砂找平后方可铺设防水膜，最后均匀洒铺卵石进行镇压。

六、植物种植应按照“定位—挖种植穴—解除包装物（根、茎、叶形修饰和摘除标签）—种植回填—浇水”这个基本流程进行；草坪铺设前，应对作业面进行一次夯实，避免不均匀沉降，保证坪床平整。有条件的应该均匀洒铺一层细砂后再铺设草皮卷。铺设完成后，还要进行洒水和夯实。

七、本说明未尽之处，由技术专家组最终解释。

建设单位	
设计单位	
施工单位	
项目名称：庭院景观设计	
设计	
制图	
校对	
审核	
审定	
图名	施工说明
图号	ZS-SM
比例	1∶30
日期	
页码	1

图5-2-6　施工说明

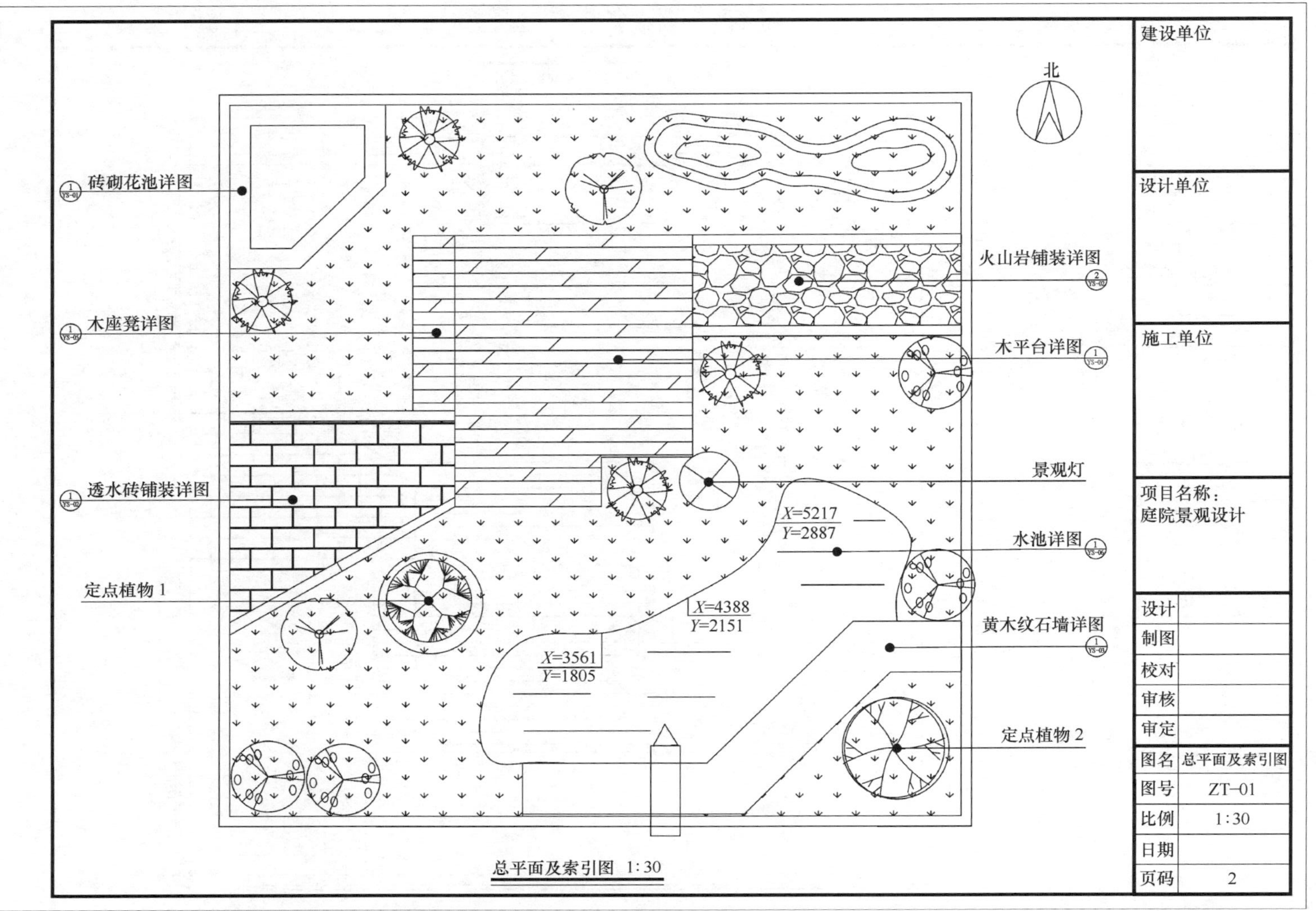

图 5-2-7 总平面及索引图

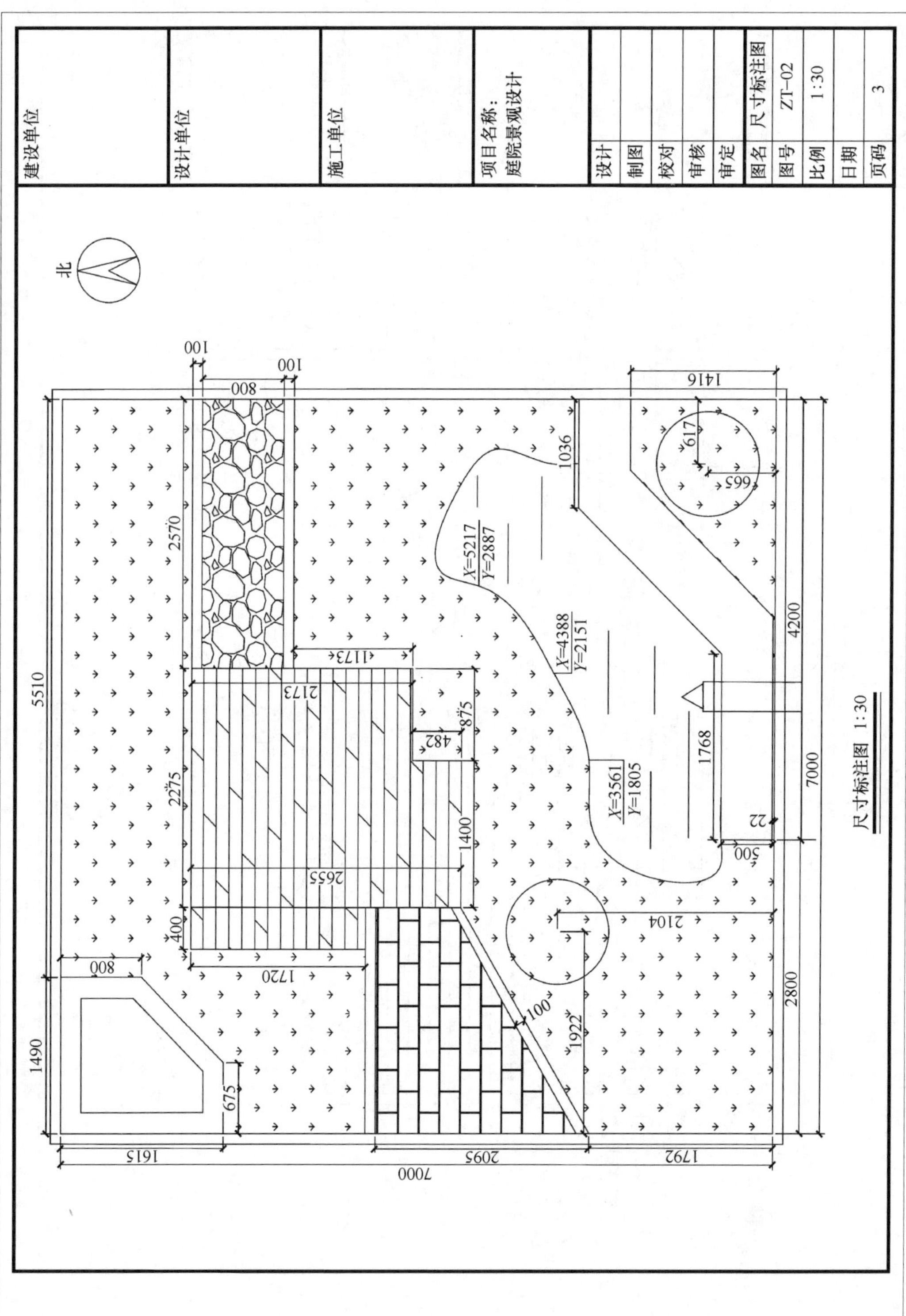
建设单位
设计单位
施工单位
项目名称：
庭院景观设计
设计
制图
校对
审核
审定
图名 尺寸标注图
图号 ZT-02
比例 1:30
日期
页码 3
北
尺寸标注图 1:30

图 5-2-8 尺寸标注图

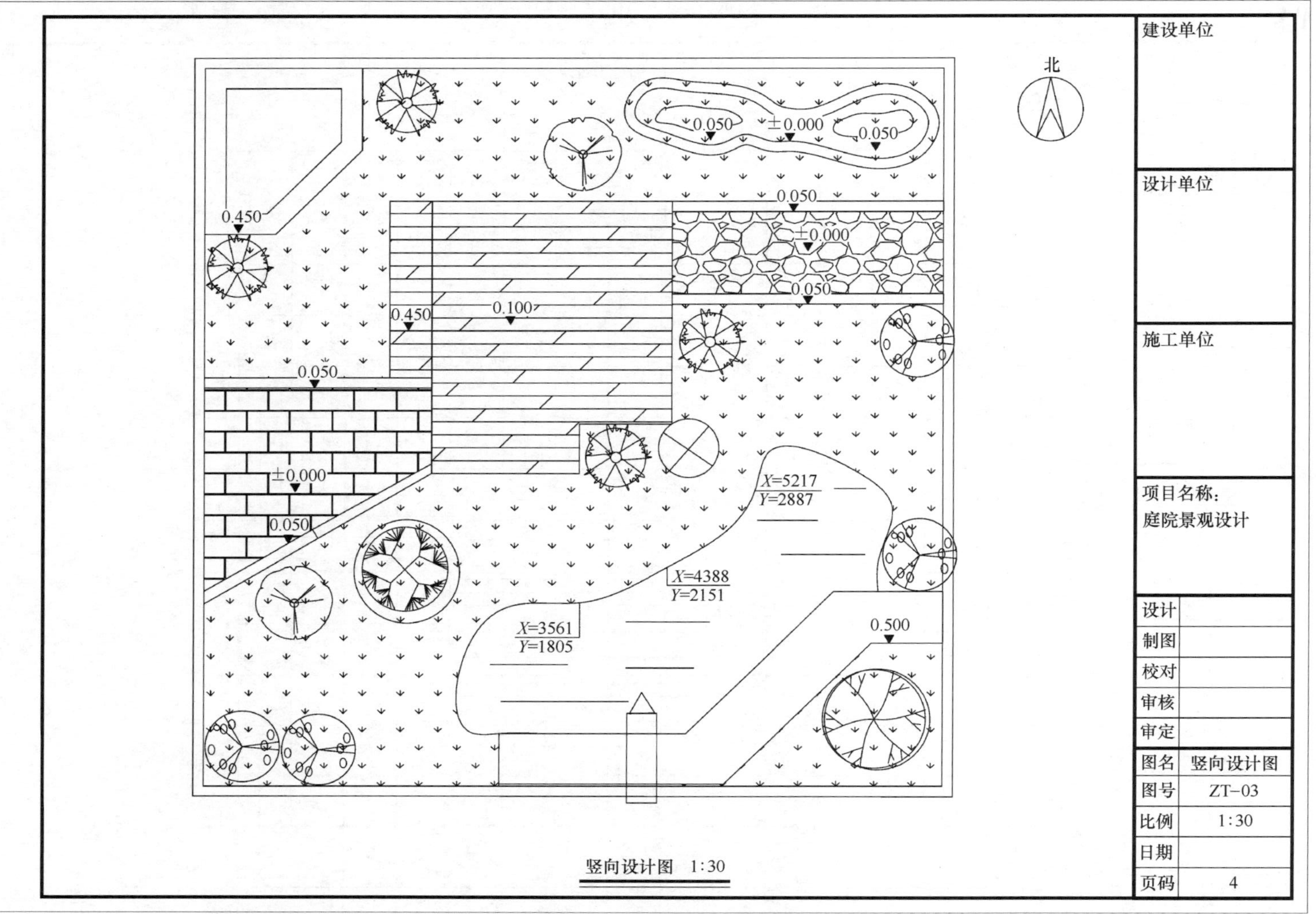
建设单位
设计单位
施工单位
项目名称:
庭院景观设计
设计
制图
校对
审核
审定
图名 竖向设计图
图号 ZT-03
比例 1:30
日期
页码 4
北
0.050
±0.000
0.050
0.450
0.050
±0.000
0.050
0.450
0.100
0.050
±0.000
0.050
X=5217
Y=2887
X=4388
Y=2151
X=3561
Y=1805
0.500
竖向设计图 1:30

图 5-2-9　竖向设计图

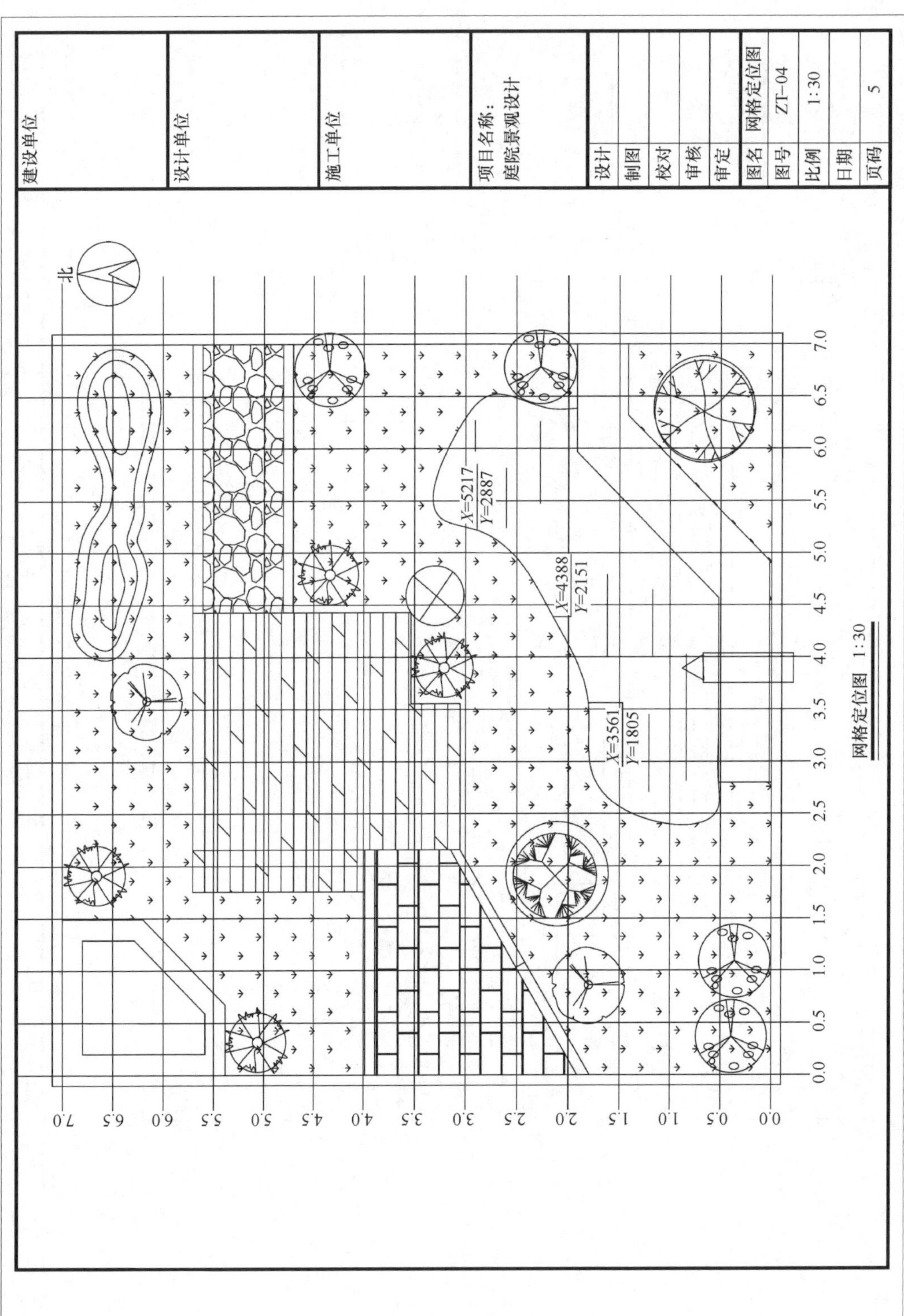
建设单位
设计单位
施工单位
项目名称：
庭院景观设计
设计
制图
校对
审核
审定
图名
网格定位图
图号
ZT-04
比例
1:30
日期
页码
5
北
X=5217
Y=2887
X=4388
Y=2151
X=3561
Y=1805
0.0
0.5
1.0
1.5
2.0
2.5
3.0
3.5
4.0
4.5
5.0
5.5
6.0
6.5
7.0
网格定位图 1:30

图 5-2-10 网格定位图

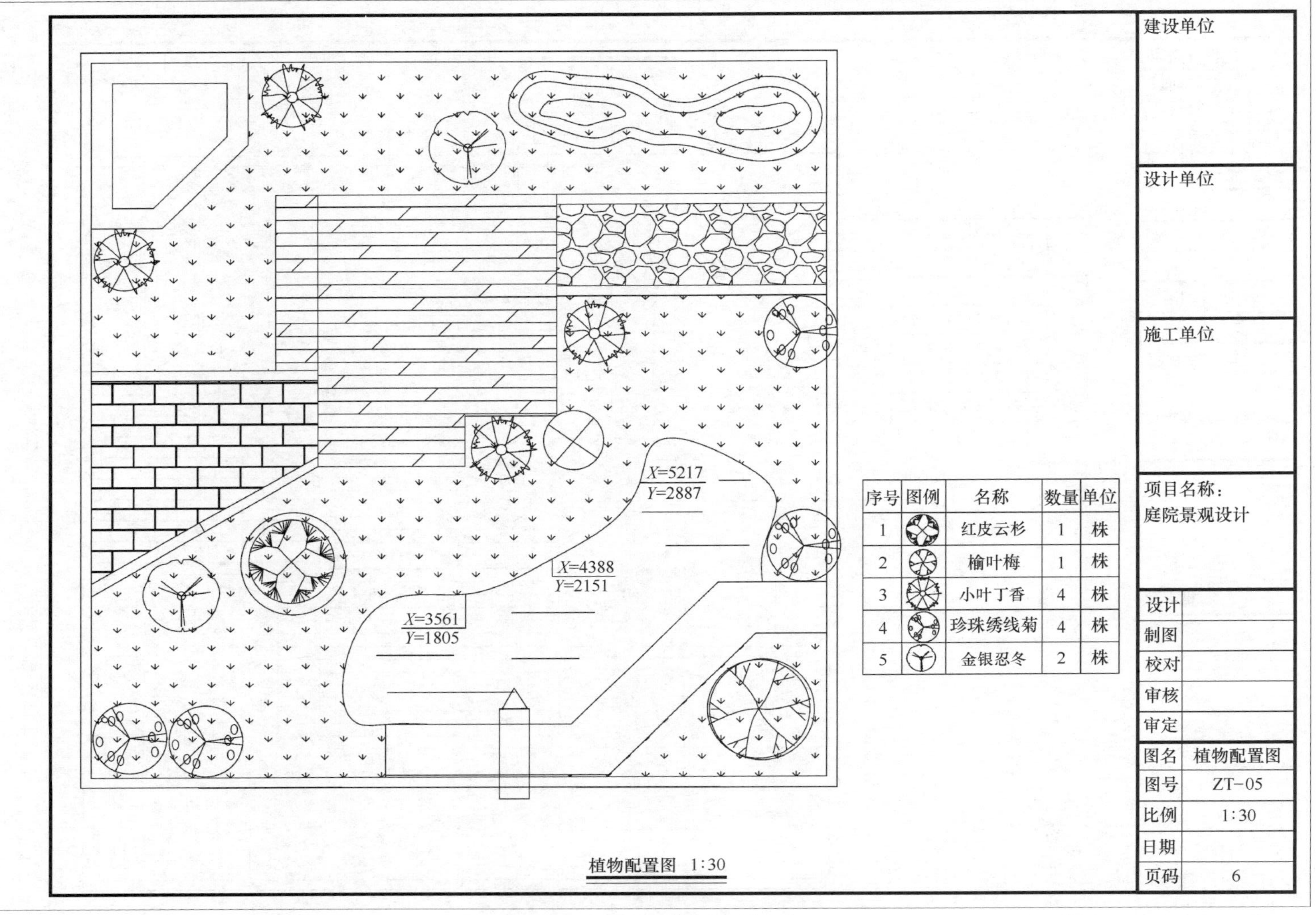
建设单位
设计单位
施工单位
项目名称：
庭院景观设计
设计
制图
校对
审核
审定
图名 植物配置图
图号 ZT-05
比例 1:30
日期
页码 6
序号 图例 名称 数量 单位
1 红皮云杉 1 株
2 榆叶梅 1 株
3 小叶丁香 4 株
4 珍珠绣线菊 4 株
5 金银忍冬 2 株
X=5217
Y=2887
X=4388
Y=2151
X=3561
Y=1805
植物配置图 1:30

图 5-2-11 植物配置图

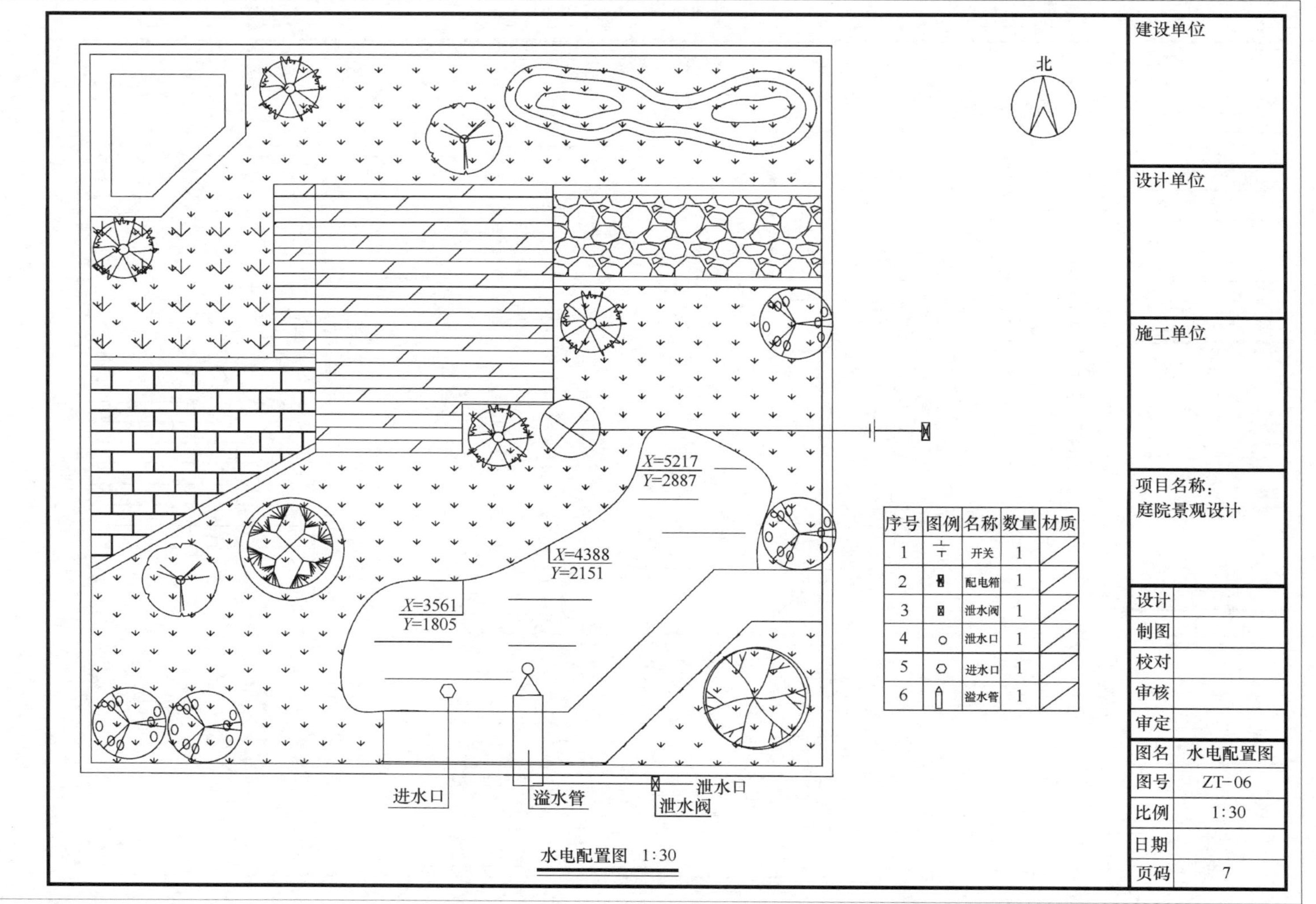
建设单位
设计单位
施工单位
项目名称：
庭院景观设计
设计
制图
校对
审核
审定
图名 水电配置图
图号 ZT-06
比例 1:30
日期
页码 7
北
序号 图例 名称 数量 材质
1 开关 1
2 配电箱 1
3 泄水阀 1
4 泄水口 1
5 进水口 1
6 溢水管 1
X=5217
Y=2887
X=4388
Y=2151
X=3561
Y=1805
进水口
溢水管
泄水口
泄水阀
水电配置图 1:30

图 5-2-12 水电配置图

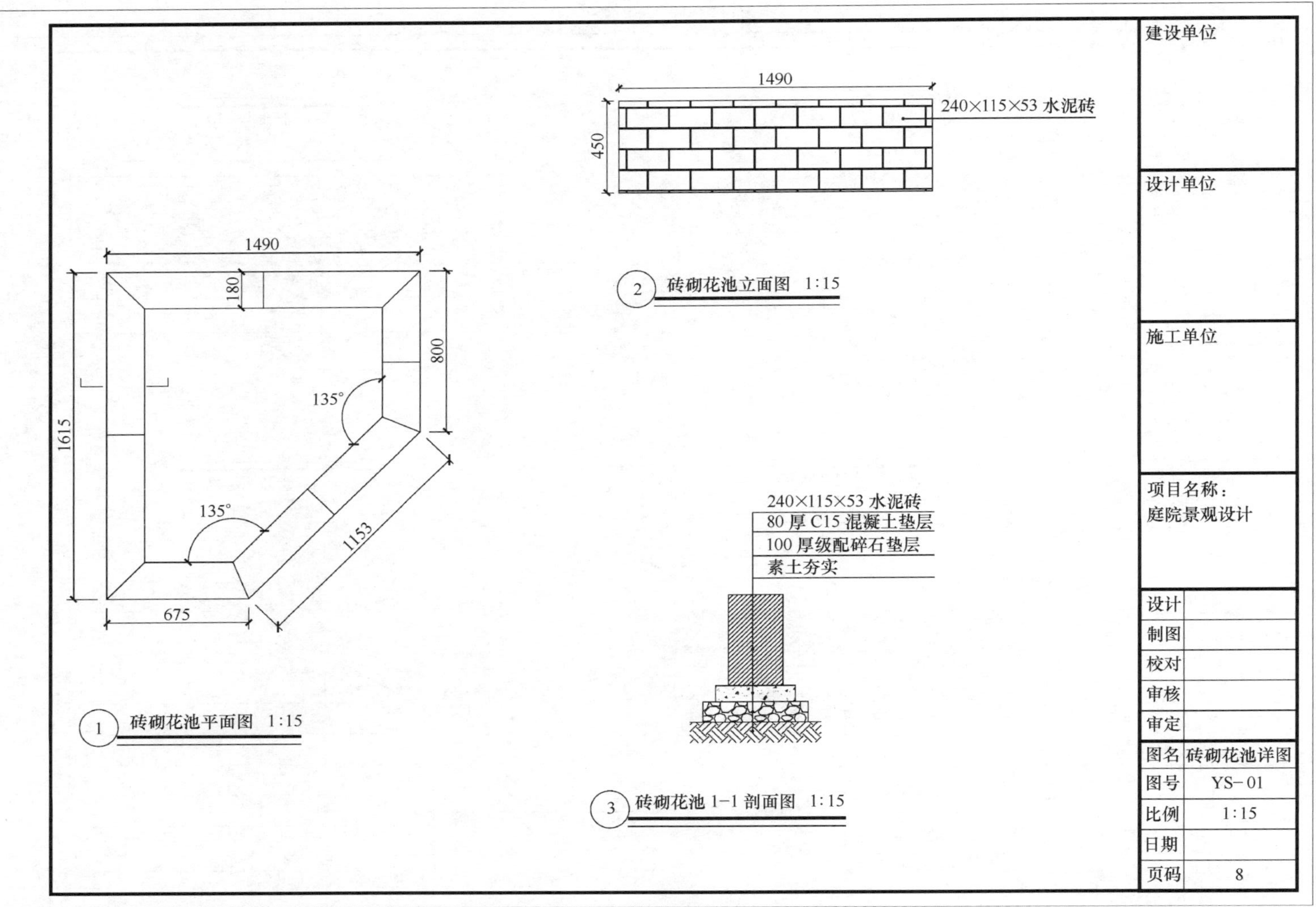

图 5-2-13　砖砌花池详图

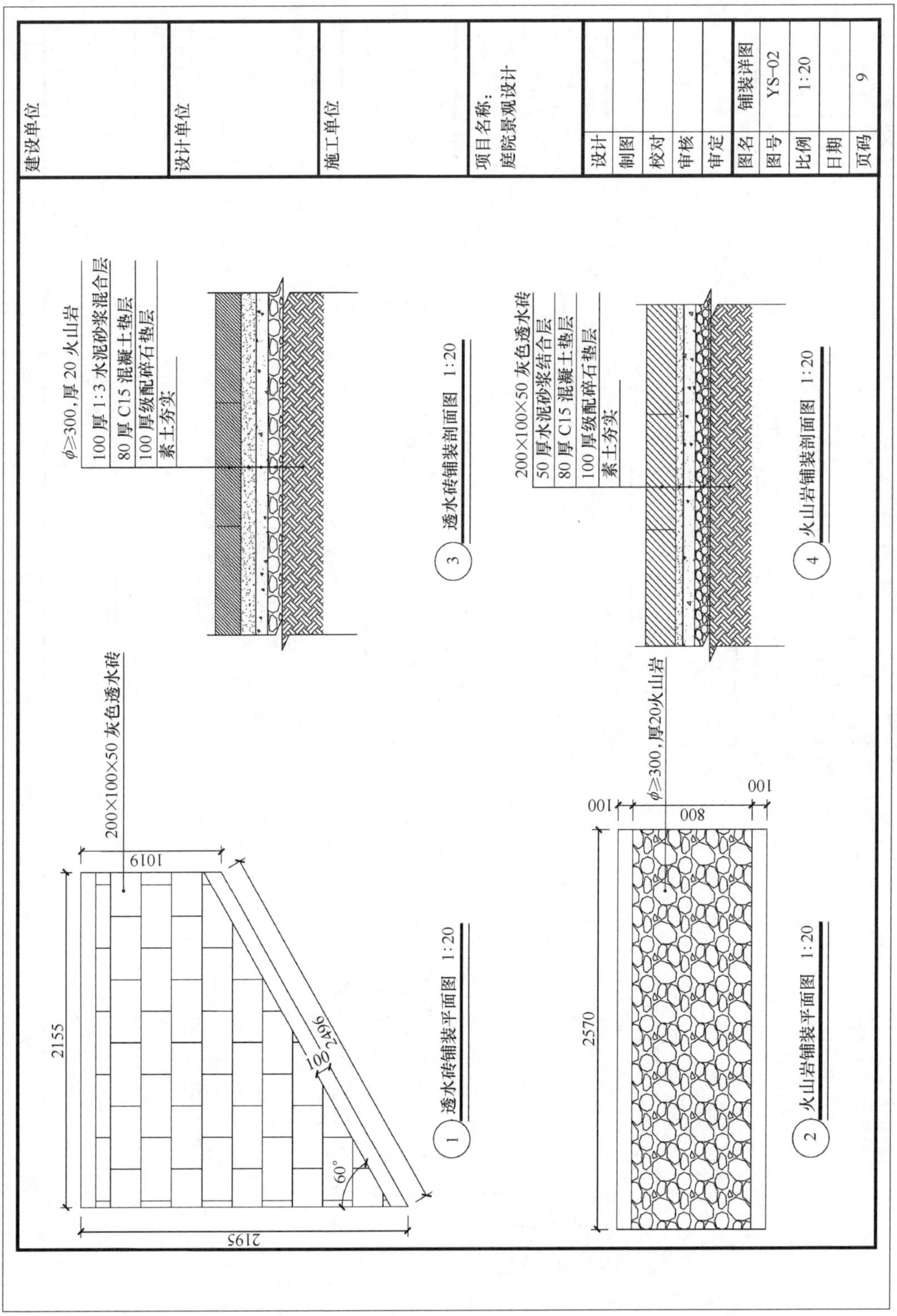

2155
200×100×50 灰色透水砖
1019
2195
100
2496
60°
① 透水砖铺装平面图 1:20
2570
100
800
100
φ≥300，厚20火山岩
② 火山岩铺装平面图 1:20
φ≥300，厚 20 火山岩
100 厚 1:3 水泥砂浆混合层
80 厚 C15 混凝土垫层
100 厚级配碎石垫层
素土夯实
③ 透水砖铺装剖面图 1:20
200×100×50 灰色透水砖
50 厚水泥砂浆结合层
80 厚 C15 混凝土垫层
100 厚级配碎石垫层
素土夯实
④ 火山岩铺装剖面图 1:20
建设单位
设计单位
施工单位
项目名称：
庭院景观设计
设计
制图
校对
审核
审定
图名 铺装详图
图号 YS-02
比例 1:20
日期
页码 9

图 5-2-14 铺装详图

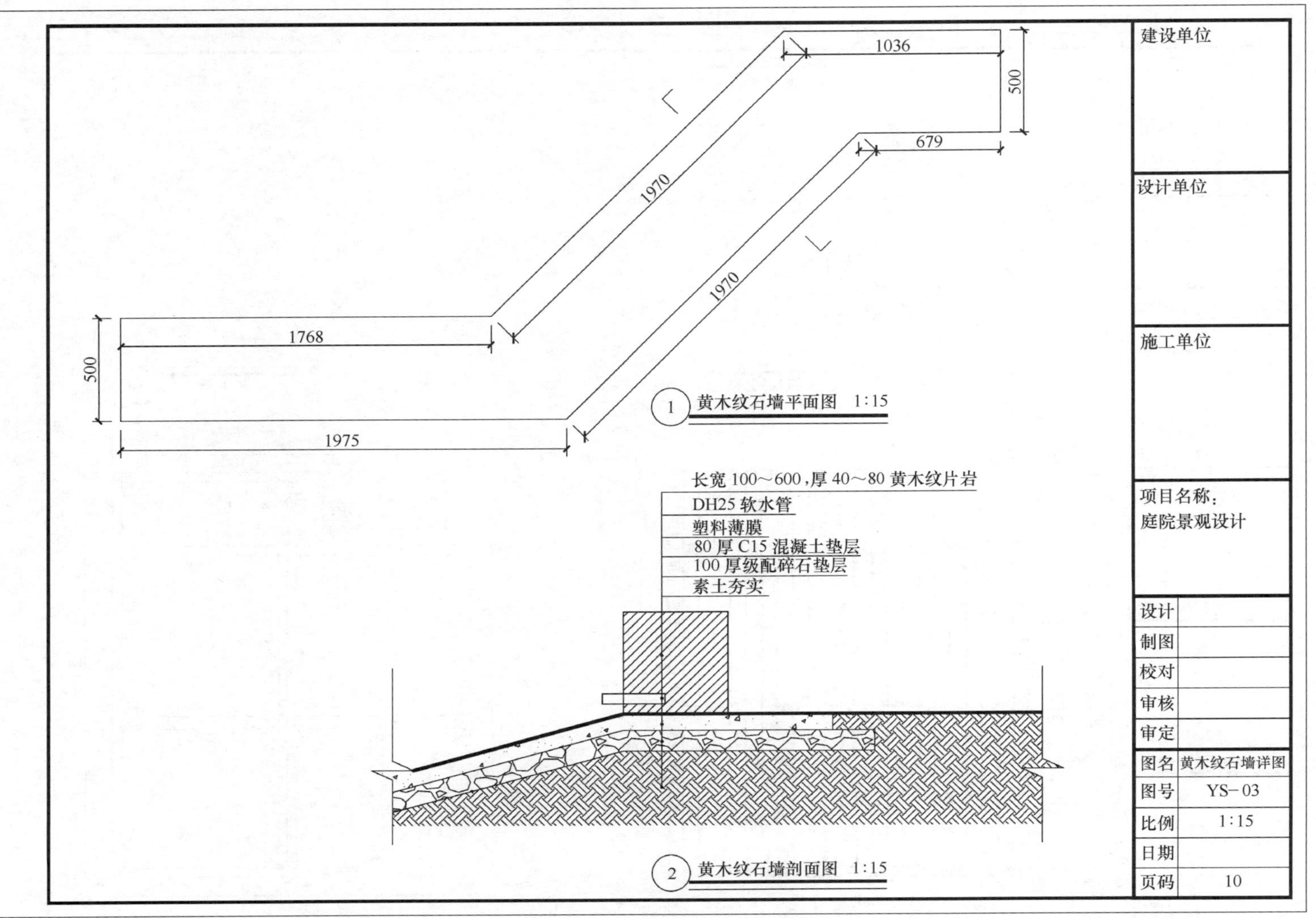

图 5-2-15　黄木纹石墙详图

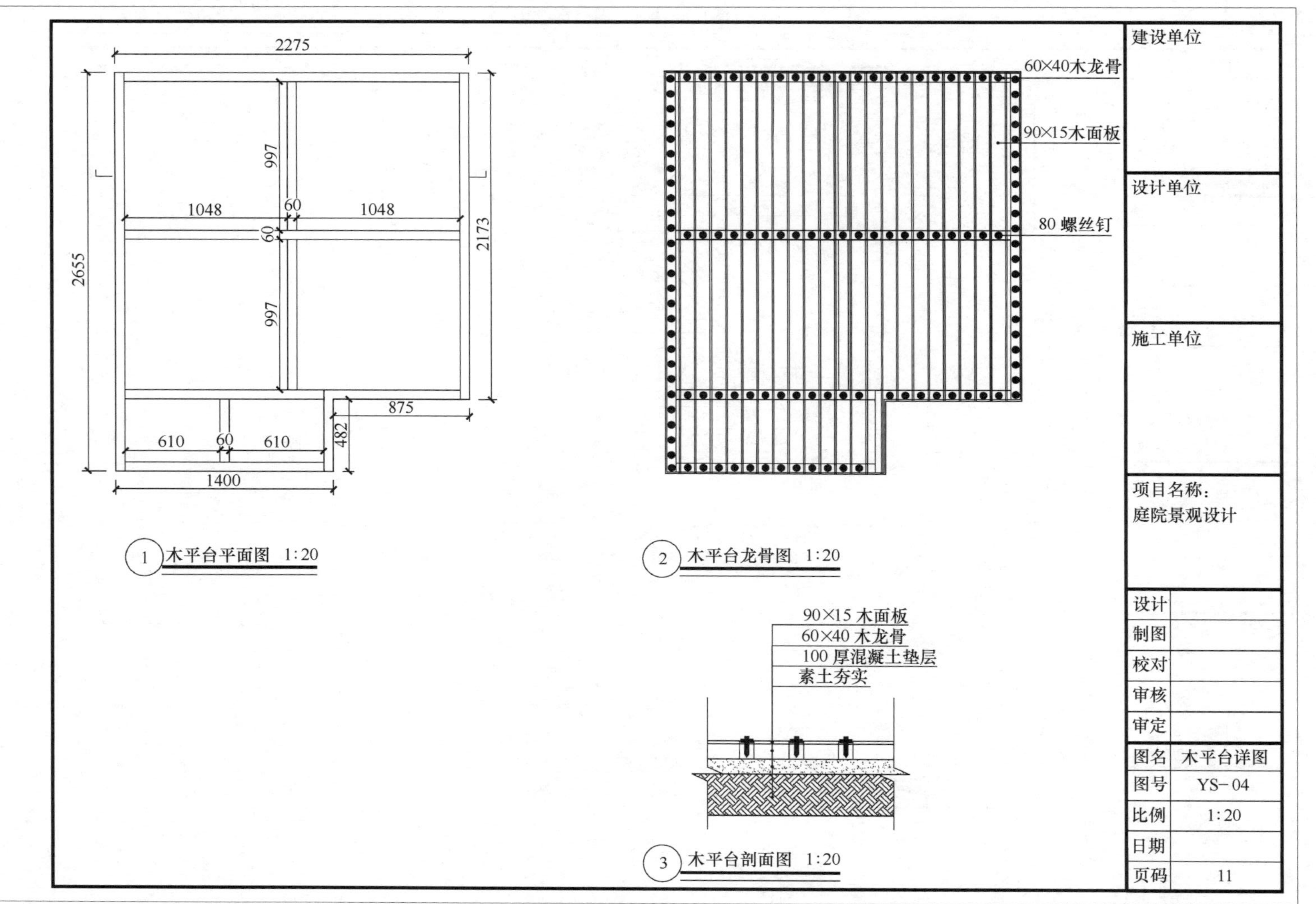
2275
997
1048
60
1048
60
997
2655
2173
875
610
60
610
482
1400
木平台平面图 1:20
60×40木龙骨
90×15木面板
80 螺丝钉
木平台龙骨图 1:20
90×15 木面板
60×40 木龙骨
100 厚混凝土垫层
素土夯实
木平台剖面图 1:20
建设单位
设计单位
施工单位
项目名称:
庭院景观设计
设计
制图
校对
审核
审定
图名 木平台详图
图号 YS-04
比例 1:20
日期
页码 11

图 5-2-16 木平台详图

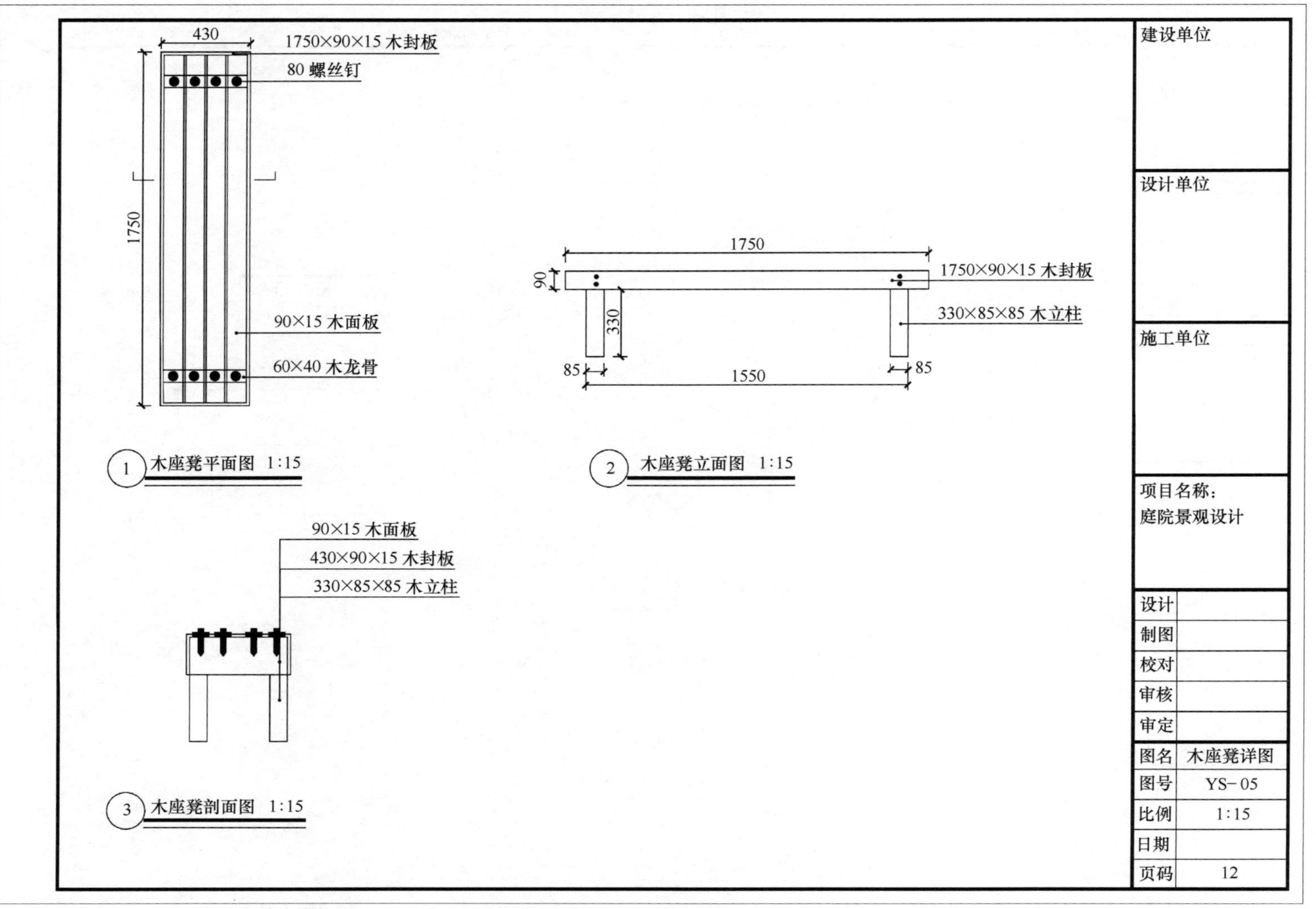
430
1750×90×15 木封板
80 螺丝钉
1750
90×15 木面板
60×40 木龙骨
木座凳平面图 1:15
1750
90
1750×90×15 木封板
330
330×85×85 木立柱
85
1550
85
木座凳立面图 1:15
90×15 木面板
430×90×15 木封板
330×85×85 木立柱
木座凳剖面图 1:15
建设单位
设计单位
施工单位
项目名称：
庭院景观设计
设计
制图
校对
审核
审定
图名
木座凳详图
图号
YS-05
比例
1:15
日期
页码
12

图 5-2-17　木座凳详图

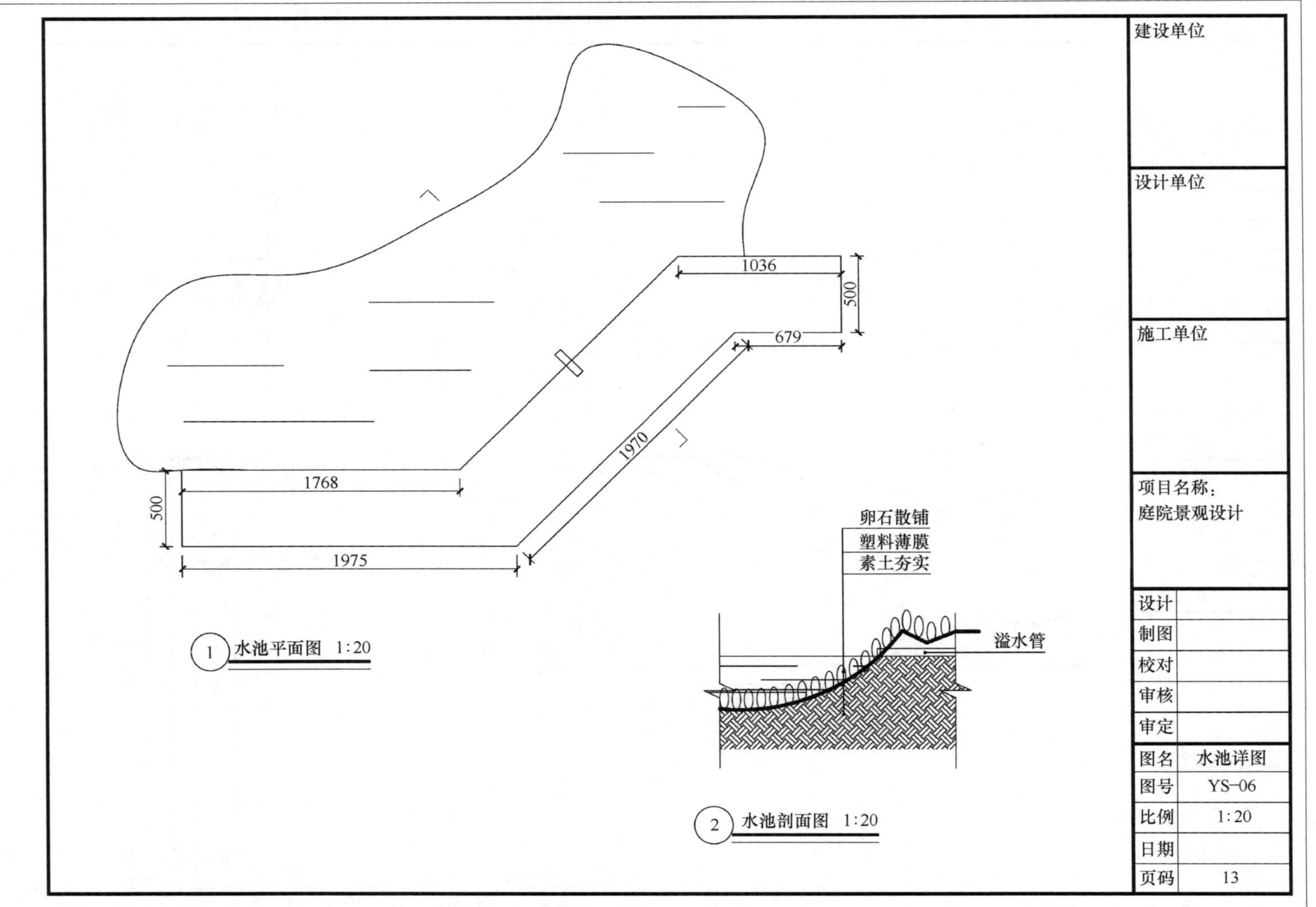
1036
500
679
1970
1768
500
1975
卵石散铺
塑料薄膜
素土夯实
溢水管
1 水池平面图 1:20
2 水池剖面图 1:20
建设单位
设计单位
施工单位
项目名称：
庭院景观设计
设计
制图
校对
审核
审定
图名 水池详图
图号 YS-06
比例 1:20
日期
页码 13

图 5-2-18 水池详图

拓展知识

园林水景施工图是园林设计的重要组成部分，它是将设计方案具体化、实现工程施工的重要工具。在园林水景设计中，施工图是将方案的概念转化为具体的施工细节和技术要求的重要手段，也是保证工程质量和施工周期的关键环节。

一、园林水景施工图的基本要素

园林水景结构是园林水景设计的重要组成部分，它包括水池、瀑布、喷泉、水帘、水幕等。这些结构在园林水景中起到美化环境、营造氛围的作用。在施工图中，应详细标注水景结构的尺寸、形状、材质等信息，以确保施工过程中的准确性。

1. 水池

水池是园林水景中最基本的结构之一，它是储存水源的地方。水池的形状、大小和深度可以根据园林设计的需要进行调整。水池的设计需要考虑安全性和美观性，同时还需要考虑水的循环和过滤系统。

2. 瀑布

瀑布是园林水景中常见的结构之一，它可以通过水流营造出流动、舒缓的感觉。瀑布的高度、宽度、形状和水流量可以根据设计需求进行调整。在设计瀑布时，需要考虑其与周围环境的协调性，同时还需要考虑其稳定性和安全性。

3. 喷泉

喷泉在园林水景中也较为常见，它可以通过不同的喷头形状和喷泉高度营造出不同的景观效果。喷泉的喷头形状可以根据设计需求进行调整，同时还需要考虑其水流量和压力。在设计喷泉时，需要考虑其与周围环境的协调性，同时还需要考虑其稳定性和安全性。

4. 水帘

水帘是园林水景中比较新颖的结构之一，它可以通过水流营造出柔和、神秘的感觉。水帘的形状、大小和位置可以根据设计需求进行调整。在设计水帘时，需要考虑其与周围环境的协调性，同时还需要考虑其稳定性和安全性。

5. 水幕

水幕也是园林水景中比较新颖的结构之一，它可以通过喷射水流营造出立体、透明的感觉。水幕的形状、大小和位置可以根据设计需求进行调整。在设计水幕时，需要考虑其与周围环境的协调性，同时还需要考虑其稳定性和安全性。

总之，园林水景结构在园林设计中起着非常重要的作用。在设计时，需要根据实际情况进行综合考虑，以达到美观、实用和安全的效果。

水泵和管道系统是园林水景中重要的组成部分，在施工图中，应标注其位置、规格、材质等信息，以确保其正常运行和维护。

灯光系统是园林水景中营造氛围和美化效果的重要手段，在施工图中，应标注其位置、数量、类型等信息，以确保施工过程中的准确性。

绿化植物是园林水景中重要的装饰元素，在施工图中，应标注其种类、数量、位置等信息，以确保其健康生长和有效保护。

二、园林水景施工图的制作流程

1. 方案设计

在方案设计过程中，需要考虑水景结构、水泵管道系统、灯光系统和绿化植物等要素，并根据场地条件和客户需求进行合理搭配。

2. 施工图设计

在方案设计确定后，需要进行施工图设计，将方案转化为具体的施工细节和技术要求，并标注清楚各项要素的具体信息。

3. 审核验收

施工图设计完成后，需要进行审核验收，确保施工图符合规范要求和客户需求，并对不符合要求的部分进行修改。

4. 施工实施

审核验收通过后，可以进行施工实施。在施工过程中，需要按照施工图的要求进行操作，并及时记录施工过程中发现的问题和解决方法。

三、园林水景施工图的注意事项

1. 标注清楚

在绘制园林水景施工图时，需要将各项要素的具体信息标注清楚，以确保施工过程中的准确性。

2. 考虑实际情况

在设计时需要考虑实际情况，如场地条件、材料供应等因素，并根据实际情况进行合理调整。

3. 合理搭配

在方案设计时需要根据客户需求和场地条件进行合理搭配，并考虑各项要素之间的协调性和美观性。

4. 审核验收

在制作园林水景施工图时需要进行审核验收，确保施工图符合规范要求和客户需求，并对不符合要求的部分进行修改。

四、园林水泵的基本知识

1. 水泵的种类

园林水泵主要分为离心泵和柱塞泵两种。离心泵适用于流量大、扬程低的场合，柱塞泵适用于流量小、扬程高的场合。

2. 水泵的选型

水泵的选型需要考虑流量、扬程、功率、效率等因素。一般来说，流量和扬程是选型的主要指标。在选型时，需要结合园林水景的实际情况进行综合考虑。

3. 水泵的安装

水泵的安装需要注意以下几点：

① 水泵应该放置在通风、干燥、平整的地面上，以便于维护和检修。

② 水泵进口处应该设置滤网，以防止杂质进入水泵。

③ 水泵进口和出口处应该设置止回阀，以防止水流逆流损坏水泵。

④ 水泵出口处应该设置减压阀，以便于调节水流量和压力。

五、园林管道系统的基本知识

1. 管道材质

园林管道主要采用 PVC 管、PE 管、PPR 管等材质。其中，PVC 管适用于低压、低温、低流量场合；PE 管适用于中压、中温、中流量场合；PPR 管适用于高压、高温、高流量场合。

2. 管道连接方式

管道连接方式主要有热熔连接、电熔连接、机械连接等。其中，热熔连接适用于 PVC 管和 PPR 管；电熔连接适用于 PE 管；机械连接适用于各种材质的管道。

3. 管道布局

园林管道布局需要考虑水源位置、水景结构、地形、地貌等因素。在布局时，需要尽可能减少弯头和死角，以保证水流畅通。

六、园林水泵管道系统的设计和安装

1. 园林水泵管道系统的设计

园林水泵管道系统的设计需要考虑以下几个原则：

① 系统稳定性。设计时需要考虑系统的稳定性，尽可能减少故障发生的可能性。

② 系统经济性。设计时需要考虑系统的经济性，尽可能减少投资成本和运行成本。

③ 系统可维护性。设计时需要考虑系统的可维护性，尽可能方便维护和检修。

2. 园林水泵管道系统的安装

园林水泵管道系统的安装步骤如下：

步骤一：安装水泵。按照水泵的安装要求安装水泵，并进行电气接线。

步骤二：安装管道。按照设计方案进行管道布局，并进行管道连接。

步骤三：安装配件。根据需要安装止回阀、减压阀等配件。

步骤四：联通电源。将水泵与电源联通，并进行试运行和调试。

园林水泵和管道系统是园林水景中不可或缺的组成部分。在设计和安装过程中，需要考虑系统稳定性、经济性和可维护性等因素，并按照相关要求进行操作。通过科学合理的设计和安装，可以保证园林水泵管道系统的正常运行和长期稳定性。

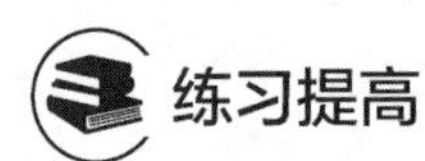

练习提高

1. 庭院 1 施工图

（1）绘制如图 5-2-19 所示的总平面图。

（2）绘制如图 5-2-20 所示的尺寸标注图。

（3）绘制如图 5-2-21 所示的竖向设计图。

（4）绘制如图 5-2-22 所示的花池、木平台、铺装平面详图。

2. 庭院 2 施工图

（1）绘制如图 5-2-23 所示的总平面图。

（2）绘制如图 5-2-24 所示的尺寸标注图。

（3）绘制如图 5-2-25 所示的竖向设计图。

（4）绘制如图 5-2-26 所示的木座凳、铺装平面详图。

3. 庭院 3 施工图

（1）绘制如图 5-2-27 所示的总平面图。

（2）绘制如图 5-2-28 所示的尺寸标注图。

（3）绘制如图 5-2-29 所示的竖向设计图。

（4）绘制如图 5-2-30 所示的木平台、铺装平面详图。

4. 庭院 4 施工图

（1）绘制如图 5-2-31 所示的总平面图。

（2）绘制如图 5-2-32 所示的尺寸标注图。

（3）绘制如图 5-2-33 所示的竖向设计图。

（4）绘制如图 5-2-34 所示的花池、木平台、铺装平面详图。

5. 庭院 5 施工图

（1）绘制如图 5-2-35 所示的总平面图。

（2）绘制如图 5-2-36 所示的尺寸标注图。

（3）绘制如图 5-2-37 所示的竖向设计图。

（4）绘制如图 5-2-38 所示的花池、木平台、水池平面详图。

（5）绘制如图 5-2-39 所示的铺装平面详图。

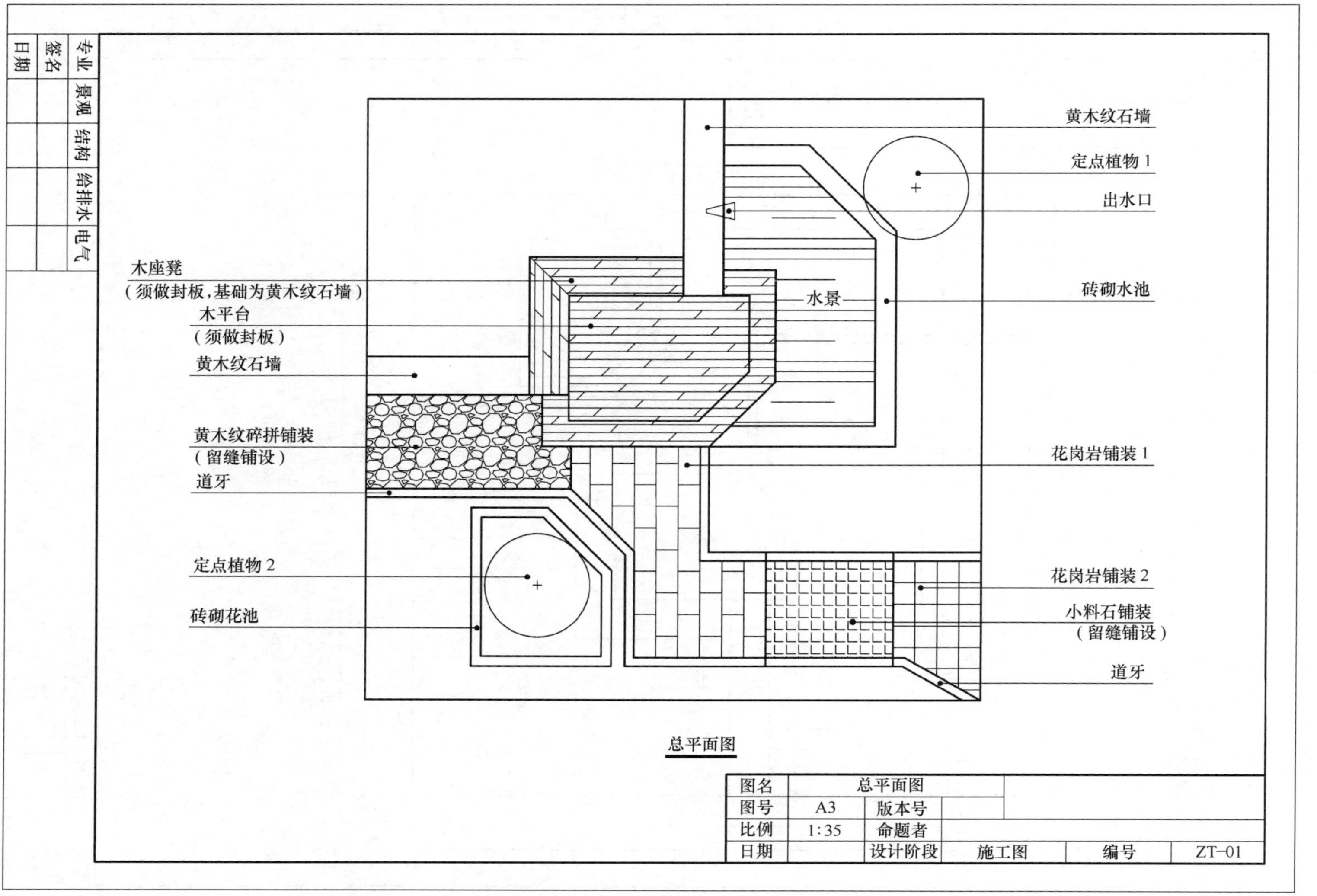
专业
景观
结构
给排水
电气
签名
日期
木座凳
（须做封板，基础为黄木纹石墙）
木平台
（须做封板）
黄木纹石墙
黄木纹碎拼铺装
（留缝铺设）
道牙
定点植物 2
砖砌花池
水景
黄木纹石墙
定点植物 1
出水口
砖砌水池
花岗岩铺装 1
花岗岩铺装 2
小料石铺装
（留缝铺设）
道牙
总平面图
图名
总平面图
图号
A3
版本号
比例
1:35
命题者
日期
设计阶段
施工图
编号
ZT-01

图 5-2-19　总平面图

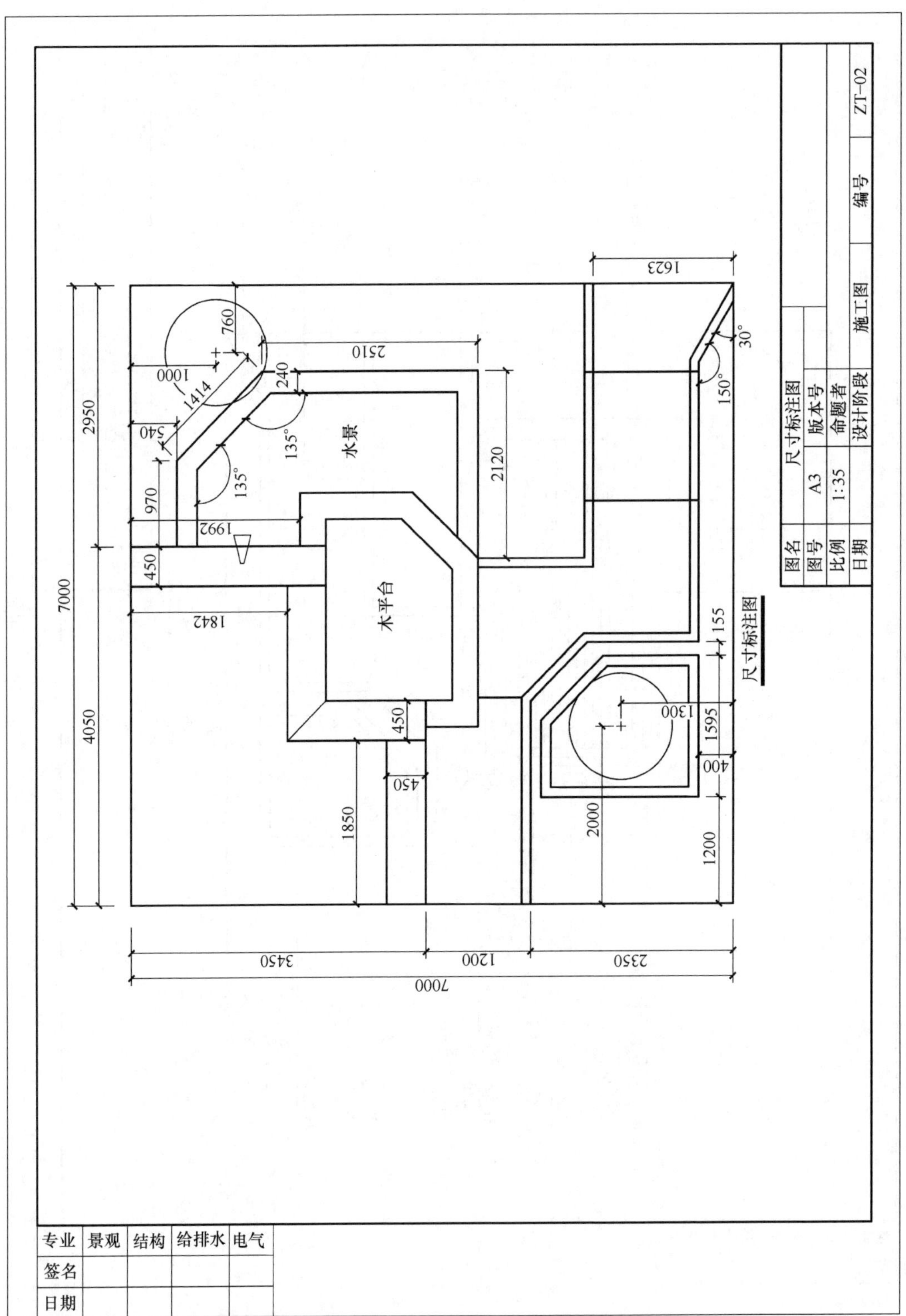
水景
木平台
尺寸标注图
7000
2950
4050
3450
1200
2350
1623
2510
2120
1000
1414
760
240
540
970
1992
450
1842
1850
2000
1300
1595
155
400
1200
135°
135°
150°
30°
图名
尺寸标注图
图号
A3
版本号
比例
1:35
命题者
日期
设计阶段
施工图
编号
ZT-02
专业
景观
结构
给排水
电气
签名
日期

图 5-2-20　尺寸标注图

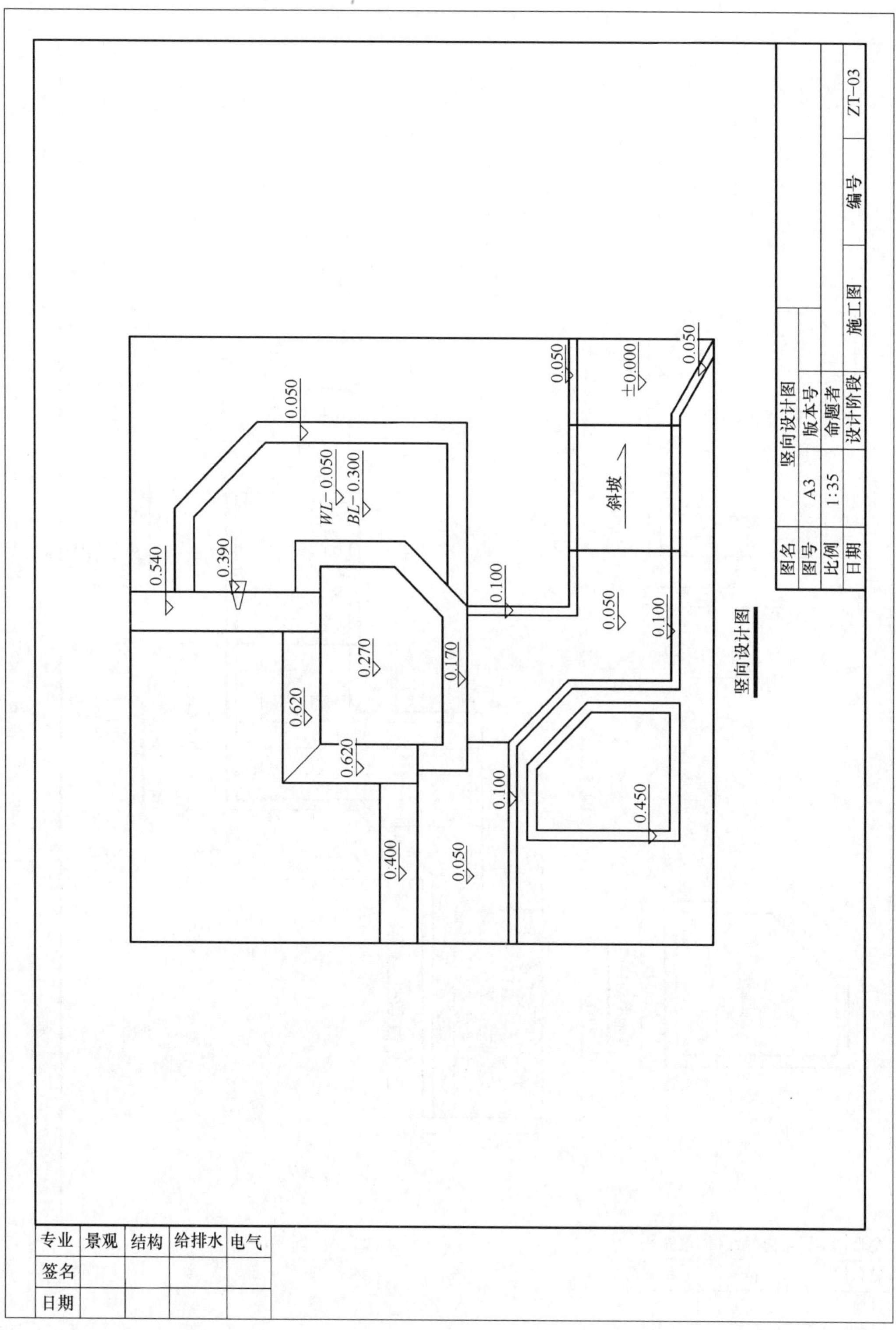

图名
竖向设计图
图号
A3
版本号
比例
1:35
命题者
日期
设计阶段
施工图
编号
ZT-03
竖向设计图
斜坡
±0.000
WL-0.050
BL-0.300
0.050
0.540
0.390
0.100
0.270
0.170
0.620
0.620
0.400
0.050
0.100
0.450
专业
景观
结构
给排水
电气
签名
日期

图 5-2-21　竖向设计图

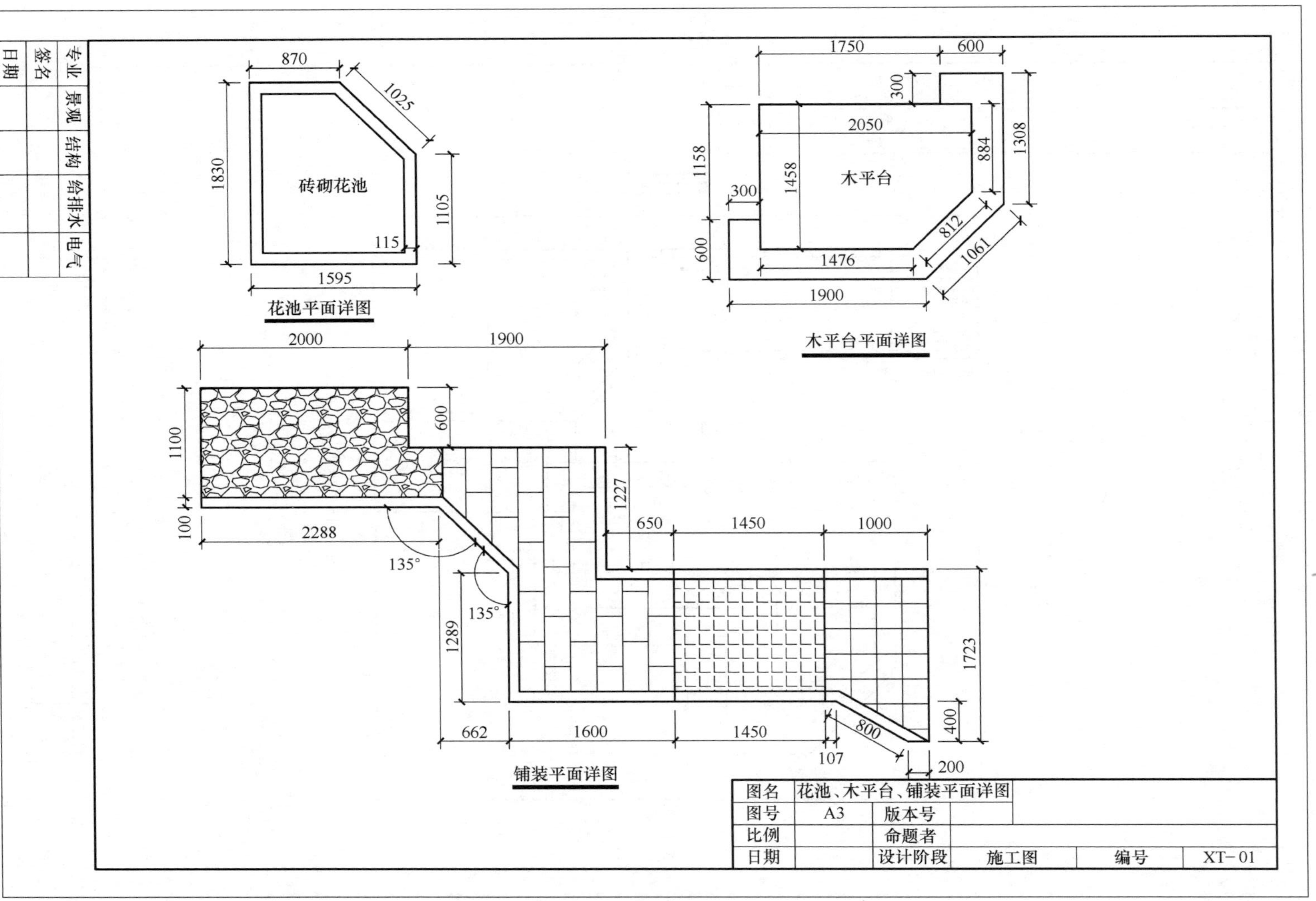

图 5-2-22 花池、木平台、铺装平面详图

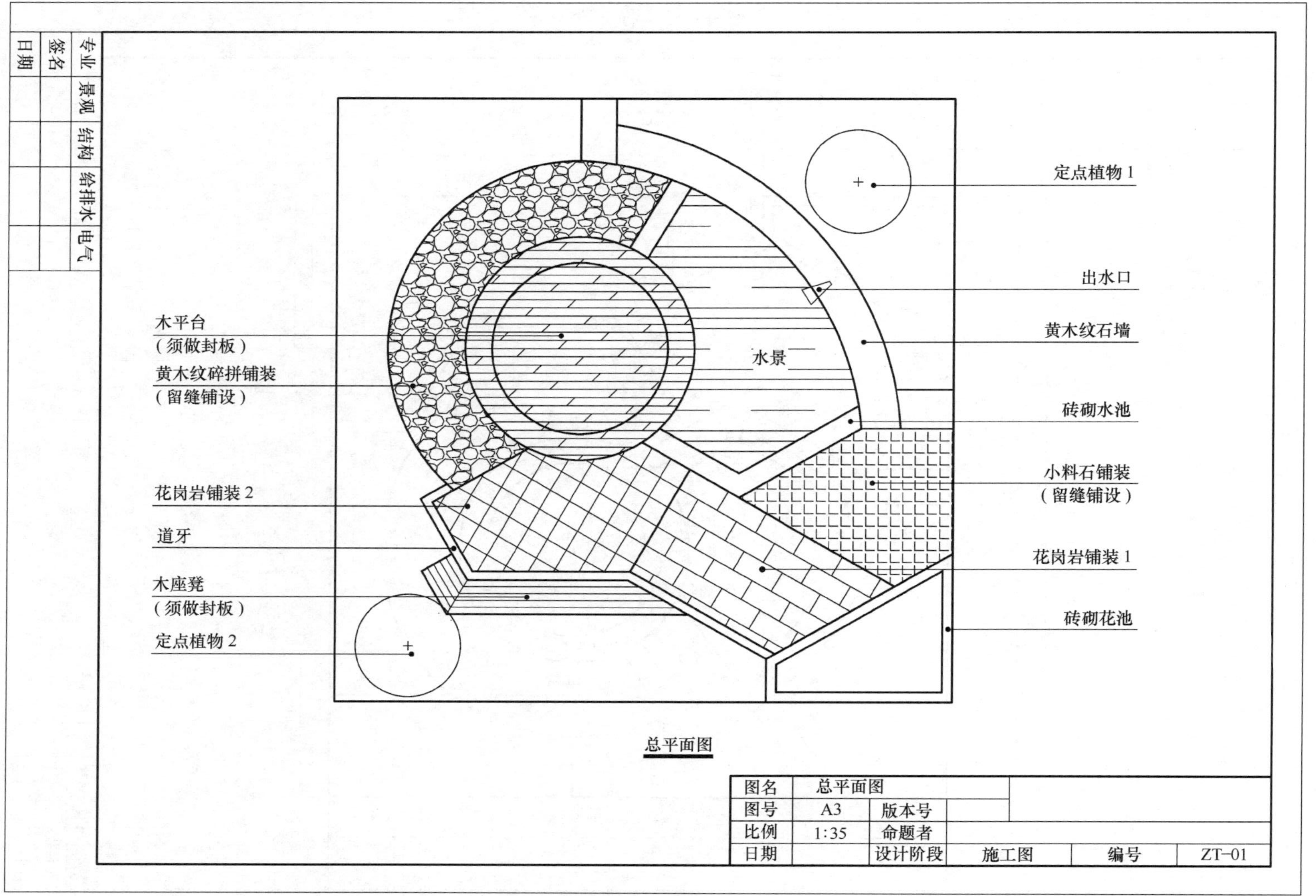
专业
景观
结构
给排水
电气
签名
日期
定点植物 1
出水口
黄木纹石墙
水景
砖砌水池
小料石铺装
（留缝铺设）
花岗岩铺装 1
砖砌花池
木平台
（须做封板）
黄木纹碎拼铺装
（留缝铺设）
花岗岩铺装 2
道牙
木座凳
（须做封板）
定点植物 2
总平面图
图名
总平面图
图号
A3
版本号
比例
1:35
命题者
日期
设计阶段
施工图
编号
ZT-01

图 5-2-23　总平面图

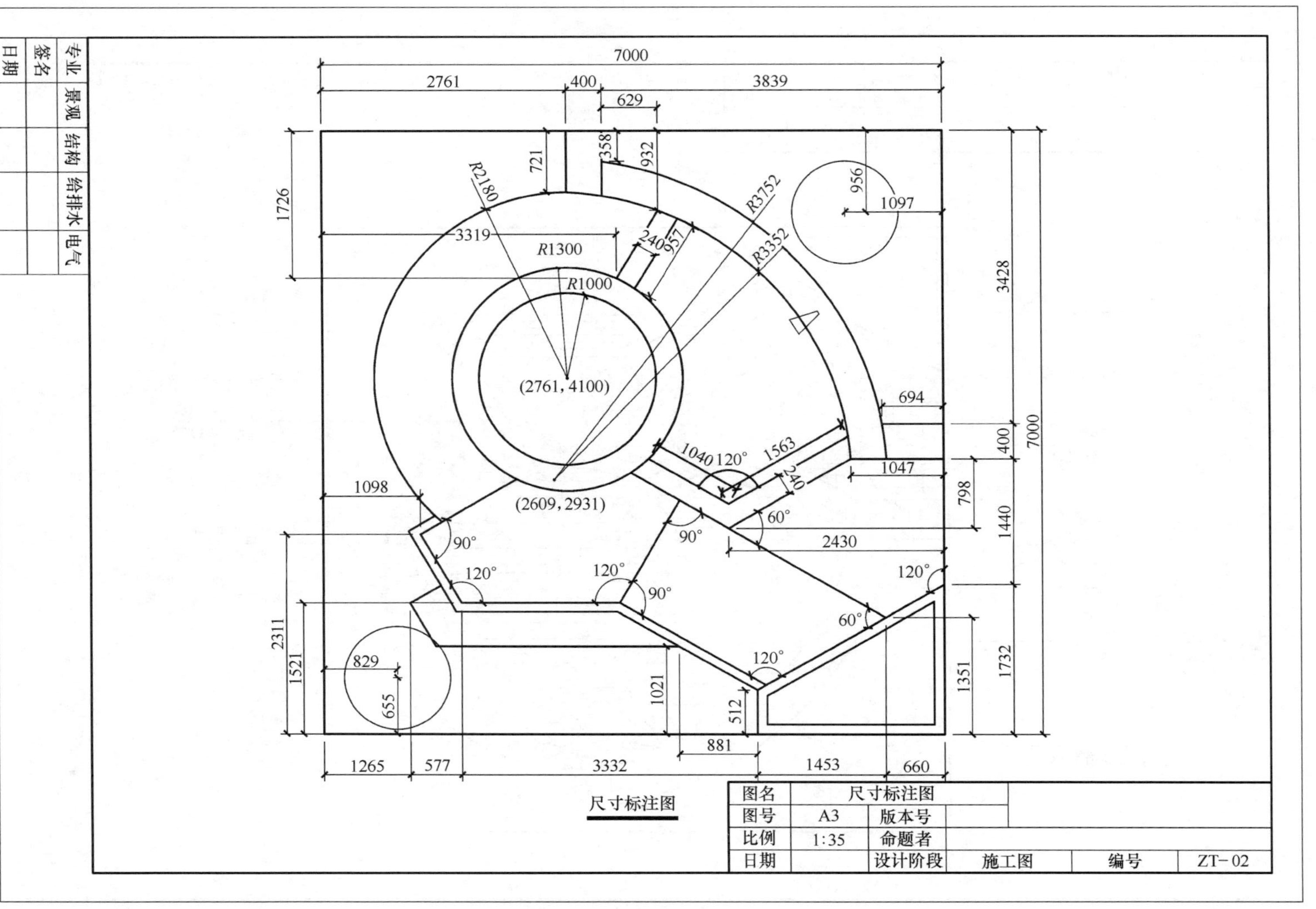
7000
2761
400
3839
629
721
358
932
1726
R2180
3319
R1300
R1000
240
957
R3752
R3352
956
1097
3428
(2761, 4100)
694
400
7000
1040
120°
1563
240
1047
1098
(2609, 2931)
798
1440
60°
90°
2430
90°
120°
120°
90°
120°
60°
2311
1521
829
655
120°
1021
512
1351
1732
881
1265
577
3332
1453
660
尺寸标注图
专业
景观
结构
给排水
电气
签名
日期
图名
尺寸标注图
图号
A3
版本号
比例
1:35
命题者
日期
设计阶段
施工图
编号
ZT-02

图 5-2-24　尺寸标注图

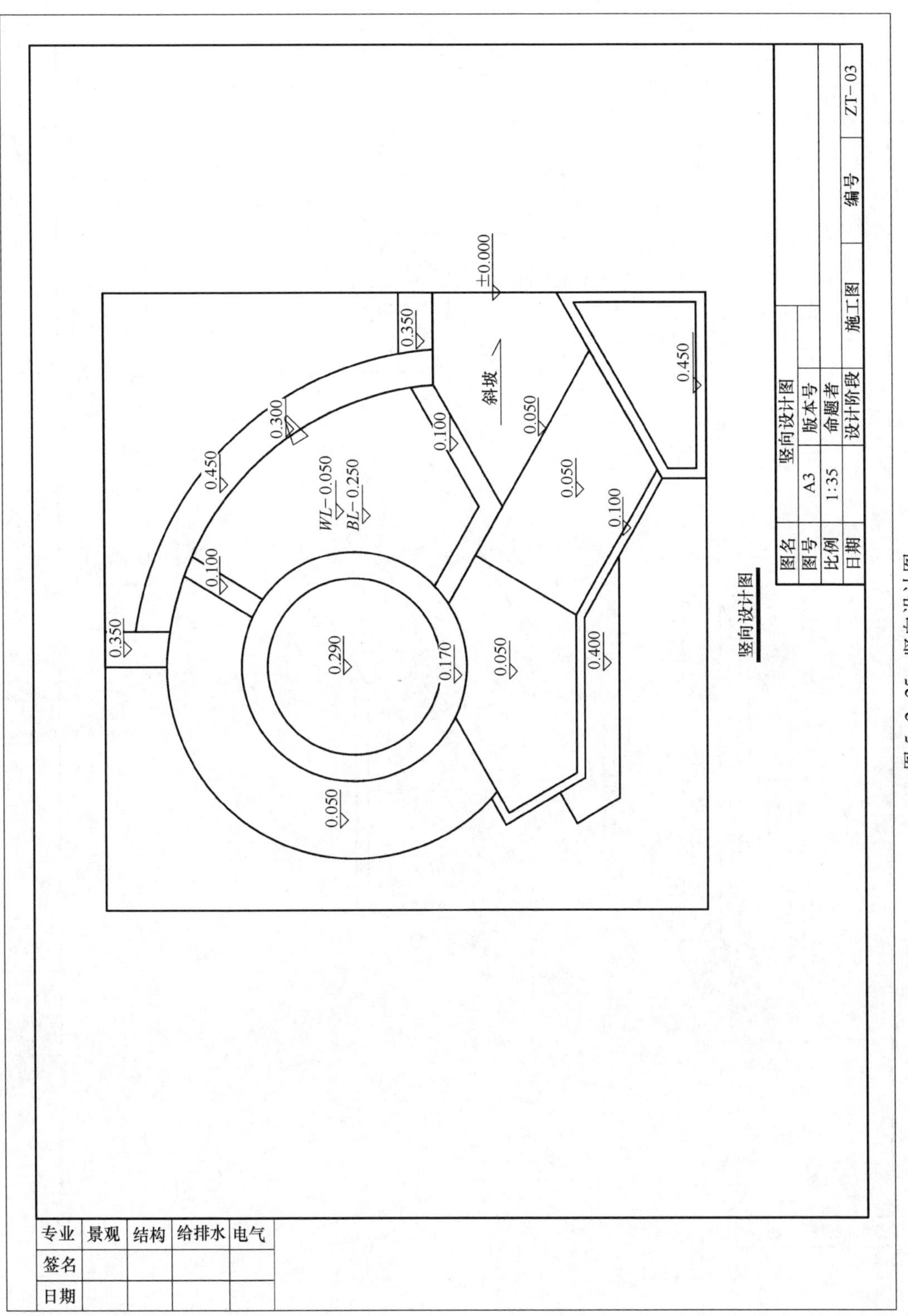
竖向设计图
±0.000
0.350
0.300
0.450
0.450
WL-0.050
BL-0.250
0.100
0.100
斜坡
0.050
0.050
0.100
0.350
0.290
0.170
0.050
0.400
0.050
图名
竖向设计图
图号
A3
版本号
比例
1:35
命题者
日期
设计阶段
施工图
编号
ZT-03
专业
景观
结构
给排水
电气
签名
日期

图 5-2-25　竖向设计图

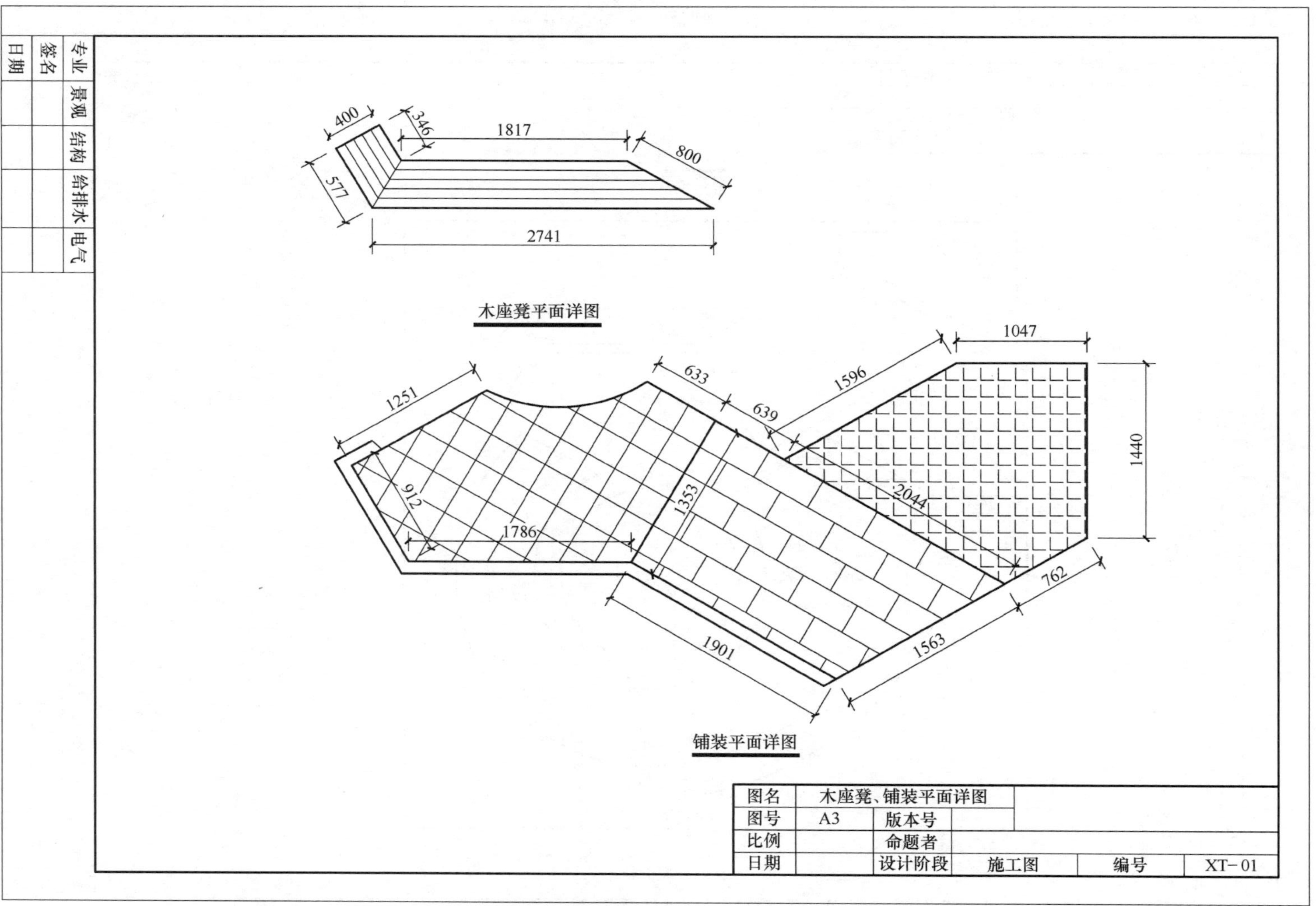

图 5-2-26　木座凳、铺装平面详图

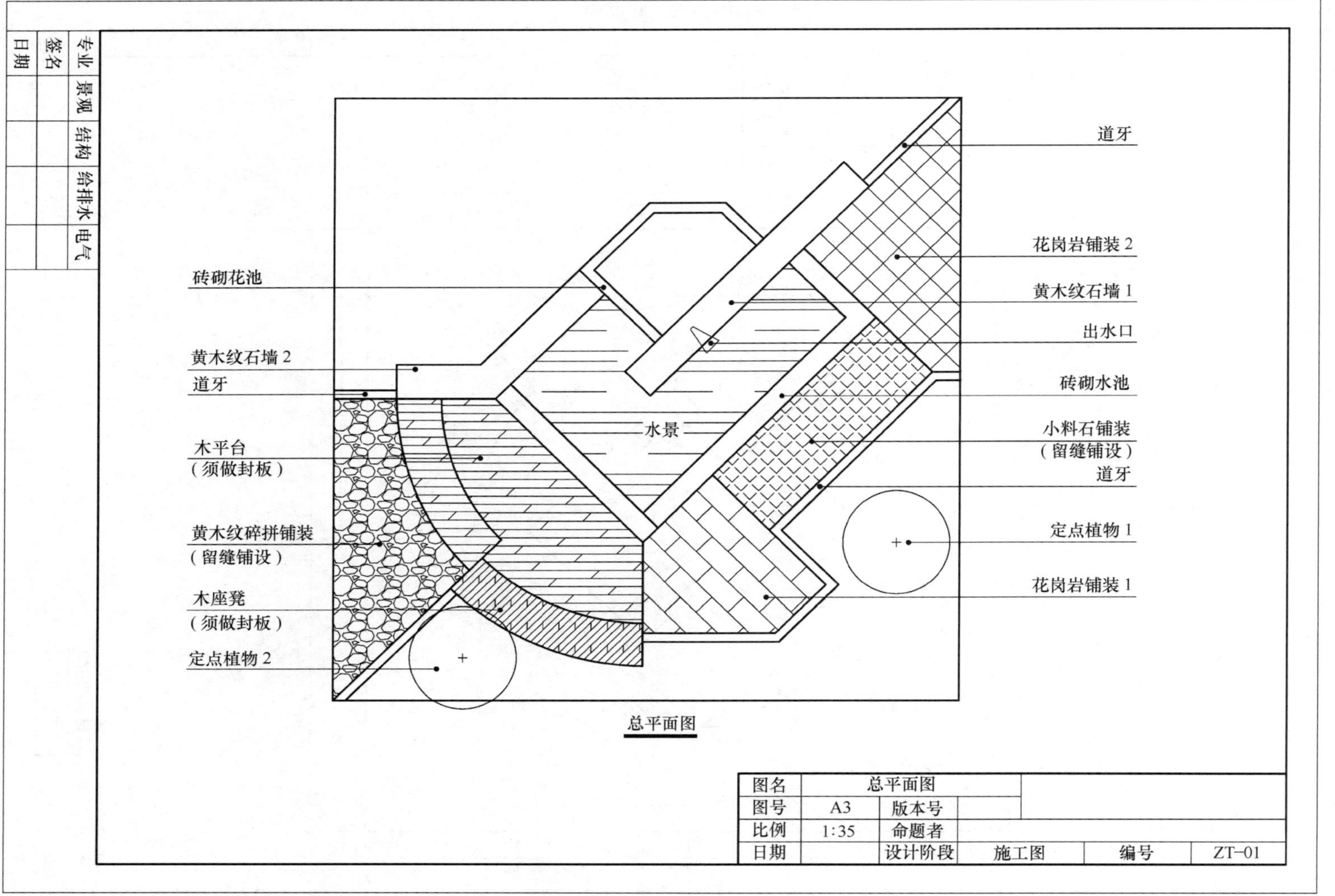
专业
景观
结构
给排水
电气
签名
日期
道牙
花岗岩铺装 2
黄木纹石墙 1
出水口
砖砌水池
小料石铺装
（留缝铺设）
道牙
定点植物 1
花岗岩铺装 1
砖砌花池
黄木纹石墙 2
道牙
水景
木平台
（须做封板）
黄木纹碎拼铺装
（留缝铺设）
木座凳
（须做封板）
定点植物 2
总平面图
图名
总平面图
图号
A3
版本号
比例
1:35
命题者
日期
设计阶段
施工图
编号
ZT-01

图 5-2-27　总平面图

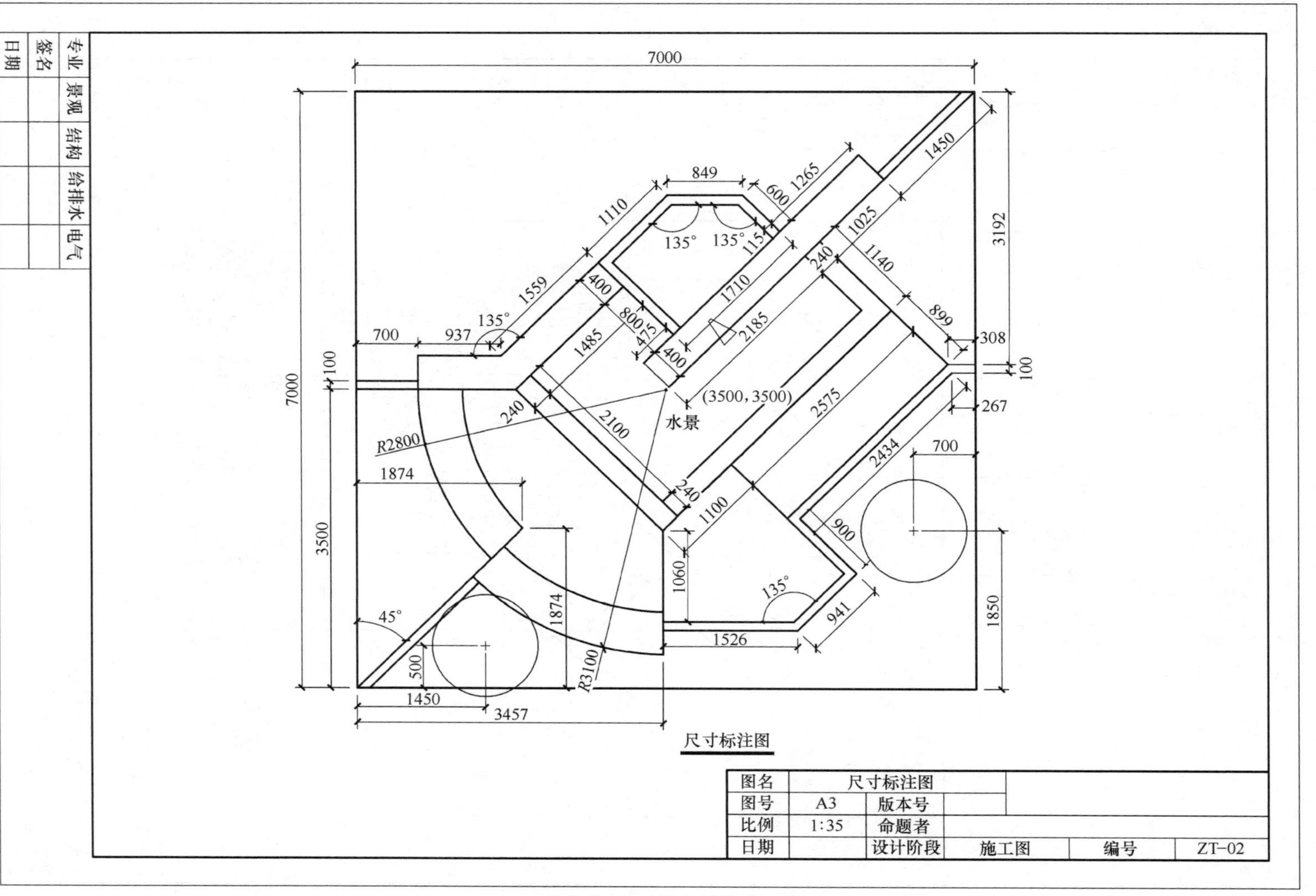
专业
景观
结构
给排水
电气
签名
日期
7000
1450
3192
849
1265
600
1110
135°
135°
115
1025
240
1140
1559
400
1710
899
308
135°
800
475
2185
700
937
1485
400
100
100
7000
(3500,3500)
267
240
2100
2575
水景
R2800
700
2434
1874
240
1100
3500
900
1060
135°
1874
45°
941
1850
1526
500
R3100
1450
3457
尺寸标注图
图名
尺寸标注图
图号
A3
版本号
比例
1:35
命题者
日期
设计阶段
施工图
编号
ZT-02

图 5-2-28　尺寸标注图

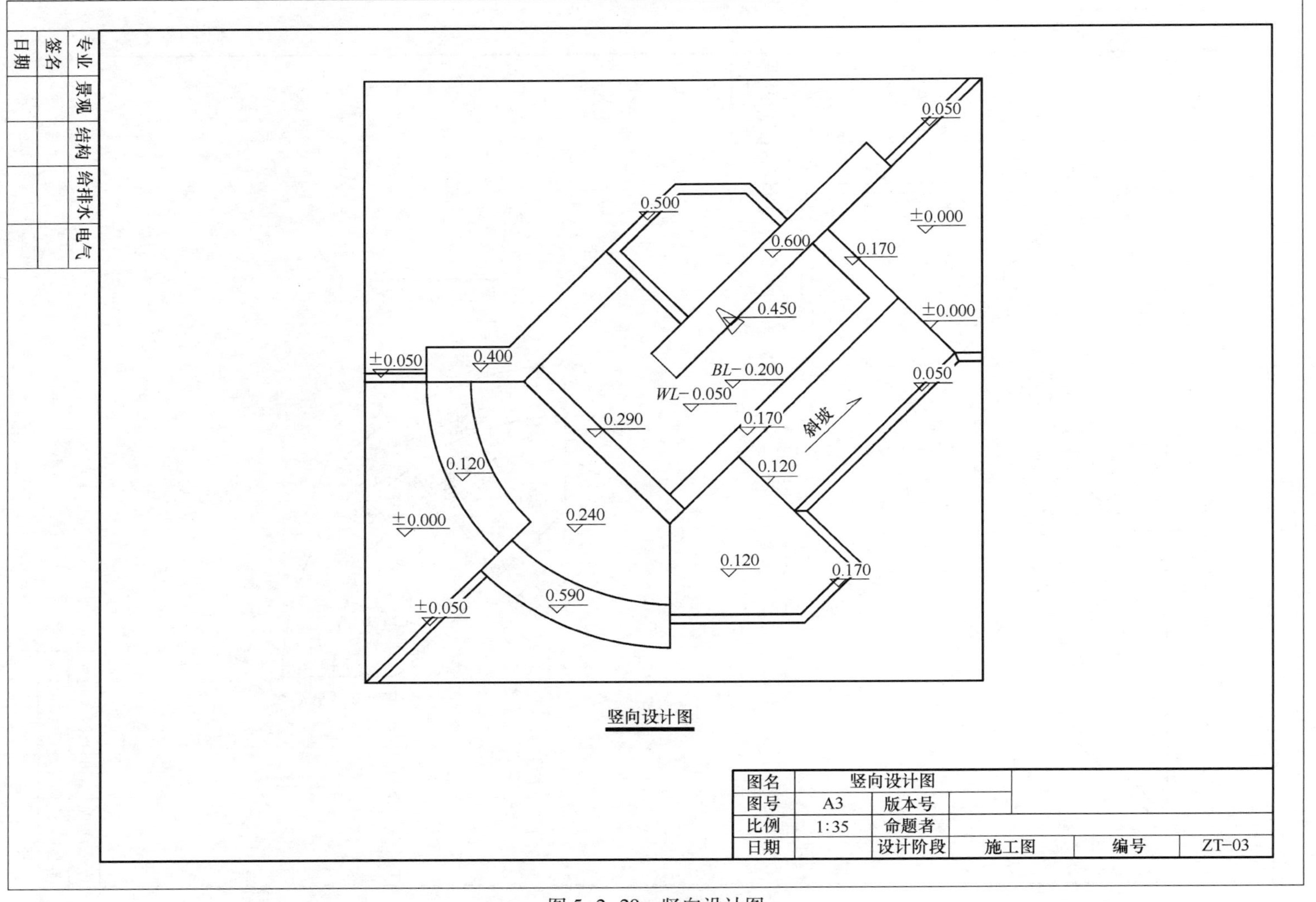

专业
景观
结构
给排水
电气
签名
日期
0.050
0.500
±0.000
0.600
0.170
0.450
±0.000
±0.050
0.400
BL−0.200
0.050
WL−0.050
0.290
0.170
斜坡
0.120
0.120
±0.000
0.240
0.120
0.170
0.590
±0.050
竖向设计图
图名
竖向设计图
图号
A3
版本号
比例
1:35
命题者
日期
设计阶段
施工图
编号
ZT-03

图 5-2-29　竖向设计图

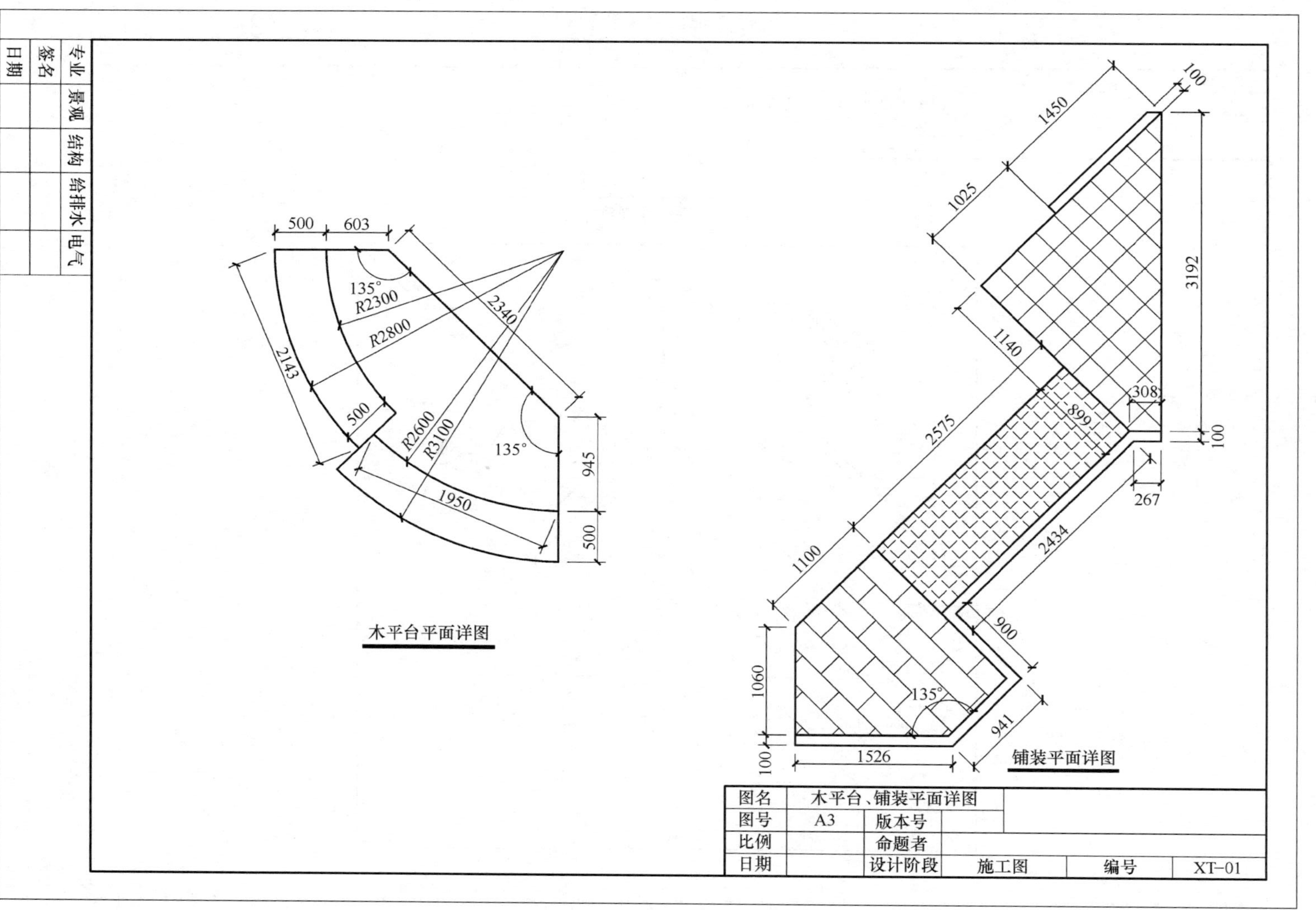

图 5-2-30　木平台、铺装平面详图

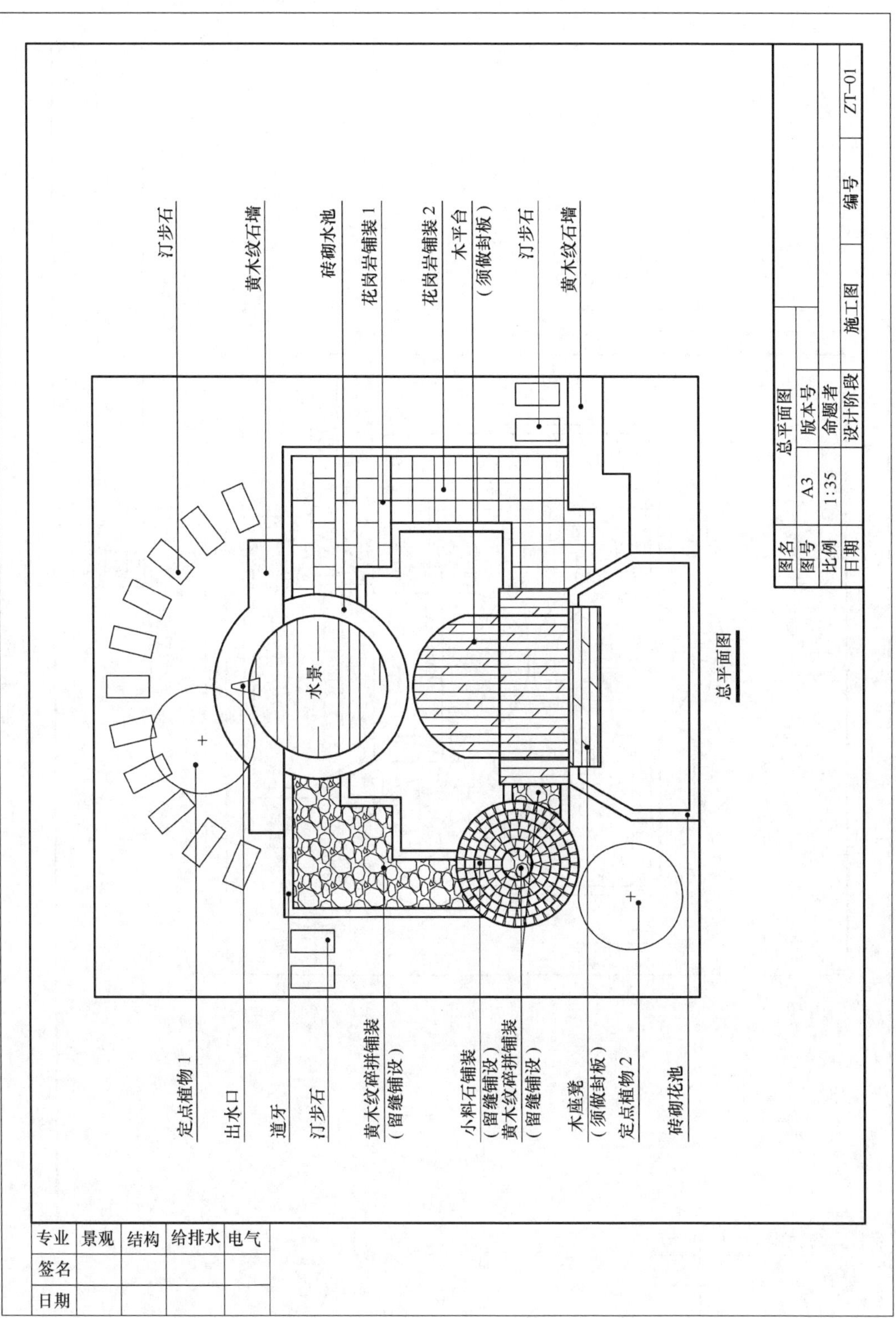
汀步石
黄木纹石墙
砖砌水池
花岗岩铺装 1
花岗岩铺装 2
木平台
（须做封板）
汀步石
黄木纹石墙
水景
定点植物 1
出水口
道牙
汀步石
黄木纹碎拼铺装
（留缝铺设）
小料石铺装
（留缝铺设）
黄木纹碎拼铺装
（留缝铺设）
木座凳
（须做封板）
定点植物 2
砖砌花池
总平面图
图名
总平面图
图号
A3
版本号
比例
1:35
命题者
日期
设计阶段
施工图
编号
ZT-01
专业
景观
结构
给排水
电气
签名
日期

图 5-2-31　总平面图

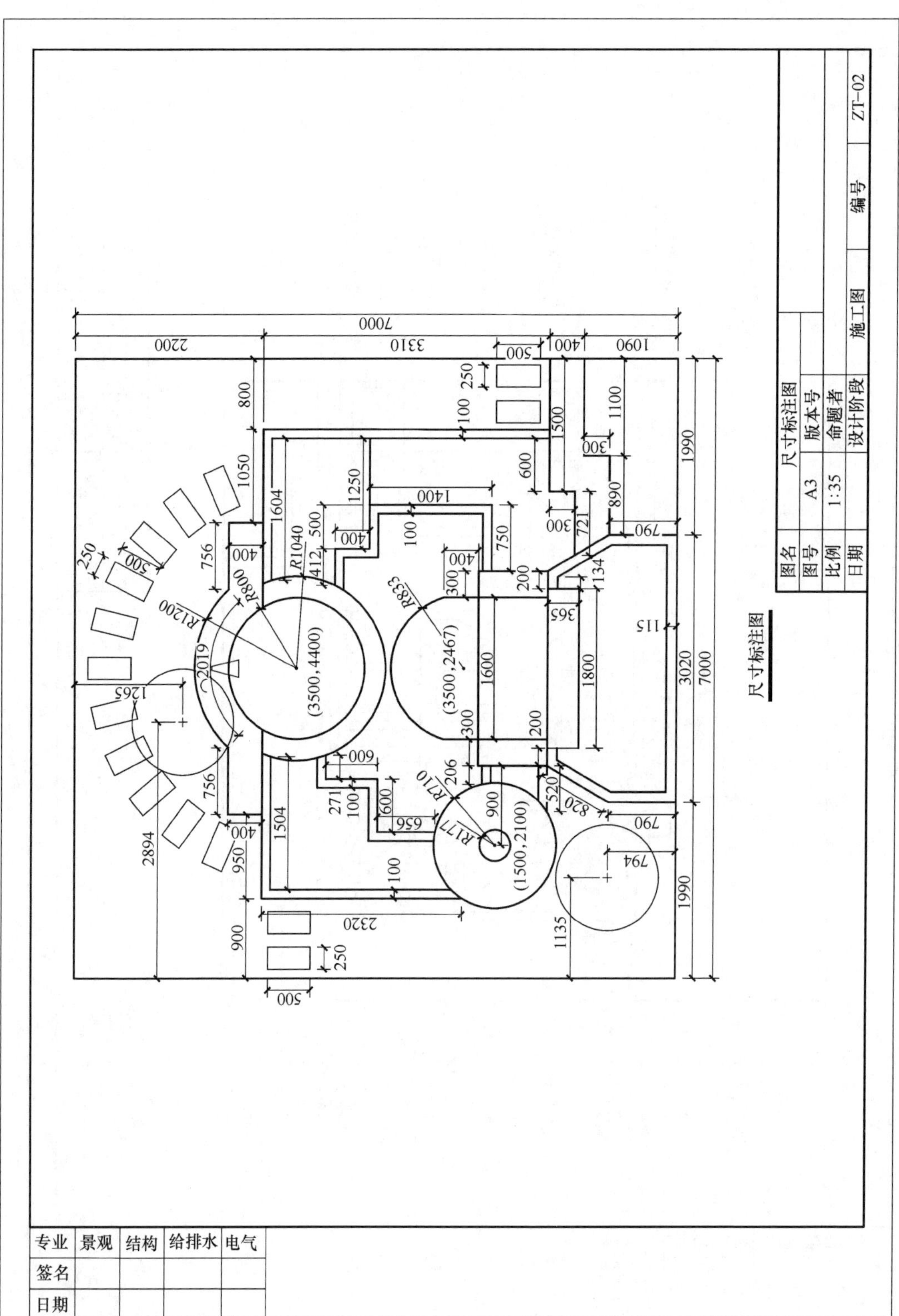
尺寸标注图
图名
尺寸标注图
图号
A3
版本号
比例
1:35
命题者
日期
设计阶段
施工图
编号
ZT-02
专业
景观
结构
给排水
电气
签名
日期

图 5-2-32 尺寸标注图

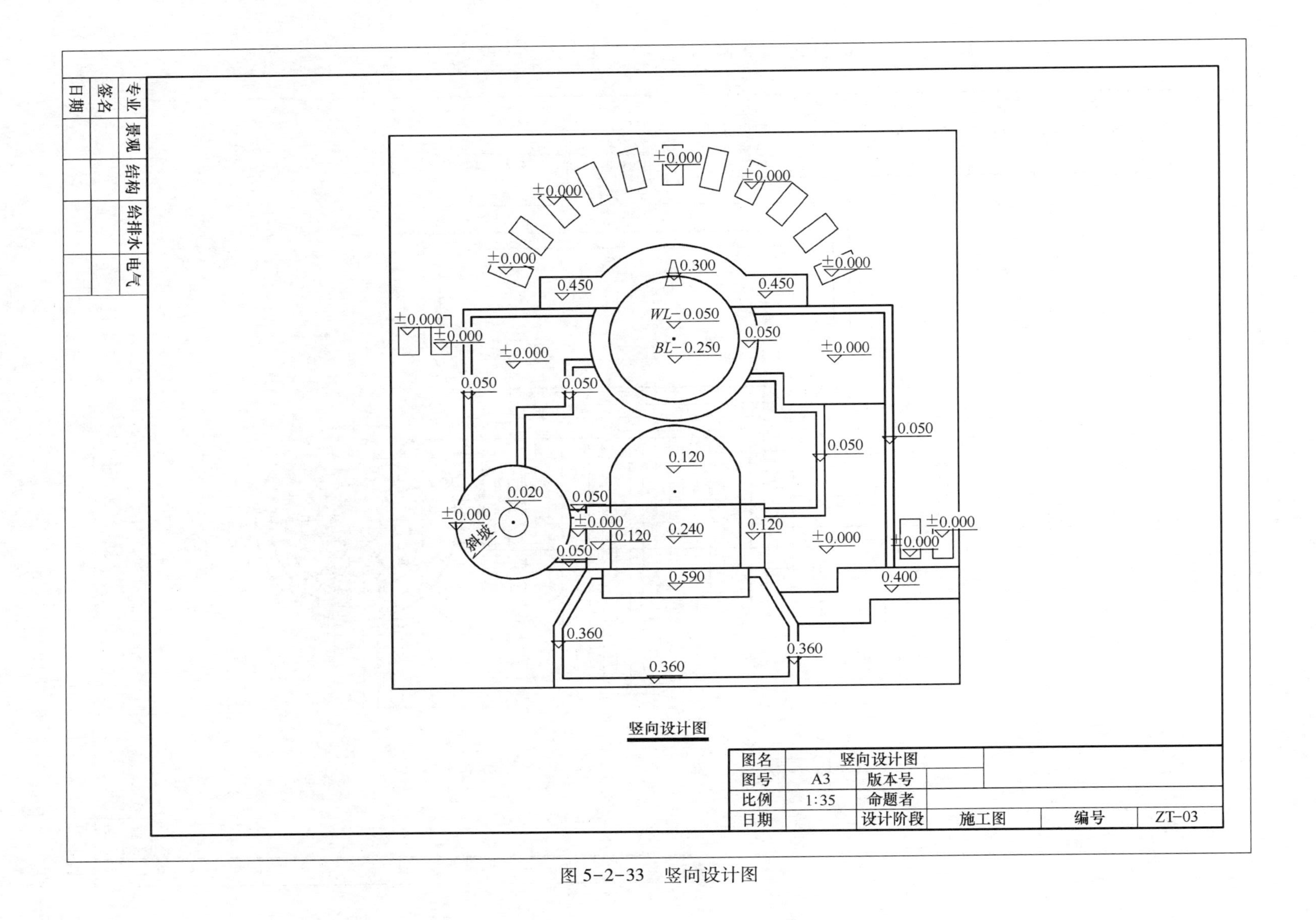

专业
景观
结构
给排水
电气
签名
日期
±0.000
0.450
0.300
WL-0.050
BL-0.250
0.050
0.120
0.020
斜坡
0.240
0.590
0.400
0.360
竖向设计图
图名
竖向设计图
图号
A3
版本号
比例
1:35
命题者
日期
设计阶段
施工图
编号
ZT-03

图 5-2-33　竖向设计图

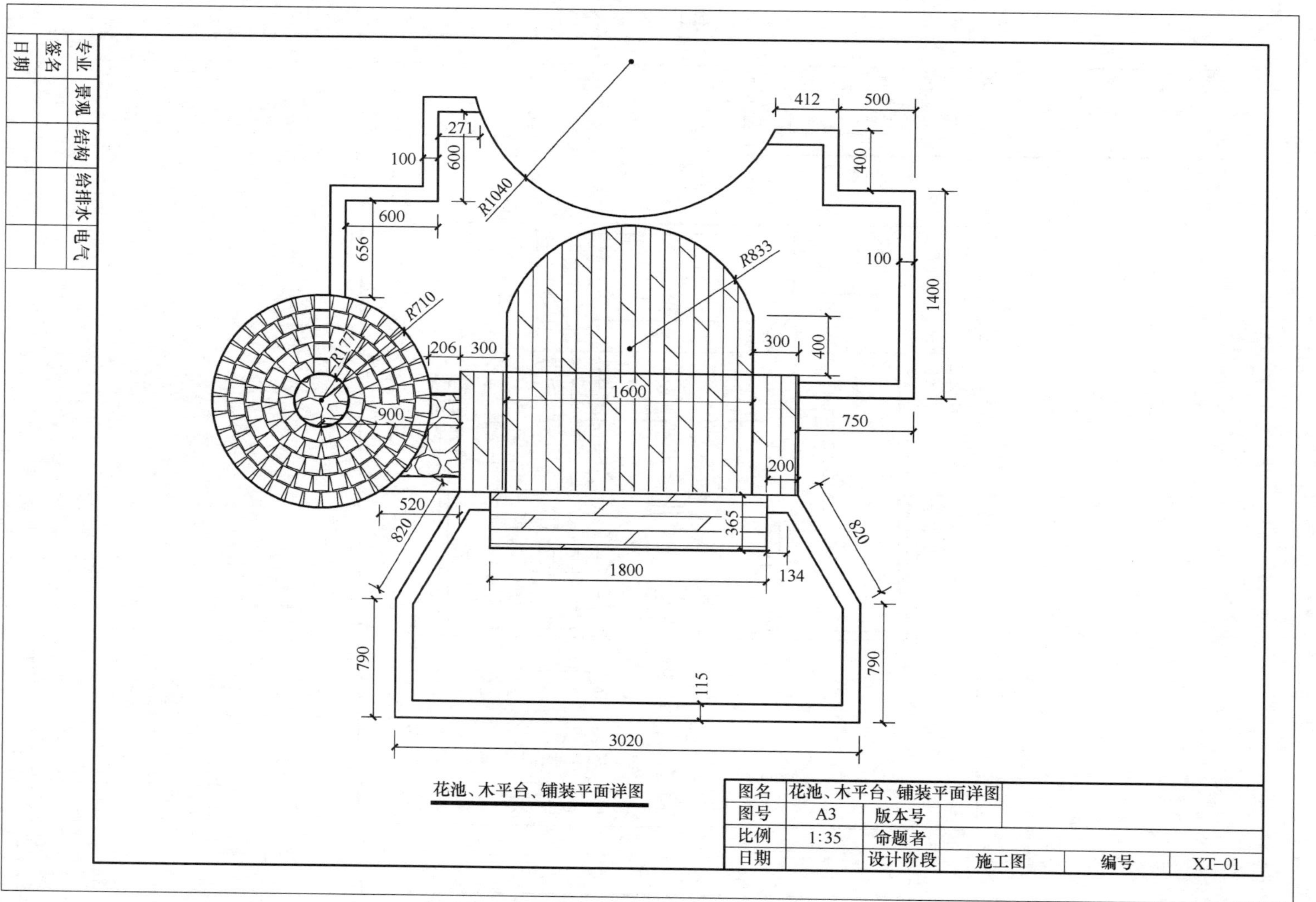

图 5-2-34　花池、木平台、铺装平面详图

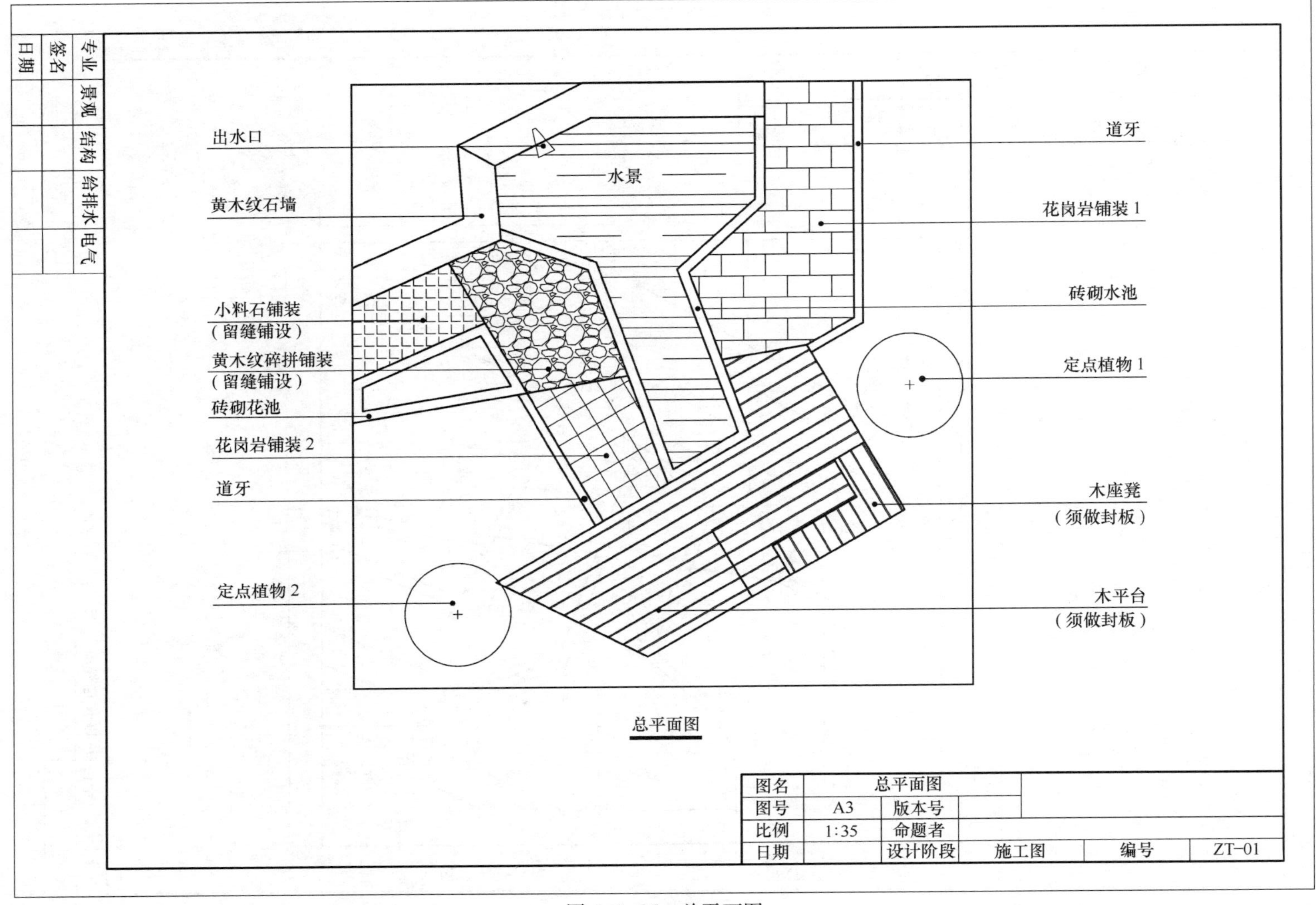
专业
景观
结构
给排水
电气
签名
日期
出水口
水景
黄木纹石墙
小料石铺装
（留缝铺设）
黄木纹碎拼铺装
（留缝铺设）
砖砌花池
花岗岩铺装 2
道牙
定点植物 2
道牙
花岗岩铺装 1
砖砌水池
定点植物 1
木座凳
（须做封板）
木平台
（须做封板）
总平面图
图名
总平面图
图号
A3
版本号
比例
1:35
命题者
日期
设计阶段
施工图
编号
ZT-01

图 5-2-35　总平面图

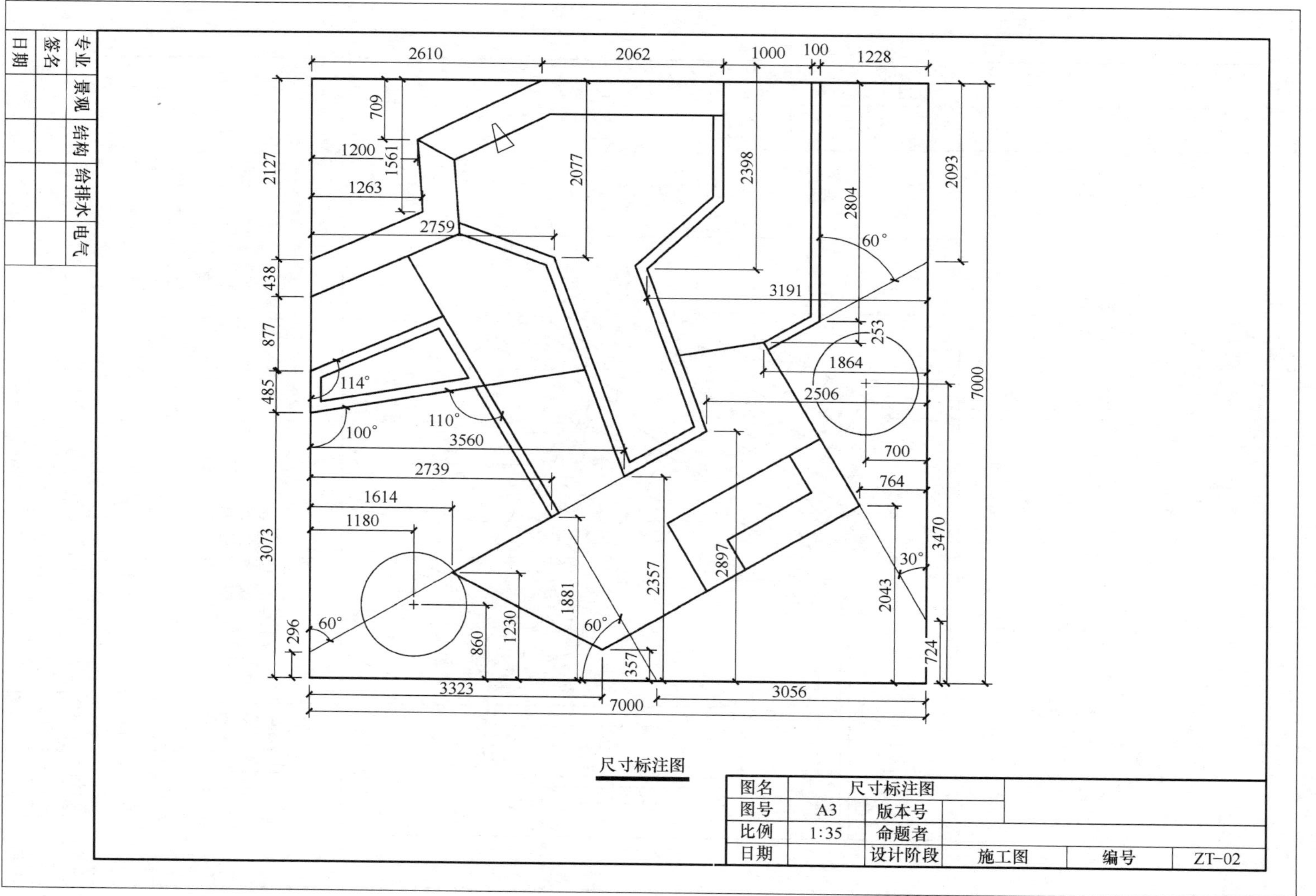
2610
2062
1000
100
1228
2127
438
877
485
3073
296
709
1200
1561
1263
2759
2077
2398
2804
2093
60°
3191
253
1864
2506
7000
114°
110°
100°
3560
2739
1614
1180
700
764
3470
30°
2043
724
2897
2357
1881
60°
1230
860
60°
357
3323
7000
3056
尺寸标注图
图名 尺寸标注图
图号 A3 版本号
比例 1:35 命题者
日期 设计阶段 施工图 编号 ZT-02
专业 景观 结构 给排水 电气
签名
日期

图 5-2-36 尺寸标注图

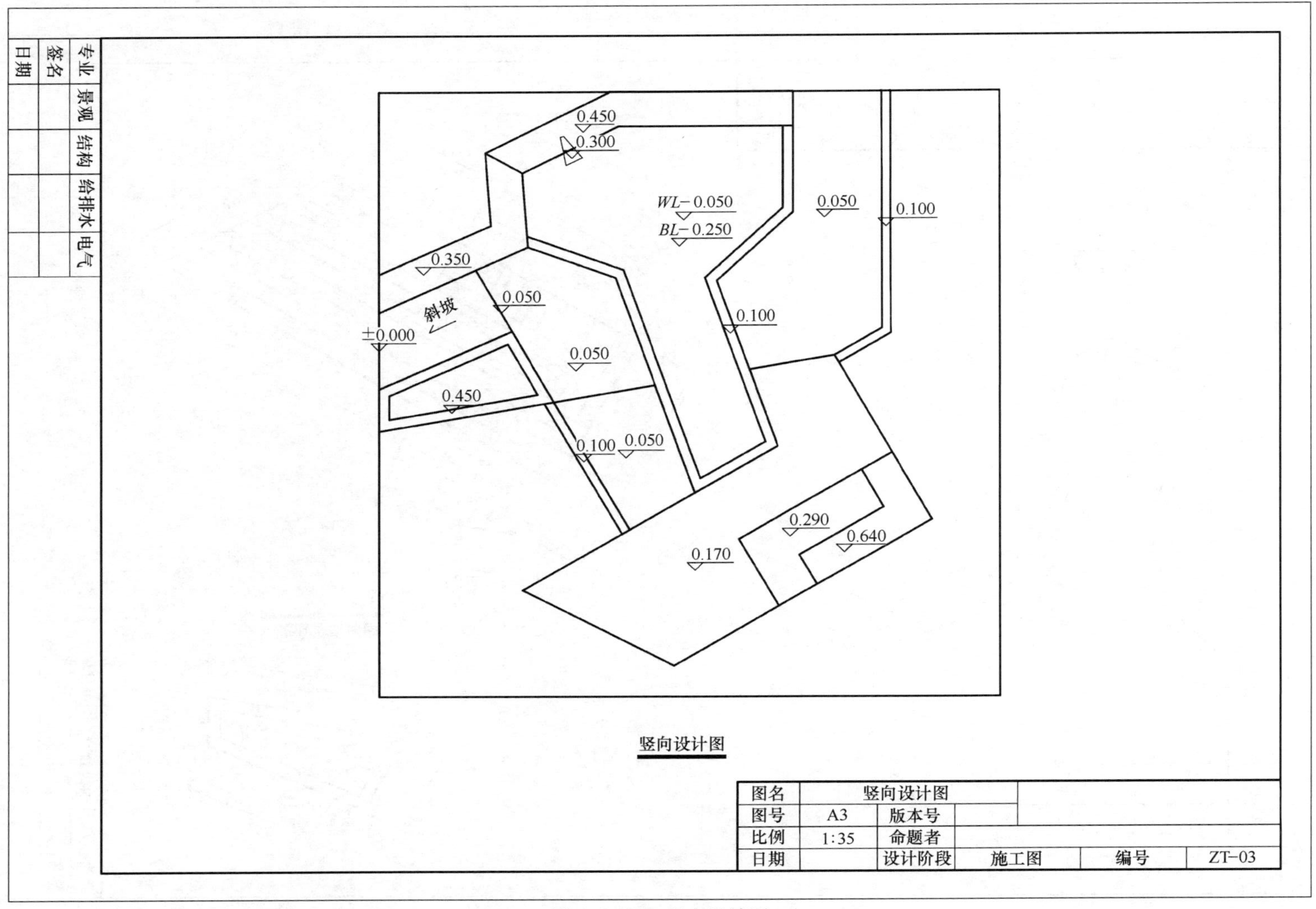
0.100
0.050
0.100
WL-0.050
BL-0.250
0.450
0.300
0.050
0.050
0.100
0.050
0.350
斜坡
±0.000
0.450
0.640
0.290
0.170
竖向设计图
图名
竖向设计图
图号
A3
版本号
比例
1:35
命题者
日期
设计阶段
施工图
编号
ZT-03
专业
景观
结构
给排水
电气
签名
日期

图 5-2-37 竖向设计图

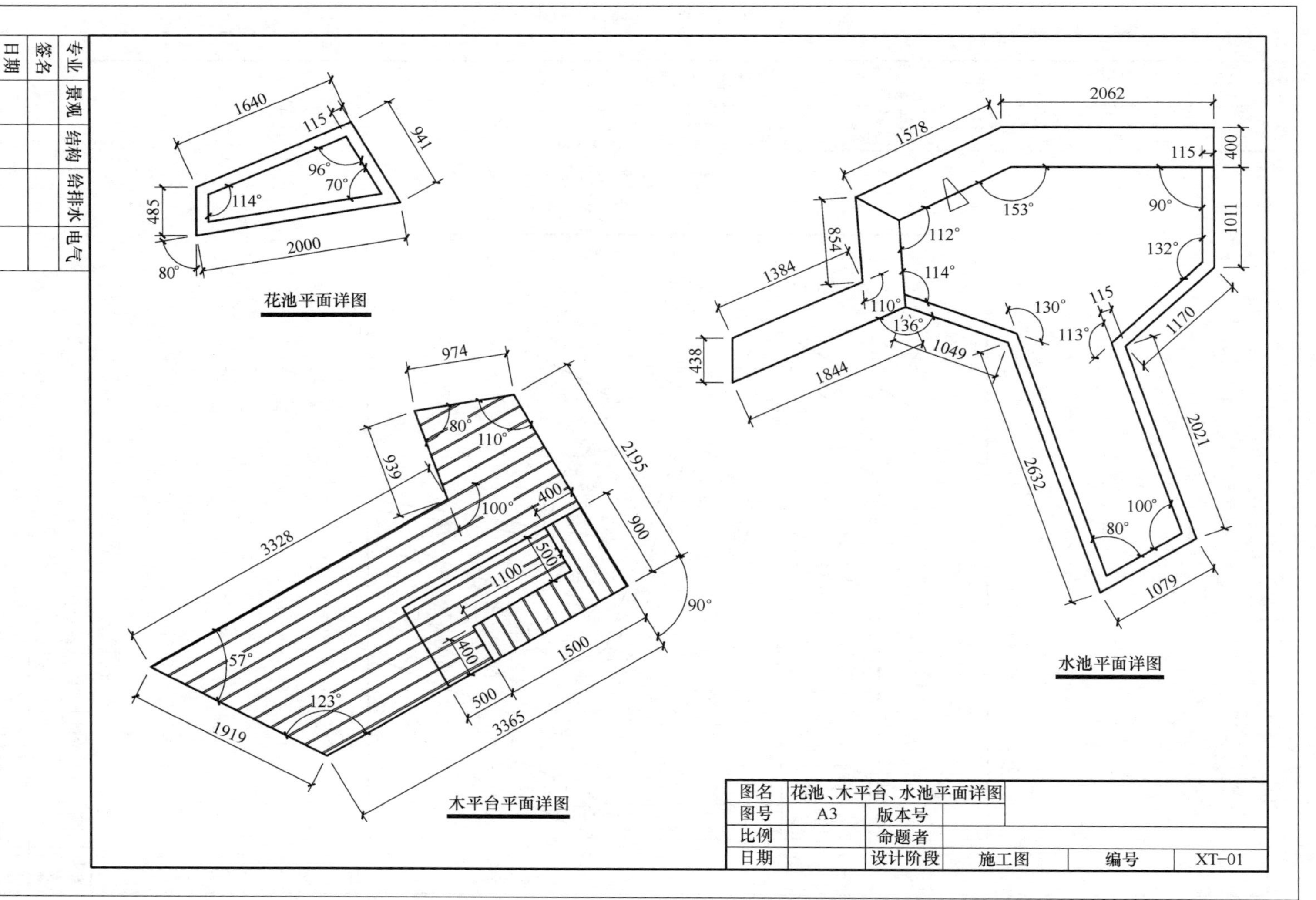

图 5-2-38　花池、木平台、水池平面详图

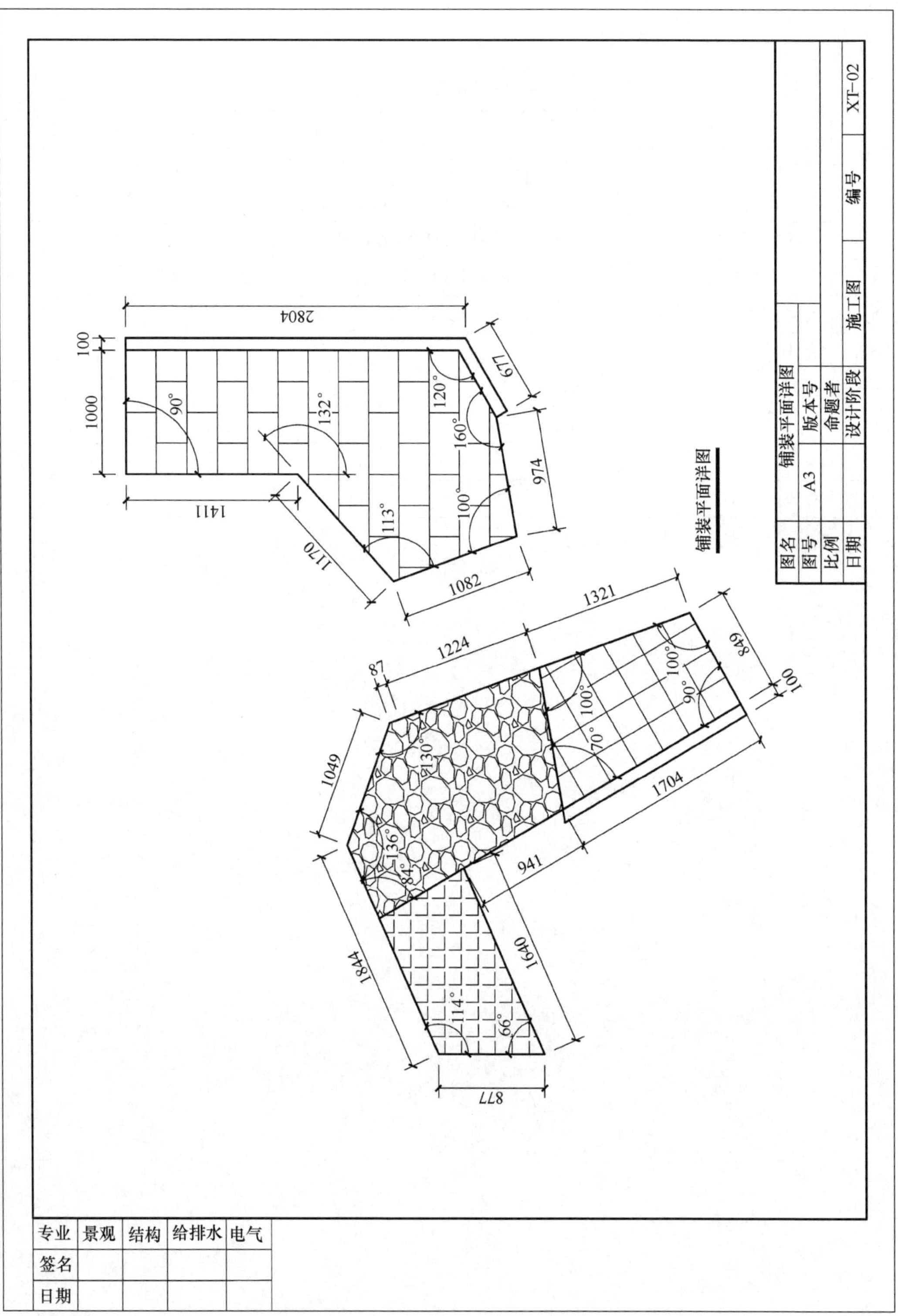

图 5-2-39　铺装平面详图

教学评价

根据操作练习进行考核，考核项目和评分标准见评分标准表。

评分标准表

<table>
<tr><th>序号</th><th>考核项目</th><th>配分</th><th>评分标准</th><th>得分</th></tr>
<tr><td>1</td><td>施工说明</td><td>15 分</td><td>能根据施工规范编写施工说明</td><td></td></tr>
<tr><td>2</td><td>总平面图</td><td>25 分</td><td>能根据尺寸标注图绘制总平面图</td><td></td></tr>
<tr><td>3</td><td>尺寸标注图</td><td>20 分</td><td>能根据材料尺寸绘制尺寸标注图</td><td></td></tr>
<tr><td>4</td><td>竖向设计图</td><td>20 分</td><td>能根据总平面图及施工现场,绘制竖向设计图</td><td></td></tr>
<tr><td>5</td><td>花池、铺装平面详图</td><td>20 分</td><td>能正确绘制花池、铺装平面详图</td><td></td></tr>
<tr><td>6</td><td>合计</td><td colspan="3"></td></tr>
<tr><td rowspan="2">7</td><td rowspan="2">结果记录</td><td>操作是否正确</td><td colspan="2">是/否</td></tr>
<tr><td>结果是否正确</td><td colspan="2">是/否</td></tr>
<tr><td>8</td><td>操作时间</td><td colspan="3"></td></tr>
<tr><td>9</td><td>教师签名</td><td colspan="3"></td></tr>
</table>

参考文献

[1] 赵昌恒，伍全根. 世界技能大赛园艺项目赛训教程 [M]. 北京：中国林业出版社，2022.
[2] 谭荣伟. 园林专业 CAD 绘图快速入门 [M]. 北京：化学工业出版社，2022.
[3] 程绪琦，王建华，张文杰，等. AutoCAD 2022 中文版标准教程 [M]. 北京：电子工业出版社，2022.
[4] 何礼华，黄敏强. 园林庭院景观施工图设计 [M]. 杭州：浙江大学出版社，2020.
[5] 赵春春. 园林 CAD [M]. 北京：机械工业出版社，2020.